普通高等教育"十二五"规划教材

基于汇编与C语言的
单片机原理及应用

程启明　黄云峰　徐　进　赵永熹　编著

中国水利水电出版社
www.waterpub.com.cn

内 容 提 要

　　本书是专门面向高等学校理工科各专业学生编写的，书中结合电气应用实例，采用汇编和 C 两种语言全面、系统、深入地介绍了以 MCS - 51 单片机背景平台为代表的单片机的基本结构、原理、接口技术及其应用。在内容上将工作原理、应用技术和实例紧密结合，兼顾了教学的系统性、逻辑性、科学性、实用性和先进性，各章节前后呼应，并加入了大量程序和硬件设计实例，使读者能深入了解单片机的原理、结构和特点。本书每章后均备有思考题与习题，以帮助学生理解和巩固所学内容。

　　本书结构合理，实例丰富，深入浅出，文笔流畅，既可作为各类高等院校相关专业的单片机课程的教材及教学参考书，也可供需要掌握和使用单片机技术的工程技术人员参考。

图书在版编目（C I P）数据

基于汇编与C语言的单片机原理及应用 / 程启明等编
著. -- 北京 ：中国水利水电出版社，2012.10（2018.8重印）
普通高等教育"十二五"规划教材
ISBN 978-7-5170-0293-2

Ⅰ．①基… Ⅱ．①程… Ⅲ．①单片微型计算机－汇编
语言－程序设计－高等学校－教材②单片微型计算机－
C语言－程序设计－高等学校－教材 Ⅳ．①TP368.1
②TP31

中国版本图书馆CIP数据核字（2012）第252653号

书　　　名	普通高等教育"十二五"规划教材 **基于汇编与 C 语言的单片机原理及应用**
作　　　者	程启明　黄云峰　徐进　赵永熹　编著
出 版 发 行	中国水利水电出版社 （北京市海淀区玉渊潭南路 1 号 D 座　100038） 网址：www. waterpub. com. cn E - mail：sales@waterpub. com. cn 电话：（010）68367658（营销中心）
经　　　售	北京科水图书销售中心（零售） 电话：（010）88383994、63202643、68545874 全国各地新华书店和相关出版物销售网点
排　　　版	中国水利水电出版社微机排版中心
印　　　刷	北京市密东印刷有限公司
规　　　格	184mm×260mm　16 开本　26.5 印张　678 千字
版　　　次	2012 年 10 月第 1 版　2018 年 8 月第 3 次印刷
印　　　数	5001—7000 册
定　　　价	**58.00 元**

前　言

　　单片机原理及应用是普通高校理工科类各专业很重要的专业基础课程（必修课），学时数为 48～80 学时，学分为 3～5。但目前已出版的单片机类教材基本上都针对学过微机原理而编写的，并且存在仅讲授汇编语言或 C 语言、书中的实例无专业性等问题，本书将尝试针对没有学过微机原理的人员来编写，并且采用以汇编和 C51 两种语言、电气应用实例等形式来解决这些问题。

　　本书从单片机应用的需要出发，以当今单片机世界占有主导地位和绝对优势的 MCS-51 单片机系列为脉络，从工程应用的角度出发，系统地阐述 MCS-51 单片机的基本结构、原理、接口技术及其应用。本书内容在选取和叙述上，具有编排更加连贯，注重前后知识点之间的关联；突出应用，夯实基础，原理、技术与应用并重；注重软硬件分析与设计，提高读者分析问题和软硬件程序设计的能力；文字叙述层次分明、语言简洁、图文并茂，便于教学；力求遵循面向实际应用、重视实践、便于自学的原则。

　　全书共分 9 章，内容包括：第 1 章单片机的基础知识，第 2 章 MCS-51 系列单片机的硬件结构，第 3 章 MCS-51 单片机的指令和汇编语言程序设计，第 4 章 Keil C51 程序设计，第 5 章 I/O 接口传输方式及其中断技术，第 6 章 MCS-51 系列单片机的内部功能模块及其应用，第 7 章 MCS-51 单片机的外部扩展技术（一），第 8 章 MCS-51 单片机的外部扩展技术（二），第 9 章单片机应用系统的研制过程及设计实例。本书主要讲述传统 MCS-51、Keil C51 语言和电气应用等 3 部分内容，其中，传统 MCS-51 部分为第 1～3 和 5～8 章、Keil C51 语言部分为第 4～8 章、电气应用部分为第 9 章。通过对本书的学习，读者可掌握单片机的工作原理及接口技术，并具备汇编语言及 C51 语言的编程和实际的硬件接口开发初步能力，达到学懂、学通、能实际应用的目的。

　　本书具有 3 个重要的特色：

　　（1）本书是针对没有学过微机原理的人员而编写的。本书将把微机原理的基础知识融合到单片机原理的内容中，达到不需再从微机原理教材中补充微机硬件的基础知识，仅看本书就可以学好单片机原理。

　　（2）本书将以汇编语言和 Keil μVision（即 C51）两种语言同时讲授。目前单片机教材一般只讲授汇编语言成 C 语言，汇编语言是单片机的最基础语言，但它比较抽象难懂难学，也难以熟练运用。C51 集成了文件编辑处理、编译连接、项目管理，窗口、工具引用和软件仿真调试等多种功能。与汇编语言相比，C51 语言在功能上、结构性、可读性、可维护性上有明显的优势，因而易学易用。目前在单片机的实际开发中都采用 C51 语言来编程。因此，本书以汇编与 C51 两种语言来讲授单片机的编程技术。

（3）本书的应用内容将以单片机在电气行业的实际应用为例来展开。单片机可应用于工业生产的各行各业中，本书将依托作者的电气行业优势，把作者多年教学积累、多年研发或查找到的单片机在电气行业中应用实例引入到本书中来。因此，本书的专业特色比较明显。

本书可作为各类高等学校（包括本科、大中专、高职班）各理工科专业的单片机教材或参考书，也可以供从事电子产品设计的相关科技人员参考。

本书由程启明、黄云峰、徐进和赵永熹 4 人共同完成。其中程启明编写了内容提要、前言、第 1 章和附录，并负责全书的统稿和第 1、2、5 章的校对工作；黄云峰编写了第 4 章，并做了部分统稿和第 3、4 章的校对工作；徐进编写了第 6～9 章和第 6～9 章的校对工作；赵永熹编写了第 2、3、5 章。在本书的编写过程中，借鉴了许多教材的宝贵经验，在此谨向这些作者表示诚挚的感谢。此外，在本书编辑出版过程中得到了中国水利水电出版社的大力支持，在此表示感谢。

由于编者水平有限，书中不妥之处，敬请广大读者批评指正，以便再版时及时修正，请发邮件至：chengqiming@shiep. edu. cn。

编者

2012 年 10 月

目 录

第1章 单片机的基础知识

自从 20 世纪 70 年代推出单片机以来，作为微型计算机的一个分支，经过 30 多年的发展，单片机已经在各行各业得到了广泛的应用。由于单片机具有可靠性高、体积小、抗干扰能力强、能在恶劣的环境下工作等特点，且有较高的性价比，因此广泛应用于工业控制、仪器仪表智能化、机电一体化、家用电器等领域。

本章将从微机及单片机系统的总体框架入手，帮助学生建立起微机及单片机系统的概念，并通过掌握数据格式间的转换等内容，为后继学习奠定基础。本章的重点是微机的系统组成、各数制间的转换、计算机中数的表示方法、计算机的二进制数运算等。本章的难点微机的工作过程、各数制间的转换、二进制数运算。

1.1 微 机 概 述

1.1.1 计算机的发展

电子计算机是由各种电子器件组成的，能够自动、高速、精确地进行逻辑控制和信息处理的现代化设备。它是 20 世纪人类最伟大的发明之一。自 1946 年 2 月在美国宾夕法尼亚大学诞生第一台电子计算机 ENIAC 问世以来，计算机以其硬件构成的逻辑部件为标志，已经历了从电子管、晶体管、中小规模集成电路、大或超大规模集成电路、智能计算机这 5 个阶段。

（1）第 1 代（1946～1957 年），电子管计算机。计算机采用电子管为主要元件，它开辟了人类科学技术领域的先河，使信息处理技术进入了一个崭新的时代。

（2）第 2 代（1958～1964 年），晶体管计算机。计算机采用的主要元件是晶体管，计算机软件有了较大发展，采用了监控程序，这是操作系统的雏形。

（3）第 3 代（1965～1969 年），中小规模集成电路计算机。随着半导体工艺的发展，制造出了集成电路元件。集成电路可在几平方毫米的单晶硅片上集成十几个甚至上百个电子元件。计算机开始采用中小规模的集成电路元件，这一代计算机比晶体管计算机体积更小、耗电更少，功能更强，寿命更长，综合性能也得到了进一步提高。

（4）第 4 代（1971 年至今），大或超大规模集成电路计算机。随着 20 世纪 70 年代初集成电路制造技术的飞速发展，产生了大规模集成电路元件，使计算机进入到大规模和超大规模集成电路计算机时代。这一时期的计算机的体积、重量、功耗进一步减少，运算速度、存储容量和可靠性等都有了大幅提高。

（5）第 5 代（1981 年开始），智能计算机。第 5 代计算机把信息采集、存储、处理、通信同人工智能结合在一起，它除能进行数值计算或处理一般的信息外，主要能面向知识处理，具有形式化推理、联想、学习和解释的能力，能够帮助人们进行判断、决策、开拓未知领域和获得新的知识，人机之间可以直接通过自然语言（声音、文字）或图形图像交换信息。

1.1.2　计算机的分类

计算机有多种分类方法，按性能规模可分为巨型机、大型机、中型机、小型机、微型机和工作站。

（1）巨型机。研究巨型机是现代科学技术，尤其是国防尖端技术发展的需要。巨型机的特点是运算速度快、存储容量大。主要用于核武器、空间技术、大范围天气预报和石油勘探等领域。

（2）大型机。大型机的特点表现在通用性强、具有很强的综合处理能力、性能覆盖面广等，主要应用在公司、银行、政府部门、社会管理机构和制造厂家等，通常人们称大型机为企业计算机。大型机在未来将被赋予更多的使命，如大型事务处理、企业内部的信息管理与安全保护、科学计算等。

（3）中型机。中型机是介于大型机和小型机之间的一种机型。

（4）小型机。小型机规模小，结构简单，设计周期短，便于及时采用先进工艺。这类机器由于可靠性高，对运行环境要求低，易于操作且便于维护。小型机符合部门性能的要求，为中小型企事业单位所常用。具有规模较小、成本低和维护方便等优点。

（5）微型计算机。微型机又称个人计算机 PC(Personal Computer)，它是日常生活中使用最多、最普遍的计算机，具有价格低、性能强、体积小和功耗低等特点。现在微型计算机已进入到了千家万户，成为人们工作、生活的重要工具。

（6）工作站。工作站是一种高档微机系统。它具有较高的运算速度，具有大、小型机的多任务、多用户功能，且兼具微型机的操作便利和良好的人机界面。它可以连接到多种输入/输出设备。它具有易于联网、处理功能强等特点。其应用领域也已从最初的计算机辅助设计扩展到商业、金融和办公等领域，并充当网络服务器的角色。

1.1.3　微机的发展

随着大规模集成电路的发展，计算机分别朝着巨型（或大型）机和超小型（或微型）机两个方向发展。以微处理器 MPU（Micro Processing Unit）为核心，配上大容量的半导体存储器及功能强大的可编程接口芯片，连上外部设备及电源所组成的计算机，称作微型计算机，简称微型机或微机。在计算机中人们接触最多的是微机。

微机的诞生和发展是伴随着大规模集成电路的发展而发展起来的。微机在系统结构和基本工作原理上，与其他计算机（巨、大、中、小型的计算机）并无本质差别，主要差别在于微机采用了集成度相当高的器件和部件，它的核心部分是微处理器。微处理器（或称微处理机）是指一片或几片大规模集成电路组成的、具有运算器和控制器功能的中央处理器（CPU）。按 CPU 字长位数和功能来划分，并以时间来排序，微处理器的发展过程分为 8 个时代。

（1）第 1 代（1971～1973 年）4 位和 8 位低档的微处理器和微机时代。典型 CPU 产品为 Intel 4004/8008 等。它们采用 PMOS 工艺、集成度低（1200～2000 个晶体管/片）、时钟频率低（<1MHz）、速度慢、运算能力弱、系统结构和指令系统简单，采用机器语言或简单的汇编语言编程，4004、8008 分别只有 45、48 条指令，基本指令执行时间 $10\sim20\mu s$，适用于家用电器和简单的控制场合。

（2）第 2 代（1973～1978 年）8 位中高档微处理器和微机时代。典型 CPU 产品为 Intel 8080/8085、Motorola MC6800 和 Zilog Z80 等。它们采用 NMOS 工艺，集成度提高了约 4 倍（5000～9000 个晶体管/片），时钟频率达 1～4MHz，执行指令的速度达 0.5 百万条指令/秒（MIPS）以上，运算速度提高了 10～15 倍，指令系统比较完善，已具有典型计算机体系结构以及中断、直接存储器存取方式（DMA）等功能，软件除配备汇编语言外，还有 BASIC、FORTRAN 等语言和简单操作系统（如 CP/M）。

（3）第 3 代（1978～1985 年）16 位微处理器和微机时代。典型产品为 Intel 8086/8088/80286、Zilog Z8000 和 Motorala 68000/68010 等。它们采用 HMOS 工艺，集成度（20000～70000 只晶体管/片）和运算速度（基本指令执行时间约 $0.5\mu s$）提高了一个数量级，指令系统更加丰富和完善，采用多级中断技术、流水线技术、段式存储器结构和硬件乘除部件，处理速度加快，寻址方式增多，寻址范围增大（1～16MB）。配备了磁盘操作系统、数据库管理系统和多种高级语言。

（4）第 4 代（1985～1993）32 位微机处理器和微机时代。典型产品为 Intel 80386/80486 和 Motorola 68040 等。它们采用 HMOS/CMOS/CHMOS 工艺，集成度高达 15 万～100 万只晶体管/片，时钟频率达 25MHz 以上，具有 32 位的数据和地址总线，执行速度可达 25MIPS，片内还增加协处理器和高速缓冲存储器（Cache），并采用了精减指令集（RISC）技术，使它的处理速度大大提高。这一代微机的功能已达到以前的超级小型机功能，完全可胜任多任务、多用户的作业。

（5）第 5 代（1993～1995 年）32 位 P5 高档微处理器和微机时代。典型产品为 Intel Pentium 586（奔腾）等。它采用亚微米（粒度直径 100nm～$1.0\mu m$）的 CMOS 技术设计，集成度达 330 万只晶体管/片，采用了两条超标量流水线结构，并具有相互独立的指令和数据 RISC，主频为 60～166MHz，处理速度达 110MIPS。

（6）第 6 代（1995～1999 年）32 位 P6 高档微处理器和微机时代。典型产品为 Intel Pentium Pro/Pentium MMX/Pentium Ⅱ/Pentium Ⅲ 等。它们内部采用了 3 条超标量指令流水线结构，工作频率越来越高，总线频率也大大提高。支持 MMX、SSE 多媒体扩展指令集（SIMD）。集成度达 550 万～950 万只晶体管/片。

（7）第 7 代（2000～2007 年）32 位 P4 高档微处理器和微机时代。典型产品为 Intel Pentium 4（如 5××/6××/7×× 等）。它们的集成度高达 4200 万～1.78 亿管/片，主频为 1.3～3.6 GHz，采用超级管道技术，使用长达 20 级的分支预测/恢复管道，其动态执行技术（程序执行）中的指令池能容下 126 条指令。它支持 SSE2、SSE3 等 SIMD 指令。

（8）第 8 代（2007 年至今）32/64 位 Core 双核高档微处理器和微机时代　典型产品为 Intel Core2 Duo/Core2 Quard/Core2 Extreme 等。它们采用双核结构的 Core/Core2 系列处理器，兼顾 32 位和 EM64T 技术，是典型的 32/64 位处理器。支持 64 位存储器访问，支持 SSE2、SSE3、SSSE3 和 SSE4 等 SIMD 指令，集成度达 2.91 亿只晶体管/片以上。

与第 5 代之后的 32 位处理器同步并行发展的还有纯 64 位处理器，如 Intel Itanium/Itanium Ⅱ 等处理器，它们采用 IA-64 结构。

微处理器发展特点是速度越来越快、集成度越来越高、功能越来越强。

1.1.4　微型计算机的分类

微型计算机的分类方法有多种，主要分类方法如下。

1. 按字长分类

字长是指计算机一次可处理二进制数的最大位数。微型计算机按字长可分为：

（1）4 位机。字长为 4 位（如 Intel 4004），多做成单片机，用于仪器仪表、家用电器和游戏机等。

（2）8 位机。字长为 8 位（如 Intel 8080），主要用于计算和控制。

（3）16 位机。字长为 16 位（如 Intel 8086/8088），可用来取代低档小型计算机。

（4）32 位机。字长为 32 位（如 Intel 486、Pentium）是高档微机，具有小型或中型计算机的能力。

（5）64 位机。字长为 64 位，如 Intel 公司的 Itanium，DEC 公司的 Alpha 21164，IBM、Motorola 和 Apple 三家公司联合开发的 Power PC620 等。

注意字长与数据总线（DB）宽度不是同一个概念。如 Intel 8088 CPU 的字长为 16 位，但 DB 宽度仅为 8 位，而 Intel Pentium 系列 CPU 的字长为 32 位，但 DB 宽度为 64 位。两者的具体差别参见下面的 1.3.4 小节。

2. 按结构类型分类

（1）单片机。单片机又称微控制器或嵌入式控制器，它将 CPU、存储器、定时器/计数器、中断控制、I/O 接口等集成在一片芯片上。如 MCS-51 系列单片机等。

（2）单板机。它是将 CPU、内存储器、I/O 接口组装在一块印刷电路板上的微型计算机。如 SDK-86 和 TP86 单板机。

（3）多板机。它是由一块主板（包含 CPU、内存、I/O 总线插槽）和多块外部设备控制器插板组装而成的微型机。如 IBM-PC 微机及其兼容机。

3. 按用途分类

（1）个人计算机 PC(Personal Computer)。它是 20 世纪后期的一种重要的计算机模式，目前 PC 机的主流为 32 位机和 64 位机。

（2）工作站/服务器。工作站指 SUN、DEC、HP、IBM 等大公司推出的具有高速运算能力和很强的图形处理功能的计算机，它有较好的网络通信能力，适合于工程与产品设计。服务器则指存储容量大、网络通信能力强、可靠性好、运行网络操作系统的一类高档计算机，大型的服务器一般由计算机厂家专门设计生产。

（3）网络计算机 NC(Network Computer)。它是一种依赖于网络的微型计算机，它不具备 PC 机的高性能，但操作简单、价位低、维护方便。

4. 按体积或外形分类

（1）台式机（也称桌上型）。一般用交流电源供电，当前绝大多数微机都是台式机。

（2）便携机（也称可移动微机）。它大致可分为笔记本、膝上、口袋、掌上和钢笔等 5 种型式。这类微机采用直流电源供电，功耗较低。

1.1.5 微机系统的主要性能指标

微型计算机系统的性能由它的系统结构、指令系统、外设及软件配置等多种因素所决定，因此，应当用各项性能指标进行综合评价。微机系统的主要技术指标如下。

1. 字长

字长就是计算机能直接处理的二进制数据的位数。字长直接关系到计算精度，字长越长，它能表示的数值范围越大，计算出的结果的有效数位就越多，精度也就越高。微机的字长有 1、2、4、8、16、32 个字节等多种。在一般的过程控制和数据处理中，通常使用的字长是 8 位，微机内存也以 8 位为一个存储单元，因此普遍采用 8 位字长为一个信息段，称为一个字节（Byte）。因此，在 8 位机中，每个字由 1 个字节组成，而在 16 位机和 32 位机中每个字分别由 2 个和 4 个字节组成。当用字长较短的微处理器处理问题精度不能满足要求时，可以采用双倍或多倍字长运算，只是速度要慢一些。

2. 运算速度

运算速度是微机结构性能的综合表现，它是指微处理器执行指令的速率，一般用"百万条指令/秒"（MIPS）来描述。由于执行不同的指令所需的时间不同，这就产生了如何计算速度的问题，目前有 3 种方法：①根据不同类型指令在计算过程中出现的频率，乘上不同的系数，求得统计平均速度；②以执行时间最短的指令或某条特定指令为标准来计算速度；③直接给出每条指令的实际执行时间和机器的主频。微型计算机一般采用最后一种方法来描述运算速度。

3. 存储容量

存储器分为内存储器和外存储器两类。内存储器（简称内存或主存）是 CPU 可以直接访问的存储器，需要执行的程序与需要处理的数据就是存放在主存中的。内存储器容量的大小反映了计算机即时存储信息的能力。外存储器（简称外存或辅存）通常是指外部存储设备（包括内置硬盘和移动硬盘、光盘、U 盘和软盘等）。外存储器容量越大，可存储的信息就越多，可安装的应用软件就越丰富。现代计算机为了提高性能，兼顾合理的造价，一般采用多级存储体系，除有内存和外存外，还增加了存储容量小、存取速度高的高速缓冲存储器（Cache）。

4. 存取速度

存储器完成一次读/写操作所需的时间称为存储器的存取时间或访问时间。存储器连续进行读/写操作所允许的最短时间间隔，称为存取周期。存取周期越短，则存取速度越快，它是反映存储器性能的一个重要参数。通常，存取速度的快慢决定了运算速度的快慢。半导体存储器的存取周期约在几十到几百 μs 之间。

5. 指令系统

每一种微处理器都有自己的指令系统。一般来说，指令的条数愈多，其功能就愈强。例如，同样是 8 位机，Intel 8080 CPU 有 78 条指令，而 Z80 CPU 扩大到 158 条，显然，Z80 处理数据的能力比 Intel 8080 要强。有的微处理器是用增加寻址方式的办法来改善性能，如在 16 位机中，Z8000 CPU 有 8 种寻址方式，而 Intel 8086/8088 CPU 有 24 种寻址方式，所以 Intel 8086/8088 的功能比 Z8000 更强。

6. 总线类型与总线速度

总线类型主要指系统总线和外部总线的类型，总线速度包括处理器的总线速度和系统总线的速度。系统总线速度决定处理器以外的各个部件的最高运行速度，如内存、显示器等。

7. 主板与芯片组类型

不同类型的主板和芯片组，性能差异很大。主板有 AT、ATX 及 BTX 等多种类型，芯片组按支持的处理器型号不同而不同，主要有 4XX、8XX、9XX、3 和 4 系统等芯片组。

8. 外设的配置

容许或实际挂接的外设数量越多，微机的功能就越强。例如，Intel 8086/8088 能直接实现对 64K 个 I/O 端口的寻址。因此，若按每台设备平均占用 4 个端口计算，则以 Intel 8086/8088 为 CPU 的微机系统可以挂接 16K 个外设。当然，实际配置的外设性能也直接影响微机系统的整体性能，主要外设有键盘、鼠标、显示器、打印机和扫描仪等。

9. 系统软件的配置

系统软件的配置主要是指微机系统配置了的操作系统种类及其他系统软件和实用程序等，这决定了计算机能否发挥高效率。合理安装与使用丰富的软件可以充分地发挥计算机的作用和效率，方便用户的使用。

10. 可靠性、可用性和可维护性

可靠性是指在给定时间内，计算机系统能正常运转的概率；可用性是指计算机的使用效率；可维护性是指计算机的维修效率。可靠性、可用性和可维护性越高，则计算机系统的性能越好。

此外，还有一些评价计算机的综合指标，例如，系统的兼容性、完整性和安全性以及性能价格比等。另外，各项指标之间也不是彼此孤立的，在实际应用时，应该把它们综合起来考虑。

1.2 单片机概述

1.2.1 单片机的概念

1. 单片机的定义

单片机是指将组成微型计算机的中央处理器 CPU、内部存储器（包含随机存储器 RAM、只读存储器 ROM）、I/O 接口电路、定时/计数器以及串行通信接口等各个功能部件集成在一块芯片中构成的一个完整的微型计算机。因此单片机早期的含义为单片微型计算机 SCM（Single Chip Microcomputer），简称单片机。

由于单片机面对的是测控对象，突出的是控制功能，所以它从功能和形态上来说都是应控制领域应用的要求而诞生的。随着单片机技术的发展，人们可以在芯片内集成许多面对测控对象的接口电路，如 A/D 转换器、D/A 转换器、高速 I/O 口、PWM（脉冲宽度调制）和 WDT（看门狗定时器）等。这些对外电路及外设接口已经突破了微型计算机 MC（Micro Computer）传统的体系结构，更能确切反映单片机本质的名称——微控制器 MCU（Micro Controller Unit）。

单片机是以单芯片形态进行嵌入式应用的计算机，它有唯一的专门为嵌入式应用而设计的体系结构和指令系统，加上它的芯片级体积的优点和在现场环境下可高速可靠地运行的特点，因此单片机又称为嵌入式微控制器 EMC（Embedded Micro Controller）。

在国内，"单片机"的叫法仍然有着普遍的意义。可以把单片机理解为一个单芯片形态的微控制器，是一个典型的嵌入式应用计算机系统。目前按单片机内部数据总线 DB 的宽度，可以分为 4 位、8 位、16 位、32 位及 64 位单片机。

2. 单片机与微处理器的关系

随着大规模与超大规模集成电路技术的快速发展，微计算机技术形成了两大分支：微处理器 MPU（Micro Processor Unit）和单片机 SCM。

微处理器 MPU 是微型计算机的核心部件，其性能决定了微型计算机的性能。通用型的计算机已从早期的数值计算、数据处理发展到当今的人工智能阶段。它不仅可以处理文字、字符、图形和图像等信息，还可以处理音频、视频等信息，并正向多媒体、人工智能、数字模拟和仿真、网络通信等方向发展。它的存储容量和运算速度正在以惊人的速度发展。高性能的32 位、64 位微型计算机系统正在向中、大型计算机挑战。因此，为了实现海量高速数值计算，通用计算机系统对计算机运行速度的要求是无限的，而对计算机的控制功能的要求是有限的。

单片机 SCM 主要用于工业控制领域的测控对象。它构成的检测控制系统能实时、快速地进行外部响应，能迅速采集到大量数据，能在做出正确的逻辑推理和判断后实现对被控制对象参数的调整与控制。单片机的发展直接利用了 MPU 的成果，也发展了 8 位、16 位、32位、64 位的机型。但它的发展方向是高性能、高可靠性、低功耗、低电压、低噪音和低成本。目前主流的单片机仍然是以 8 位机为主，16 位、32 位、64 位机为辅。单片机的发展主要还是表现在其接口和性能能不断地满足多种多样检测控制对象的要求上，突出表现在它的控制功能上。例如，构成各种专用的控制器和多机控制系统。单片机系统对被控对象的采集、处理、控制的速度要求是有限的，而对控制方式与控制能力的要求是无限的。

3. 单片机与嵌入式系统的关系

面向检测控制对象、嵌入到应用系统中去的计算机系统称之为嵌入式系统。实时性是它的主要特征，对系统的物理尺寸、可靠性、重启动和故障恢复方面也有特殊的要求。由于被嵌入对象的体系结构、应用环境等的要求，嵌入式计算机系统比通用的计算机系统应用设计更为复杂，涉及面也更为广泛。

从形式上可将嵌入式系统分为系统级、板级和芯片级 3 大类。系统级嵌入式系统为各种类型的工控机，包括机械加固和电气加固后的通用计算机系统、各种总线方式工作的工控机和模块组成的工控机。它们大都有丰富的通用计算机软件及周边外设的支持，有很强的数据处理能力，应用软件的开发也很方便。但由于体积庞大，适用于具有大空间的嵌入式应用环境，如大型实验装置、船舶以及分布式测控系统等。

板级嵌入式系统则有各种类型的带 CPU 的主板及代工生产（OEM）产品。与系统级相比，板级的嵌入式系统体积较小，可以满足较小空间的嵌入应用环境。

芯片级的嵌入式系统则以单片机最为经典。单片机嵌入到对象的环境、结构体系中，作为其中的一个智能化控制单元使用，是最典型的嵌入式计算机系统。它有唯一的专门为嵌入式应用而设计的体系结构和指令系统，加上它的芯片级的体积和在现场运行环境下的高可靠性，使得它最能满足各种中、小型对象的嵌入式应用要求。因此，单片机是目前发展最快、品种最多、数量最大的嵌入式计算机系统。但是一般的单片机目前还没有通用的系统管理软件或监控程序，只放置由用户调试好的应用程序。它本身不具备开发能力，常常需要专门的开发工具。不过目前嵌入式系统更多指安装有嵌入式操作系统（如 μcos、Linux、WinCE、Windows Mobile、Embedded XP、Palm 等）的可嵌入到应用对象中去的专业计算机。它一般具有便携、低功耗的特点，开发时除须具备底层知识外，还须掌握操作系统的定制、裁减和在操作系统下的应用开发。现常用于工控机、路由器、掌上电脑（PDA）、手机等中。

1.2.2 单片机的发展概况

单片机的历史并不长，它的产生与发展和微处理器的产生与发展大体上是同步的。它可分为 4 个发展阶段。

1. 第 1 代为微机单片化的初级阶段

工业控制领域对计算机提出了嵌入式应用要求，首先是实现最佳的单芯片形态计算机 SCM（Single Chip Microcomputer），以满足构成大量中小型智能化测控系统的要求。因此，这阶段的任务是探索计算机的单芯片集成。1970 年微型计算机研制成功后，Intel 公司随即在 1971 年生产出了 4 位单片机 4004，虽然它的价格低廉，但其结构简单、功能单一、控制能力弱。Intel 公司 1976 年推出了 MCS-48 系列单片机，它集成了 8 位 CPU、并行 I/O 接口、8 位的定时/计数器、寻址空间小于 4KB 的存储空间。它以体积小、功能全、价格低等特点赢得了市场应用，为单片机的发展奠定了基础。

2. 第 2 代为微机单片化的完善阶段

在 MCS-48 系列单片机成功示范下，一些计算机或半导体公司都竞相加入到研制单片机行列中。这一阶段推出的单片机具有多级中断系统、串行接口、16 位定时/计数器等功能，加大了片内 RAM、ROM 的存储容量，寻址空间可达 64KB。1980 年 Intel 公司推出的 MCS-51 系列是此阶段的代表之作，这种系列单片机完善了单片机体系结构，成为了事实上的标准结构，许多年后还成为其他厂家的单片机内核（51 内核）。

3. 第 3 代为微控制器形成阶段

由于单片机的高性价比及其在各领域的应用，尤其是在测控领域的广泛应用，需要更多的面向测控对象的接口电路（如 A/D 与 D/A 转换、高速 I/O 接口、计数器的捕捉与比较等），保证程序可靠运行的程序监视定时器（俗称"看门狗"，Watch Dog Timer，简称 WDT），保证高速数据传输的存储器直接存取控制器（DMAC）等。这些外围电路一般都已超出了一般计算机的体系结构。为了满足测控系统的嵌入式应用要求，此阶段单片机的发展主要是增强满足测控要求的外围电路，从而形成了不同于单片机特点的微控制器（MCU）芯片。一些厂家以 MCS-51 为内核，集成了 A/D 转换（ADC）、D/A 转换（DAC）、PWM 等外围接口部件，增加了 SPI、I^2C 等串行总线部件，80C51 系列是此阶段的代表产品。同时 16 位单片机也有较快发展。

4. 第 4 代为片上系统（SoC）阶段

随着半导体技术的发展和成熟，面对日益增长的广泛需求，单片机出现了百花齐放的局面。面对玩具、家电、智能仪表和过程控制等不同的电子应用，各厂家推出了适合不同领域要求的单片机，如采用 RISC（Reduced Instruction Set Computer）指令集的单片机；具有 TCP/IP 网络接口的单片机；把 Flash 存储器和各种功能部件集成在一起的片上系统 SoC（System on a Chip）单片机，以适应嵌入式系统的需要等。随着微电子技术、集成电路 IC（Integrated Circuit）设计、电子设计自动化 EDA（Electronic Design Automation）工具的发展，基于 SoC 的单片机应用系统设计会有较大的发展。因此，对单片机的理解可以从单片微型计算机 SCM、单片微控制器 MCU 延伸到单片应用系统 SoC。

尽管单片机的品种繁多，但其中最具典型的仍当属 Intel 公司的 MCS-51 系列单片机。它的功能强大，兼容性强，软硬件资料丰富。国内也以此系列的单片机应用最为广泛。直到现在，MCS-51 仍然是单片机中的主流机型。在今后相当长的时间内，单片机应用领域中的 8 位机主流地位还不会根本改变。

1.2.3　单片机的技术发展方向

纵观单片机的发展过程，再结合半导体集成电路技术和微电子设计技术的发展趋势，可以预见，未来单片机将朝着高性能、高速、低压、低功耗、低价格、外围电路内装化方向发展。

1. 主流机型

单片机虽然经历了 4 位、8 位、16 位、32 位或 64 位的发展阶段，但从实际应用看，并没有出现推陈出新、以新代旧的局面。它们各有应用领域，其中 4 位单片机在一些简单家用电器、高档玩具中仍有应用；8 位单片机在未来较长一段时期内，特别是在中、小规模应用场合仍占主流地位；16 位单片机在比较复杂的控制系统中才有应用；32 位或 64 位单片机（如 DSP、ARM7～11 处理器系列）在满足高速数字处理方面会发挥重要作用。16 位单片机空间有可能被 8 位、32 位或 64 位单片机挤占。

2. 高性能 CPU

今后单片机内 CPU 的性能将进一步得到改善，如加快指令运算速度、提高系统控制的可靠性、加强位处理功能、中断与定时控制功能。加快运算速度的主要办法有：采用双或多CPU 结构，提高并行处理能力；采用单或多流水线结构，指令以多队列形式出现在 CPU中；扩展时钟频率，有的单片机的时钟频率可达 40MHz；改进 CPU 总线结构，降低机器周期来提高指令速度。

3. RISC 体系结构

早期单片机都是 CISC（Complex Instruction Set Computer）结构体系，这种结构的指令复杂，指令代码、周期数不统一，指令运行难以实现流水线操作，阻碍了运行速度的提高。目前一些单片机已采用 RISC 体系结构后，绝大部分指令成为单周期指令，而且通过增加程序存储器的宽度，实现了一个地址单元存放一条指令的可能。此结构还易于实现并行流水线操作，提高指令运行速度。

4. ROM 的新类型

早期单片机内部的程序存储器主要是无 ROM、掩膜 ROM 和 EPROM 3 种类型。其中无 ROM 型的系统电路结构复杂；掩膜 ROM 程序已经固化，因此缺少灵活性，但成本低；EPROM 型的芯片成本高。近年来，EEPROM（简称 E^2ROM）和 Flash ROM（也称闪存ROM）已在单片机程序存储器上得到广泛使用，它们都可直接采用电信号进行擦除或编程（写入）操作，Flash ROM 属于 EEPROM 的改进产品，Flash ROM 属于真正的单电压芯片，它必须按区块（Block）擦除（每个区块包含若干个字节），而 EEPROM 则可以一次只擦除一个字节。只有在写入时，Flash ROM 才以字节为最小单位写入。这两种 ROM 可多次编程，灵活性好，系统开发阶段使用方便，在小批量应用系统中广泛使用，但成本较高。目前一些单片机系列还提供 OTP ROM（简称 PROM）型产品，PROM 型是介于掩膜和Flash 产品特性之间的类型，它仅可一次性编程，其价格接近掩膜 ROM，由于它既有一定的灵活性，成本又不太高，因此迅速占领了市场。

5. 存储器的容量

单片机内存储器容量将进一步扩大。早期片内 ROM 为 1KB～8KB，RAM 为 64B～256B。现在片内 ROM 可达 64KB，片内 RAM 可达 4KB，基本不需外加存储器扩展芯片。PROM 与 Flash ROM 成为主流供应状态。容量小、价格低廉的 4 位或 8 位机也是单片机的发展方向之一，其用途是把以往用数字逻辑电路组成的控制电路单片化。

6. 基本功能单元的扩展

基本功能单元的扩展主要指在中断系统中相应增加中断源和 I/O 端口、设置高速 I/O端口和增加定时器/计数器数量。

7. 外围电路的内装

随着单片机集成度的提高，可以把众多的外围功能器件集成到单片机内。除了 CPU、ROM、RAM 外，还可把 ADC、DAC、PWM、DMAC、WDT 监视定时器、声音发生器、液晶驱动电路以及锁相电路等一并集成在芯片内。为了减少外部的驱动芯片，进一步增强单片机的并行驱动能力，一些单片机可直接输出高电压和大电流，以便于直接驱动外部器件。为了进一步加快 I/O 口的传输速度，有些单片机还设置了高速 I/O 口，可快速触动外部设备，并可快速响应外部事件。

8. 内部资源的删减

资源扩展的同时为了满足构成小型廉价应用系统的要求，可将内部资源删减。主要是删减并行总线和部分功能单元，减少封装引脚。同时，增强某些功能，如模拟比较器、施密特输入接口或 I^2C 总线接口等。如大多廉价 80C51 单片机引脚数在 20～28 之间。

9. 软件的嵌入

随着单片机程序空间的扩大，在空余空间上可嵌入一些工具软件，这些软件可大大提高产品开发效率和单片机性能。单片机中嵌入软件类型主要有：①实时多任务操作系统 RTOS（Real Time Operating System），在 RTOS 支持下可实现按任务分配的规范化应用程序设计；②平台软件，可将通用子程序及函数库嵌入，以供应用程序调用；③虚拟外设软件包；④其他用于系统诊断、管理的软件等。

10. 串行扩展总线的推行

由于串行总线接口方式方便，可减少引脚数量，简化系统结构，降低成本。因此，单片机的扩展方式从并行总线发展出各种串行总线，并被工业界接受，形成一些工业标准，如移位寄存器接口、SPI、I^2C、Microwire、1 - Wire、USB、CAN、DDB 等总线。随着外围电路串行接口的发展，单片机串行扩展设置越来越普遍化、高速化。

11. 编程语言的发展

单片机的编程语言很多，大致可分为机器语言、汇编语言、高级语言 3 类，它们各有各的优缺点。其中机器语言虽然可直接识别和执行，响应速度最快，但它十分繁琐，且不易看懂，不便记忆，容易出错，目前一般用户都不再使用；汇编语言是比较直观、易懂、易用，占用资源少，程序执行效率高，但汇编语言可移植性差，编程难度较大，很啰嗦繁琐；单片机所用的高级语言一般有 C 语言、PL/M 和 BASIC 语言等，它们易学易懂，通用性强，可读性和可移植性好，但要占用较多存储空间，且执行时间长，程序执行时间难以精确计算。目前采用单片机 C 语言（C51）进行程序设计已成为单片机软件开发的一个主流。

12. 全功耗的管理

低功耗是便携式系统追求的重要目标，低功耗的技术措施会带来许多可靠性效益。实现低功耗的技术有：①单片机的全盘 CMOS 化，这使单片机本身低功耗和低功耗管理技术的飞速发展。目前单片机都具有等待、暂停、睡眠、空闲、节电、关闭等低功耗工作方式。低功耗技术会提高单片机的可靠性，降低其工作电压，使抗噪声和抗干扰等各方面性能都得到全面提高；②配置高速（主时钟）和低速（子时钟）双时钟系统，在不需要高速运行时，转入子时钟控制下，以节省功耗；③高速时钟下的分频或低速时钟下的倍频控制运行技术；④外围电路的电源管理；⑤低电压节能技术。

13. 专用型单片机的发展

单片机有通用型与专用型之分。通用型单片机的用途很广泛，使用不同的接口电路及编制不同的应用程序就可完成不同的功能，但生产成本较高。专用单片机是专门针对某一类产品系统要求而设计的，由于它出厂时程序已一次性固化好，因而不能再修改单片机的程序和功能，但使用专用单片机可最大限度地简化系统结构，提高可靠性，最大化资源利用率。在大批量使用时有可观的经济效益和可靠性效益，如电子表里的单片机就是其中的一种。

14. ASMIC 技术的启动与发展

专用单片机的巨大优势会推动 ASMIC（Application Specific Microcontroller Integrated Circuit）技术的发展。ASMIC 是以 MCU 为核心的专用集成电路 ASIC（Application Specific Integrated Circuit），与 ASIC 相比，由于它是基于 MCU 的系统集成，有较好的柔性特性，因此它是单片机应用系统实现系统集成的重要途径。

15. ISP 及其开发环境

Flash ROM 的发展推动在系统可编程 ISP（In System Programmable）技术的发展。在 ISP 技术基础上，首先实现了目标程序的串行下载，促使模拟仿真开发方式的重新兴起，在单时钟、单指令运行的 RISC 结构单片机中，可实现 PC 通过串行电缆对目标系统的仿真调试。

16. 可靠性技术的发展

在单片机应用中，可靠性是首要因素。为了扩大单片机的应用范围和领域，提高单片机自身的可靠性是一种有效方法。近年来，单片机的生产厂家在单片机设计上采用了各种提高可靠性的新技术，这些新技术包括 EFT（Ellectrical Fast Transient）技术、低噪声布线技术及驱动技术和低频时钟技术等。

1.3 微型计算机系统的结构和工作原理

1.3.1 计算机系统的组成

现在，计算机已发展成为一个庞大的家族，其中的每个成员，尽管在规模、性能、结构和应用等方面存在着很大的差别，但是它们的基本结构是相同的。计算机系统包括硬件系统和软件系统两大部分。计算机工作时，软、硬件协同工作，两者缺一不可。

1. 硬件系统概述

硬件系统是构成计算机的物理装置，是指在计算机中看得见、摸得着的有形实体。1946年美籍匈牙利著名的数学家冯·诺依曼（Von. Neumann）为代表的研究组提出了计算机基本结构、程序存储及程序控制等概念，这些基本概念奠定了现代计算机的基本框架，虽然计算机发展很快，但直到现在大多数计算机仍然沿用冯·诺依曼体制。这种体系结构的 3 个基本要点是：

（1）计算机硬件系统应由运算器、控制器、存储器、输入设备和输出设备 5 部分组成，并对各部分的基本功能做了相应规定。图 1-1 为计算机系统的硬件组成框图。图中，运算器实现算术和逻辑运算处理；存储器用于存储数据和程序；控制器对指令进行译码后向各部件发出控制

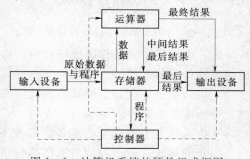

图 1-1 计算机系统的硬件组成框图

信号，指挥计算机按规定进行工作；输入设备将程序和数据送到计算机中的存储器；输出设备将计算机的处理结果输出到外，供人们识别和存储。另外，图中的实线、虚线分别代表数据/指令流、控制流。

（2）任何复杂的运算和操作都可转换成一系列用二进制代码表示的指令，程序就是完成既定任务的一组指令序列，各种数据也可用二进制代码来表示。把执行一项信息处理任务的程序代码和数据，以字节为单位，按顺序存放在存储器的一段连续的存储区域内，这就是"程序存储"概念。

（3）计算机工作时，计算机自动地按照规定的流程，依次执行一条条的指令，不但能按照指令的存储顺序，依次读取并执行指令，而且还能根据指令执行结果进行程序的灵活转移，从而完成各种复杂的运算操作，最终完成程序所要实现目标，这就是"程序控制"概念。

计算机采取"存储程序与程序控制"的工作方式，即事先把程序加载到计算机的存储器中，当启动运行后，计算机便会自动按照程序的指示进行工作。

硬件是计算机运行的物质基础，计算机的性能如运算速度、存储容量、计算和可靠性等，很大程度上取决于硬件的配置。仅有硬件而没有任何软件支持的计算机称为裸机。在裸机上只能运行机器语言程序，使用很不方便，效率也低。所以早期只有少数专业人员才能使用计算机。

2. 计算机的基本工作原理

指令是能被计算机识别并执行的二进制代码，它规定了计算机能完成的某一种操作。一条指令通常由操作码和操作数两个部分组成。其中，操作码指明该指令要完成的操作，如存数、取数等；操作数是操作对象的内容或者所在的存储单元地址。计算机的工作过程实际上是快速地执行指令的过程。当计算机在工作时，数据流、控制流这两种信息在流动。数据流是指原始数据、中间结果、结果数据、源程序等；控制流是由控制器对指令进行分析、解释后向各部件发出的控制命令，用于指挥各部件协调地工作。

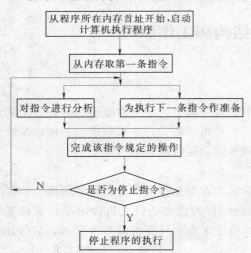

图 1-2　计算机的指令的执行过程

计算机的指令的执行过程如图 1-2 所示。它分为如下几个步骤：

（1）取指令。从内存储器中取出指令送到指令寄存器。

（2）分析指令。对指令寄存器中存放的指令进行分析，由译码器对操作码进行译码，将指令的操作码转换成相应的控制电信号，并由地址码确定操作数的地址。

（3）执行指令。它是由操作控制线路发出的完成该操作所需要的一系列控制信息，以完成该指令所需要的操作。

（4）为执行下一条指令做准备。形成下一条指令的地址，指令计数器（PC）指向存放下一条指令的地址，最后控制单元将执行结果写入内存。

计算机在运行时，从内存读取一条指令到控制器内执行，指令执行完，再从内存读取下一条指令到控制器执行。计算机不断地取指令、分析指令、执行指令，再取下一条指令，这就是程序的执行过程。

总之，计算机的工作就是执行程序，即自动连续地执行一系列指令，使计算机不断地工作。

3. 软件系统概述

软件系统是指使用计算机所运行的全部程序的总称。软件是计算机的灵魂，是发挥计算机功能的关键。有了软件，人们可以不必过多地去了解机器本身的结构与原理，可以方便灵活地使用计算机，从而使计算机有效地为人类工作、服务。

随着计算机应用的不断发展，计算机软件在不断积累和完善的过程中，形成了极为宝贵的软件资源。它在用户和计算机之间架起了桥梁，给用户的操作带来极大的方便。有了内容丰富、种类繁多的软件，使用户面对的不仅是一部实实在在的计算机，而且还包含许多软件的抽象的逻辑计算机（称之为虚拟机）。这样，人们可以采用更加灵活、方便、有效的手段使用计算机。从这个意义上说，软件是用户与计算机的接口。

在计算机系统中，硬件和软件之间并没有一条明确的分界线。一般来说，任何一个由软件完成的操作也可以直接由硬件来实现，而任何一个由硬件执行的指令也能够用软件来完成。硬件和软件有一定的等价性，例如，如图像的解压，以前低档微机是用硬件解压，现在高档微机则用软件来实现。

软件和硬件之间的界线是经常变化的。要从价格、速度、可靠性等多种因素综合考虑，来确定哪些功能用硬件实现合适，哪些功能由软件实现合适。

1.3.2 微型计算机系统的组成

微型计算机与一般的计算机没有本质的区别，它也是由运算机、控制器、存储器、输入设备和输出设备等部件组成。不同之处是微型计算机把运算器和控制器集成在一片芯片上，称之为 CPU（Central Processing Unit）。一个完整的微型计算机系统由硬件系统和软件系统两大部分组成。硬件和软件是一个有机的整体，必须协同工作才能发挥计算机的作用。硬件系统主要由主机（包含 CPU 和主存）和外部设备（包含输入/输出设备和辅存）构成，它是计算机物质基础。软件是支持计算机工作的程序，它需要人根据机器的硬件结构和要解决的实际问题预先编制好，并且输入到计算机的主存中，软件系统由系统软件和应用软件等组成。微型计算机系统的组成由小到大可分为微处理器、微型计算机、微型计算机系统 3 个层次结构，如图 1-3 所示。

1. 微处理器

微处理器（Micro Processor，简称 MP 或 μP）是指由一片或几片大规模集成电路组成的具有运算器和控制器功能的中央处理器部件，又称为微处理机。它本身并不等于微型计算机，而只是其中央处理器。有时为区别大、中、小型中央处理器 CPU 与微处理器 MPU（Micro Processing Unit）。但通常在微型计算机中直接用 CPU 表示微处理器。

2. 微型计算机

微型计算机（Micro Computer，简称 MC 或 μC）是指以微处理器为核心，配上存储器、I/O 接口电路及系统总线所组成的计算机。当把微处理器、存储器、I/O 接口电路统一组装在一块、几块电路板上或集成在单个芯片上，则分别称之为单板、多板或单片微型计算机。

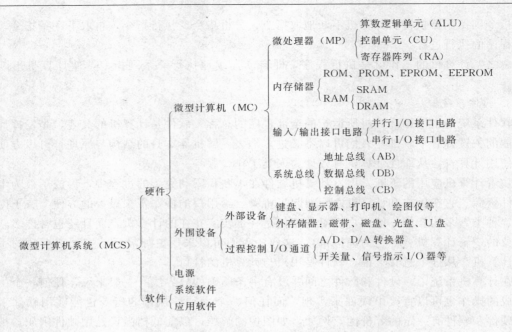

图 1-3 微型计算机系统的组成

3. 微型计算机系统

微型计算机系统（Micro Computer System，简称 MCS 或 μCS）是指以微型计算机为核心，配以相应的外部设备、电源和辅助电路以及软件系统所构成的系统。只有硬件的计算机称为裸机，只有当将其配上系统软件时才成为真正可使用的计算机系统。

嵌入式系统（Embedded System）是嵌入式计算机系统的简称，它就是嵌入到对象体系中的专用计算机系统，是微型计算机系统的另一种形式。

由上面概念可知，我们平时使用的微机实际上是微型计算机系统。

1.3.3 微处理器的内部结构与基本功能

1. 概述

微处理器 CPU 外部一般采用下面将介绍的三总线结构；而 CPU 内部则采用单总线即内部所有单元电路都挂在内部总线上，分时享用。一个典型的 8 位微处理器的结构如图 1-4 所示，CPU 由算术逻辑运算单元（ALU）、控制单元（CU）、寄存器组（R's）三部分组成，其中 CU 由指令寄存器、指令译码器和定时及各种控制信号的产生电路等组成；R's（Register stuff）由通用寄存器和专用寄存器组成，它们分别存放任意数据和专门数据，通用寄存器为寄存器阵列中的通用寄存器组，专用寄存器为累加器 A、状态标志寄存器 F、指令计数器 PC、堆栈指示器 SP、地址寄存器 AR、数据寄存器 DR 等。

2. 算术逻辑运算部件 ALU 和累加器 A、标志寄存器 F

算术逻辑运算部件（Arithmetic Logic Unit，ALU）主要用来完成数据的算术和逻辑运算。ALU 有 2 个输入端和 2 个输出端，其中输入端的一端接至累加器（Accumulator，A），接收由 A 送来的一个操作数；输入端的另一端通过内部数据总线接到寄存器阵列，以接收第二个操作数。参加运算的操作数在 ALU 中进行规定的操作运算，运算结束后，一方面将结果送至 A，同时将操作结果的特征状态送标志寄存器 F（Flags，

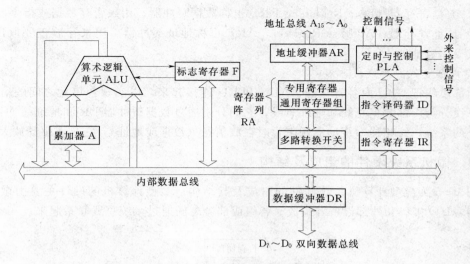

图 1-4　典型 8 位微处理器结构

F）。

　　A 具有输入/输出和移位功能，微处理器采用累加器结构可以简化某些逻辑运算。由于所有运算的数据一般都要通过 A，故 A 在微处理器中占有很重要的位置。F 又称程序状态字（Program Status Word，PSW），它用于反映处理器的状态和运算结果的某些特征及控制指令的执行，它主要包括进位标志 CF（也称 CY 或 Cy）、溢出标志 OF（也称 OV）、零标志 ZF、符号标志 SF、奇偶标志 PF 等。

　　3. 控制单元 CU

　　CU 负责控制与指挥计算机内各功能部件协同动作，完成计算机程序功能。它由指令寄存器（IR）、指令译码器（ID）和定时及各种控制信号的产生电路（PLA）等组成。

　　（1）指令寄存器（Instruction Register，IR）用来存放当前正在执行的指令代码。

　　（2）指令译码器（Instruction Decoder，ID）用来对指令代码进行分析、译码，并根据指令译码的结果，输出相应的控制信号。

　　（3）可编程逻辑阵列（Programmable Logic Array，PLA）也称定时与控制电路，用于产生出各种操作电位、不同节拍的信号、时序脉冲等执行此条命令所需的全部控制信号。

　　4. 寄存器组

　　寄存器组是 CPU 内部的若干个存储单元，用来存放参加运算的二进制数据以及保存运算结果。一般可分为通用寄存器和专用寄存器。

　　（1）通用寄存器组。可由用户灵活支配，用来寄存参与运算的数据或地址信息。

　　（2）专用寄存器。专门用来存放地址等专门信息的寄存器。下面介绍几个常用的专用寄存器。

　　1）指令计数器（Program Counter，PC）。用来指明下一条指令在存储器中的地址。每取一个指令字节，PC 自动加 1，如果程序需要转移或分支，只要把转移地址放入 PC 即可。

　　2）堆栈指示器 SP（Stack pointer）。用来指示内存 RAM 中堆栈栈顶的地址。SP 寄存器的内容随着堆栈操作的进行，自动发生变化。

　　3）变址寄存器 SI、DI。用来存放要修改的地址，也可以用来暂存数据。

4）数据寄存器（Data Register，DR）也称数据缓冲器。用来暂存数据或指令。

5）地址寄存器（Address Register，AR）也称地址缓冲器。用来存放正要取出的指令地址或操作数地址。

5. 内部总线和总线缓冲器

内部总线把 CPU 内各寄存器、ALU 和 CU 连接起来，以实现各单元之间的信息传送。内部总线分为内部数据总线和地址总线，它们分别通过数据缓冲器 DR 和地址缓冲器 AR 与芯片外的系统总线相连。缓冲器用来暂时存放信息（数据或地址），它具有驱动放大能力。

1.3.4 微机系统硬件的组成及结构

图 1-5 为微型计算机系统硬件的组成及其结构。微型计算机的硬件主要由微处理器、存储器、I/O 接口和外部设备等组成。各组成部分之间通过系统总线联系起来。

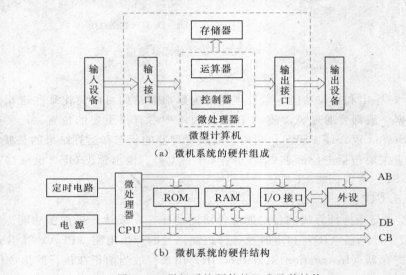

(a) 微机系统的硬件组成

(b) 微机系统的硬件结构

图 1-5 微机系统硬件的组成及其结构

1. 微处理器（CPU）

它是微机的运算、控制核心，用来实现算术、逻辑运算，并对全机进行控制。它包含运算器、控制器和寄存器组三个部分，其中控制器用来协调控制所有的操作，运算器用来进行数据运算，寄存器组用来暂时存放参加运算的数据以及运算中间结果。

2. 存储器（M）

它用来存储程序和数据，可分为内部存储器（简称主存或内存）与外部存储器（简称辅存或外存）。内存以存储单元为单位线性顺序编址，CPU 按存储地址读/写其单元内容，通常一个单元存放 8 位二进制数（即 1 个字节）。计算机程序只有存放到内存中才能被执行。内存可分为只读存储器（Read Only Memory，ROM）和随机存取存储器（Random Access Memory，RAM）两种类型。图 1-5 上的存储器实际上仅是内存，而外存与输入设备、输出设备归入外设，它们需通过相应的 I/O 接口才能与主机相连。

3. 输入/输出接口（也称 I/O 接口）

微机与外部设备（外设）间的连接与信息交换不能直接进行，必须通过 I/O 接口将两者连接起来，I/O 接口在两者之间起暂存、缓冲、类型变换及时序匹配等协调工作。

4. 外部设备（简称外设或 I/O 设备）

它是微机与外界联系的设备，计算机通过外设获得各种外界信息，并且通过外设输出运算处理结果。它包括输入设备、输出设备和存储设备（外存），常用的输入设备有键盘、鼠标、扫描仪和摄像机等，常用的输出设备有显示器、打印机和绘图仪等，常用的存储设备（外存）有硬盘、光盘、U 盘和软盘等。

5. 系统总线

系统总线是一组连接计算机各部件（即 CPU、内存、I/O 接口）的公共信号线。根据所传送信息的不同，系统总线可分为数据总线 DB（Data Bus）、地址总线 AB（Address Bus）和控制总线 CB（Control Bus）3 种类型，AB、DB 和 CB 分别用来传送地址、数据和控制信息的信号线。微机采用三总线结构，这可使微机系统的结构简单、维护容易、灵活性大和可扩展性好。CPU 通过三总线实现读取指令，并通过它与内存、外设之间进行数据交换。

（1）数据总线（DB）：传送数据，双向，CPU 的位数不一定与外部 DB 的位数一致，如 8086 CPU 的位数与外部 DB 均为 16 位，而 8088 CPU 位数 16 位，外部 DB 为 8 位。而数据可能是指令代码、状态量或控制量，也可能是真正的数据。注意：前述的字长实际上就是 CPU 的位数。

（2）地址总线（AB）：传送 CPU 发出的地址信息，单向，其宽度（线数目）决定了 CPU 的可寻址地址范围。例如：2 根地址线，可寻址 $2^2 = 4$ 个字节地址单元；16 根地址线，可寻址 $2^{16} = 64K$ 字节地址单元。

（3）控制总线（CB）：传送使微机协调工作的定时、控制信号，双向，但对于每一条具体的控制线，都有固定的输入或输出控制功能。控制线数目受芯片引脚数量的限制。

6. 并行总线类别及并行总线标准

实际上，微机中并行总线一般有内部总线、系统总线和外部总线共 3 种类型。其中：内部总线是微机内部各外围芯片与处理器之间的总线，用于芯片一级的互连；外部总线则是微机和外部设备之间的总线，微机通过该总线和其他设备进行信息与数据交换，它用于设备一级的互连；而系统总线是微机中各插件板与系统板之间的总线，用于插件板一级的互连，它一般采用 AB、DB 和 CB 三总线形式。通过制定统一的总线标准容易使不同设备间实现互连，目前系统总线的标准主要有 ISA、EISA、VESA、PCI、Compact PCI 等，它们简介如下：

（1）ISA 总线是 IBM 公司 1984 年为推出 PC/AT 机而建立的系统总线标准（也称 AT 总线），它是对 XT 总线的扩展，以适应 8/16 位数据总线要求，它在 80286 至 80486 时代应用非常广泛，ISA 总线有 98 只引脚。

（2）EISA 总线是 1988 年由 Compaq 等 9 家公司联合推出的总线标准，它是在 ISA 总线的基础上使用双层插座，在原来 ISA 总线的 98 条信号线上又增加了 98 条信号线，也就是在两条 ISA 信号线之间添加一条 EISA 信号线，因此，EISA 总线完全兼容 ISA 总线。

（3）VESA 总线是 1992 年由 60 家附件卡制造商联合推出的一种局部总线，简称为 VL 总线，该总线系统考虑到 CPU 与主存和 Cache 的直接相连，通常把这部分总线称为 CPU 总线或主总线，其他设备通过 VL 总线与 CPU 总线相连，所以 VL 总线被称为局部总线，它定义了 32 位 DB，且可通过扩展槽扩展到 64 位，使用 33MHz 时钟频率，最大传输率达 132MB/s，可与 CPU 同步工作，它是一种高速、高效的局部总线，可支持 386SX/DX、486SX/DX 及奔腾 CPU。

（4）PCI 总线是当前流行的总线之一，它是由 Intel 公司推出的一种局部总线，它定义了 32 位/64 位 DB，PCI 总线主板插槽比 ISA 总线插槽还小，其功能比 VESA、ISA 有极大的改善，支持突发读写操作，最大传输速率可达 132MB/s，可同时支持多组外围设备，PCI 局部总线不能兼容 ISA、EISA 等总线，但它不受制于 CPU。

（5）上面几种系统总线一般都用于商用 PC 机，还有另一大类为适应工业现场环境而设计的工业系统总线标准，比如 STD、VME、PC/104、Compact PCI 等总线，其中 Compact PCI 采用无源总线底板结构的 PCI 系统，它是 PCI 总线的电气和软件标准加欧式卡的工业组装标准，它是在 PCI 总线基础上改造而来的一种工业计算机标准总线，它利用 PCI 的优点，提供满足工业环境应用要求的高性能核心系统，同时还考虑充分利用传统的总线产品来扩充系统的 I/O 和其他功能。

在图 1-3 中，外设通过 I/O 接口连接到主机（包含微处理器和内存）上，各部件之间通过 DB、AB、CB 三组总线来传送信息。数据和控制信息通过输入设备送入到内存中存储。需要处理的数据，将其送到运算器，经处理后再送回内存中；需要输出的数据，由内存送给输出设备。

1.3.5　内存的组成与操作

内存的作用是存放指令和数据，并能由中央处理器（CPU）直接随机存取。内存是按地址存放信息的，存取速度一般与地址无关。按照读写方式的不同，内存又分为 ROM 和 RAM 两种类型。内存的性能指标有存储速度、存储容量等。

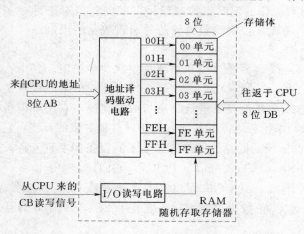

图 1-6　内存的组成框图

1. 内存的结构

内存通常由存储体、地址译码驱动电路、I/O 读写电路等部分组成，其组成的框图如图 1-6 所示。其中存储体是存储单元的集合，用来存放数据；地址译码驱动电路包含译码器和驱动器两部分，译码器将地址总线 AB 输入的地址码转换成与之对应的译码输出线上的有效电平，以表示选中某一存储单元，再由驱动器提供驱动电流去驱动相应的读写电路，完成对被选中存储单元的读或写操作；I/O 读写电路包括读出放大器、写入电路和读写控制电路，用以完成被选中存储单元中读出（即取出）或写入（即存入）数据操作，完成存储单元与数据总线 DB 之间数据传递。

存储体是存储 1 或 0 信息的电路实体，它由许多个存储单元组成，每个存储单元赋予一个编号，称为地址单元号。而每个存储单元由若干相同的位组成，每个位需要一个存储元件。图 1-6 中，存储体的存储容量为 2^8 单元×8 位，总的存储位数为 256×8 位＝2048 位，编号为 00H～FFH，即 00000000B～11111111B。

2. 内存的操作过程

RAM 型内存的主要操作有读、写两种操作。图 1-7（a）、（b）分别从存储器读出、写入信息的操作过程示意图。

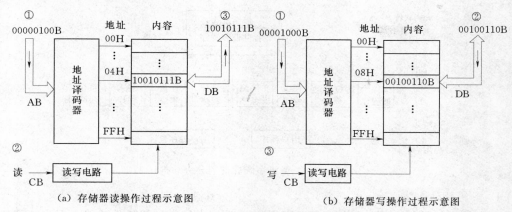

(a) 存储器读操作过程示意图　　　　　　(b) 存储器写操作过程示意图

图 1-7　内存读写操作过程示意图

（1）内存的读出操作。假定 CPU 要读出存储器 04H 单元的内容 10010111B＝97H，则图 1-7（a）中：

①CPU 的地址寄存器 AR 先给出地址 04H，并将它放到 AB 上，经地址译码器译码选中 04H 单元。

②CPU 发出"读"控制信号给存储器，指示它准备把被寻址的 04H 单元中的内容 97H 放到 DB 上。

③在读控制信号作用下，存储器将 04H 单元中的内容 97H 放到 DB 上，经它送到 CPU 的数据寄存器 DR，再由 CPU 取走该内容作为所需的信息使用。

注意：读操作完成后，04H 单元中的内容 97H 仍保持不变，这种允许多次读出同一单元内容的特点称为非破坏性读出。

（2）内存的写入操作。假定 CPU 要把数据寄存器 DR 的内容 00100110B＝26H 写入存储器 08H 单元，则图 1-7（b）中：

①CPU 的地址寄存器 AR 先把地址 08H 放到 AB 上，经地址译码器译码选中 08H 单元。

②CPU 把数据寄存器 DR 的内容 26H 放到 DB 上。

③CPU 发出"写"控制信号给存储器，在该信号的控制下，将数据 26H 写入 08H 单元中。

注意：写操作完成后，08H 单元中的原内容被清除，由新内容 26H 取代了原内容，即写入操作将破坏被写入单元中原来存入的内容。

ROM 型内存只能进行与上面 RAM 型内存类似的"读"操作，ROM 型内存不能采用上面的电路进行"写"操作，它一般需采用专门的写入器（需大电压或大电流）才能做"写"操作。

1.3.6　微机系统的软件结构

一个微型计算机系统包括硬件系统和软件系统。硬件和软件的结合才能使计算机正常工作运行。微机软件系统指为运行、管理、应用、维护计算机所编制的所有程序及文档的总和。依据功能的不同，微机软件通常分为系统软件和应用软件两大类。微机系统软件的分级结构如图 1-8 所示。

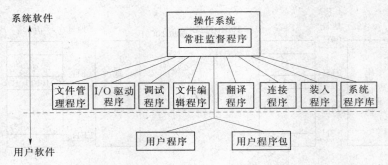

图 1-8 微机系统软件的分级结构

1. 系统软件

它是管理、监控和维护计算机资源的软件，是用来扩大计算机的功能，提高计算机的工作效率，方便用户使用计算机的软件。系统软件是计算机正常运转所不可缺少的，是硬件与软件的接口。系统软件包括操作系统等软件。

系统软件的核心是操作系统，它是由指挥与管理计算机系统运行的程序模板和数据结构组成的一种大型软件系统，负责管理计算机的硬件资源和软件资源，为用户提供高效、周到的服务。操作系统的主要部分是常驻监督程序，只要一开机，它就开始运行，它可以接收用户命令，并使操作系统执行相应的动作。操作系统与硬件关系密切，是加在"裸机"上的第一层软件和硬件与软件的接口，其他绝大多数软件都是在操作系统的控制下运行的。常用的操作系统有 Unix/ Xenix、MS-DOS、Windows、Linux 和 OS/2。操作系统下直接相关软件可分为 8 个程序分支，它们包括：文件管理程序、I/O驱动程序、文件编辑程序、装入程序、翻译程序、连接程序、调试程序和系统程序库。

2. 应用软件

它是为了解决计算机各类问题而编写的程序。它分为应用软件包与用户程序。它是在硬件和系统软件的支持下，面向具体问题和具体用户的软件。随着计算机应用的日益广泛深入，各种应用软件的数量不断增加，质量日趋完善，使用更加方便灵活，通用性越来越强。有些软件已逐步标准化、模块化，形成了解决某类典型问题的较通用的软件，这些软件称为应用软件包（Package）。它们通常是由专业软件人员精心设计的，为广大用户提供方便、易学、易用的应用程序，帮助用户完成各种各样的工作。目前常用的软件包有字处理软件、表处理软件、会计电算化软件、绘图软件和运筹学软件包等。

系统软件和应用软件之间并不存在明显的界限。随着计算机技术的发展，各种各样的应用软件中有了许多共同的东西，把这些共同的部分抽取出来，形成一个通用软件，它就逐渐成为系统软件了。

应当指出，微机系统的硬件和软件是相辅相成的，现代计算机的硬件系统和软件系统之间的分界线越来越不明显，总的趋势是两者统一融合，在发展上互相促进。一个具体的微机系统应包含多少软、硬件，要根据应用场合对系统功能的要求来确定。

1.3.7 微机系统的工作过程

微机之所以能在没有人直接干预的情况下自动地完成各种信息处理任务，是因为人们事先为它编制了各种工作程序，微机的工作过程就是执行程序的过程。由于程序由指令序列组成，因此，执行程序的过程就是执行指令序列的过程，即一条指令一条指令地逐条执行指令。由于计算机每执行每一条指令都包含取指令和执行指令两个基本步骤。因此，微机的工作过程也就是不断循环地取指令和执行指令的过程，首先 CPU 进入取指令阶段，从存储器中取出指令码送到指令寄存器中寄存，然后对该指令译码后，再转入执行指令阶段，在这期间，CPU 执行指令指定的操作。取指令阶段是由一系列相同的操作组成的。因此，取指令阶段的时间总是相同的，而执行指令的阶段是由不同的事件顺序组成的，它取决于被执行指令的类型，不同指令的执行阶段所做的动作与所用的时间变化很大。执行完一条指令后接着执行下一条指令，如此反复，直至程序结束。图 1-9 为微机执行程序过程示意图。

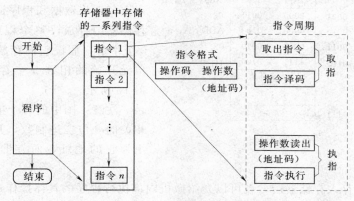

图 1-9 微机执行程序过程示意图

假定程序已由输入设备存放到内存中。当微机要从停机状态进入运行状态时，首先把第 1 条指令所在的地址赋给程序计数器 PC，然后机器就进入取指阶段。在取指阶段，CPU 从内存中读出的内容必为指令，于是，数据寄存器 DR 便把它送至指令寄存器 IR，然后由指令译码器 ID 译码，控制器就发出相应的控制信号，CPU 便知道该条指令要执行什么操作。当一条指令执行完毕以后，就转入下一条指令的取指阶段。这样周而复始地循环一直进行到程序中遇到暂停指令时方才结束。

需要指出的是，指令一般由操作码和操作数两部分组成。其中操作码表示执行何种操作，而操作数表示参加操作的数本身或者操作数所在的地址。因此，在执行一条指令时，就可能要处理不等字节数目的代码信息（包含操作码、操作数或操作数的地址）。

为了进一步说明微机的工作过程，我们来具体讨论一个模型机怎样执行一段简单的程序。例如，计算机如何具体计算 3＋2＝？虽然这是一个相当简单的加法运算，但是，计算机却无法理解。人们必须要先编写一段程序，以计算机能够理解的语言告诉它如何一步一步地去做，直到每一个细节都详尽无误，计算机才能正确地理解与执行。为此，我们在启动工作计算机之前做好如下几项工作：

（1）首先根据指令表提供的指令，用助记符号指令编写源程序。

```
MOV A,3   ;A←3,即立即数 3 送入累加器 A
ADD A,2   ;A←A＋2 即立即数 2 加上累加器 A,加法结果再送 A
HLT       ;暂停
```

整个程序只需 3 条指令，但模型机并不认识助记符和十进制数，而只认识二进制数表示的操作码和操作数。因此，上面的用助记符书写的源程序需要翻译为二进制的机器码。

（2）由于机器不能识别助记符号，需要翻译（汇编）成机器语言指令。

MOV A,3 ⇒ 1011 0000B = B0H ;操作码（MOV A，n）

0000 0011B = 03H ;操作数（3）

ADD A,2 ⇒ 0000 0100B = 04H ;操作码（ADD A，m）

0000 0010B = 02H ;操作数（2）

HLT ⇒ 1111 0100B = F4H ;操作码（HLT）

地址		指令的	助记符内容
十六进制	二进制	内 容	
00	0000 0000	1011 0000	MOV A，n
01	0000 0001	0000 0011	03
02	0000 0010	0000 0100	ADD A，n
03	0000 0011	0000 0010	02
04	0000 0100	1111 0100	HLT
⋮	⋮	⋮	
FF	1111 1111		

图 1-10 存储器中的指令

整个程序机器码有 5 个字节，其中前两条占 2 个字节，最后一条占 1 个字节。

（3）将数据和程序通过输入设备送至存储器中存放，整个程序一共 3 条指令，5 个字节，假设它们存放在存储器从 00H 单元开始的相继 5 个存储单元中。如图 1-10 所示。

注意：图中的每个单元具有两组和它相关的 8 位二进制数，其中方框左边的一组为它的地址，而方框内的一组为它的内容。

（4）当程序存入存储器后，就可以介绍微机内部执行程序的具体操作过程了。

开始执行程序时，必须先给程序计数器 PC 赋以第一条指令的首地址 00H，然后就进入第一条指令的取指令阶段。图 1-11 为第一条指令的取指令阶段操作示意图。

①将 PC 的内容 00H 送至地址寄存器 AR，记为 PC→AR。

②PC 的内容自动加 1 变为 01H，为取下一个指令字节做准备，记为 PC＋1→PC。

③AR 将 00H 通过地址总线 AB 送至存储器，经地址译码器 ID 译码，选中 00 号单元，记为 AR→M。

④CPU 经数据总线 CB 发出"读"命令。

⑤所选中的 00 号单元的内容 B0H 读至数据总线 DB，记为（00H）→DB。

⑥经 DB，将读出的 B0H 送至数据寄存器 DR，记为 DB→DR。

⑦DR 将其内容送至指令寄存器 IR，经过译码，控制逻辑 PLA 发出执行该条指令的一系列控制信号，记为 DR→IR，IR→ID、PLA。经过译码，CPU"识别"出这个操作码就是 MOV A，n 指令，于是，它"通知"控制器发出执行这条指令的各种控制命令。这就完成了第一条指令的取指令阶段，上述具体操作过程如图 1-11 所示。

接着进入第一条指令的执行指令阶段。

经过对操作码 B0H 译码后，CPU 就"知道"这是一条把下一单元中的立即数 n 取入累加器 A 的指令。所以，执行第一条指令就必须把指令第二字节中的立即数取出来送至累加器 A。图 1-12 为第一条指令的执行指令阶段操作示意图。

①PC→AR，即将 PC 的内容 01H 送至 AR。

②PC＋1→PC，即将 PC 的内容处动加 1 变为 02H，为取下一条指令作准备。

③AR→M，即 AR 将 01H 通过 AB 送至存储器，经地址译码选中 01H 单元。

④CPU 发出"读"命令。

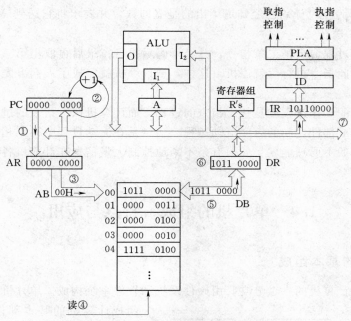

图 1-11 第一条指令的取指令阶段操作示意图

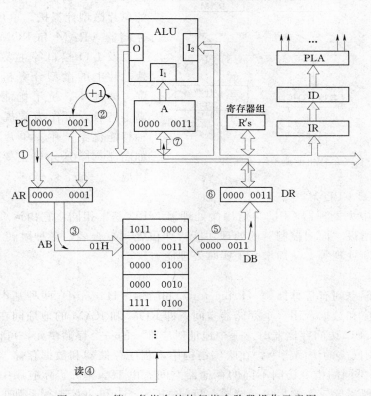

图 1-12 第一条指令的执行指令阶段操作示意图

⑤(01H)→DB，即选中的 01H 存储单元的内容 03H 读至 DB 上。

⑥DB→DR，即通过 DB，把读出的内容 03H 送至 DR。

⑦DR→A，因为经过译码已经知道读出的是立即数，并要求将它送到 A，故 DR 通过内部数据总线将 03H 送至 A。

按上述类似的过程取出第二条指令，并经译码后执行；最后再取出第三条指令。第三条指令为暂停指令，此指令执行后就停机。这样，微计算机就完成了人们事先编制的程序所规定的全部操作要求。

总之，计算机的工作过程就是执行指令的过程，而计算机执行指令的过程可看成是控制信息在计算机各组成部件之间的有序流动过程。信息是在流动过程中得到相关部件的加工处理。因此，计算机的主要功能就是如何有条不紊地控制大量信息在计算机各部件之间有序地流动。

1.4　单片机的组成、特点与应用

1.4.1　单片机的基本组成

单片机是微型计算机的一个分支，由硬件系统和软件系统构成。单片机的结构特征是将

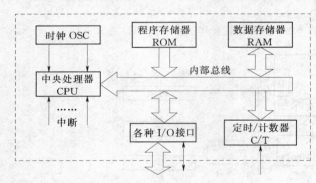

图 1-13　单片机的典型结构框图

组成计算机的基本部件集成在一块晶体芯片上，构成一台功能独特、完整的单片微型计算机。单片机是将 CPU、存储器（RAM 和 ROM）、定时/计数器以及 I/O 接口等主要部件集成在一块芯片上的微型计算机。它具有功能强、体积小、抗干扰能力强、性价比高等特点，可作为常规器件应用于各种智能化系统中。单片机的典型结构如图 1-13 所示，主要由下面几部分组成。

1. 中央处理器 CPU

单片机中的中央处理器 CPU 与通用微处理器 MPU 基本相同，它由运算器和控制器组成。但它一般都增设"面向控制"的处理功能，如位处理、查表、多种跳转、乘除法运算、状态检测以及中断处理等，从而增强了实时处理能力。

2. 存储器 M

单片机的存储空间有普林斯顿（Princeton）和哈佛（Harvard）两种基本结构。在普林斯顿结构中，程序和数据合用一个存储器空间，即 ROM 和 RAM 的地址同在一个空间里分配不同的地址。CPU 访问存储器时，一个地址对应唯一的一个存储单元，可以是 ROM，也可以是 RAM，用同类的访问指令；在哈佛结构中，程序存储器和数据存储器截然分开，分别寻址，CPU 用不同的指令访问不同的存储器空间。由于单片机实际应用中具有"面向控制"的特点，一般需要较大的程序存储器。目前 MCS-51 和 80C51 等系列的单片机均采用哈佛结构。

（1）数据存储器 RAM。单片机中随机存取存储器（RAM）用来存储数据（运行期间的数据、中间结果、缓冲和标志位等），所以称之为数据存储器。一般在单片机内部设置一定

容量（64～256B）的 RAM，并以高速 RAM 的形式集成在单片机内，以加快单片机的运行速度。单片机内还把专用、通用寄存器在同一片 RAM 内统一编址，以利于运行速度的提高。另外，根据实际应用需要，还可以外部扩展数据存储器。

（2）程序存储器 ROM。单片机中通常将开发调试成功后的应用程序存储在程序存储器中。由于编程完成后一般程序不会改变，因此程序存储器通常采用只读存储器 ROM 的形式，这也能提高软件抗干扰性。

单片机内部的程序存储器主要形式有：

1）无 ROM。这种单片机内部无程序存储器，使用时必须在外部扩展程序存储器如 MCS-51 系列的 8031、8032 就是采用无 ROM 类型的单片机。

2）掩膜 ROM。它是由半导体厂家在芯片生产封装时，将用户的应用程序通过掩膜工艺制作到单片机的 ROM 区中，一旦写入后用户不能修改。它适合于程序已定型，需要大批量使用的场合。如 MCS-51 系列的 8051、8052 就是采用掩膜 ROM 类型的单片机。

3）PROM。这是用户一次性编程写入的程序存储器。用户可通过专用的写入器将应用程序写入 PROM 中，但只允许写入一次。

4）EPROM。此种芯片带有透明窗口，可通过紫外线擦除程序擦除存储器中的内容。应用程序可通过专门的写入器脱机写入到单片机中，需要更改时可通过紫外线擦除后重新写入。如 MCS-51 系列的 8751、8752 就是采用 EPROM 类型的单片机。

5）闪速（Flash）ROM。这是一种可由用户多次编程写入的程序存储器。它不需紫外线擦除，编程与擦除完全通过电来实现，数据不易挥发。编程/擦除速度比 EPROM 快得多，编程与擦除只需 s 级与 ms 级的时间。如 AT89 系列单片机的 89C51、89C252 带有 Flash ROM，它可实现在线编程，或下载。这种型号产品有取代 EPROM 型产品的趋势。

3. 并行 I/O 接口

单片机为了突出控制的功能，提供了大量功能强、使用灵活的并行 I/O 接口。这些并行的 I/O 接口不仅可灵活地选作输入口或输出口，又可作为系统总线或是控制信号线，从而为扩展外部存储器和 I/O 接口提供了方便。

4. 串行 I/O 接口

高速的 8 位单片机都可提供全双工串行 I/O 接口，因而能和某些终端设备进行串行通信，或者和一些特殊功能的器件相连接。

5. 定时/计数器

单片机在实际的应用中，往往需要精确地定时，或者需对外部事件进行计数，因而在单片机内部设置了定时/计数器电路。

除上面硬件模块外，单片机中还应集成中断处理系统等模块。

1.4.2 单片机的特点

单片机与一般微型计算机无本质区别，同样具有快速、精确、记忆功能和逻辑判断能力等特点，但单片机是集成在一块芯片上的微型计算机，它在硬、软件上也有独到之处。单片机主要特点如下。

1. 哈佛（Harvard）结构体系的单片机

目前单片机大多采用哈佛结构体系，存储器 ROM 和 RAM 是相互独立、严格区分的。其中 ROM 称为程序存储器，只存放程序、固定常数及数据表格；RAM 则为数据存储器，用作工作区及存放用户数据。这是由于单片机主要用于测控系统中，通常有大量的控制程序和较少的随机数据，需要较大的程序存储器空间，把开发的程序固化在 ROM 中，而把少量的随机数据存放在 RAM 中。这样小容量的数据存储器能以高速 RAM 形式集成在单片机内，以加速单片机的处理速度，同时程序在 ROM 中运行，不易受外界侵害，可靠性高。

2. 多功能的 I/O 引脚

由于单片机芯片的引脚数目有限，为了解决实际引脚和需要的信号线间矛盾，一些引脚采用功能复用方法，其引脚功能可由指令来设置或由机器状态来区分。

3. 面向控制的指令系统

为满足控制的需要，一般单片机的指令系统中有极丰富的转移指令、I/O 接口的逻辑操作以及位处理指令。因此，单片机有更强的逻辑控制能力，特别是具有很强的位处理能力。

4. 系列齐全，功能扩展性强

单片机有内部掩膜 ROM、内部 EPROM、内部 Flash Rom 和外接各种 ROM 等形式。在内部功能不能满足需求时，可在外部进行扩展，如扩展存储器、I/O 接口、定时/计数器、中断系统等，可与许多通用的微机接口芯片兼容，应用系统的设计与应用方便灵活。

1.4.3 单片机的应用领域

由于单片机具有体积小、成本低、功耗小、可靠性高、功能强和灵活方便等许多优点，因此它被广泛应用于各个领域。单片机典型的应用领域如下。

1. 工业测控

单片机可以构成形式多样的控制系统和数据采集系统，对工业设备（如机床、电机、汽车、高档厨具、锅炉、供水系统、工厂流水线、机器人、电梯控制、报警系统、车辆检测和卫星信号接收等）进行智能测控，大大降低了劳动强度和生产成本，提高了产品质量的稳定性。

2. 机电一体化

机电一体化产品是指集机械技术、微电子技术和计算机技术为一体，具有智能化特征的产品。单片机与传统的机械产品结合，将单片机作为产品中的控制器，充分发挥其体积小、可靠性高和功能强等优点，能使传统的机械产品数字化、智能化，增加产品的附加值，提高产品的档次，形成智能化特征的机电一体化产品，例如微机控制的车床、钻床等。

3. 智能仪器仪表

单片机结合不同类型的传感器，可实现诸如电压、功率、频率、湿度、温度、流量、速度、厚度、角度、长度、硬度、元素和压力等物理量的测量。采用单片机控制使得仪器仪表向数字化、智能化、微型化、多功能化和综合化等方向发展，如精密数字温度计、智能电度表、智能流速仪、数字示波器、医疗器械、液体/气体色谱仪等。

4. 信息与通信

在信息和通信产品中，采用单片机来控制或管理，可大大提高产品的自动化和智能化水平。例如键盘、打印机和磁盘驱动器等计算机外围设备和调制解调器、传真机、复印机、电话机和手机等自动化办公设备，都有单片机在其中发挥作用。利用单片机的通信接口可以很方便地与计算机进行数据通信，现在的通信设备基本上都实现了单片机智能控制，从手机、电话机、小型程控交换机、楼宇自动通信呼叫系统和列车无线通信，再到日常工作中随处可见的移动电话、集群移动通信和无线电对讲机等。

5. 日常生活

单片机以微小的体积和编程的灵活性成为家用电器实现智能化的心脏和大脑，现在的家用电器基本上都采用了单片机控制，提高家用电器的智能化程度，增加了其功能，使人类的生活更加方便舒适、丰富多彩，例如，电饭煲、洗衣机、电冰箱、热水器、微波炉、空调机、彩电、DVD、音响、电子秤、玩具、电动自行车、信用卡和楼宇防盗系统等。

6. 医用设备

单片机在医用设备中的用途亦相当广泛，例如医用呼吸机、各种分析仪、监护仪、超声诊断设备和病床呼叫系统等。

7. 汽车设备

单片机在汽车电子中的应用非常广泛，例如汽车中的发动机控制器、基于 CAN 总线的汽车发动机智能电子控制器、导航系统、防抱死系统、制动系统、点火控制、变速控制、防滑车控制、排气控制、最佳燃烧控制、计费器和交通控制等。

8. 军事装备

国防现代化离不开计算机，在现代化的飞机、军舰、坦克、大炮、鱼雷、卫星、导弹火箭和雷达等各种军用装备上，都有单片机参与测控与导航。

此外，单片机在电力、工商、金融、科研、教育、航空航天等其他领域也都有着十分广泛的用途。

1.5 常用单片机产品系列及性能简介

1.5.1 单片机的主要生产厂家和机型

单片机经过了 40 多年的迅猛发展，已拥有繁多的系列和五花八门的机种（约 70 多个系列的 500 多个机种）。下面仅介绍 MCS-51 系列单片机和 Atmel 公司的 AT89 系列单片机。

1.5.2 MCS-51 系列单片机的分类

自 Intel 公司将 MCS-51 系列单片机实行技术开放政策后，许多公司（如 Philips、Dallas、Siemens、Atmel、Winbond 和 LG 等）都以 MCS-51 系列中的基础结构 8051 为内核，推出了具有优异性能但各具特色的单片机。因此，现在的 51 单片机已不局限于 Intel 公司，而是把所有厂家以 8051 为内核的各种型号的兼容型单片机统称为 51 系列。尽管单片机种类很多，但目前在我国使用最为广泛的单片机是 51 系列单片机，同时该系列还在不断地完善和发展。MCS-51 系列单片机共有 20 多种芯片。

1. 按片内程序存储器的配置不同区分类

MCS-51 系列单片机按片内不同程序存储器的配置来分，可以分为以下 3 种类型：

（1）片内无 ROM（ROMLess）型：8031、80C31、8032。此类芯片的片内没有程序存储器，使用时必须在外部并行扩展程序存储器存储芯片。此类单片机由于必须在外部并行扩展程序存储器存储芯片，造成系统电路复杂，目前较少使用。

（2）片内带 Mask ROM（掩膜 ROM）型：8051、80C51、8052、80C52。此类芯片是由半导体厂家在芯片生产过程中，将用户的应用程序代码通过掩膜工艺制作到 ROM 中。其应用程序只能委托半导体厂家"写入"，一旦写入后不能修改。此类单片机适合大批量使用。

(3) 片内带 EPROM 型：8751、87C51、8752。此类芯片带有透明窗口，可通过紫外线擦除存储器中的程序代码，应用程序可通过专门的编程器写入到单片机中，需要更改时可擦除重新写入。此类单片机价格较贵，不宜于大批量使用。

2. 按片内存储器容量配置区分类

按片内不同容量的存储器配置来分，可以分为以下两种类型：

(1) 51 子系列型：芯片型号的最后位数字以 1 作为标志，51 子系列是基本型产品。片内带有 4KB ROM/EPROM（8031、80C31 除外）、128B RAM、2 个 16 位定时/计数器、5个中断源等。

(2) 52 子系列型：芯片型号的最后位数字以 2 作为标志，52 子系列是增强型产品。片内带有 8KB ROM/EPROM（8032、80C32 除外）、256B RAM、3 个 16 位定时/计数器、6或 7 个中断源等。

3. 按芯片的半导体制造工艺区分类

按芯片的半导体制造工艺上的不同来分类。可以分为以下两种类型：

(1) HMOS 工艺型：8051、8751、8052、8032。HMOS 工艺，即高密度沟道 MOS 工艺。

(2) CHMOS 工艺型：80C51、83C51、87C51、80C31、80C32、80C52。此类芯片型号中都以字母 "C" 来标识。CHMOS 是 CMOS 和 HMOS 的结合，除了保持 HMOS 高密度和高速度之外，还有 CMOS 低功耗的特点。

此两类器件在功能上是完全兼容的，但采用 CHMOS 工艺的芯片具有低功耗的特点，它所消耗的电流要比 HMOS 器件消耗的电流小得多。CHMOS 器件比 HMOS 器件多了两种节电的工作方式（掉电方式和待机方式），常用于构成低功耗的应用系统。

4. 按芯片的温度特性区分类

按单片机所能适应的环境温度范围，可划分为以下 3 个等级。

(1) 民用级：$0 \sim 70℃$。

(2) 工业级：$-40 \sim +85℃$。

(3) 军用级：$-65 \sim +125℃$。

因此，在使用时应注意根据现场温度选择芯片。

1.5.3 AT89 系列单片机分类

在 MCS-51 系列单片机 8051 的基础上，Atmel 公司开发的 AT89 系列单片机自问世以来，以其较低廉的价格和独特的程序存储器 Flash ROM 为用户所青睐，它特别适合在便携式、省电及特殊信息保存的仪器和系统中使用。

1. AT89 系列单片机的特点

采用了 Flash ROM 的 AT89 系列单片机，除有一般 MCS-51 系列单片机的基本特性（如指令系统兼容，芯片引脚分布相同等），还有下面一些特点：

(1) 片内程序存储器为电擦写型 ROM（可重复编程的 Flash ROM）。整体擦除时间仅为 10ms，可写入/擦除 1000 次以上，数据保存 10 年以上。

(2) 两种可选编程模式，即可以用 12V 电压编程，也可以用 V_{CC} 电压编程。

(3) 宽工作电压范围，V_{CC} 为 $2.7 \sim 6V$。

(4) 全静态工作，工作频率范围为 $0 \sim 24MHz$，频率范围宽，便于系统功耗控制。

（5）3 层可编程的程序存储器上锁加密，使程序和系统更加难以仿制。

因此，与 MCS–51 系列单片机相比，AT89 系列单片机兼容性，并且性能价格比等指标更为优越。

2. AT89 系列单片机的分类

AT89 系列单片机可分为标准型、低档型和高档型 3 类。其中标准型有 AT89C51、89LV51、89C52、89LV52、89C55 和 89LV55 共 6 种型号，它们的基本结构和 89C51 是类似的，是 80C51 的兼容产品；低档型有 AT89C1051 和 AT89C2051 两种型号，它们的 CPU 内核和 89C51 是相同的，但并行 I/O 口较少；高档型有 AT89S53、AT89S8252 和 AT89S4D12 等型号，它们是可串行下载的 Flash 单片机，可以用在线方式对单片机进行程序下载。

1.6 微型计算机的数制与码制

计算机最基本的功能是进行数据的加工和处理，因此必须首先掌握计算机中数的表示及运算。

1.6.1 微机常用的数制及其转换

1.6.1.1 进位计数制

在计算机中为了便于数的存储及物理实现，采用了二进制数，计算机中的数是以器件的物理状态来表示的。一个具有两种不同稳定状态且能相互转换的器件即可以用来表示一位二进制数。可见二进制的表示是最简单且最可靠的。凡是需要计算机处理的信息，无论其表现形式是文本、字符、图形，还是声音、图像，都必须以二进制数的形式来表示。人们为了书写阅读方便，又常采用十六进制来表示二进制数。此外，人们最习惯、最常用的数是十进制数。

为了总结各种进制数的共同特点，这里首先归纳十进制的主要特点。

1. 十进制数主要特点

（1）有十个不同的数字符号：0，1，2，…，9。

（2）遵循"逢十进一"原则。

一般地，任意一个十进制数 N 都可采用按权展开表示为：

$$N = K_{n-1} \times 10^{n-1} + K_{n-2} \times 10^{n-2} + \cdots + K_1 \times 10^1 + K_0 \times 10^0 +$$

$$K_{-1} \times 10^{-1} + K_{-2} \times 10^{-2} + \cdots + K_{-m} \times 10^{-m} = \sum_{i=n-1}^{-m} K_i \times 10^i$$

式中：10 称十进制数的基数，若基数用 R 表示，则对于十进制，$R=10$；i 表示数的某一位，10^i 称该位的权；K_i 表示第 i 位的数码，它可以是 0～9 中的任意一个数，由具体的数 N 确定；m 和 n 为正整数，n 为小数点左边的位数，m 为小数点右边的位数。上式可以推广到任意进位计数制。

2. 二、十六进制数主要特点

对于二进制，$R=2$，K 为 0 或 1，逢二进一。

$$N = \sum_{i=n-1}^{-m} K_i \times 2^i$$

对于十六进制，$R=16$，K 为 $0\sim9$、A、B、C、D、E、F 共 16 个数码中的任意一个，逢十六进一。

$$N = \sum_{i=n-1}^{-m} K_i \times 16^i$$

综上可见，上述 3 种进位制有以下共同点：

（1）每种进位制都有一个确定的基数 R，每一位的系数 K 有 R 种可能的取值。

（2）按"逢 R 进一"方式计数，在混合小数（数据既有整数又有小数）中，小数点左移一位相当于乘以 R，右移一位相当于除以 R。

1.6.1.2 数制间的转换

3 种数制间数的转换方法示意图如图 1-14 所示。

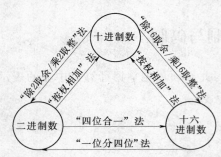

图 1-14 3 种数制间数的转换
方法示意图

1. 二、十六进制数转换为十进制数

这种转换只需将二、十六进制数按权展开。例如：

$$(110.01)_2 = 1 \times 2^2 + 1 \times 2^1 + 0 \times 2^0 + 0 \times 2^{-1} + 1 \times 2^{-2}$$
$$= (6.25)_{10}$$

$$(B2C)_{16} = 11 \times 16^2 + 2 \times 16^1 + 12 \times 16^0 = (2860)_{10}$$

2. 十进制转换成二、十六进制数

十进制数转换成二、十六进制数时，需要把整数部分与小数部分分别转换，然后拼接起来。例如，把十进制数 125、0.8125、125.8125 转换为二进制数方法如下。

（1）整数的转换。

$$(125)_{10} = (K_{n-1} \cdots K_1 K_0)_2$$

按权展开为：

$$(125)_{10} = K_{n-1} \times 2^{n-1} \cdots K_1 \times 2^1 + K_0 \times 2^0$$

采用"除 2 取余"法，可将 $K_{n-1} \cdots K_0$ 都确定下来。因而转换结果为：$(125)_{10} = (01111101)_2$。整数部分 125 的转换示意图如图 1-15 所示。

（2）小数的转换。

例如：将十进制数 0.8125 转换为二进制小数。

设 $(0.8125)_{10} = (0.K_{-1}K_{-2} \cdots K_{-m})_2$，展开为：

$$(0.8125)_{10} = K_{-1} \times 2^{-1} + K_{-2} \times 2^{-2} + \cdots + K_{-m} \times 2^{-m}$$

图 1-15 整数部分的转换示意图

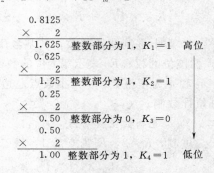

图 1-16 小数部分的转换示意图

可逐个求出 $K_{-1}K_{-2}\cdots K_{-m}$ 的值。所以转换结果为：$(0.8125)_{10} = (0.1101)_2$。小数部分 0.8125 的转换过程如图 1-16 所示。

从以上讨论可知，整数部分的转换采用辗转相除法，用基数不断去除要转换的十进制数，直到商为 0，将各次计算所得的余数，按最后的余数为最高位，第一位为最低位，依次排列，即得转换结果。与整数部分转换不同，十进制小数转换成二或十六进制时，采用乘基数取整数的方法，即不断用 2 或 16 去乘需要转换的十进制小数，直到满足要求的精度或小数部分等于 0 为止，然后取每次乘积结果的整数部分，以第一次取整位最高位，依次排列，即可得到转换结果。

（3）含整数和小数两部分的数转换。如果一个数既有小数又有整数则应将整数部分与小数部分分别进行转换，然后用小数点将两部分连起来，即为转换结果。

例如：$(125.8125)_{10} = (125)_{10} + (0.8125)_{10}$

$$(01111101)_2 \quad (0.1101)_2$$

所以 $(125.8125)_{10} = (01111101.1101)_2 = 1111101.1101B$

3. 二进制与十六进制的相互转换

由于 $16 = 2^4$，因此二进制与十六进制之间的转换就很简单。将二进制数从小数点位开始，向左每 4 位产生一个十六进制数字，不足 3 位的左边补零，这样得到整数部分的十六进制数；向右每 4 位产生一个十六进制数字，不足 3 位右边补 0，得到小数部分的十六进制数。

例如：

$(00101101.10100100)_2 = (2D.A4)_{16} = 2D.A4H$

很明显，十六进制要转换成二进制，只需将十六进制数分别用对应的四位二进制数表示即可。上例中在数字后面加 H（Hexadecimal）表示是十六进制数。二进制数用加后缀 B（Binary）表示，十进制数则可用后缀 D（Decimal）表示或者不加任何字符。

1.6.2 微机中带符号数的表示

1.6.2.1 机器数与真值

机器数是一个数在计算机中的表示形式，一个机器数所表示的实际数值称为真值。上面提到的二进制数，没有提到符号问题，故是一种无符号数的表示。对无符号数，机器数与真值相同，此时计算机的全部有效位都用来存放数据，它能表示的最大数值取决于计算机的字长。对于 n 位字长的计算机来说，表示无符号的整数范围为 $0 \sim 2^n - 1$，例如 8 位二进制无符号数表示的范围为 00000000B～11111111B（即 0～255）。

带符号数的习惯表示方法是在数值前用"＋"号表示正数，"－"号表示负数。计算机只能识别 0 和 1，对数值的符号也不例外。对于带符号的数，在计算机中，通常将一个数的最高位作为符号位，最高位为 0，表示符号位为正；最高位为 1，表示符号位为负。例如：

真值　　　机器数
＋18 ＝ 0 0010010 B
－18 ＝ 1 0010010 B

式中，等号左边的＋18 和－18 分别是等号右边的机器数所代表的实际数，即真值。

1.6.2.2　带符号数机器数的 3 种表示方法

实际上，机器数可以有不同的表示方法。对有符号数，机器数常用的表示方法有原码、反码、补码 3 种。

1. 原码

上述以最高位为 0 表示正数，1 表示负数，后面各位为其数值，这种数的表示法称为原码表示法。换言之，设机器数位长为 n，则数 X 的原码可定义为：

$$[X]_原 = \begin{cases} X = 0X_1X_2\cdots X_{n-1} & (X \geqslant 0) \\ 2^{n-1} + |X| = 1X_1X_2\cdots X_{n-1} & (X \leqslant 0) \end{cases}$$

原码的特点：

（1）表示简单、直观，与真值间转换方便，数值部分即为该带符号数的二进制值。

（2）8 位二进制原码能表示的数值范围为 1 1111111 B～0 1111111 B，即 -127～$+127$；对于 n 位字长的计算机来说，其原码表示的数值范围为 $-(2^{n-1}-1)$ ～ $2^{n-1}-1$，它对应的原码为 $111\cdots1B$～$011\cdots1B$。

（3）0 有 $+0$ 和 -0 两种表示方法。由于"0"有 $+0$ 和 -0 之分，若字长为 8 位，则数 0 的原码有两种不同形式为：$[+0]_原 = 0\ 0000000\ B$，$[-0]_原 = 1\ 0000000\ B$。

（4）用它做加减法运算不方便。若两个异号数相加或两个同号数相减时，必须做减法。

2. 反码

对于正数，其反码形式与其原码相同，最高位 0 表示正数，其余位为数值位；但对于负数，将其原码除符号位以外其余各位按位取反，即可得到其反码表示形式。可见，n 位二进制反码的定义可表示为：

$$[X]_反 = \begin{cases} X = 0X_1X_2\cdots X_{n-1} & (X \geqslant 0) \\ (2^n-1) - |X| = 1\overline{X}_1\ \overline{X}_2\cdots\overline{X}_{n-1} & (X \leqslant 0) \end{cases}$$

例如，若字长为 8 位，则对于正数 $[+5]_原 = [+5]_反 = 0\ 0000101B$，$[+127]_原 = [+127]_反 = 0\ 1111111\ B$；对于负数 $[-5]_原 = 1\ 0000101\ B$，$[-5]_反 = 1\ 1111010\ B$，$[-127]_原 = 1\ 1111111$，$[-127]_反 = 1\ 0000000\ B$。

反码的特点：

（1）表示较复杂，与真值间转换不太方便。将反码还原为真值的方法是：反码→原码→真值，即 $[X]_原 = [\ [X]_反\ ]_反$。即当反码的最高位为 0 时，后面的二进制序列值即为真值，且为正；最高位为 1 时，则为负数，后面的数值位要按位求反才为真值。例如：$[X]_反 = 10101010\ B$，它是一个负数，其中后 7 位为 0101010，取反得 1010101，所以负数 $X = -(1 \times 2^6 + 1 \times 2^4 + 1 \times 2^2 + 1 \times 2^0) = -85$。

（2）数 0 的反码也是两种形式。"0"也有 $+0$ 和 -0 之分，若字长为 8 位，则 $[+0]_原 = [+0]_反 = 0\ 000000$；$[-0]_原 = 1\ 0000000$，$[-0]_反 = 1\ 1111111$。

（3）8 位二进制反码所能表示的数值范围为 1 0000000 B～0 1111111 B，即 -127～$+127$；n 位字长的反码表示的数值范围为 $-(2^{n-1}-1)$～$2^{n-1}-1$，它对应的反码为 $1\ 00\cdots0B$～$0\ 11\cdots1B$。

（4）用它做加减法运算也不方便。若两个异号数相加或两个同号数相减时，也必须做减法。

3. 补码

正数的补码与其原码相同，最高位为符号位，其余为数值位。负数的补码即为它的反码在最低位加上 1，也就是将其原码除符号位外各位取反加 1 而得到。因此，补码的定义可用表达式表示为：

$$[X]_{补} = \begin{cases} X = 0X_1X_2\cdots X_{n-1} & (X \geqslant 0) \\ 2^n + X = 2^n - |X| = 1(\overline{X_1}\ \overline{X_2}\cdots \overline{X_{n-1}} + 1) & (X \leqslant 0) \end{cases}$$

例如，若字长为 8 位，则对于正数 $[+5]_{原} = [+5]_{补} = 0\ 0000101\text{B}$，$[+127]_{原} = [+127]_{补} = 0\ 1111111\text{B}$；对于负数 $[-5]_{原} = 1\ 0000101\ \text{B}$，$[-5]_{补} = 1\ 1111011\ \text{B}$，$[-127]_{原} = 1\ 1111111\ \text{B}$，$[-127]_{补} = 1\ 0000001\ \text{B}$，$[-128]_{补} = 1\ 0000000\ \text{B}$。

补码的特点：

（1）表示也较复杂，与真值间转换也不太方便。将补码还原为真值的方法是：补码→原码→真值，而 $[X]_{原} = [\ [X]_{补}]_{补}$，即若补码的符号位为 0，则其后的数值的值即为真值，且为正；若符号位为 1，则应将其后的数值位按位取反加 1，所得结果才是真值，且为负。

（2）数 0 的补码是唯一的。无 +0 和 −0 之分，若字长为 8 位，则 $[+0]_{补} = [-0]_{补} = 00000000\ \text{B}$。

（3）8 位二进制补码所能表示的数值范围为 1 0000000 B～0 1111111 B，即 −128～+127；n 位字长的补码表示的数值范围为 $-2^{n-1} \sim 2^{n-1} - 1$，它对应的补码为 1 00…0B～0 11…1B。注意，原码、反码和补码三者中只有补码可以表示 -2^{n-1}。

（4）可把减法运算化为加法运算。在计算机机器内部，为了避免做减法，把减法运算统一转换为加法运算，即用一个加法器来完成加减法运算，引入补码可实现这一目的。

综上所述，可以得出结论：

（1）原码、反码、补码的最高位都是表示符号位。符号位为 0 时，表示真值为正数，其余位为真值。符号位为 1 时，表示真值为负，其余位除原码外不再是真值；对于反码，需按位取反才是真值；对于补码，则需按位取反再加 1 才是真值。

（2）对于正数，3 种编码都是一样的，即 $[X]_{原} = [X]_{反} = [X]_{补}$；对于负数，3 种编码互不相同。所以，原码、反码、补码本质上是用来解决负数在机器中表示的 3 种不同的编码方法。

（3）二进制位数相同的原码、反码、补码所能表示的数值范围不完全相同。对于 8 位二进制带符号数，它们表示的真值、机器数范围分别为：

原码：真值为 −127～+127，机器数为 11111111B～01111111B（即 FFH～7FH）。

反码：真值为 −127～+127，机器数为 10000000B～01111111B（即 80H～7FH）。

补码：真值为 −128～+127，机器数为 10000000B～01111111B（即 80H～7FH）。

而 8 位二进制无符号数的真值、机器数范围分别为：

真值为 0～255，机器数为 00000000B～11111111B（即 00H～FFH）。

（4）微机基本上都是以补码作为机器码，原因是补码的加减法运算简单，减法运算可变为加法运算，可省掉减法器电路；而且它是符号位与数值位一起参加运算，运算后能自动获得正确结果。

1.6.2.3　二进制数的加减运算

计算机把机器数均当作无符号数进行运算，即符号位也参与运算。运算的结果要根据运算结果的符号标志位（如进位 CY 和溢出 OV 等）来判别正确与否。计算机中设有这些标志位，它们的值由运算结果自动设定。

1. 无符号数的运算及进位概念

无符号数的整个数位全部用于表示数值。n 位无符号二进制数据的范围为 $0\sim2^n-1$。

（1）两个无符号数相加。若两个加数的和超过其位数所允许的最大值（上限）时，最高位就会产生进位，CY＝1；否则，无进位，CY＝0，结果正确。例如：下面两个 8 位无符号二进制数相加。

【例 1－1】　　127＋16＝7F H＋10 H

0111 1111 B

＋ 0001 0000 B

——————————

0 1000 1111 B

CY

【例 1－2】　127＋160＝7FH＋A0H

0111 1111 B

＋ 1010 0000 B

——————————

1 0001 1111 B

CY

第 1 个例子，两数相加之和没有超过 8 位最大值 255（上限），CY＝0，结果 127＋16＝8F H＝143 正确；第 2 个例子，两数相加之和超过 8 位最大值 255，CY＝1，结果 127＋160＝1FH（即 31）错误，但如果把进位 CY 作为最高位，则结果 127＋160＝11FH（当作无符号数）＝287 就正确了。

（2）两个无符号数相减。若被减数小于减数，相减结果小于所允许的最小值 0（下限）时，最高位就会产生借位，CY＝1；被减数不小等于减数，无借位，CY＝0，结果正确。例如：下面两个 8 位无符号二进制数相减。

【例 1－3】　　192－10＝C0H－0AH

1100 0000 B

－ 0000 1010 B

——————————

0 1011 0110 B

CY

【例 1－4】　10－192＝0AH－C0H

0000 1010 B

－ 1100 0000 B

——————————

1 0100 1010 B

CY

第 1 个例子，两数相减的值没有低于 8 位最小值 0（下限），无借位，CY＝0，结果 192－10＝B6 H＝182 正确；第 2 个例子，两数相减的值小于 8 位最小值 0（下限），有借位，CY＝1，结果 10－192＝4AH（即 74）错误，但如果把进位 CY 作为最高位，则结果 127＋160＝14AH（当作补码）＝－B6H＝－182 就正确了。

由此可见，对无符号数进行加法或减法运算，其结果的符号用进位 CY 来判别：CY＝0（无进位或借位），结果正确；CY＝1（有进位或借位），结果错误，但若把 CY 记作最高位，结果就正确了。

2. 带符号数的补码运算及溢出概念

（1）补码的加减法运算。微机中带符号数采用补码形式存放和运算，其运算结果自然也是补码。补码加减运算的运算特点是：符号位与数字位一起参加运算，并且自动获得结果（包括符号位与数字位）。设 X、Y 是两个任意的二进制数，补码的加减法运算规则为：

$$[X\pm Y]_补=[X]_补+[\pm Y]_补$$

式中：X、Y 为正、负数均可。该式说明，无论加法还是减法运算，都可由补码的加法运算实现，运算结果（和或差）也以补码表示。若运算结果不产生溢出，且最高位（符号位）为 0，则表示结果为正数，最高位为 1，则结果为负数。

补码的加减法运算规则的正确性可根据补码定义给予证明：$[X\pm Y]_补=2^n+(X\pm Y)=(2^n+X)+(2^n\pm Y)=[X]_补+[\pm Y]_补$。

采用补码运算可以将减法变成补码加法运算，在微处理器中只需加法的电路就可以实现加法、减法运算。例如，若 $X = 33$，$Y = 45$，采用 8 位补码计算 $X + Y$ 和 $X - Y$。

由于 $[X]_{补} = 00100001B$，$[Y]_{补} = 00101101B$，$[-Y]_{补} = 11010011B$，则 $[X+Y]_{补} = [X]_{补} + [Y]_{补} = 01001110B$，$[X-Y]_{补} = [X]_{补} + [-Y]_{补} = 11110100B$。因此，$X + Y = [[X+Y]_{补}]_{补} = 01001110B = +78$，$X-Y = [[X-Y]_{补}]_{补} = 10001100 B = -12$。显然，运算结果是正确的。

从上述补码运算规则和举例可看出，用补码表示计算机中的有符号数优点明显：

1) 负数的补码与对应正数的补码之间的转换可用同一种方法——求补运算实现，因而可简化硬件。

2) 可将减法变为加法运算，从而省去减法器电路。

3) 有符号数和无符号数的加法运算可用同一加法器电路完成，结果都是正确的。例如，两个内存单位的内容分别为 00010010 和 11001110，无论它们代表有符号数补码还是无符号数二进制码，运算结果都是正确的。

(2) 运算溢出的判断方法。由于计算机的字长有一定限制，所以一个带符号数是有一定范围的。8 位字长的二进制数补码表示带符号数的范围为 $-128 \sim +127$，n 位字长补码表示的范围为 $+2^n - 1 \sim -2^n$。当运算结果超过这个表达范围时，便产生溢出。在溢出时运算结果会出错。显然，只有在同符号数相加或者异符号数相减的情况下，才有可能产生溢出。那么是否有一个便于操作的方法来判断是否产生溢出呢？先看以下 4 个例子。

【例 1 - 5】

```
          00
          00001111 B              +   15
    +     01110000 B         +    +  112
    ─────────────────        ──────────────
          01111111 B              +  127
```

令 CY 为符号位向高位的进位，CY_{-1} 为数值部分向符号位的进位，此例中，$CY = CY_{-1} = 0$，结果在 8 位二进制补码表示范围内，没有溢出，$OV = 0$。

【例 1 - 6】

```
          11
          10001010 B              - 118
    +     01111001 B         +    + 121
    ─────────────────        ──────────────
          00000011 B              +   3
```

此例中，$CY = CY_{-1} = 1$，结果正确，没有溢出，$OV = 0$。

【例 1 - 7】

```
          01
          01111110 B              + 126
    +     00000101 B         +    +   5
    ─────────────────        ──────────────
          10000011 B              - 125
```

此例中，$CY = 0$，$CY_{-1} = 1$，$CY \neq CY_{-1}$，产生了错误的结果，发生了溢出，$OV = 1$。

【例 1 - 8】

```
          10
          10000100 B              - 124
    +     11111000 B         +    -   8
    ─────────────────        ──────────────
          01111100 B              + 124
```

此例中，CY＝1，CY$_{-1}$＝0，CY≠CY$_{-1}$，同样结果是错误的，即发生了溢出，OV＝1。

从上面 4 例可知，在例 1-5 和例 1-6 中，运算结果在 8 位二进制数的范围内，没有溢出，OV＝0，结果正确，它们的共同规律是 CY＝CY$_{-1}$；在例 1-7 和例 1-8 中，运算结果都超出了 8 位二制数表示的范围，分别产生了正溢出和负溢出，OV＝1，因此产生了错误的结果，它们的共同点是 CY≠CY$_{-1}$。

综合以上 4 例的情况，可用下述逻辑表达式进行溢出 OV 判断：

$$OV＝CY \oplus CY_{-1}$$

式中：⊕表示异或，用一异或电路即可实现。这种方法称为双高进位法。

（3）进位与溢出的区别。从上面分析可知，进位与溢出是两个不同概念。进位 CY 是指不考虑是否有符号，按二进制位依次相加后最高位有进位，而溢出 OV 是指考虑有符号，当两个同符号数相加结果改变符号时出现溢出错误。具体地讲，进位 CY 是指两个操作数在进行算术运算后，最高位（对于 8 位操作为 D$_7$ 位）是否出现进位或借位的情况，有进位或借位，CY 置"1"，否则置"0"；溢出 OV 是反映带符号数（以二进制补码表示）运算结果是否超过机器所能表示的数值范围的情况。对 8 位运算，数值范围为－128～＋127。若超过上述范围，称为"溢出"，OV 置"1"。

对于同一运算，溢出 OV 和进位 CY 两个标志不一定同时发生，例如，例 1-7 中出现 OV＝1、CY＝0，而例 1-6 中出现 CY＝1、OV＝0。当然，两个标志也可能出现相同的情况，例如，例 1-5 中出现了 OV＝0、CY＝0，而例 1-8 中出现 CY＝1、OV＝1。

根据前述知，进位标志 CY 用于表示无符号数运算结果是否超出范围，即使 CY＝1 运算结果仍然正确；溢出标志 OV 用于表示有符号数运算结果是否超出范围，若 CV＝1 则运算结果已经不正确。

实际上，对于无符号数来说，不存在溢出的问题，它的进位就相当于符号数中的溢出，而对于带符号数来说，不存在进位的问题。

1.6.2.4　二进制数的扩展

从上面分析可知，若 8 位二进制补码运算结果超出－128～＋127 时，则超出了 8 位表示范围，会产生溢出。产生溢出的原因是数据的位数少了，使得结果的数值部分挤占了符号位的位置。因此，为了避免产生溢出，可以将数位扩展。

二进制的扩展是指一个数据从位数较少扩展到位数较多，如从 8 位扩展到 16 位。一个二进制数扩展后，其数的符号和大小应保持不变。

1. 无符号数的扩展

对于无符号数据，其扩展是将其左边添加 0。如 8 位无符号二进制数 E6H 扩展为 16 位无符号二进制数，则为 00E6H。

2. 带符号数的扩展

对于原码表示的带符号数据，它的正数和负数仅 1 位符号位相反，数值位都相同。因此，原码二进制数的扩展是将其符号位向左移至最高位，符号位即最高位与原来的数值位间的所有空位都填入 0。例如，68 用 8 位二进制数表示的原码为 44H，用 16 位二进制数表示的原码为 0044H；－68 用 8 位二进制数表示的原码为 C4H，用 16 位二进制数表示的原码为 8044H。

对于补码表示的带符号数据，其符号位向左扩展若干位后，所得到的补码数的真值不变。因此，正数的扩展应该在其前面补 0，而负数的扩展则应该在其前面补 1。例如，68 用 8 位二进制数表示的补码为 44H，用 16 位二进制数表示的补码为 0044H；—68 用 8 位二进制数表示的补码为 BCH，用 16 位二进制数表示的补码为 FFBCH。

1.6.2.5　定点数与浮点数

以上各节介绍的数均未涉及到小数点的表示，当所要处理的数含有小数部分时，就有一个如何表示小数点的问题，那么计算机中如何处理小数点的问题呢？在计算机中并不用某个二进制位来表示小数点，而是隐含规定小数点的位置。

根据小数点位置是否固定，数的表示方法可分为定点表示和浮点表示，相应的机器数就叫定点数和浮点数。定点数就是小数点在数中的位置是固定不变的，而浮点数则是小数点的位置是浮动的。

通常，对于任意一个二进制数 X，都可表示为：

$$X = 2^P \times S$$

式中：S 表示全部有效数字，称之为数 X 的尾数；P 为数 X 的阶码，它指明了小数点的位置；2 是阶码的底。S 和 P 均为用二进制表示的数，它们可正可负。阶码常用补码表示法，尾数常为原码表示的纯小数。当 P 值可变时，表示是浮点数。

1. 定点数

在计算机中，根据小数点固定的位置不同，定点数有定点（纯）整数和定点（纯）小数两种。当阶码 $P=0$，若尾数 S 为纯整数时，说明小数点固定在数的最低位之后，即称为定点整数。当阶码 $P=0$，若尾数 S 为纯小数时，说明小数点固定在数的最高位之前，即称为定点小数。定点整数和定点小数在计算机中的表示形式没什么区别，其小数点完全靠事先约定而隐含在不同位置，如图 1-17 所示。

图 1-17　定点整数和定点小数格式

2. 浮点数

当要处理的数是既有整数又有小数的混合小数时，采用定点数格式很不方便。为此，人们一般都采用浮点数进行运算。如果阶码 P 不为 0，且可以在一定范围内取值，这样的数称为浮点数。浮点数的格式、字长因机器而异。浮点数一般由 4 个字段组成，其一般格式如图 1-18 所示，其中阶码一般用补码定点整数表示，尾数一般用补码或原码定点小数表示。

阶符 J_f	阶码 J	数符 S_f	尾数(也叫有效数) S
阶码部分		尾数部分	

图 1-18　浮点数格式

浮点数的实际格式多种多样。如 80486 的浮点数格式就不是按上述格式存放 4 个字段的，而是将数符位 S_f 置于整个浮点数的最高位（阶码部分的前面），且尾数和阶码部分有其与众不同的约定。

为保证不损失有效数字，一般还对尾数进行规格化处理，即保证尾数的最高位是 1，实际大小通过阶码进行调整。

例如，某计算机用 32 位表示一个浮点数，格式如图 1-19 所示。图中，阶码部分为 8 位补码定点整数，尾数部分为 24 位补码定点小数（规格化）。

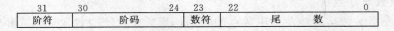

图 1-19　32 位浮点数格式

下面来求十进制数— 258.75 的机器数。

$$(-258.75)_{10} = (-100000010.11)_2 = (-0.10000001011) \times 2^9$$
$$= (1.10000001011000000000000)_原 \times 2^{(00001001)_原}$$
$$= (1.01111110101000000000000)_补 \times 2^{(00001001)_补}$$

所以，— 258.75 在该计算机中的浮点表示为 0 0001001 1 01111110101000000000000。

按照这一浮点数格式，可计算出它所能表示的数值范围为：$-1 \times 2^{2^7-1} \sim +(1-2^{-23}) \times 2^{2^7-1}$。显然，它比 32 位定点数表示的数值范围（最大为 $-2^{31} \sim 2^{31}-1$）要大得多。一般对于位数相同的计算机，浮点法能表示的范围比定点法大，这也正是浮点数表示优于定点数表示的突出优点之一，但浮点数运算复杂，数据表示不直观。

1.6.3　微机常用的码制

计算机除了用于数值计算外，还要进行大量的文字信息处理，也就是要对表达各种文字信息的符号进行加工。例如，计算机与外设的键盘、（字符）显示器、打印机之间的通信都采用字符方式输入/输出。目前，计算机中最常用的两种编码是二—十进制编码（BCD 码）和美国信息交换标准代码（ASCII 码）。

1.6.3.1　BCD 码

计算机中采用的是二进制数，由于二进制数不直观，人们不习惯，因此计算机在输入和输出时，人们通常仍采用十进制数，但十进制数不能直接在计算机中进行处理，必须用二进制为它编码，这样就产生了二进制编码的十进制数，简称 BCD（Binary Coded Decimal）码。这样使用 BCD 码就很方便。

BCD（二—十进制）码是一种常用的数字代码，它广泛应用于计算机中。这种编码法分别将每位十进制数字编成 4 位二进制代码，从而用二进制数来表示十进制数。

十进制基数为 10，它有 10 个不同的数码。因此为了能表示十进制数的某一位，必须选择至少 4 位二进制数。4 位二进制数可以表示 16 种不同的状态，所以用以表示十进制数时要丢掉 6 种状态。可以使用不同的方法来处理这些数码，因而产生了各种不同的 BCD 码，但最通用的是 8421 BCD 码，它是将十六进制数的 A～F 放弃不用。最常用的 BCD 码就是8421 码或称标准 BCD 码（这是根据这种表示中各位的权值而定的，其权值与普通的二进制相同）。表 1-1 列出了标准 BCD 码与十进制数字的编码关系。

例如：89 = (1000 1001)$_{BCD}$，105 = (0001 0000 0101)$_{BCD}$，2012 = (0010 0000 0001 0010)$_{BCD}$，0.764 = (0.0111 0110 0100)$_{BCD}$。可见，BCD 码是很容易编制的，而且用它来表示十进制数也比较直观，但是一定要区别于二进制数，两者表征的数值完全不同，例如：(0010 0000 0000 0101.1001)$_{BCD}$ = 2005.9，(0010 0000 0000 0101.1001)$_2$ = 8197.5625。

表 1-1　　　　　　　　　　　　标准 BCD 码与十进制数字的编码关系

十进制数	标准 BCD 码	二进制数	十进制数	标准 BCD 码	二进制数
0	0000	0000	8	1000	1000
1	0001	0001	9	1001	1001
2	0010	0010	10	0001 0000	1010
3	0011	0011	11	0001 0001	1011
4	0100	0100	12	0001 0010	1100
5	0101	0101	15	0001 0101	1111
6	0110	0110	63	0110 0011	111111
7	0111	0111	94	1001 0100	1011110

BCD 码的不足之处是抛弃了二进制中 6/16 的信息位不使用，非压缩的 BCD 码浪费更大，在相同的二进制位数条件下，BCD 能表示的数值范围变窄。换言之，如果信息量相同的话，那么使用 BCD 数据占用的内存空间比使用纯二进制数据要大得多。

1. BCD 码表示的两种形式

BCD 码表示十进制数分为压缩型（也称组合型）和非压缩型（也称非组合型）两种 BCD 码。其中压缩型 BCD 码用 4 位二进制数表示 1 位十进制数，这样 8 位二进制数就能表示 2 位十进制数；而非压缩型 BCD 码用 8 位二进制数来表示 1 位十进制数，它的低 4 位表示 1 位十进制数，高 4 位总是 0000。例如，94 的压缩型 BCD 码是 1001 0100B，它的非压缩型 BCD 码是 0000 1001 0000 0100B。

压缩型 BCD 码比非压缩型 BCD 码能节省一半存储空间，但由于 BCD 运算需借用二进制运算电路进行，因此直接运算的结果一般是错误的，需要进行调整，才能得到正确的结果。压缩型 BCD 码运算调整规则比非压缩型 BCD 码要复杂，它需对低 4 位和高 4 位的结果分别进行调整，而非压缩型 BCD 码只需对低 4 位进行调整。

2. BCD 数的加减运算

BCD 码的运算规则：BCD 码是十进制数，而计算机的运算器对数据做加、减运算时，都是按二进制运算规则进行处理的。这样，当将 BCD 码传送给运算器进行运算时，其结果需要修正。修正的规则是：当两个 BCD 码相加（或相减）时，如果和等于或小于 1001（即十六进制数 9），不需要修正；如果相加（或相减）的结果在 1010 到 1111（即十六进制数 A ～F）之间，则需加 6（或减 6）进行修正；如果相加（或相减）时，本位产生了进位（或借位），也需加 6（或减 6）进行修正。这样做的原因是，机器按二进制相加，所以 4 位二进制数相加时，是按"逢十六进一"的原则进行运算的，而实质上是 2 个十进制数相加，应该按"逢十进一"的原则相加，16 与 10 相差 6，所以当结果超过 9 或有进位（或借位）时，都要加 6（或减 6）进行修正。上面这种调整规则也称"超 9 补 6 补偿法"。

【例 1-9】 采用压缩型 BCD 码计算 18+19。

$$
\begin{array}{r}
0001\ 1000 \\
+\quad 0001\ 1001 \\
\hline
0011\ 0001
\end{array}
\qquad
\begin{array}{r}
18 \\
+\quad 19 \\
\hline
31
\end{array}
\quad 错误
$$

结果应为 37，而计算机相加为 31，原因在于运算过程中，个位数遇到低 4 位往高 4 位产生进位时（此时 AF＝1，AF：辅助进位标志位）是按逢十六进一的规则，但 BCD 码要求逢十进一，因此只要产生进位，个位就会少 6，这就要进行加 6 调整。实际上当低 4 位的结果＞9（即 A～F 之间）时，也应进行加 6 调整。（原因是逢十没有进位，故用加 6 的方法强行产生进位。）由于十位数（高 4 位）运算没有出现进位（CY＝0）或结果＞9 的情况，因此，十位数不需做加 6 调整。

如对上例的结果进行加 6：

```
    0011 0001        31
 +  0000 0110     +   6
 ———————————     ————————   正确
    0011 0111        37
```

修正后结果正确。

实际上，在计算机中有相应的十进制调整指令，无论对于加法或减法，机器能按照规则自动进行调整，人们只管放心使用就是了。

1. 6. 3. 2 ASCII 码

ASCII（American Standard Code for Information -Interchange）码是美国信息交换标准代码的简称，它使用指定的 7 位或 8 位二进制数组合来表示 128 或 256 种可能的字符。标准 ASCII 码（也称基础 ASCII 码）使用 7 位二进制代码来对字符进行编码，包括 32 个标点符号，10 个阿拉伯数字，52 个英文大、小写字母，34 个控制符号，共 128 个。附录 A 为标准 ASCII 码字符表。表中，0～32（00H～20H）及 127（7FH）是 34 个控制字符或通讯专用字符（其余为可显示字符），如控制符：LF（换行）、CR（回车）、FF（换页）、DEL（删除）、BS（退格）、BEL（振铃）等；通讯专用字符：SOH（文头）、EOT（文尾）、ACK（确认）等；ASCII 值为 8、9、10 和 13 分别转换为退格、制表、换行和回车字符。它们并没有特定的图形显示，但会依不同的应用程序，而对文本显示有不同的影响。33～126（共94 个）是字符，其中 48～57（30H～39H）为 0 到 9 十个阿拉伯数字；65～90（41H～5AH）为 26 个大写英文字母，97～122（61H～7AH）为 26 个小写英文字母，其余为一些标点符号、运算符号等。

在计算机内部，每个 ASCII 码字符占用 1 个字节（8 位二进制数），标准 ASCII 的最高位（b7）一般为 0 或作为奇/偶校验位。所谓奇/偶校验，是指在代码传送过程中用来检验是否出现错误的一种方法，一般分奇校验和偶校验两种。奇校验时，最高位 b7 的取值应使得 8 位 ASCII 码中 1 的个数为奇数；偶校验时，最高位 b7 的取值应使得 8 位 ASCII 码中 1 的个数为偶数。例如："8" 的奇校验 ASCII 码为 00111000B，偶校验 ASCII 码为 10111000B；"B" 的奇校验 ASCII 码为 11000010B，偶校验 ASCII 码为 01000010B。奇偶校验的主要目的是用于在数据传输中，检测接收方的数据是否正确。收发双方先预约为何种校验，接收方收到数据后检验 1 的个数，判断是否与预约的校验相符，倘若不符，则说明传输出错，可请求重新发送。

后 128 个称为扩展 ASCII 码，目前许多基于 x86 的系统都支持使用扩展（或 "高"）ASCII。扩展 ASCII 码允许将每个字符的第 8 位用于确定附加的 128 个特殊符号字符、外来语字母和图形符号。

注意，数字 0～9 的 ASCII 码与非压缩 BCD 码表示很相似，两者的低 4 位完全相同，都用 0000～1001 表示 0～9；两者的差别仅在高 4 位，ASCII 码为 0011，而非压缩 BCD 码为 0000。

ASCII 码一般在计算机的输入/输出设备使用，而二进制码和 BCD 码则在运算、处理过程中使用。因此，在应用计算机解决实际问题时，常常需要在这几种机器码之间进行转换。

1.6.3.3 汉字的编码

西文是拼音文字。用有限的几个字母（如英文用 26 个字母，俄文用 32 个字母）可以拼写出全部西文信息。因此，西文仅需对有限个数的字母进行编码，就可以将全部西文信息输入计算机。而汉字信息则不一样，汉字是象形文字，1 个汉字就是 1 个方块图形。计算机要对汉字信息进行处理，就必须对数目繁多的汉字进行编码，建立一个有几千个汉字的编码表。西文编码是几十个字符的小字符集，汉字编码是成千上万个汉字的大字符集。因此，汉字的编码远比西文字母的编码要复杂得多。

汉字编码有内码和外码之分。外码（又称汉字的输入编码）是指汉字的输入方式，目前我国公布的汉字编码有上百种。其编码的方法可以按照汉字的字形、字音和音形结合分为 3 类。常用的输入方式有区位码、国标码、首尾码、拼音码、双拼双音码、五笔字型码、自然码、ABC 码和郑码等。内码是计算机系统内部进行汉字信息存储、交换和检索等操作的编码。汉字内码采用 2 字节表示，没有重码，并要求与国标码有简单的对应关系。应该指出，汉字的输入编码和内码是两个不同概念，不可混为一谈。

国标码（又称交换码）是根据汉字的常用程度定出了一级和二级汉字字符集及其相应编码，也就是《国家标准信息交换用汉字编码基本字符集》的简称（编号 GB 2312—1980）。该标准按 94×94 的二维代码表形式，收集了 6763 个汉字和 682 个一般字符、序号、数字、22 个拉丁字母、希腊字母和汉语拼音符号等，共 7445 个图形字符。该标准最多可包含 8836 个图形字符，适用于一般汉字处理、汉字通信等系统之间的信息交换。国标码的每一个字节的定义域在 21H 到 7EH。国标码中，汉字的排列顺序为：一级汉字按汉语拼音字母顺序排列，同音字母以画划顺序为序；二级汉字按部首顺序排列。

现将区位码、国标码和内码作简要说明如下。

（1）区位码：用每个汉字在二维代码表中行、列位置（行号称为区号，列号称为位号）来表示的代码，称为该汉字的区位码。区位码是汉字的输入编码。

（2）国标码：国标码＝区位码＋32，区号和位号各增加 32 以后所得到的双 7 位二进制编码。国标码用于不同汉字系统之间汉字的传输和交换，可用作汉字的输入编码。

（3）机内码：英文 DOS 的机内码是 ASCII 码，国标码是双 7 位二进制编码，用作内码将会与标准 ASCII 码相混淆，为此利用标准 ASCII 码最高位为 "0" 这一特点，把 2 字节国标码的每个字节的最高位置 "1"，以示区别。这样，形成了汉字的另外一种编码方法，即汉字的机内码。简单地说，机内码＝国标码＋128 或机内码＝区位码＋160。如汉字 "啊" 的国标码为 00110000，00100001，即 30H，21H 则它的内码为 10110000，10100001，即 B0H，A1H。

本　章　小　结

本章首先对微机及单片机进行了概述，对计算机发展、微机发展/分类/主要性能指标、单片机概念/发展概况/技术发展方向进行了概括；接着，对微型计算机系统的组成、微处理器的内部结构与基本功能、微机系统硬件的组成及结构、内存的组成与操作、微机系统的软件结构、微机系统的工作过程进行了分析；其次，对单片机的基本组成、特点和应用领域进行了介绍；再次，对单片机的两种系列生产厂家和机型、MCS-51系列单片机分类进行了描述；最后，对微机的数制及其转换、带符号数的表示、常用的编码进行了讲述。

习 题 与 思 考 题

1-1 计算机发展和微机发展可划分为哪几个阶段？

1-2 微型计算机系统有哪些特点？微型计算机有哪些分类方法？PC机、工控机、单片机、嵌入式系统有何异同？

1-3 微型计算机系统主要有哪些性能指标？试说明微处理器字长的意义。

1-4 简述微型计算机系统的组成及微处理器、微型计算机、微型计算机系统三者的异同。

1-5 微处理器的内部结构由哪些部分组成？各部分的主要功能是什么？

1-6 微机硬件结构由哪些部分组成？各部分的主要功能是什么？

1-7 什么是系统总线？常用的系统总线标准有哪些？

1-8 内存的结构由哪些部分组成？内存如何实现读写操作动作？

1-9 简述冯·诺依曼计算机的基本特点，并说明程序存储及程序控制的概念。

1-10 简述微型计算机系统的工作过程，并画图说明计算机执行指令 ADD AL，08H 的工作过程。

1-11 什么叫单片机？其主要特点有哪些？

1-12 简述单片机与微处理器的关系、单片机与嵌入式系统的关系。

1-13 单片机发展分哪几个阶段？各阶段的特点是什么？

1-14 当前单片机的主要产品有哪些？各有何特点？

1-15 MCS-51单片机如何进行分类？AT89系列单片机分几类？

1-16 微型计算机中常用数制有几种？计算机内部采用哪种数制？

1-17 什么叫机器数？机器数的表示方法有几种？

1-18 将下列十进制数转换为二进制数和十六进制数。

(1) 125　　(2) 0.525　　(3) 121.687　　(4) 47.945

1-19 将下列二进制数转换为十进制数和十六进制数。

(1) 10110101　　(2) 0.10110010　　(3) 0.1010　　(4) 1101.0101

1-20 将下列十六进制数转换为十进制数和二进制数

(1) ABH　　(2) 28.07H　　(3) ABC.DH　　(4) 0.35FH

1-21 已知下列各组二进制数 X、Y，试求 X+Y、X−Y、X×Y、X÷Y

(1) X=10101110B，Y=1001B　　(2) X=101101B，Y=1010B

(3) X=11010011B，Y=1110B　　(4) X=11001110B，Y=110B

1-22 写出下列各十进制数的原码、反码和补码（采用8位二进制数表示）。

(1) +28　　(2) +69　　(3) −125　　(4) −54

1-23 写出下列用补码表示数的真值（采用8位二进制数表示）。

(1) 01110011B　　(2) 10010101B　　(3) 68H　　(4) B5H

1-24　进位与溢出有何异同？它们如何判断？它们各适应何场合？

1-25　什么是 BCD 码？BCD 码与二进制数有何区别？

1-26　给出下列十进制数对应的压缩和非压缩 BCD 码形式。

(1) 34　　　(2) 59　　　(3) 1983　　　(4) 270

1-27　已知下列各组数据，用压缩 BCD 码求 X+Y 和 X-Y。

(1) X=36，Y=26　(2) X=100，Y=44　(3) X=27，Y=79　(4) X=51，Y=88

1-28　为何要进行 BCD 码调整运算？对压缩 BCD 码、非压缩 BCD 码运算如何调整？

1-29　什么是 ASCII 码？查表写出下列字符的 ASCII 码

(1) A　　(2) 7　　(3) b　　(4) @　　(5) =　　(6) ?　　(7) G　　(8) CR（回车）

1-30　非压缩 BCD 码与 ASCII 码表示数字 0～9 有何差异？什么叫奇、偶校验？

第2章 MCS-51系列单片机的硬件结构

本章学习目的是为单片机系统的硬件设计打下基础。

本章将系统介绍 MCS-51 单片机的内部硬件基本结构，包括单片机的结构、引脚功能、运算器、控制器、存储器结构、特殊功能寄存器、并行接口的结构和特点、复位电路、时钟电路及指令时序、运行方式等。由于本章的一些内容与后面章节相关联，因此本章内容不必很深入的去学习，知道一些基本知识即可，只有学完后面的相关内容后，才能完全深刻理解本章有关内容。本章的重点是 MCS-51 单片机的存储器组织结构和单片机引脚及其功能、P0 口~P3 口的结构与操作。本章的教学难点是单片机存储器的组织结构。

2.1 MCS-51 单片机的主要性能特点

美国 Intel 公司在 1980 年推出了高性能的 8 位的 MCS-51 系列单片机，随后其他公司相继推出了与其兼容的多种产品。按资源的配置数量，MCS-51 系列分为 51 和 52 两个子系列，如表 2-1 所示。其中 51 子系列是基本型（也称普通型），而 52 子系列属于增强型。这两种子系列的结构、功能基本相同，其主要差别在于存储器类型、存储器容量、定时/计数器个数、中断源个数、制作工艺等方面。本书将以 51 子系列为主来介绍 MCS-51 单片机。

表 2-1　　　　　　　　　　　　MCS-51 系列单片机分类

资源配置子系列		8×51 系列	8×C51 系列	8×52 系列	8×C252 系列
片内 ROM 的形式	无	8031	80C31	8032	80C232
	ROM	8051	80C51	8052	80C252
	EPROM	8751	87C51	8752	87C252
	E²PROM		89C51		89C252
片内 ROM 容量		4KB	4KB	8KB	8KB
片内 RAM 容量		128B	128B	256B	256B
定时/计数器 T/C		2×16b	2×16b	3×16b	3×16b
中断源 INT		5 个	5 个	6 个	7 个
制作工艺		HMOS	CHMOS	HMOS	CHMOS
并行 I/O 接口		4×8b	4×8b	4×8b	4×8b
串行 I/O 接口		1	1	1	1

51 子系列主要有 8031、8051、8751、89C51 等机型，它们的指令系统与芯片引脚完全兼容，仅片内 ROM 的容量有所不同。其中 8031 片内无 ROM、8051 片内有 4KB ROM、8751 片内有 4KB EPROM；89C51 片内有 4KB Flash E²PROM。

另外，51 子系列不同产品采用的制造工艺也不尽相同，有 HMOS 和 CHMOS 两种。CHMOS 是 CMOS 和 HMOS 相结合的工艺，CMOS 具有低功耗的特点；CHMOS 工艺制作的产品还增加了待机和掉电保护两种工作方式，以保证单片机在掉电情况下能以最低的消耗电流维持。

52 子系列与 51 子系列的不同在于：片内数据存储器从 128B 增至 256B，片内程序存储器从 4KB 增至 8KB（注意：8032、80C232 单片机中无 ROM），16 位定时/计数器从 2 个增至 3 个中断源从 5 个增至 6～7 个。52 子系列的其他性能均与 51 子系列相同。

51/52 子系列的主要性能为：

（1）具有 8 位 CPU。

（2）具有片内振荡器，振荡频率 f_{osc} 范围为 1.2～12MHz。

（3）具有 128B/256B 片内 RAM 和 21/26 个字节特殊功能寄存器 SFR（也称专用寄存器）。

（4）具有 4KB/8KB 片内 ROM 或 EPROM 或 E^2 PROM（注意：8031、80C31、8032、80C232 单片机中无任何型号的 ROM）。

（5）具有 P0、P1、P2、P3 共 4 个 8 位并行 I/O 接口。

（6）具有 1 个全双工串行 I/O 接口。

（7）具有 2/3 个 16 位定时/计数器。

（8）中断系统有 5/6（或 7）个中断源，可编程为两个优先级。

（9）具有 111 条指令（含有乘法指令和除法指令）。

（10）有较强的位寻址、位处理能力。

（11）片内采用单总线结构。

（12）采用单一＋5V 电源。

（13）可寻址 64KB 内部和外部的程序存储器空间。

（14）可寻址 64KB 外部的数据存储器空间。

前面（1）～（8）为单片机内部集成的 8 大硬件模块，（9）～（10）为单片机内部的 CPU 的软件功能，（11）～（12）为单片机的制作工艺及外部电源，（13）～（14）为单片机的外部扩展能力。因此，单片机实际上是由内部的 8 大部件，通过片内单一总线连接起来的。

2.2　MCS-51 单片机的基本结构

2.2.1　MCS-51 单片机的组成

MCS-51 系列单片机的内部结构框图如图 2-1 所示。

MCS-51 单片机组成结构中包含有：运算器（图 2-2 中的 ALU）、控制器（图中的指令寄存器、定时及控制）、片内存储器（图中的 RAM、ROM/EPROM/E^2PROM）、并行 I/O 口（图中的 P0；P1、P2、P3）、串行 I/O 口、定时/计数器（图中 P3 的第 2 功能）、中断系统、振荡器等功能部件，注意 8031、80C31、8032 和 80C232 内部没有集成任何类型的 ROM。这些部件通过内部总线紧密地联系在一起。它的总体结构仍是通用 CPU 加上外围芯片的总线结构。只是在功能部件的控制上，单片机与一般微机的通用寄存器加接口寄存器控制不同，单片机的 CPU 与外设的控制不再分开，采用了特殊功能寄存器 SFR 集中控制，这样使用更加方便。将图 2-1 中的 CPU 突出表示出来，可用图 2-2 来描述。

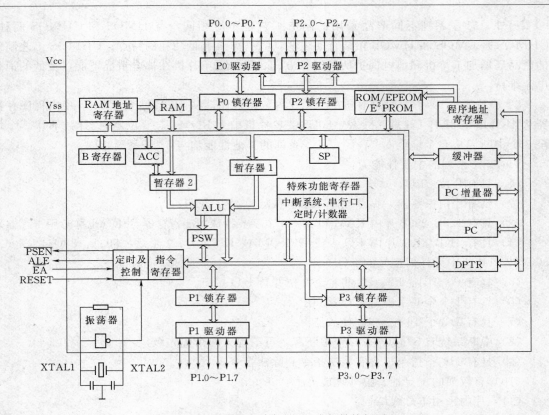

图 2-1　MCS-51 单片机的内部结构框图

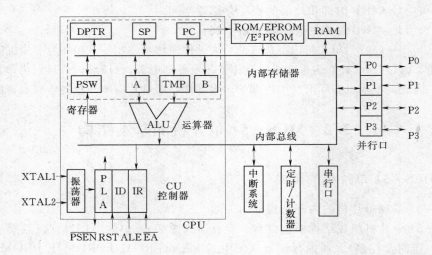

图 2-2　MCS-51 单片机 CPU 部分的结构

由图 2-2 可看到，MCS-51 系列单片机中的 CPU 由运算器 ALU、控制器 CU 和寄存器（注意：内部 RAM 还有通用工作寄存器 R0～R7）等功能部件组成。其中，运算器以算术逻辑单元 ALU 为核心，含累加器 A（或称 ACC）、暂存器 TMP、B 寄存器、堆栈指针寄存器 SP、程序计数器 PC、程序状态字寄存器 PSW、数据指针寄存器 DPTR 等部件；控制器含指令寄存器 IR、指令译码器 ID、定时及控制电路 PLA 等部件，能根据不同的指令产生相应的操作时序和控制信号。为了更好地分析问题，还可以将 MCS-51 单片机的结构用图 2-3 所示的逻辑图表示。

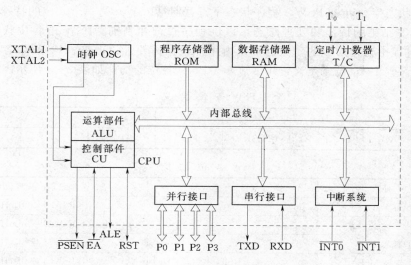

图 2-3　MCS-51 单片机的逻辑图

1. 中央处理器

中央处理器（CPU）是由运算器（ALU）和控制器（CU）构成，是单片机最核心的部分。它的主要功能是读入并分析每条指令，根据指令的功能，控制单片机的各功能部件执行指定的操作。

（1）运算器及相关寄存器。运算器以算术逻辑单元（ALU）为核心，包括累加器（A）、寄存器（B）、暂存器 1（TMP$_1$）、暂存器 2（TMP$_2$）、程序状态字寄存器（PSW）等部件。它的功能是完成算术和逻辑运算、位变量处理和数据传送等操作。

1）算术/逻辑运算单元（ALU）。由加法器和其他逻辑电路如移位电路、控制门电路等组成。它主要用来完成数据的算术和逻辑运算，算术运算包括 8 位二进制数的加、减、乘、除、加 1、减 1 及 BCD 加法的十进制调整等，逻辑运算包括 8 位变量进行逻辑"与"、"或"、"异或"、循环移位、求补、清零等。它还具有数据传送、程序转移以及位处理（布尔操作）等功能。

ALU 有 2 个输入端和 2 个输出端，其中一端接至累加器 A，接收由累加器 A 送来的一个操作数；另一端接收暂存器 TMP 中的第二个操作数。参加运算的操作数在 ALU 中进行规定的操作运算。运算结束后，将结果送至累加器 A，同时将操作结果的特征状态送标志寄存器 PSW。

2）累加器 ACC。累加器（ACC，简称 A）是一个特殊的 8 位寄存器，它的字长和微处理器的字长相同，累加器具有输入/输出和移位功能，由于所有运算的数据都要通过累加器，故累加器是 CPU 中使用最频繁的寄存器。通过暂存器 2 与 ALU 相连，向 ALU 提供操作数并存放运算结果。微处理器采用累加器结构可以简化某些算术逻辑运算。

3）寄存器 B。寄存器 B 是为 ALU 进行乘、除法运算而设置的。在乘、除法运算时用来存放一个操作数，也用来存放运算后的一部分结果。若不作乘、除法运算时，还可作为一般的通用寄存器使用。

47

4）暂存寄存器。暂存寄存器（TMP）是暂时存储数据总线或其他寄存器送来的操作数，作为 ALU 的数据源，向 ALU 提供操作数。

5）程序状态字寄存器 PSW。程序状态字寄存器（PSW）是一个 8 位的特殊寄存器，它保存 ALU 运算结果的特征和处理状态，以供程序查询和判别。PSW 中各位状态信息通常是指令执行过程中自动形成的，但也可以由用户根据需要加以改变。PSW 中各位的定义如表 2 - 2 所示，其中 D_1 位未定义，用×表示。PSW 各位的功能如表 2 - 3 所示。

表 2 - 2　　　　　　　　　　　　PSW 各 位 含 义

D_7	D_6	D_5	D_4	D_3	D_2	D_1	D_0
CY	AC	F0	RS1	RS0	OV	×	P

表 2 - 3　　　　　　　　　　　　PSW 各 位 功 能

功　能	标　志	地址值（位地位）
进位标志	CY	PSW.7 或 0D7H
自动进位标志	AC	PSW.6 或 0D6H
用户标志	F0	PSW.5 或 0D5H
寄存器区选择 MSB	RS1	PSW.4 或 0D4H
寄存器区选择 LSB	RS0	PSW.3 或 0D3H
溢出标志	OV	PSW.2 或 0D2H
保留	×	PSW.1 或 0D1H
奇偶标志	P	PSW.0 或 0D0H

①进位标志位 CY（也称 Cy 或 C）。如果运算结果的最高位 D_7 有进位（加法时）或有借位（减法时），则 CY＝1，否则 CY＝0。

②辅助进位标志位 AC。如果运算结果的低 4 位向高 4 位有进位（加法时）或有借位（减法时），则 AC＝1，否则 AC＝0。

③溢出标志位 OV。溢出标志位用做补码运算，主要用在有符号数运算时，运算结果超出范围时，OV＝1；否则，OV＝0。也就是，若运算结果超过了 8 位补码所能表示的范围 －128～＋127，则 OV＝1。计算机在数据处理过程中，OV 置位和清零的依据是：OV＝CY ⊕ CY_{-1}（双高进位法）。

④奇偶标志位 P。每执行一条指令，单片机都能根据累加器 A 中 1 的个数的奇偶自动将 P 置 1 或置 0。若 1 的个数为奇数，则 P 为 1；若 1 的个数为偶数，则 P 为 0。因此，单片机采用偶校验。

⑤工作寄存器组选择位 RS1、RS0。指示当前使用的工作寄存器组。本章后面将详细介绍它们的作用。

⑥用户标志位 F0 是用户定义的一个状态标志。由用户置位、复位，作为软件标志。

下面通过两个例子来说明两个 8 位数据加、减运算对 AC、CY、OV、P 这 4 个标志位的影响。

【例 2 - 1】　两个 8 位二进制数相加。

$$
\begin{array}{r}
1100\ 1001\ \text{B} \\
+\quad 0100\ 1100\ \text{B} \\
\hline
0001\ 0101\ \text{B}
\end{array}
$$

(AC) =1，(CY) =1，(OV) =0，(P) =1。

若把两加数认为是无符号二进制数，则分别表示十进制数 201、76，相加后，用 CY 作进位位，CY=1，结果为 1 0001 0101B，对应十进制数 277。

若把两加数认为是有符号二进制数，则分别表示十进制数 —55、76，相加后，用 OV 作溢出位，OV=0 无溢出，结果正确，结果为 0001 0101B，对应十进制数 21。

可见，单片机在做加法时，它并不管两加数是有符号数还是无符号数，但它都会按无符号数和有符号数的规则分别产生两个标志 CY、OV，那么，程序员就必须清楚，到底是把数作为有符号数还是作为无符号数，然后分别用溢出 OV、进位 CY 两个不同的标志位来处理最终结果。

减法时要注意，单片机会自动利用补码减法变加法的性质来处理，同样，不管是无符号数还是有符号数，计算机都会按规则影响 CY、OV，而程序员要根据数的性质来决定是用 CY，还是 OV。

【例 2 - 2】 两个 8 位二进制数相减。

$$
\begin{array}{r}
1100\ 1001\ B \\
-\quad 0100\ 1100\ B \\
\hline
0111\ 1101\ B
\end{array}
$$

(AC) =1，(CY) =0，(OV) =1，(P) =0。

若把两减数认为是无符号二进制数，则分别表示十进制数 201、76，相减后，用 CY 作借位位，CY=0，结果为 0 0111 1101B，对应十进制数 125。

若把两减数认为是有符号二进制数，则分别表示十进制数 —55、76，相减后，用 OV 作溢出位，OV=1 发生溢出，表明结果错误。若要得到正确的结果，必须要通过扩大两个数的位数来解决（如把 8 位数扩展为 16 位数）。

（2）控制器及相关寄存器。控制器（CU）是单片机的神经中枢，它是由指令寄存器 IR、指令译码器 ID、定时及控制逻辑电路 PLA 以及程序计数器 PC、堆栈指针 SP、数据指针 DPTR 等相关寄存器组成。它先以主振频率为基准发出 CPU 的时序，对指令进行译码，然后发出各种控制信号，完成一系列定时控制的微操作，用来协调单片机内部各功能部件之间的数据传送、数据运算等操作。控制器各功能部件简述如下：

1）指令寄存器（IR）。指令寄存器用于存放指令代码。CPU 执行指令时，由程序存储器中读取的指令代码送入指令寄存器，经译码器译码后再由定时与控制电路发出相应的控制信号，完成指令所指定的操作。指令的内容由操作码和地址码两部分构成。其中：操作码送到指令译码器，经其译码后便确定了要执行的操作；指令的地址码送到操作数地址形成电路，以便形成实际的操作数地址。

2）指令译码器（ID）。指令译码器用于分析指令功能，根据操作码产生相应操作的控制信号。例如，8 位操作码经指令译码器译码后，可以转换为 256 种操作控制信号，其中每一种控制信号对应一种特定的操作功能。

3）定时与控制逻辑（PLA）。定时与控制逻辑由时序部件和微操作控制部件构成。用于控制取指令、执行指令、存取操作数或运算结果等操作，向其他部件发出各种微操作控制信号，协调各部件的工作。

4）时序部件。时序部件由时钟系统和脉冲分配器构成。用于产生计算机各部件所需要的定时信号。其中，时钟系统用来产生具有一定频率和宽度的脉冲信号（主脉冲），控制主脉冲信号的启、停；脉冲分配器用来产生计算机各部件所需要的能按一定顺序逐个出现的节拍脉冲的定时信号，以控制和协调计算机各部件有节奏地动作。

5）微操作控制部件。计算机在执行一条指令时，总是把一条指令分成若干基本操作，称为微操作。微操作控制部件根据指令产生计算机各部件所需要的控制信号。这些控制信号是由指令译码器的输出信号、脉冲分配器产生的节拍脉冲以及外部的状态信号等进行组合产生。它按一定的时间顺序发出一系列微操作控制信号，以完成指令所规定的全部操作。

6）程序计数器（PC）。程序计数器 PC 用于存放 CPU 下一条要执行的指令地址，是一个 16 位的专用寄存器，可寻址范围是 0000H～FFFFH，共 64KB。程序中的每条指令存放在 ROM 区的某些单元，都有自己的存放地址。CPU 要执行哪条指令时，就把该条指令所在单元的地址送到地址总线。在顺序执行程序中，当 PC 的内容被送到地址总线后，会自动加 1，即（PC）←（PC）+1，又指向 CPU 下一条要执行的指令地址。改变 PC 的内容，就可以改变程序的流向。CPU 总是把 PC 中的内容作为地址，按该地址从内存中取出指令码或取出含在指令中的操作数。每取完一个字节后，PC 的内容自动加 1，为取下一个字节做好准备。若遇到转移、子程序调用或中断响应时，PC 的内容由指令或中断响应过程自动置入一个新的地址。

7）数据指针（DPTR）。数据指针 DPTR 是一个 16 位的专用寄存器，其高位字节寄存器用 DPH 表示，低位字节寄存器用 DPL 表示。它既可作为一个 16 位寄存器 DPTR 来处理，也可作为两个独立的 8 位寄存器 DPH 和 DPL 来处理。DPTR 主要用来存放 16 位地址，作为访问 ROM、外部 RAM 和外部 I/O 口的地址指针。当对 64KB 外部数据存储器空间寻址时，作为间址寄存器用。在访问程序存储器时，用作基址寄存器。

8）堆栈指针（SP）。堆栈指针 SP 是一个 8 位的专用寄存器，用来存放堆栈栈顶的地址。本章后面将详细介绍堆栈及堆栈指针的概念。

（3）布尔处理机。由于 MCS-51 单片机主要用于工业测控，它经常需对外部 1 根线、1 个引脚及内部 1 个位（bit）进行处理。因此，MCS-51 单片机不仅是一种 8 位机，其芯片内部也集成了 1 位机，也就是说 MCS-51 单片机也是一种 1 位机（也称位处理机或布尔处理机）。

布尔处理机（即位处理机）的硬件主要有 MCS-51 单片机硬件结构中 ALU 所具有的 1 位运算功能、内部存储器中的位地址空间以及借用程序状态标志寄存器 PSW 中的进位标志 CY 作为位操作"累加器"等；布尔处理机（即位处理机）的软件结构就是 MCS-51 单片机指令系统中的布尔指令集（17 条位操作指令）。这样硬件结构和软件指令就构成了单片机内部完整的布尔处理机。

2. 片内存储器

存储器编程结构可分为两种。一种是普林斯顿结构，ROM 和 RAM 安排在同一空间的不同范围（统一编址）。另一种是哈佛结构，ROM 和 RAM 分别在两个独立的空间（分开编址）。MCS-51 单片机采用的是哈佛结构，而 MCS-96 单片机、8086/8088 微机采用的是普林斯顿结构，如图 2-4 所示。

1）ROM 的寻址范围：0000H～FFFFH，片内、片外统一编址。

2）片内 RAM 的寻址范围：51 子系列 128B（00H～7FH）、52 子系列 256B（00H～FFH）。片外 RAM 的寻址范围：0000H～FFFFH。

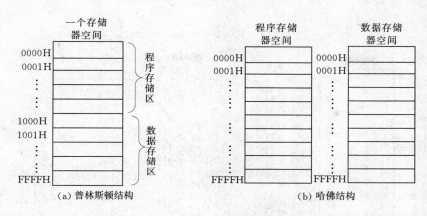

图 2-4　普林斯顿结构与哈佛结构的示意图

此外，MCS-51系统单片机芯片的内、外 RAM 分别与单片机芯片的内、外 I/O 接口统一编址。

3. 特殊功能寄存器 SFR

51/52子系列单片机内部有 21/26 个特殊功能寄存器 SFR，它们与内部 RAM 统一编址，离散地分布在 80H～FFH 的地址单元中。本章后面将详细介绍 SFR。

4. 并行 I/O 口

MCS-51系列单片机有 4 个 8 位的并行口（P0、P1、P2、P3），每个并行口各有 8 根 I/O 口线，可单独操作每个口线。本章后面将详细介绍并行 I/O 口。

5. 串行 I/O 口

MCS-51单片机提供全双工串行 I/O 口，可对外与外设进行串行通信，也可用于扩展并行 I/O 口。本书后面章节将详细介绍串行 I/O 口。

6. 定时/计数器

51/52子系列单片机有 2/3 个 16 位的、可编程的定时/计数器 T0 和 T1，用于精确定时或对外部事件进行计数。本书后面章节将详细介绍定时/计数器。

7. 中断系统

51/52子系列单片机提供 5/6（或 7）个中断源，具有两个优先级，可形成两级中断嵌套。本书后面章节将详细介绍中断系统。

2.2.2　MCS-51单片机的引脚及其功能

1. MCS-51单片机的引脚分布

MCS-51单片机的封装有双列直插式（DIP）封装和方形封装两种形式。HMOS 工艺的 8031 单片机采用 40 个引脚的 DIP 封装，而 CHMOS 工艺的单片机除采用 DIP 封装外，还采用方形封装形式。HMOS 工艺的双列直插式封装引脚如图 2-5（a）所示，CHMOS 工艺的方形封装引脚如图 2-5（b）所示。

2. MCS-51单片机的引脚功能

下面分别说明 40 个引脚的功能：

（1）电源及复位引脚。

1）V_{cc}（40 脚）：电源端，接＋5V。

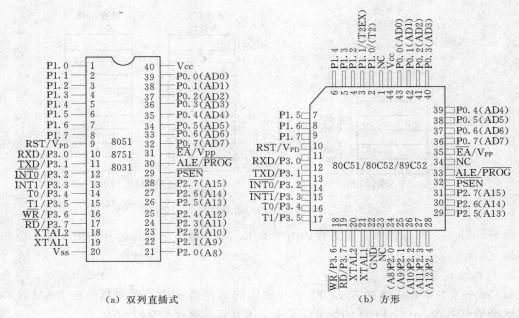

（a）双列直插式　　　　（b）方形

图 2-5　MCS-51 系列单片机引脚及总线结构

2）V_{SS}（20 脚）：接地端。

3）RST/V_{PD}（9 脚）：RST 即为 RESET，V_{PD} 为备用电源。该引脚为单片机的上电复位或掉电保护端。当单片机振荡器工作时，该引脚上出现持续两个机器周期的高电平，就可实现复位操作，使单片机恢复到初始状态。复位后，P0～P3 输出高电平，SP 寄存器为 07H，其他寄存器全部清 0，不影响 RAM 状态。本章后面还将详细介绍复位状态。当 V_{CC} 电源降低到低电平时，RST/V_{PD} 线上的备用电源自动投入，以保证片内 RAM 中的信息不丢失。

4）$\overline{EA}$/V_{PP}（31 脚）：$\overline{EA}$ 为片内外程序存储器选用端。该引脚需要为低电平时（即 $\overline{EA}$ =0），只选用片外程序存储器，该引脚为高电平时（即 $\overline{EA}$=1），先选用片内程序存储器，然后选用片外程序存储器。注意：对于本身没有片内 ROM 的单片机，如 8031、8032 等单片机，设计电路时，必须使 $\overline{EA}$=0；V_{PP} 是片内 EPROM 编程电压输入端，当单片机用作编程片内 EPROM 时，该引脚需要输入 21V 编程电压。

（2）晶体振荡器接入或外部振荡信号输入引脚。

1）XTAL1（19 脚）：晶体振荡器接入的一个引脚。采用外部振荡器时，此引脚接地。

2）XTAL2（18 脚）：晶体振荡器接入的另一个引脚。采用外部振荡器时，此引脚作为外部振荡信号的输入端。

振荡器的频率可用 f_{osc} 表示。本章后面将详细介绍单片机的振荡器及时序。

（3）地址锁存及外部程序存储器编程脉冲信号输出引脚。ALE/$\overline{PROG}$（30 脚）：地址锁存允许信号输出/编程脉冲输入引脚。ALE 为地址锁存允许信号输出引脚，当 8051 单片机上电正常工作时，自动在该引脚上输出频率为 f_{osc}/6 的脉冲序列。当访问外部存储器时，ALE 做锁存扩展地址低 8 位字节的控制信号。P0 口先送出地址的低 8 位，通过 ALE 信号将低 8 位地址信号锁存到外部地址专用锁存器中，再去传送数据信息；$\overline{PROG}$ 为编程脉冲输入引脚，在对片内 ROM 编程写入时，作为编程脉冲输入端。

（4）外部程序存储器选通信号输出引脚。$\overline{PSEN}$（29 脚）：外部程序存储器选通信号，低电平有效。当从外部程序存储器读取指令（即程序执行的取指令阶段）或数据（即执行 MOVC 指令时）期间，每个机器周期该信号两次有效，以通过数据总线 P0 口读取指令或数据。

（5）I/O 引脚。

1）P0.0～P0.7（39 脚～32 脚）：P0.0～P0.7 统称为 P0 口。在访问片外存储器时，可作为 8 位数据/低 8 位地址复用总线端口的三态双向口，它们分时输出低 8 位的地址和数据，故这些 I/O 线有地址线/数据线之称，简写为 AD0～AD7。

2）P1.0～P1.7（1 脚～8 脚）：P1.0～P1.7 统称为 P1 口，可作为准双向 I/O 接口使用。

3）P2.0～P2.7（21 脚～28 脚）：P2.0～P2.7 统称为 P2 口，一般可作为准双向 I/O 接口。在访问片外存储器时，它输出高 8 位地址。

4）P3.0～P3.7（10 脚～17 脚）：P3.0～P3.7 统称为 P3 口。多种功能复用的准双向口，这 8 个引脚还具有专门的第二功能。

本章后面将详细介绍并行 I/O 口。

2.3　MCS-51 单片机的存储器配置

单片机内部存储器的功能是存储信息（程序和数据）。存储器按其存取方式可以分成两大类：一类是随机存取存储器（RAM）；另一类是只读存储器（ROM）。

前面已述，MCS-51 单片机存储器结构与一般微机的存储器结构不同，MCS-51 单片机存储器结构采用哈佛型结构，即将程序存储器（ROM）和数据存储器（RAM）分开，它们有各自独立的存储空间、寻址机构和寻址方式。

由于 RAM 在 CPU 运行过程中能随时进行数据的写入和读出，但在关闭电源时其所存储的信息将丢失。所以，它只能用来存放暂时性的输入输出数据、运算的中间结果或用作堆栈。因此，MCS-51 单片机中 RAM 被用作数据存储器。

而 ROM 是一种写入信息后不能改写，只能读出的存储器。断电后 ROM 中的信息保留不变，所以，ROM 用来存放固定的程序或数据，如系统监控程序、常数表格等。因此，MCS-51 单片机中 ROM 被用作程序存储器和存放固定的表格数据。

图 2-6 为 MCS-51 单片机存储器的编址结构。

MCS-51 单片机的存储器地址空间可分为 5 块：

片内程序存储器地址空间 ⎫ 统一编址
片外程序存储器地址空间 ⎭
片外数据存储器地址空间 ⎫ 独立编址 ⎫ 独立编址
片内数据存储器地址空间 ⎭ 统一编址 ⎭
特殊功能寄存器地址空间 ⎭

MCS-51 单片机存储器可分类为：

1）从物理结构上可分为片内、片外程序存储器（8031 和 8032 等单片机无片内程序存储器）与片内、片外数据存储器 4 部分。

2）从逻辑上（即寻址空间分布上）可分为程序存储器（包括内部和外部）、内部数据存

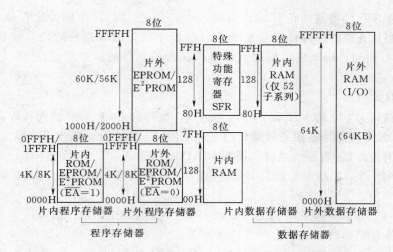

图 2-6　MCS-51 单片机存储器的编址结构

储器和外部数据存储器 3 部分。

3）从功能上可分为程序存储器、内部数据存储器、特殊功能寄存器、位地址空间和外部数据存储器 5 部分。

2.3.1　程序存储器 ROM

MCS-51 单片机的程序存储器有片内和片外之分。对于内部无 ROM 型号，工作时只能扩展外部 ROM，最多可扩展 64KB，地址范围为 0000H~FFFFH；对于片内有 4KB 字节的 ROM 或 EPROM 或 E^2PROM，地址范围为 0000H~0FFFH；对于片内有 8KB 字节的 ROM 或 EPROM 或 E^2PROM，地址范围为 0000H~1FFFH。例如，对于 51 子系列产品，8051 单片机在芯片内部设置了 4KB 的 ROM，8751 单片机在芯片内部设置了 4KB 的 EPROM，89C51 单片机片内有 4KB 的 E^2PROM（Flash ROM），8031 单片机片内无 ROM，需要在单片机外部配置 EPROM 或 E^2PROM。当不够使用时，可以扩展片外程序存储器，由于 MCS-51 单片机的程序计数器 PC 是 16 位的计数器，因此程序存储器可扩展的最大空间是 64KB，地址范围为 0000H~FFFFH。MCS-51 单片机的程序存储器的编址结构如图 2-7 所示。

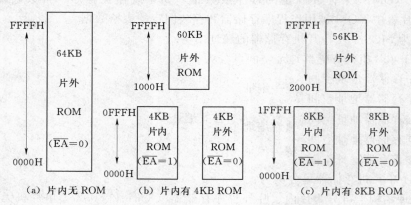

图 2-7　MCS-51 单片机的程序存储器的编址结构

对于内部有 ROM 的芯片，根据情况外部可以扩展 ROM，但内部 ROM 和外部 ROM 共用 64KB 存储空间，因此，对于带有片内程序存储器的单片机来说，片内程序存储器地址空间和片外程序存储器的低地址空间重叠，其中 51 子系列重叠区域为 0000H～0FFFH（4K）；而 52 子系列重叠区域为 0000H～1FFFH（8K）。如果 $\overline{EA}/V_{PP}$ 引脚为高电平（即 $\overline{EA}=1$）时，CPU 将首先访问片内存储器，当指令地址超过 0FFFH（51 子系列）/1FFFH（52 子系列）时，自动连续地转向片外 ROM 去取指令；而当 $\overline{EA}/V_{PP}$ 引脚为低电平（即 $\overline{EA}=0$）时，CPU 只能从外部程序存储器取指令。因此，对于无 ROM 的单片机（如 8031、80C31、8032、80C32）来说，$\overline{EA}/V_{PP}$ 引脚一定要接地。

程序存储器低端的一些地址被固定地用作特定程序的入口地址，见表 2-4。

表 2-4 程序存储器低端的一些地址作用

固定功能程序的入口地址	ROM 地址
单片机复位后的程序入口地址	0000H
外部中断 0 的中断服务子程序入口地址	0003H
定时/计数器 0 的中断服务子程序入口地址	000BH
外部中断 1 的中断服务子程序入口地址	0013H
定时/计数器 1 的中断服务子程序入口地址	001BH
串行口的中断服务子程序入口地址	0023H
定时/计数器 2 的中断服务子程序入口地址（仅 52 子系列有）	002BH

单片机复位后 PC 的内容为 0000H，故单片机复位后将从 0000H 单元开始执行程序。程序存储器的 0000H 单元地址是系统程序的启动地址。这里用户一般放一条转移指令，转到后面的用户程序。5/6 个中断源的地址之间仅隔 8 个单元，存放中断服务程序往往不够用，所以通常这 8 个单元用于存放一条转移指令（如 LJMP 或 AJMP），通过转移指令指向真正的中断服务程序，而真正的中断服务程序是放在后面更大空间的 ROM 中。因此，真正的用户主程序一般存放在 0033H 单元以后。也就是说，编程时通常在这些入口地址开始的两、三个单元中，放入一条 AJMP（2 个字节）或 LJMP（3 个字节）无条件转移指令，以使相应的服务与实际分配的程序存储器区域中的程序段相对应（仅在中断服务子程序较短时，才可以将中断服务子程序直接放在相应的入口地址开始的几个单元中）。

【例 2-3】 编写 MCS-51 单片机的主程序及中断服务程序的存放位置程序。复位后 PC=0000H，即从程序存储器的 0000H 单元读出第一条指令，因此可在 0000H 单元内放置一条跳转指令，如 LJMP ××××（×××× 表示主程序入口地址）。

```
ORG 0000H    ;用伪指令 ORG 指示随后的指令码从 0000H 单元开始存放
LJMP Main    ;在 0000H 单元放一条长跳转指令,共 3 个字节
ORG 0003H
LJMP INT0    ;跳到外部中断 0 服务子程序的入口地址
ORG 000BH
LJMP T0      ;跳到定时/计数器 0 中断服务子程序入口地址
ORG 0013H
LJMP INT1    ;跳到外部中断 1 服务子程序的入口地址
ORG 001BH
```

```
        LJMP T1      ;跳到定时/计数器 1 中断服务子程序入口地址
        ORG 0023H
        LJMP SIO     ;跳到串行口中断服务子程序入口地址
        ORG 002BH
        LJMP T2      ;跳到定时/计数器 2 中断服务子程序入口地址
        ORG 0033H    ;主程序代码从 0033H 单元开始存放
   Main;......       ;Main 是主程序入口地址标号
```

2.3.2　数据存储器 RAM

　　MCS-51 的数据存储器，分为片外 RAM 和片内 RAM。片外 RAM 地址空间为 64KB，地址范围是 0000H~FFFFH。片内 RAM 地址空间为 128B（51 子系列）/256B（52 子系列），地址范围是 00H~7FH（51 子系列）/FFH（52 子系列），片内 RAM 与片内特殊功能寄存器 SFR 统一编址。图 2-8 为 MCS-51 单片机的数据存储器的编址结构。

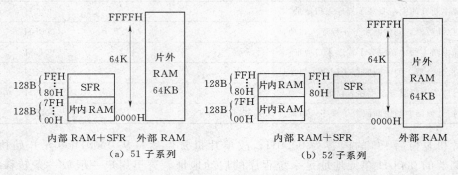

图 2-8　MCS-51 单片机的数据存储器的编址结构

　　1. 片内数据存储器（00H~7FH/FFH）

　　在 MCS-51 单片机中，尽管片内数据存储器的容量不大，但它的功能多，使用灵活。片内数据存储器除了 RAM 块外，还有特殊功能寄存器（SFR）块。其中对于 51 子系列，RAM 块有 128 字节，编址为 00H~7FH，SFR 也占 128 个字节，编址为 80H~FFH；对于 52 子系列，RAM 有 256 字节，编址为 00H~FFH，SFR 也有 128 字节，编址为 80H~FFH。52 子系列 RAM 的后 128 个字节与 SFR 的编址是重叠的，它们可通过间接寻址、直接寻址两种不同的寻址方式来相区分。

　　片内数据存储器共有 128B RAM（51 子系列）/256B RAM（52 子系列），再加上 128B SFR。片内数据存储器按功能分成 4 个部分：①工作寄存器组区；②位寻址区（也称位地址区）；③一般 RAM 区（也称数据缓冲区或通用 RAM 区或用户 RAM 区），其中还包含堆栈区；④特殊功能寄存器区。其中①~③为片内 RAM 区，它的内部配置情况见表 2-5。

　　（1）工作寄存器区。工作寄存器区是指 00H~1FH 区，共分 4 个组，每组有 8 个单元，共 32 个内部 RAM 单元。即寄存器 0 组：地址 00H~07H；寄存器 1 组：地址 08H~0FH；寄存器 2 组：地址 10H~17H；寄存器 3 组：地址 18H~1FH。每个工作寄存器组都有 8 个寄存器，分别称为 R0，R1，…，R7，如表 2-6。工作寄存器常用于存放操作数中间结果等。由于它们的功能及使用不作预先规定，因此称之为通用寄存器。

表 2-5   MCS-51 系列单片机片内 RAM 的配置情况

区	地址									说明
工作寄存器区	00H	R0								工作寄存器组 0
	01H	R1								
	⋮	⋮								
	07H	R7								
	08H	R0								工作寄存器组 1
	09H	R1								
	⋮	⋮								
	0FH	R7								
	10H	R0								工作寄存器组 2
	11H	R1								
	⋮	⋮								
	17H	R7								
	18H	R0								工作寄存器组 3
	19H	R1								
	⋮	⋮								
	1FH	R7								
位寻址区	20H	07	06	05	04	03	02	01	00	
	21H	0F	0E	0D	0C	0B	0A	09	08	
	22H	17	16	15	14	13	12	11	10	
	23H	1F	1E	1D	1C	1B	1A	19	18	
	24H	27	26	25	24	23	22	21	20	
	25H	2F	2E	2D	2C	2B	2A	29	28	
	26H	37	36	35	34	33	32	31	30	
	27H	3F	3E	3D	3C	3B	3A	39	38	
	28H	47	46	45	44	43	42	41	40	
	29H	4F	4E	4D	4C	4B	4A	49	48	
	2AH	57	56	55	54	53	52	51	50	
	2BH	5F	5E	5D	5C	5B	5A	59	58	
	2CH	67	66	65	64	63	62	61	60	
	2DH	6F	6E	6D	6C	6B	6A	69	68	
	2EH	77	76	75	74	73	72	71	70	
	2FH	7F	7E	7D	7C	7B	7A	79	78	
数据缓冲区	30H									
	⋮	⋮								
	7FH									
	80H									52 子系统专有
	⋮	⋮								
	FFH									

表 2-6　　　　　　　　　　RS1、RS0 与片内工作寄存器组的对应关系

RS1	RS0	寄存器组	片内 PAM 地址	通用寄存器名称
0	0	0 组	00H~07H	R0~R7
0	1	1 组	08H~0FH	R0~R7
1	0	2 组	10H~17H	R0~R7
1	1	3 组	18H~1FH	R0~R7

程序运行时，只能有一个工作寄存器组作为当前（或称活动）工作寄存器组，其他各组可以作为一般的数据缓冲区使用。当前工作寄存器组的选择是由特殊功能寄存器中的程序状态字 PSW 的 RS1（PSW.4）、RS0（PSW.3）两位决定的。可以对这两位进行编程，以选择某一工作寄存器组。单片机上电复位后，RS1＝RS0＝0，因此工作寄存器为 0 组。

（2）位地址区。位寻址区是指 20H~2FH 单元，共 16 个单元。它有双重寻址功能，其一是位寻址区，可以进行位寻址操作，每 1 位都可当作软件触发器，其作用与 PSW 中的 F0 相同，由程序直接进行位处理，通常可以把各种程序状态标志、位控制变量存于位寻址区内。位寻址区的 16 个单元（共计 128 位）的每 1 位都有一个 8 位表示的位地址，位地址范围为 00H~7FH，如表 2-5 所示；其二是位寻址的 RAM 单元也可以同普通 RAM 单元一样作为一般的数据缓冲区按字节寻址操作。

实际上，位寻址空间一部分在上述的内部 RAM 的 20H~2FH 单元内，共 128 位；另一部分在 SFR 的空间内。MCS-51 具有布尔处理机功能，这个位寻址区可以构成布尔处理机的存储空间。这种位寻址能力是 MCS-51 的一个重要特点。

（3）一般 RAM 区（数据缓冲器区）。对于 51 子系列，30H~7FH 是一般 RAM 区，共 80 字节；对于 52 子系列，一般 RAM 区从 30H~FFH 单元，共 80＋128＝208 字节。另外，对于前面工作寄存器区、位寻址区中未用的单元也可作为用户 RAM 单元使用。

一般 RAM 区用于存放用户数据，只能按字节存取。通常这些单元可用于中间数据的保存，也用作堆栈的数据单元。

MCS-51 单片机中，堆栈是用片内 RAM 的一段区域，在具体使用时应避开工作寄存器、位寻址区，一般设在 30H 以后的单元，如工作寄存器和位寻址区未用，也可开辟为堆栈。堆栈是个特殊的存储器，主要功能是暂时存放数据和地址，用来在子程序调用、中断服务处理等场合保护断点和现场。它的特点是先进后出、后进先出，这里的"进"与"出"是指进栈与出栈。

（4）特殊功能寄存器。特殊功能寄存器（Special Function Register，简称 SFR）也称专用寄存器，它们专门用于控制、管理和监视片内算术逻辑部件 ALU、并行 I/O 口、串行口、定时/计数器、中断系统等功能模块的工作，实际上 SFR 是各个功能部件的控制寄存器和状态寄存器。用户在编程时可以给其设定值，但不能移作它用。各个 SFR 离散地分布在高 128B（80H~FFH）地址空间，与片内数据存储器 RAM 统一编址（注意：除了 PC 以外，PC 是单独编址的），其中，字节地址能被 8 整除（即 16 进制地址码尾数为 0 或 8）的单元还具有位寻址的能力。51 子系列有 18 个特殊功能寄存器，其中 3 个为双字节，共占用 21 个字节，11 个有位地址（仅 83 位有效）。52 子系列有 21 个特殊寄存器，其中 5 个为双字节，共占用 26 个字节，12 个有位地址（仅 91 位有效）。

它们的分配情况如下：①CPU 专用寄存器：累加器 A（E0H）、寄存器 B（F0H）、程

序状态寄存器 PSW（D0H）、堆栈指针 SP（81H）、数据指针 DPTR（82H、83H）；②并行接口：P0～P3（80H、90H、A0H、B0H）；③串行接口：串口控制寄存器 SCON（98H）、串口数据缓冲器 SBUF（99H）、电源控制寄存器 PCON（87H）；④定时/计数器：方式寄存器 TMOD（89H）、控制寄存器 TCON（88H）、初值寄存器 TH0、TL0（8BH、8AH）和 TH1、TL1（8DH、8CH）；⑤中断系统：中断允许寄存器 IE（A8H）、中断优先级寄存器 IP（B8H）；⑥定时/计数器 2 相关寄存器（仅 52 子系列有）：定时/计数器 2 控制寄存器 T2CON（CBH）、定时/计数器 2 自动重装寄存器 RLDL 和 RLDH（CAH 和 CBH）、定时/计数器 2 初值寄存器 TH2 和 TL2（CDH 和 CCH）。表 2-7 为各种 SFR 的名称、符号、地址及位地址表。

表 2-7　　　　　　　　　　　　　　　　SFR 地址映象

特殊功能寄存器名称	符号	地址	位地址与位名称							
			D_7	D_6	D_5	D_4	D_3	D_2	D_1	D_0
P0 口	P0	80H	87	86	85	84	83	82	81	80
堆栈指针	SP	81H								
数据指针低字节	DPL	82H								
数据指针高字节	DPH	83H								
电源控制	PCON	87H	SMOD	×	×	×	GF1	GF0	PD	IDL
定时/计数器控制	TCON	88H	TF1 8F	TR1 8F	TF0 8D	TR0 8C	IE1 8B	IT1 8A	IE0 89	IT0 88
定时/计数器方式控制	TMOD	89H	GATE	C/$\overline{\text{T}}$	M1	M0	GATE	C/$\overline{\text{T}}$	M1	M0
定时/计数器 0 低字节	TL0	8AH								
定时/计数器 1 低字节	TL1	8BH								
定时/计数器 0 高字节	TH0	8CH								
定时/计数器 1 高字节	TH1	8DH								
P1 口	P1	90H	97	96	95	94	93	92	91	90
串行控制	SCON	98H	SM0 9F	SM1 9E	SM2 9D	REN 9C	TB8 9B	RB8 9A	TI 99	RI 98
串行数据缓冲器	SBUF	99H								
P2 口	P2	A0H	A7	A6	A5	A4	A3	A2	A1	A0
中断允许控制	IE	A8H	EA AF	×	× AD	ES AC	ET1 AB	EX1 AA	ET0 A9	EX0 A8
P3 口	P3	B0H	B7	B6	B5	B4	B3	B2	B1	B0
中断优先级控制	IP	B8H	×	×	×	PS	PT1	PX1	PT0	PX0
定时/计数器 2 控制	T2CON*	C8H	TF2 CF	EXF2 CE	RCLK CD	TCLK CC	EXEN2 CB	TR2 CA	C/$\overline{\text{T2}}$ C9	CP/$\overline{\text{RL2}}$ C8
定时/计数器 2 自动重装载低字节	RLDL*	CAH								
定时/计数器 2 自动重装载高字节	RLDH*	CBH								

特殊功能寄存器名称	符号	地址	位地址与位名称							
			D_7	D_6	D_5	D_4	D_3	D_2	D_1	D_0
定时/计数器 2 低字节	TL2*	CCH								
定时/计数器 2 高字节	TH2*	CDH								
程序状态字	PSW	D0H	CY D7	AC D6	F0 D5	RS1 D4	RS0 D3	OV D3	× D1	P D0
累加器	A	E0H	E7	E6	E5	E4	E3	E2	E1	E0
B 寄存器	B	F0H	F7	F6	F5	F4	F3	F2	F1	F0

注　凡标"*"的 SFR 仅 52 子系列才有；表中带有位名称或位地址的 SFR 可能按字节方式或位方式处理。

对 SFR 的几点说明：

1) 21/26 个可字节寻址的特殊功能寄存器是不连续地分散在内部 RAM 高 128 单元之中，共 83/91 个可寻址位。尽管还剩余许多空闲单元，但用户并不能使用。

2) 程序计数器 PC 不占据 RAM 单元，它在物理上是独立的，因此它是不可寻址的寄存器。

3) 对特殊功能寄存器只能使用直接寻址方式，书写时既可使用寄存器符号，也可使用寄存器的地址。

下面仅介绍与单片机内部的运算器 ALU、控制器 CU 相关的 SFR 寄存器（专用寄存器）。与并行 I/O 口、串行口、定时/计数器、中断系统等功能模块相关的 SFR 寄存器将在后面章节中介绍。

1) 程序计数器（PC）。我们已经知道程序计数器（Program Counter，简称 PC）是一个 16 位的计数器，它的作用是控制程序的执行顺序。其内容为将要执行指令的地址，寻址范围达 64KB。程序计数器 PC 有自动加"1"的功能，从而实现程序的顺序执行。注意：PC 虽然属于 SFR 的一部分，但它是单独编址的，它没有与 21/26 个 SFR 一起统一编址，也就是说它没有 8 位 SFR 地址，它是不可寻址的，因此用户无法对它进行读写，但可以通过转移、调用、返回等指令改变其内容，以实现程序的转移。单片机中这样设计 PC 的地址的目的主要是防止用户随意篡改 PC 值，以及防止现场干扰信号改变 PC 值，从而使程序跳转"跑飞"到非用户程序设计的地方。

2) 累加器（ACC）。累加器（Accumulator，简称 ACC 或 A）是 CPU 内部特有的 8 位寄存器。它的字节地址为 E0H，其位地址为 E0H~E7H。常用于存放参加算术或逻辑运算的两个操作数中的一个及运算结果，即用于存放目的操作数，例如：

ADD　A，20H　　　；(A)←(A)+(20H)

该指令的含义是以累加器 A 内容作为被加数，与存放在内部 RAM 的 20H 单元中内容相加，相加后的结果，再存放到累加器 A 中。

3) 寄存器 B。寄存器 B 也是 CPU 内特有的一个 8 位寄存器，它的字节地址为 F0H，其位地址为 F0H~F7H。它主要用于乘法和除法运算。在乘法运算中，被乘数放在累加器 A 中，乘数放在寄存器 B 中，运算后，积的高 8 位存放寄存器 B 中，积的低 8 位放在累加器 A 中。例如：

MUL AB　　；(B)(A)←(A)×(B)

在除法运算中，被除数放在累加器 A 中，除数放在寄存器 B 中。运算后，商放在累加器 A 中，而余数放在寄存器 B 中。

DIV　AB；商(A)余(B)←(A)/(B)

4）程序状态字寄存器（PSW）。程序状态字寄存器（Program Status Word register，简称 PSW）是一个 8 位的特殊寄存器，它的字节地址为 D0H，其位地址为 D0H～D7H。程序状态字寄存器也称为"标志寄存器"，它由一些标志位组成，用于存放 ALU 运算结果的特征和处理状态，以供程序查询和判别。PSW 中有些位的状态是根据程序执行结果，由硬件自动设置的，而有些位的状态则使用软件方法设定。PSW 的位状态可以用专门指令进行测试，也可以用指令读出。一些条件转移指令将根据 PSW 某些位的状态，进行程序转移。PSW 中各位的具体定义见表 2-2 和表 2-3。

5）堆栈指针（SP）。堆栈指针（Stack Pointer，简称 SP）是一个 8 位寄存器，它的字节地址为 81H，无位地址。它用于存放栈顶地址。每存入（或取出）一个字节的数据，SP 就自动加 1（或减 1）。SP 始终指向新的栈顶。

堆栈指针操作是在内存 RAM 区中专门开辟出来的、按照"先进后出，后进先出（Last In First Out，简称 LIFO）"的原则进行数据存取的一种工作方式。堆栈有栈顶和栈底，其中，由于栈底固定不变，不需要设置指针；而栈顶为最后推入堆栈的数据所在的存储单元，由于栈顶是随堆栈中数据的变化而浮动变化，需要采用堆栈指针 SP 来指示栈顶所处的位置。当堆栈中没有数据时，栈顶与栈底两者是重叠的，SP 指向堆栈的最下端（即栈底）；而当向堆栈推入数据后，栈顶向上生长（即地址增加），SP 也向上生长。在进行堆栈操作之前，先用指令给 SP 赋值，以规定栈区在 RAM 区的起始地址（即栈底）。当数据推入栈区后，SP 的值也自动随之变化。

堆栈操作有两种方式：一种是指令方式，采用堆栈操作指令进行"进栈/出栈"操作；另一种是自动方式，在调用子程序或产生中断时，返回地址（主程序的下一条指令地址，简称断点地址或断点）自动进栈；程序返回时，断点地址再自动弹回 PC。自动方式是硬件自动完成的，此方式在完成子程序嵌套和多重中断处理中是必不可少的。为保证逐级正确返回，进入栈区的"断点"数据应遵循"先进后出，后进先出"的原则。

在 MCS-51 单片机中，SP 可以指向内部 RAM 中任一单元，且堆栈向上生长（注意，8086CPU 中的堆栈是向下生长的），即将数据压入堆栈后，SP 寄存器内容增大。假设 SP 当前值为 2FH，则入栈指令"PUSH B"将寄存器 B 内容压入堆栈的执行过程如图 2-9 所示。出栈指令"POP B"指令的执行过程如图 2-10 所示。

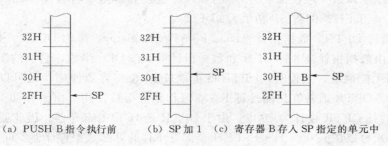

(a) PUSH B 指令执行前　　　(b) SP 加 1　　(c) 寄存器 B 存入 SP 指定的单元中

图 2-9　PUSH B 指令的执行过程

数据入栈的操作过程为：先将 SP 加 1，即 (SP)←(SP)+1，然后将要入栈的数据存放

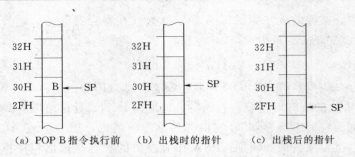

（a）POP B 指令执行前　　（b）出栈时的指针　　（c）出栈后的指针

图 2-10　POP B 指令的执行过程

在 SP 指定的存储单元中。而将数据从堆栈中弹出时，先将 SP 寄存器指定的存储单元内容传送到 POP 指令给定的寄存器或内部 RAM 单元中，然后 SP 减 1，即（SP）←（SP）－1。可以看出堆栈的底部是固定的，而堆栈的顶部则随着数据入栈和出栈而上下浮动。

　　MCS-51 系统复位后，SP 寄存器被初始化为 07H，当有数据进入堆栈时，将从 08H 单元开始存放，这一般是不允许的，因为 08H~1FH 属于工作寄存器区 1~区 3（注意：工作寄存器区 0 的地址为 00H~07H），不宜占用；20H~2FH 是位地址区，也需要部分或全部保留。因此，必须通过数据传送指令重新设置 SP 的初值，将堆栈底部设在 30H~7FH（51 子系列）/FFH（52 子系列）之间，例如：MOV SP，♯60H，即将堆栈指针设在 60H 单元。

　　SP 的内容一经确定，堆栈的位置也就跟着确定下来，由于 SP 可初始化为不同值，因此堆栈位置是浮动的。CPU 内 30H~7FH/FFH 单元既可以作为堆栈区，同时也是用户数据存储区。由于单元数量有限，必须充分利用，因此应认真考虑将堆栈底部设在何处。随着入栈数据的增多，当 SP 超出 7FH（51 子系列）或 FFH（52 子系列）时发生上溢，这将出现不可预料的后果。因此，在设置 SP 初值时，必须考虑堆栈最大深度。子程序或中断嵌套层数越多，所需的堆栈深度就越大。为了避免堆栈顶部进入用户的数据存储区而造成混乱，一般将堆栈设在用户的数据存储区之上。

　　若在某一 51 子系列的应用系统中，需要 32 个字节作为用户数据存储区（如 30H~4FH），则初始化时将堆栈底部设在 50H（指令为 MOV SP，♯4FH，即将 SP 初值为 4FH），即堆栈深度最多为 48 个字节（50H~7FH）。对于具有高 128 字节的 52 子系列来说，最好将堆栈区设在 80H~FFH 之间的高 128 字节内部 RAM 中，而将具有直接寻址功能的低 128 字节内部 RAM 作为用户数据存储区，以便可用多种寻址方式存取用户数据。例如，预计某系统所需最大堆栈深度为 32 字节，可通过如下指令将栈底设在 0E0H 处（指令为 MOV SP，♯0DFH，即将 SP 初值为 0DFH）。

　　6）数据指针 DPTR。数据指针（Data PoinTer Register，简称 DPTR）是一个 16 位的专用寄存器，由数据指针高 8 位 DPH 和数据指针低 8 位 DPL 组成，它们的字节地址为 82H 和 83H，它们无位地址。编程时，DPTR 既可以按 16 位寄存器使用，也可以按两个 8 位寄存器分开使用。DPTR 通常在访问外部 RAM 时作地址指针使用。由于外部 RAM 的寻址范围为 64KB，故把 DPTR 设计为 16 位。由于 DPTR 是 16 位的寄存器，因此通过 DPTR 寄存器间接寻址方式可以访问 0000H~FFFFH 全部 64KB 的外部数据存储器空间。

　　例如，可用如下指令将累加器 A 内容传送到外部 RAM 的 1000H 单元中。

MOV DPTR，♯1000H　;将外部 RAM 地址 1000H 以立即数寻址方式传送到 DPTR 寄存器

MOVX @DPTR,A   ;将累加器 A 的内容传送到 DPTR 寄存器内容所指定的外部 RAM

DPTR 也可以指向程序存储器 ROM，此时用来指向 ROM 中的固定表格的某一单元。

如果仅需改变外部 RAM 的低 8 位地址，高 8 位地址不变，也可采用 R0 或 R1 作为外部 RAM 间接寻址的数据指针。

（5）单片机 RAM 的数据传送及寻址方式。

1）128B 的内部 RAM 存储器（00H～7FH）。对于低 128B 的内部 RAM 存储器（00H～7FH），可以通过直接寻址方式或寄存器间接寻址方式读写，例如：

MOV 30H,♯45H   ;直接寻址方式
MOV @R0,♯45H   ;寄存器间接寻址方式

上面的第 1 条指令将立即数 45H 写入内部数据存储器地址为 30H 的单元中。所谓直接寻址，就是在指令中直接给出了内部 RAM 单元的地址编码。

上面的第 2 条指令将立即数 45H 写入由 R0 寄存器内容指定的内部 RAM 单元中。如果该指令执行前，R0 的内容为 30H，则上述两条指令执行后，效果相同。所谓寄存器间接寻址，就是将内部 RAM 的地址存放在寄存器 R0 或 R1 中。

2）21/26 个特殊功能寄存器 SFR。对于特殊功能寄存器只能使用直接寻址方式访问，例如：

MOV 0E0H,♯45H   ;直接给出累加器 ACC 的地址（即为 0E0H），也可把此指令中 0E0H 改为 A
MOV 90H,♯0FFH   ;直接给出 P1 口的地址（即为 90H），也可把此指令中 90H 改为 P1

由于每一个特殊功能寄存器均有一个与之相应的寄存器名，因此在指令中最好直接引用特殊功能寄存器名，如上例中用 A、P1 取代对应的特殊功能寄存器地址。

其实，对于特殊功能寄存器来说，用直接地址和寄存器名寻址没有区别，指令汇编时，将自动通过查表方式将寄存器名换成直接地址。

3）高 128 字节内部 RAM 存储器（80H～FFH）。对于具有 256 字节内部 RAM 的 52 子系列单片机来说，高 128 字节内部 RAM 地址空间与特殊功能寄存器 SFR 的地址重叠，读写时需要通过不同的寻址方式加以区别。一般规定用寄存器间接寻址方式访问高 128 字节（80H～FFH）的内部 RAM；用直接寻址方式访问特殊功能寄存器。如在 52 子系列单片机中，"MOV 0E0H，♯45H" 指令的含义是将立即数 45H 写入累加器 A 中，与 "MOV A，♯45H" 含义相同，而不是把立即数 45H 写入内部 RAM 的 0E0H 单元中。将立即数 45H 传送到内部 RAM 的 0E0H 单元中只能通过如下指令进行：

MOV R0,♯0E0H   ;将内部 RAM 地址 0E0H 写入 R0 寄存器中

MOV @R0,♯45H   ;高 128 字节内部 RAM 只能通过寄存器间接寻址访问

4）位寻址区。MCS-51 系列单片机既是 8 位机，同时也是一个功能完善的 1 位机。作为 1 位机时，它有自己的 CPU、位存储区（位于内部 RAM 的 20H～2FH 单元）、位寄存器（如将进位标志 CY 作为"位累加器"）以及具有完整的位操作指令（包括置 1、清零、非（取反）、与、或、传送、测试转移等）。

对于位存储器（即 20H～2FH 单元中的 128 个位），只能采用直接位寻址方式确定操作数所在的存储单元，如：

```
MOV C,20H       ;位传送指令,将位地址 20H 单元内容传送到位累加器 C 中,注意:位指令中,CY 被简写为 C
CLR 20H         ;位清零指令,即将位地址 20H 单元清零
SETB 20H        ;位置 1 指令,即将位地址 20H 单元置 1
CPL 20H         ;位取反操作,即将位地址 20H 单元内容取反
ORL C,20H       ;位或运算,20H 位单元与位累加器 C 相或结果存放在位累加器 C 中
ANL C,20H       ;位与运算,20H 位单元与位累加器 C 相与结果存放在位累加器 C 中
```

对于具有位地址的特殊功能寄存器中的位,除了使用位地址寻址外,还可以使用"位定义名"或"寄存器名.位"表示,作用完全等效。如将程序状态字寄存器 PSW 中的 D_3 位置 0,可以用:

```
CLR D3H         ;位地址方式
CLR RS0         ;位定义名方式
CLR PSW.3       ;"寄存器名.位"方式
```

2. 片外数据存储器 (0000H～FFFFH)

MCS-51 单片机片内有 128 字节 (51 子系列) 或 256 字节 (52 子系列) 的 RAM,当这些 RAM 不够时,可在外部扩展外部 RAM,片外 RAM 一般由静态 RAM (SRAM) 构成,其容量大小由用户根据需要而定,扩展的外部 RAM 最多 64KB,地址范围为 0000H～FFFFH,通过 DPTR 作指针间接寻址方式访问。对于高 8 位地址不变,而低 8 位地址变化的 256 字节 (也称低端的 256 字节),低 8 位的地址范围为 00H～0FFH,此时可通过 R0 和 R1 间接寻址方式访问,而高 8 位地址可直接送入到 P2 口即可。

另外,外部 RAM 和扩展的外部设备 (I/O 端口) 是统一编址的,所有的外扩 I/O 口要占用 64KB 中的地址单元,它们用访问片外数据存储器 RAM 的方法访问。

实际上,MCS-51 单片机的内部 RAM 与内部 I/O 端口 (即 SFR) 是采用统一编址的,外部 RAM 与外部 I/O 端口也是采用统一编址的。需要说明的是:

(1) 64KB 程序存储器 ROM 和 64KB 片外数据存储器 RAM 的地址空间都为 0000H～FFFFH,它们的地址空间是完全重叠的,那么它们是如何区分的呢?

MCS-51 单片机是通过不同的信号来对片外 RAM 和 ROM 进行读、写的,片外 RAM 的读、写通过 $\overline{RD}$ 和 $\overline{WR}$ 信号来控制,而 ROM 的读通过 $\overline{PSEN}$ 信号控制,通过用不同的指令来实现,片外 RAM 用 MOVX 指令,ROM 用 MOVC 指令。

(2) 片内 RAM 和片外 RAM 的低 256 字节的地址空间是重叠的,它们又是如何区分呢?

片内 RAM 和片外 RAM 的低 256 字节通过不同的指令访问,片内 RAM 用 MOV 指令,片外 RAM 用 MOVX 指令。因此在访问时不会产生混乱。

2.4　MCS-51 系列单片机的并行 I/O 端口

MCS-51 单片机芯片有 32 根 I/O 线,组成 4 个 8 位并行 I/O 端口,分别称为 P0 口、P1 口、P2 口和 P3 口。这 4 个端口可以并行输入或输出 8 位数据,也可按位使用,即每一根 I/O 线都能独立地用作输入或输出口。输出时具有锁存能力,输入时具有缓冲功能。

P0、P1、P2、P3 口寄存器实际上就是 P0～P3 口对应的 I/O 口锁存器,它们是特殊功能寄存器 SFR 中的 4 个,其字节地址分别为 80H、90H、A0H 和 B0H,位地址分别为

80H～87H、90H～97H、A0H～A7H、B0H～B7H。它们用于锁存通过端口输出的数据。

P0～P3共4个接口的功能不完全相同，其内部结构也略有不同。在无扩展的单片机系统（即最小系统）中，这4个端口的每一位都可以作为双向通用I/O端口使用，其特性基本相同；但在有片外扩展的存储器或I/O接口系统（即扩展系统）中，P0分时作为低8位地址总线和双向数据总线，P2作为高8位地址总线，P3作为控制总线（第二功能）。

2.4.1 P0口

P0口是一个8位的三态双向口，可作为地址/数据分时复用口，也可作为通用的I/O接口。它包括一个8位的数据输出锁存器、两个三态缓冲器（三态门1是输入缓冲器，三态门2在端口操作时使用）、输出驱动电路（V1和V2两个MOS管）和输出控制电路（由与门3、倒相器4及模拟开关MUX组成）组成，它的任一位结构如图2-11所示。

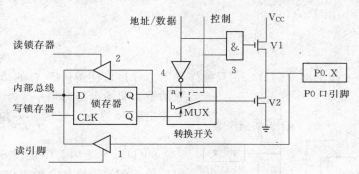

图2-11 P0口任一位P0.X的结构

P0口有两种功能，即地址/数据分时复用总线和通用I/O接口。

1. 地址/数据分时复用总线

当控制信号为高电平"1"时，P0口作为地址/数据分时复用总线用。这时又可分为两种情况：

（1）一种是从P0口输出地址或数据。控制信号为高电平"1"，使转换开关MUX把反相器4的输出端与V1接通，同时把与门3打开。如果从P0口输出地址或数据信号，当地址或数据为"1"时，经反相器4使V1截止，而经与门3使V2导通，P0.X引脚上出现相应的高电平"1"；当地址或数据为"0"时，经反相器4使V1导通而V2截止，引脚上出现相应的低电平"0"，这样就将地址/数据的信号输出。

（2）另一种是从P0口输入数据。包括读引脚和读缓冲器。如果从P0口输入数据，输入数据从引脚下方的三态输入缓冲器进入内部总线。

2. 通用I/O接口

当控制信号应为低电平"0"时，P0口作为通用I/O口使用。

控制信号为"0"，转换开关MUX把输出级与锁存器$\overline{Q}$端接通，在CPU向端口输出数据时，因与门3输出为"0"，使V2截止，此时，输出级是漏极开路电路。当写入脉冲加在锁存器时钟端CLK上时，与内部总线相连的D端数据取反后出现在Q端，又经输出V1反相，在P0引脚上出现的数据正好是内部总线的数据。当要从P0口输入数据时，引脚信号仍经输入缓冲器进入内部总线。当P0口作通用I/O接口时，应注意以下两点：

(1) 在输出数据时，由于 V2 截止，输出级是漏极开路电路，要使"1"信号正常输出，必须外接上拉电阻。

(2) P0 口作为通用 I/O 口输入使用时，在输入数据前，应先向 P0 口写"1"，此时锁存器的 Q 端为"0"，使输出级的两个场效应管 V1、V2 均截止，引脚处于悬浮状态，才可作高阻输入。因为，从 P0 口引脚输入数据时，V2 一直处于截止状态，引脚上的外部信号既加在三态缓冲器 1 的输入端，又加在 V1 的漏极。假定在此之前曾经输出数据"0"，则 V1 是导通的，这样引脚上的电位就始终被箝位在低电平，使输入高电平无法读入。因此，在输入数据时，应人为地先向 P0 口写"1"，使 V1、V2 均截止，方可高阻输入。

因此，当无外扩芯片时，P0 作为一般的 I/O 接口，直接与外设通信；而当有外扩时，P0 先送出外部地址码的低 8 位，然后传送数据信息。此时，对于片外 ROM，PC 的低 8 位 PCL 由 P0 口送出；对于片外 RAM，外部地址的低 8 位（DPTR 的低 8 位 DPL 或者 R0/R1）由 P0 口送出。

2.4.2　P1 口

P1 口是一个 8 位的准双向口，它只能作通用 I/O 接口使用。P1 口的结构与 P0 口不同，它的输出驱动电路只由一个场效应管 T 与内部上拉电阻 R 组成，它的任一位结构如图 2 - 12 所示。

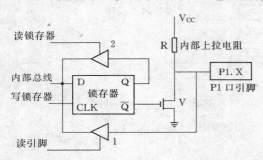

图 2 - 12　P1 口任一位 P1.X 的结构原理图

P1 口只有通用 I/O 接口一种功能，它有输出、输入和端口操作 3 种工作方式。

1. 输出方式

计算机执行写 P1 口的指令时，P1 口工作于输出方式。此时数据经内部总线送入锁存器锁存。如果某位的数据为 1，则该位锁存器输出端 Q=1，$\overline{Q}=0$，使 T 截止，从而在引脚 P1.X 上出现高电平；反之，如果数据为 0，则 Q=0，$\overline{Q}=1$，使 T 导通，引脚 P1.X 上出现低电平。

2. 输入方式

计算机执行读 P1 口的指令时，P1 口工作于输入方式。控制器发出的读信号打开三态门 1，引脚 P1.X 上的数据经三态门 1 进入芯片的内部总线，并送到累加器 A。因此输入时无锁存功能。

在执行输入操作时，如果锁存器原来寄存的数据 Q=0，那么 $\overline{Q}=1$，使 T 导通。引脚被始终钳住在低电平上，不可能输入高电平。

3. 端口操作

MCS - 51 单片机有不少指令可用来直接进行端口操作。这些指令的执行过程分成"读—修改—写"三步，即先将 P1 口的数据读入 CPU，在 ALU 中进行运算，然后将运算结果再送回 P1。在执行"读—修改—写"类指令时，CPU 通过三态门 2 读取锁存器 Q 端的数据。

因此，P1 作为一般的 I/O 线，直接与外设相连。

P1 的 I/O 原理特性与 P0 口作为通用 I/O 接口使用时一样，但当 P1 输出时不必像 P0 口那样需要外接上拉电阻。

2.4.3 P2 口

P2 口也是一个 8 位的准双向口，它可作通用 I/O 接口和高 8 位地址线两种用途。它的任一位的结构如图 2-13 所示。与 P1 口相比，它只在输出驱动电路上比 P1 口多了一个模拟转换开关 MUX 和反相器 3。模拟开关 MUX 受内部控制信号的控制，用于选择 P2 口的工作状态。

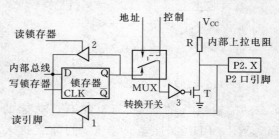

图 2-13 P2 口任一位 P2.X 的结构原理图

1. 地址总线状态

当控制信号为高电平"1"时，转换开关 MUX 接上侧，P2 口用作高 8 位地址总线使用时，访问片外存储器的高 8 位地址 $A_8 \sim A_{15}$ 由 P2 口输出。

（1）若系统扩展了 ROM，由于单片机工作时一直不断地取指令，因而 P2 口将不断地送出程序计数器 PC 的高 8 位地址，P2 口将不能作通用 I/O 口用。

（2）若系统仅扩展 RAM，这时又分两种情况：当片外 RAM 容量不超过 256 字节，在访问 RAM 时，只须 P0 口送数据指针 R0 或 R1 中的低 8 位地址即可，P2 口仍可用作通用 I/O 口；当片外 RAM 容量大于 256 字节时，需要 P2 口提供数据指针 DPTR 的高 8 位地址，这时 P2 口就不能作通用 I/O 接口使用。

在上述情况下，锁存器的内容不受影响，所以，取指令或访问外部存储器结束后，由于模拟开关 MUX 打向下侧，使输出驱动器与锁存器 Q 端相连，引脚上将恢复原来的数据。

2. 通用 I/O 接口状态

当控制信号为为高电平"0"时，转换开关 MUX 接下侧，P2 口用作准双向通用 I/O 接口。控制信号使转换开关 MUX 接下侧，P2 口的工作原理与 P1 口相同，只是 P1 口输出端由锁存器 $\overline{Q}$ 接 T，而 P2 口是由锁存器 Q 端经反相器 3 接 T，P2 口也具有输入、输出、端口操作 3 种工作方式。

因此，没有外扩芯片时，P2 口作为一般的 I/O 接口，直接与外设通信；有外扩存储器或 I/O 接口时，送出外部地址的高 8 位地址码。对片外 ROM，PC 的高 8 位 PCH 由 P2 口送出，而对片外 RAM，外部地址的高 8 位（DPTR 的高 8 位 DPH 或 8 位立即数）由 P2 口送出。

2.4.4 P3 口

P3 口也是一个 8 位的准双向口，它除了可作为通用 I/O 口使用外，它的每一根线还具有第二种功能。P3 口任一位的结构如图 2-14 所示，它的输出驱动由与非门 3 和 T 组成，输入比 P0、P1、P2 口多了一个缓冲器 4。

1. 通用 I/O 接口

当 P3 口作为通用 I/O 接口时，第二功能输出线为高电平，与非门 3 的输出取决于锁存

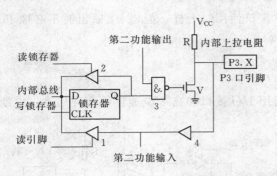

器的状态。这时，P3 是一个准双向口，它的工作原理、负载能力与 P1、P2 口相同。P3 口用作准双向通用 I/O 接口时，其功能与 P1 口相同。

图 2-14　P3 口任一位 P3.X 的结构原理图

2. 第二功能

P3 口作为第二功能使用时，其锁存器 Q 端必须为高电平，否则 V 管导通，引脚被钳住在低电平，无法输入或输出第二功能信号。当锁存器 Q 端为高电平（单片机复位后锁存器的输出端为高电平），P3 口的状态取决于第二功能输出线的状态。P3 口第二功能的输入信号 RXD、TXD、$\overline{INT0}$、$\overline{INT1}$、T0、T1、$\overline{WR}$、$\overline{RD}$ 经缓冲器 4 输入，可直接进入芯片内部。P3 口的各位第二功能如表 2-8 所示。

表 2-8　　　　　　　　　　　P3 口各引脚的第二功能

引脚	第二功能名称	第二功能注释
P3.0	RXD	串行输入口
P3.1	TXD	串行输出口
P3.2	$\overline{INT0}$	外部中断 0 请求输入端
P3.3	$\overline{INT1}$	外部中断 1 请求输入端
P3.4	T0	定时/计数器 0 计数脉冲输入端
P3.5	T1	定时/计数器 1 计数脉冲输入端
P3.6	$\overline{WR}$	片外数据存储器 RAM 写选通信号输出端
P3.7	$\overline{RD}$	片外数据存储器 RAM 读选通信号输出端

因此，P3 口不但可以作为一般的 I/O 接口与外设通信，还有第二功能可以使用。

2.4.5　P0~P3 口的负载能力

P0 口与 P1、P2、P3 口相比，P0 口的驱动能力较大，每位可驱动 8 个 LS TTL 输入，而 P1、P2、P3 口的每位的驱动能力，只有 P0 口的一半，只能驱动 3~4 个 LS TTL 输入。当负载过多超过限定时，必须驱动，否则造成端口工作不稳定。

当 P0 口某位为高电平时，可提供 400μA 的电流；当 P0 口某位为低电平（0.45V）时，可提供 3.2mA 的灌电流。如低电平允许提高，灌电流可相应加大。所以，任何一个口要想获得较大的驱动能力，只能用低电平输出。

P1 口、P2 口和 P3 口不必外加提升电阻就可驱动任意 MOS 输入，P0 口需外加提升电阻才能驱动 MOS 输入。但在用地址/数据总线时，P0 口可直接驱动 MOS 输入而不必外加提升电阻。

下面讨论 P1~P3 口与 LED 发光二极管的驱动连接问题。

例如，采用 MCS-51 单片机的并行口 P1~P3 直接驱动发光二极管，电路如图 2-15 所示。由于 P1~P3 内部有 30kΩ 左右的上拉电阻。如高电平输出，则强行从 P1、P2 和 P3 口

输出的电流 I_d 会造成单片机端口的损坏,如图 2-15 (a) 所示。如端口引脚为低电平,能使电流 I_d 从单片机外部流入内部,则将大大增加流过的电流值,如图 2-15 (b) 所示。因此,当 P1~P3 口驱动 LED 发光二极管时,应该采用低电平驱动。

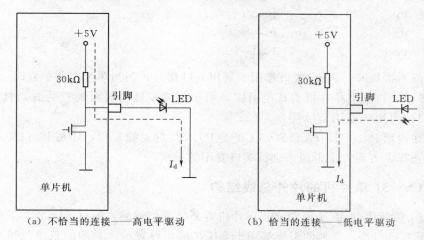

(a) 不恰当的连接——高电平驱动   (b) 恰当的连接——低电平驱动

图 2-15   发光二极管与单片机的并行口的直接连接

2.4.6   P0~P3 口的功能总结及使用注意点

P0~P3 口都是并行 I/O 口,但 P0 口和 P2 口还可用来构建数据总线 DB 和地址总线 AB,所以电路中有一个 MUX,进行转换。而 P1 口和 P3 口无构建系统的数据总线和地址总线的功能,因此,无需转接开关 MUX。

P0 口可作为总线口,此时为真正的双向口。P0 也可作为通用的 I/O 口使用,此时为准双向口,这时 P0 需加上拉电阻,否则无法输出高电平,上拉电阻阻值一般在 5~10kΩ 之间。P1 口、P2 口、P3 口均为准双向口,这 3 个口内部已集成了上拉电阻,无需再外接上拉电阻。

注意:准双向口与双向口是有差别的。只有 P0 口是一个真正的双向口,P1~P3 口都是准双向口。原因在于:P0 口作数据总线使用时,为保证数据正确传送,需解决芯片内外的隔离问题,即只有在数据传送时芯片内外才接通;否则应处于高阻"悬浮"的隔离状态。因此,P0口的输出缓冲器应为三态门。准双向口仅有两个状态,其 I/O 口无高阻的"悬浮"状态。

P3 口具有第二功能。因此在 P3 口电路增加了第二功能控制逻辑。这是 P3 口与其他各口的不同之处。

另外,准双向口作通用 I/O 的输入口使用时,一定要向该口先写入"1",即 (P0)= (P1)=(P2)=(P3)=FFH(单片机复位后 P0~P3 口就处于这种状态),使单片机内部并行接口的输出 MOS 管 V1、V2 或 V 截止,方可实现高阻输入,否则该口被引脚上的电位被箝位为低电平"0",外部信号无法通过该口输入。

CPU 对 P0~P3 口的读操作有两种:读引脚和"读—修改—写"锁存器。当 CPU 执行 MOV A,Pi 或 JB/JNB P$i.j$,标号(其中 $i=0~3$,$j=0~7$)时,产生读引脚控制信号,此时读的是引脚的状态。而当 CPU 执行"读—修改—写"指令(以端口为目的操作数的指令,如 ANL、ORL、XRL、DEC、INC、SETB、CLR、CPL 等指令)时,产生读锁存信号,此时是先读锁存器的状态,在修改之后,送回锁存器保存。注意:锁存器的状态与其相应的引脚的状态可能不一致。读—修改—写指令举例如下：

ANL	P0,♯80H	; P0←(P0)∧80H
ORL	P0,A	; P0←(P0)∨A
INC	P1	; P1←(P1)+1
DEC	P3	; P3←(P3)-1
SETB	P2.1	; P2.1←1

当单片机不扩展时，P0～P3 口都用于通用 I/O 接口；但当单片机需扩展时，P0 口、P2 口、部分 P3 口，再加上单片机的其他引脚被用于形成扩展所需要的三总线，只有 P1 口和剩下的 P3 口还可用于通用 I/O 接口。

此外，在使用 P0、P2、P3 口时，无论是 P0、P2 的总线复用，还是 P3 口的功能复用均由系统自动选择，不须人工干预来进行端口复用的识别。

2.4.7　MCS - 51 单片机的片外总线结构

MCS - 51 单片机共 40 个引脚，当单片机需要外部扩展时，除电源、地、复位、晶振引脚和 P1 通用 I/O 口外，其他的引脚都用于系统扩展而设置的。典型的系统总线结构就是地址总线 AB、数据总线 DB 和控制总线 CB 三总线结构。图 2 - 16 为 MCS - 51 单片机片外总线结构示意图。

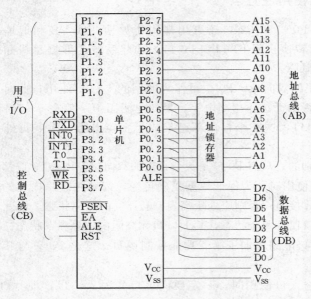

图 2 - 16　MCS - 51 片外总线结构示意图

1. 地址总线 AB

地址总线宽度为 16 位，寻址范围都为 64KB。由 P0 口经地址锁存器（借助 ALE）提供低 8 位（A7～A0），P2 口提供高 8 位（A15～A8）而形成。可对片外 ROM 和片外 RAM 或片外 I/O 接口寻址。ALE 可作为锁存扩展地址低 8 位字节的控制信号。

当单片机需扩展时，P0 口为地址/数据分时复用口，即 P0 口既用作低 8 位地址总线，又用作数据总线（分时复用），因此需增加一个 8 位地址锁存器。单片机访问外部扩展的存储器单元或 I/O 接口寄存器时，先发出低 8 位地址，此时可通过 ALE 信号将低 8 位地址信号锁存到外部地址锁存器中，锁存器输出作为系统的低 8 位地址（A7～A0）。随后，P0 口又作为数据总线口（D7～D0）。从而实现了 P0 分时复用口的地址低 8 位、数据（8 位）通过两路分割输出。

2. 数据总线 DB

数据总线宽度为 8 位，由 P0 口直接提供。

3. 控制总线 CB

控制总线由第二功能状态下的 P3 口和 4 根独立的控制线 RST、$\overline{EA}$、ALE 和 $\overline{PSEN}$ 组成。实际上，真正的意义上的控制总线 CB 只有 $\overline{PSEN}$、P3.6/$\overline{WR}$、P3.7/$\overline{RD}$、P3.2/$\overline{INT0}$、P3.3/$\overline{INT1}$这 5 根。

因此，三总线结构为 AB（16 位）由 P0 经地址锁存器提供地址低 8 位和 P2 口（地址高 8 位）组成；DB（8 位）由 P0 口提供；CB（5 根）由 P3 口的第二功能 $\overline{WR}$、$\overline{RD}$、$\overline{INT0}$、$\overline{INT1}$ 和 29 脚的 $\overline{PSEN}$ 提供。

2.5　MCS-51 单片机的时钟电路和时序

单片机的工作过程是：取一条指令，译码，执行；再取下一条指令，译码，执行……。各指令的微操作在时间上有严格的次序，这种微操作的时间次序就称为时序。因此，单片机的时序就是 CPU 在执行指令时所需控制信号的时间顺序。单片机的时钟信号用来为芯片内部各种微操作提供时间基准，时钟电路用来产生单片机工作所需的基准脉冲信号。

2.5.1　MCS-51 单片机的时钟产生方式

MCS-51 的时钟产生方式分为内部振荡方式和外部时钟方式两种方式，如图 2-17 所示。其中：图 2-17（a）为内部振荡方式，它利用单片机内部的反向放大器构成振荡电路，在 XTAL1（振荡器输入端）、XTAL2（振荡器输出端）的引脚上外接定时元件，内部振荡器产生自激振荡。外接元件有晶振和电容，它们组成并联谐振电路。晶体振荡器（简称晶振）的振荡频率范围在 1.2MHz～12MHz 间选择，典型值为 12MHz 和 6MHz。电容在 5pF～30pF 之间选取，有快速起振、稳定晶振频率和微调频率的作用；图 2-17（b）为外部时钟方式，它是把外部已有的时钟信号引入到单片机内。此方式常用于多片 8051 单片机同时工作，以便于各单片机之间的同步。一般要求外部信号高电平的持续时间大于 20ns，且为频率低于 12MHz 的方波。应注意的是，外部时钟要由 XTAL2 引脚引入，由于此引脚的电平与 TTL 不兼容，应接一个 5.1kΩ 的上拉电阻。XTAL1 引脚应接地。

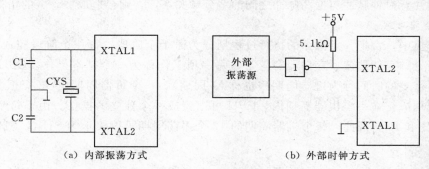

（a）内部振荡方式　　　　　　　　　　（b）外部时钟方式

图 2-17　MCS-51 的时钟产生方式

2.5.2　MCS-51 单片机的时钟信号

CPU 的时序是指 CPU 在执行指令过程中，CPU 的控制器所发出的一系列特定的控制信号在时间上的相互关系。时序是用定时单位来说明的。常用的时序定时单位有：振荡周期、时钟周期、机器周期和指令周期，它们的内部结构及相互关系如图 2-18 所示。

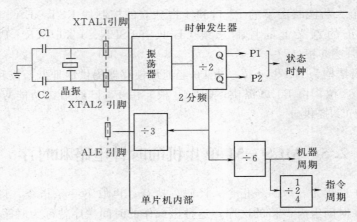

图 2-18　4 种周期的内部结构及相互关系

1. 振荡周期（节拍）

MCS-51 单片机内晶体振荡器的振荡周期（或外部引入时钟信号的周期），是指为单片机提供时钟脉冲信号的振荡源的周期，是最小的时序单位。所以，片内的各种微操作都以晶振周期为时序基准。它也是单片机所能分辨的最小时间单位。

2. 时钟周期（状态周期）

MCS-51 单片机的时钟信号如图 2-18 所示。晶振频率经分频器 2 分频后形成两相错开的时钟信号 P1 和 P2。时钟信号的周期称为时钟周期，也称为机器状态周期，它是振荡周期的 2 倍，是振荡周期经 2 分频后得到的。即一个时钟周期包含两个振荡周期。在每个时钟周期的前半周期，相位 1（P1）信号有效，在每个时钟周期的后半周期，相位 2（P2）信号有效。每个时钟周期（常称状态 S）有两个节拍（相）P1 和 P2，CPU 就是以两相时钟 P1 和 P2 为基本节拍指挥 MCS-51 单片机的各个部件协调工作的。

时钟电路产生的振荡脉冲经过触发器进行 2 分频之后，才成为单片机的时钟脉冲信号。请读者特别注意时钟脉冲与振荡脉冲之间的 2 分频关系，否则会造成概念上的错误。

3. 机器周期

在计算机中，常把一条指令的执行过程划分为若干个阶段，每一个阶段完成一项工作，例如：取指令、存储器读、存储器写等，这每一项工作称为一个基本操作。CPU 完成一种基本操作所需要的时间称为机器周期（也称 M 周期）。一个机器周期由 12 个振荡周期或 6 个状态周期构成，在一个机器周期内，CPU 可以完成一个独立的操作。由于每个状态 S 有两个节拍 P1 和 P2，因此，每个机器周期的 12 个振荡周期可以表示为 S1P1，S1P2，S2P1，S2P2，…，S6P2。

4. 指令周期

CPU 执行一条指令所需要的时间称作指令周期。它一般由若干个机器周期组成，不同的指令所需的机器周期数也不同。MCS-51 单片机的指令按执行时间可以分为 3 类：单周期指令、双周期指令和四周期指令。四周期指令只有乘、除法两条指令。

从指令执行时间看，单字节和双字节指令一般为单机器周期和双机器周期，三字节指令都是双机器周期，乘、除指令占用四个机器周期。对于一些简单的单字节指令，在取指令周期中，指令取出到指令寄存器 IR 后，立即译码执行，不再需要其他的机器周期，只需一个机器周期（单机器周期）；而对于一些复杂指令，如转移指令、乘除指令，则需要两个或四个的机器周期。

晶振周期（节拍）、时钟周期（状态）、机器周期和指令周期均是单片机的时序单位。它们之间的关系可用图 2-19 来描述。

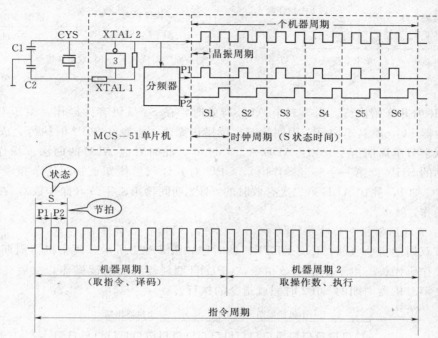

图 2-19 节拍、状态、机器周期、指令周期之间的关系

晶振周期和机器周期是单片机内计算其他时间值（如波特率、定时器的定时时间等）的基本时序单位。例如，若外接晶振频率为 $f_{osc}=12\mathrm{MHz}$，则 4 个基本周期的具体数值为：

振荡周期＝$1/12\mu s=0.0833\mu s$；

时钟周期＝$1/6\mu s=0.167\mu s$；

机器周期＝$1\mu s$；

指令周期＝$1\mu s$、$2\mu s$ 和 $4\mu s$。

由此，可用于计算指令、程序的执行时间以及定时器的定时时间。

2.5.3 MCS-51单片机的取指令和执行指令时序

任何一条指令的执行都分为取指令和执行指令阶段。在取指令阶段，根据程序计数器 PC 中指示的地址，从程序存储器 ROM 中取出需要执行指令的操作码和操作数。在指令执行阶段，对指令操作码进行译码，产生一系列控制信号以完成指令的执行。

1. 单周期指令的时序

单周期指令可分为单周期单字节指令和单周期双字节指令。它们的时序如图 2-20 所示。

（1）单字节单周期指令（如：INC A），单字节指令的读取开始于 S1P2，接着锁存于指

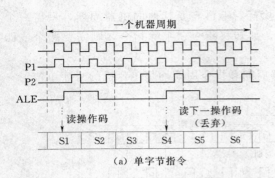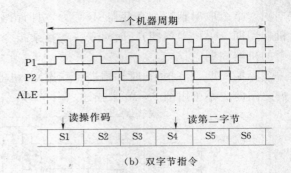

(a) 单字节指令　　　　　　　　　　(b) 双字节指令

图 2-20　单周期指令的时序

令寄存器 IR 内并开始执行。当第二个 ALE 有效时，在 S4 虽仍有读操作，由于 CPU 封锁住程序计数器 PC，使其不增量，因而第二次读操作无效，指令在 S6P2 时执行完成。

（2）双字节单周期指令（如：ADD A，#data），此时对应 ALE 的两次读操作都有效，在机器周期的 S1P2 读第一字节（操作码），CPU 对其译码后便知道是双字节指令，即使程序计数器 PC 加 1，并在 ALE 第二次有效时的 S4P2 期间读第二字节（操作数），在 S6P2 结束时完成操作。

2. 单字节双周期指令的时序

单字节双周期指令（如：INC DPTR）的时序如图 2-21 所示。两个机器周期内共进行了 4 次读操作码操作。由于是单字节指令，CPU 自动封锁后面的读操作，故后 3 次读操作无效，并在第二机器周期的 S6P2 时完成指令的执行。

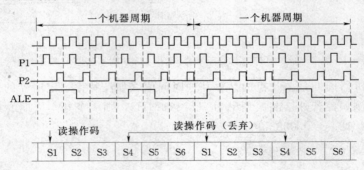

图 2-21　单字节双周期指令的时序

上面的时序图中还标示了地址锁存允许信号 ALE 的波形。由图可见，在片外存储器不作存取时，每一个机器周期中 ALE 信号有效两次，具有稳定的频率。所以，ALE 信号是时钟振荡频率的 1/6，可以用作外部设备的时钟信号。

3. 片外存储器访问指令时序

单片机有两类访问片外存储器的专门指令，一类是读片外 ROM 指令，另一类是读写片外 RAM 指令。执行这两类指令的时序与 P0～P2、ALE、$\overline{PSEN}$、$\overline{WR}$、$\overline{RD}$ 等信号有关。

（1）片外 ROM 进行读操作的时序（执行非 MOVX 指令的时序）。片外 ROM 进行读操作的时序如图 2-22 所示。P0 口作为地址/数据复用的双向总线，用于输入指令或输出程序存储器的低 8 位地址 PCL（即 $PC_{0～7}$）。P2 口专门用于输出程序存储器的高 8 位地址 PCH（即 $PC_{8～15}$）。P0 口分时复用，故首先要将 P0 口输出的低 8 位地址 PCL 锁存在锁存器中，然后 P0 口再作为数据口。在每个机器周期中，允许地址锁存两次有效，ALE 在下降沿时，将 P0 口的低 8 位地址 PCL 锁存在锁存器中。

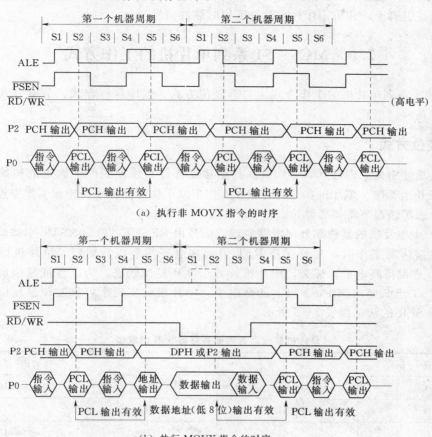

（a）执行非 MOVX 指令的时序

（b）执行 MOVX 指令的时序

图 2-22 访问片外 RAM 的双周期指令的时序

（2）外部数据存储器读写时序（执行 MOVX 指令的时序）。在指令取指令阶段，P2 口输出的地址 PCH 与 P0 的地址 PCL 指向程序存储器 ROM，并取出指令并分析；在指令执行阶段，判定出指令是 MOVX 指令后，ALE 在该机器周期 S5 状态锁存的是 P0 口发出的片外 RAM 或 I/O 低 8 位地址。若执行的是 "MOVX A，@DPTR" 或 "MOVX @DPTR，A" 指令，则此地址就是 DPL（数据指针低 8 位）；同时在 P2 口上出现的是 DPH（数据指针的高 8 位）。若执行的是 "MOVX A，@Ri" 或 "MOVX @Ri，A" 指令，则 Ri 的内容为低 8 位地址，而 P2 口线上将是 P2 口锁存器的内容。在同一机器周期中将不再出现有效取指信号，下一个机器周期中 ALE 的有效锁存信号也不再出现；当 $\overline{RD}/\overline{WR}$ 有效时，P0 口将读/写数据存储器中的数据。

由图 2-22 可见，将 ALE 用作定时脉冲输出时，执行一次 MOVX 指令就会丢失一个 ALE 脉冲；只有在执行 MOVX 指令时的第二个机器周期中，才对数据存储器（或 I/O）读/写，地址总线才由数据存储器使用。同时，$\overline{PSEN}$ 在每个机器周期中一次有效，用于选通片外程序存储器，将指令读入片内。

应注意的是，在对片外 RAM 进行读/写时，ALE 信号会出现非周期现象。在第二机器周期无读操作码的操作，而是进行外部数据存储器的寻址和数据选通，所以在 S1P2～S2P1间无 ALE 信号。因此，只有当系统无片外 RAM（或 I/O）时，此 ALE 信号以振荡器频率的 1/6 出现在引脚上，它可用作外部时钟或定时脉冲信号。

2.6　MCS－51 系列单片机的工作方式

MCS－51 系列单片机的工作方式主要有复位方式、程序执行方式、节电方式、编程和校验方式等几种。

2.6.1　复位方式

复位就是使中央处理器（CPU）以及其他功能部件都恢复到一个确定的初始状态，并从这个状态开始工作。单片机在开机时或在工作中因干扰而使程序失控或工作中程序处于某种死循环状态等情况下都需要复位。

MCS－51 单片机的复位靠外部电路实现，信号由 RESET（简称 RST）引脚输入，高电平有效，在振荡器工作时，只要保持 RST 引脚高电平两个机器周期，单片机即复位。若 RST 引脚一直保持高电平，那么，单片机就处于循环复位状态。为了保证复位成功，一般复位引脚 RST 上只要出现 10ms 以上的高电平，单片机就实现了可靠复位。复位后的特殊功能寄存器 SFR 的状态如表 2－9 所示。

表 2－9　　　　　　　　　　单片机复位后各内部寄存器 SFR 的状态

寄　存　器	内　　容	寄　存　器	内　　容
PC	0000H	TMOD	00H
A	00H	TCON	00H
B	00H	TH0	00H
PSW	00H	TL0	00H
SP	07H	TH1	00H
DPTR	0000H	TL1	00H
P0～P3	FFH	SCON	00H
IP	(×××00000B)	SBUF	不定
IE	(0××00000B)	PCON	(0×××××××B)

对 MCS－51 单片机复位状态表说明：

（1）（PSW）＝00H，由于（RS1）＝0，（RS0）＝0，复位后单片机选择工作寄存器 0 组。

（2）（SP）＝07H，复位后堆栈建立在片内 RAM 的 08H 单元处。

（3）TH1、TL1、TH0、TL0 的内容为 00H，16 位定时/计数器 T0、T1 的计数初值为 0。

（4）（TMOD）＝00H，复位后定时/计数器 T0、T1 为定时器方式 0、非门控方式。

（5）（TCON）＝00H，复位后定时/计数器 T0、T1 停止工作，且外部中断 0、1 为电平触发方式。

（6）（SCON）＝00H，复位后串行口工作在移位寄存器方式，且禁止串行口接收。

（7）（IE）＝00H，复位后屏蔽所有中断。

（8）（IP）＝00H，复位后所有中断源都设置为低优先级。

（9）P0～P3 口锁存器都是全 1 状态（FFH），说明复位后 4 个并行接口设置为输入口。

在某些控制应用中，要注意考虑 P0～P3 引脚的高电平对接在这些引脚上的外部电路的影响。例如，当 P1 口某个引脚外接一个继电器绕组，当复位时该引脚为高电平，继电器绕组就会有电流通过，就会吸合继电器开关，使开关接通，可能会引起意想不到的后果。

（10）（PC）＝0000H，因此复位后程序总是从 0000H 开始，为此要在以 0000H 开始的存储单元中存放一条无条件转移指令，以便跳转到实际程序的入口去执行。

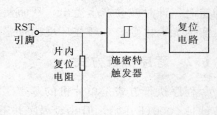

图 2-23　单片机片内的复位电路结构

复位后，程序存储器 ROM 内容不变。片内 RAM 和片外 RAM 的内容在上电复位后为随机数，而在手动复位后，原数据保持不变。

单片机片内的复位电路结构见图 2-23。复位引脚 RST 通过一个施密特触发器与复位电路相连，施密特触发器用来抑制噪声，在每个机器周期的 S5P2，施密特触发器的输出电平由复位电路采样一次，然后才能得到内部复位操作所需要的信号。

复位电路一般有上电复位、手动开关复位和自动复位电路 3 种，如图 2-24 所示。

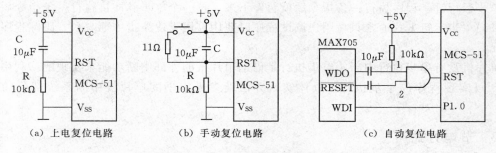

（a）上电复位电路　　　　（b）手动复位电路　　　　（c）自动复位电路

图 2-24　单片机复位电路图

1. 上电复位电路

它是利用电容充放电来实现的。上电瞬间 RST 端的电位与 V_{CC} 相同，随着充电电流的减小，RST 端的电位逐渐下降。图中的 R 是施密特触发器输入端的一个下拉电阻，时间常数为 100ms。只要 V_{CC} 的上电时间不超过 1ms，振荡器建立时间不超过 10ms，这个时间常数足以保证完成复位操作。上电复位所需的最短时间是振荡周期建立时间加上两个机器周期时间，在这个时间内 RST 端的电平应维持高于施密特触发器的下阈值。

2. 手动复位电路

它是上电复位与手动复位相结合的方案。上电复位过程与上电复位电路相似。手动复位时，按下复位按钮，电容 C 通过 1kΩ 电阻迅速放电，使 RST 端迅速变为高电平，复位按钮松开后，电容通过 R 和内部下拉电阻放电，逐渐使 RST 端恢复为低电平。

3. 自动复位电路

它利用"看门狗"芯片（如 MAX 705～708/813）内部的定时器的计时和清零来实现。若在 1.6s 内 WDI 端没有收到来自 P1.0 的触发信号，且 WDI 处于非高阻态，则 WDO 输出变低。只要 RESET 有效或 WDI 输入高阻，则看门狗定时器就被禁止，且保持清零和不计时状态。一旦 RESET 撤消并且 WDI 检测到短至 50ns 低电平或高电平跳变，则定时器将开始 1.6s 的计时。即 WDI 端的跳变会消零定时器，并启动一次新的计数周期。当单片机正常工作时，始终会执行 CPL P1.0 取反指令，使定时器的计时到一定时间清零，从而保证系统正常运行，不执行复位功能。当单片机软件"跑飞"，即工作不正常时，"看门狗"芯片内部的定时器计时就会产生溢出，从而使系统自动复位，恢复正常工作。利用自动复位电路，可以实现无人执勤，一般在环境比较恶劣的情况下使用。

2.6.2　程序执行方式

程序执行方式是单片机的基本工作方式。由于复位后 PC＝0000H，因此程序执行总是从地址 0000H 开始，但一般程序并不是真正从 0000H 开始，为此就得在 0000H 开始的单元中存放一条无条件转移指令，以便跳转到实际程序的入口去执行。程序执行方式又可分为连续执行和单步执行两种。

1. 连续执行方式

连续执行方式是从指定地址开始连续执行程序存储器 ROM 中存放的程序。

2. 单步运行方式

程序的单步运行方式是在单步运行键（用于产生外部单步脉冲）的控制下实现的，每按一次单步运行键，程序执行一条指令后就暂停下来，再一个单步脉冲再执行一条指令后又暂停下来。单步运行方式通常只在用户调试程序时使用，用于逐条指令地观察、跟踪程序的执行情况。

单片机没有单步执行中断，单步执行是借助单片机的外部中断功能来实现的。利用外部中断 0 可实现程序的单步执行，具体实现办法请参见本书的单片机中断系统部分的相关内容。

2.6.3　节电方式

节电工作方式是一种低功耗的工作方式，可分为空闲（等待）方式和掉电（停机）方式。它是针对 CHMOS 类芯片而设计的，HMOS 型单片机不能工作在节电方式，但它有一种掉电保护功能。

1. HMOS 单片机的掉电方式

HMOS 芯片本身运行功耗较大，这类芯片没有设置低功耗运行方式。为了减小系统的功耗，设置了掉电方式，RST/V_{PD}端接有备用电源，即当单片机正常运行时，单片机内部的 RAM 由主电源 VCC 供电，当 VCC 掉电，VCC 电压低于 RST/V_{PD}端备用电源电压时，由备用电源向 RAM 维持供电，保证 RAM 中数据不丢失。这时系统的其他部件都停止工作，包括片内振荡器。

2. CHMOS 的节电运行方式

CHMOS 型单片机是一种低功耗器件，它有待机方式和掉电保护方式两种节电运行方式，以进一步降低功耗。它正常工作时电流为 11～22mA，而在空闲状态时为 1.7～5mA，

在掉电方式时为 $5\sim50\mu A$。因此，CHMOS 型单片机特别适用于低功耗应用场合，它的空闲方式（Idle Mode）和掉电方式（Power Down Mode）都是由电源控制寄存器 PCON 中相应的位来控制。图 2-25 为两种节电模式的内部控制电路。

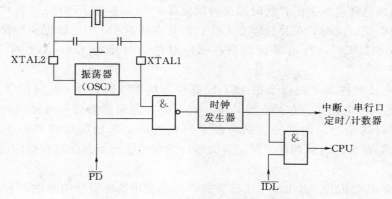

图 2-25　低功耗节电模式的控制电路

（1）电源控制寄存器 PCON。PCON 寄存器格式如表 2-10 所示。

表 2-10 　　　　　　　　　**特殊功能寄存器 PCON 的格式**

D7	D6	D5	D4	D3	D2	D1	D0
SMOD	×	×	×	GF1	GF0	PD	IDL

表 2-10 中：IDL 为待机方式位，当 IDL＝1 则进入待机方式（即空闲运行方式），此时耗电甚微；PD 为掉电方式位，当 PD＝1 则进入掉电方式。当 IDL、PD 同时为 1 则进入掉电工作方式，同时为 0 时则工作在正常运行状态；GF0，GF1 为通用标志位，它们描述中断是来自正常运行还是来自空闲方式，用户可通过指令设定它们的状态；SMOD 为串行口波特率倍率控制位，用于串行通信。

（2）待机方式（空闲运行方式）。将 PCON 寄存器的 IDL 位置 "1"，单片机则进入待机方式。此时，振荡器仍然处于工作状态，并且向中断逻辑、串行口和定时/计数器电路提供时钟，但是向 CPU 提供时钟的电路被断开，因此 CPU 停止工作。通常在待机方式下，单片机的中断仍然可以使用，这样可以通过中断触发方式退出待机模式。

1）空闲模式进入。把 PCON 中的 IDL 位置 1（可用指令 MOV PCON，♯01H），则把通往 CPU 的时钟信号关断，便进入空闲模式。虽然振荡器运行，但是 CPU 进入空闲状态。所有外围电路（中断系统、串行口和定时器）仍继续工作，SP、PC、PSW、A、P0～P3 端口等所有其他寄存器、内部 RAM 和 SFR 中内容均保持进入空闲模式前状态。

2）空闲模式退出。可通过响应中断方式、硬件复位方式两种方法退出。

空闲模式下，若任一个允许的中断请求被响应时，IDL 位被片内硬件自动清 0，从而退出空闲模式。当执行完中断服务程序返回时，将从设置空闲模式指令的下一条指令（断点处）继续执行程序。

当使用硬件复位退出空闲模式时，在复位逻辑电路发挥控制作用前，有长达两个机器周期时间，单片机要从断点处（IDL 位置 1 指令的下一条指令处）继续执行程序。在这期间，片内硬件阻止 CPU 对片内 RAM 的访问，但不阻止对外部端口（或外部 RAM）的访问。

为了避免在硬件复位退出空闲模式时出现对端口（或外部 RAM）的不希望的写入，在进入空闲模式时，紧随 IDL 位置 1 指令后的不应是写端口（或外部 RAM）的指令。

（3）掉电保护方式。将 PCON 寄存器的 PD 位置"1"，单片机则进入掉电保护方式。如果单片机检测到电源电压过低，此时除进行信息保护外，还需将 PD 位被置"1"，使单片机进入掉电保护方式。此时，单片机停止工作，但是内部 RAM 中的数据仍被保存。如果单片机有备用电源如 80C51，待电源正常后，硬件复位信号维持 10ms 后使单片机推出掉电方式。

1）掉电模式的进入。用指令把 PCON 寄存器的 PD 位置 1（可用指令 MOV PCON，♯02H），便进入掉电模式。在掉电模式下，进入时钟振荡器的信号被封锁，振荡器停止工作。由于没有时钟信号，内部的包括中断系统在内的全部功能部件均停止工作，但片内 RAM 和 SFR 的原来的内容都被保留，有关端口的输出状态值都保存在对应的特殊功能寄存器 SFR 中。

2）掉电模式的退出。退出掉电工作方式，只能采用硬件复位的方法。

硬件复位时要重新初始化 SFR，但不改变片内 RAM 的内容。只有当 VCC 恢复到正常工作水平时，只要硬件复位信号维持 10ms，便可使单片机退出掉电运行模式。欲使单片机从掉电方式退出后继续执行掉电前的程序，则必须在掉电前预先把 SFR 中的内容保存到片内 RAM 中，并在掉电方式退出后恢复 SFR 掉电前的内容。

2.6.4　编程和校验方式

编程和校验方式用于内部含有 EPROM 的单片机芯片（如 8751、8752），一般的单片机开发系统都提供实现这种方式的设备和功能。编程的主要操作是将原始程序、数据写入内部 EPROM 中；校验的主要操作是在向片内程序存储器 EPROM 写入信息时或写入信息后，可将片内 EPROM 的内容读出进行校验，以保证写入信息的正确性。

1. EPROM 编程

例如，HMOS 器件 8751 的内部集成了 4KB 的 EPROM，此芯片在编程时时钟频率应定在 4～6MHz 的范围内，各引脚的接法如下：

（1）P1 口和 P2 口的 P2.0～P2.3 提供 12 位地址，P1 口为低 8 位。

（2）P0 口输入编程数据。

（3）P2.6～P2.4 以及 $\overline{\text{PSEN}}$ 为低电平，P2.7 和 RST 为高电平。

（4）以上除 RST 的高电平为 2.5V，其余的均为 TTL 电平。

（5）$\overline{\text{EA}}$/VPP 端加电压为 21V 的编程脉冲，不能大于 21.5V，否则会损坏 EPROM。

（6）ALE/$\overline{\text{PROG}}$ 端加宽度为 50ms 的负脉冲作写入信号，每来一次负脉冲，则把 P0 口的数据写入到由 P1 和 P2 口低 4 位提供的 12 位地址指向的片内 EPROM 单元。

2. EPROM 校验

在程序的保密位未设置，无论在写入时或写入之后，均可以将 EPROM 的内容读出进行校验。校验时各引脚的连接与编程时连接基本相同，只有 P2.7 脚改为低电平，在校验过程中，读出的 EPROM 单元的内容由 P0 输出。

3. EPROM 加密

8751 的 EPROM 内部有一个程序保密位，当把该位写入后，就可禁止任何外部方法对片内程序存储器进行读写，也不能再对 EPROM 编程，对片内 EPROM 建立了保险。设置保密位时不需要单元地址和数据，所以 P0 口、P1 口和 P2.0～P2.3 为任意状态，引脚在连接时，除了将 P2.6 改为 TTL 高电平，其他引脚在连接时与编程时相同。当加了保密位后，就不能对 EPROM 编程，也不能执行外部存储器的程序。如果要对片内 EPROM 重新编程，只有解除保密位。对保密位的解除，只有将 EPROM 全部擦除，这样保密位才能一起被擦除，而且可以再次写入。

本 章 小 结

本章主要介绍了 MCS－51 单片机的片内硬件基本结构、引脚功能、存储器结构、特殊功能寄存器功能、4 个并行 I/O 口的结构和特点、时钟电路与时序、几种工作方式等内容。

习 题 与 思 考 题

2-1　MCS－51 单片机的主要性能特点是什么？

2-2　MCS－51 单片机内部的主要部件有哪些？各部分的主要作用是什么？

2-3　MCS－51 的存储器分哪几个空间？如何区别不同空间的寻址？

2-4　简述 MCS－51 片内 RAM 的空间分配。各部分主要功能是什么？

2-5　简述布尔处理存储器的空间分配，片内 RAM 中包含哪些可位寻址单元？位地址为 00H～7FH 与 RAM 字节地址 00H～7FH 相同，在实际使用中如何区分？位地址 7CH 具体在片内 RAM 中什么位置？

2-6　52 子系列的单片机内部 RAM 为 256 字节，其中 80H～FFH 与特殊功能寄存器 SFR 区地址空间重叠，使用中如何区分这两个空间？

2-7　MCS－51 系列单片机 CPU 内有哪些寄存器？MCS－51 单片机工作寄存器有几组？如何判断 CPU 当前使用哪一组寄存器？

2-8　程序状态字寄存器（PSW）的作用是什么？常用标志有哪些位？

2-9　程序计数器（PC）是否属于特殊功能寄存器？它的作用是什么？

2-10　DPTR 是由哪几个特殊功能寄存器组成？作用是什么？

2-11　MCS－51 单片机应用系统中，$\overline{EA}$ 端有何用途？在使用 8031 时，$\overline{EA}$ 信号引脚应如何处理？

2-12　什么是堆栈，堆栈指针 SP 的作用是什么？在程序设计时，为什么还要对 SP 重新赋值？MCS－51 单片机堆栈的容量不能超过多少字节？

2-13　请写出地址为 90H 所有可能的物理单元。

2-14　什么是振荡周期、时钟周期、机器周期、指令周期？它们之间关系如何？如果晶振频率为 4MHz、6MHz 和 12MHz，则一个机器周期是多少微秒？

2-15　MCS－51 单片机程序存储器 ROM 空间中 0000H、0003H、000BH、0013H、001BH、0023H 有什么特殊用途？

2-16　MCS－51 单片机 P0～P3 共 4 个并行 I/O 口的异同点是什么？它们的第二功能是什么？

2-17　何谓准双向口？准双向口作 I/O 输入时，要注意什么？

2-18　在 MCS－51 应用中，什么情况下 P2 口可以作为 I/O 口连 I/O 设备？

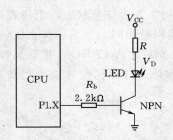

图 2-26　习题 2-19 的电路图

2-19　在图 2-26 所示电路中，如果 CPU 是 80C31，则复位期间和复位后 LED 是否发光？为什么？

2-20　MCS-51 引脚中有多少 I/O 线？它们与地址总线和数据总线有什么关系？地址总线与数据总线各是几位？地址锁存信号 ALE 引脚的作用？

2-21　片外 ROM 存储器如何访问指令的时序？片外 RAM 存储器如何访问指令的时序？

2-22　单片机的复位方式有几种？复位后各寄存器、片内 RAM 的状态如何？

2-23　程序的执行方式有几种？MCS-51 单片机的节电方式有几种？各自的特点是什么？

第 3 章　MCS - 51 单片机的指令和汇编语言程序设计

本章将系统介绍 MCS - 51 单片机的指令系统以及最基本的汇编语言程序设计知识。本章学习目的是掌握单片机汇编语言的设计方法，在汇编指令系统基础上熟悉寻址方式和各种指令的应用，掌握程序设计的规范和理解程序设计的思想。本章的重点在于寻址方式、各种指令的应用、程序设计的规范、程序设计的思想及典型程序的理解和掌握。本章的难点在于控制转移、位操作指令的理解及各种指令的灵活应用，以及程序设计的基本方法和针对具体的硬件设计出最合理的软件。

3.1　MCS - 51 单片机的指令系统

3.1.1　指令的定义

指令是指挥计算机执行操作的命令，一条指令对应着某一种操作。指令系统就是 CPU 所能执行的全部指令的集合。CPU 能够执行多少条指令是由 CPU 的内部结构决定的。不同的 CPU，其指令系统不同。程序就是完成某项特定任务的指令的集合。计算机的运行实质上就是分步执行程序中的指令。用户要计算机完成各项任务，就要设计各种应用程序，而设计程序就要用到程序设计语言。

指令在机器中必须以机器码（二进制码）的形式出现，而程序设计语言却有机器语言、汇编语言和高级语言三种。机器语言用二进制代码表示，又称为目标代码，它可以直接识别和运行，但其不形象直观，且不易记忆、易写错。为此，人们采用可帮助记忆的符号（助记符）或简单英文来书写指令，这种表示方式就是汇编语言或高级语言，它们所编写的程序叫源程序，源程序比较形象直观，但它们必须被汇编或编译成目标代码后才能被计算机执行。

MCS - 51 指令系统使用 44 种助记符，它们代表着 33 种功能，可以实现 51 种操作。指令助记符与操作数的各种可能的寻址方式的结合一共可构造出 111 条汇编指令。

3.1.2　指令的格式与分类

MCS - 51 系列单片机的指令系统共有 111 条汇编指令。每条指令都由操作码和操作数两部分组成。其中，操作码决定 CPU 执行何种操作，操作数是指参与运算的数据或数据所在地址。

可按下列几种方式来分类。

1. 按指令长度分类

指令可分为单字节指令（49 条）、双字节指令（46 条）和 3 字节指令（16 条）三大类。指令长度不同，格式也就不同。其中，单字节指令只有一个字节，其操作码和操作数同在一个字节中；双字节指令的一个字节为操作码，另一个字节是操作数；3 字节指令的操作码占

1 个字节，操作数占两个字节。操作数既可能是数据，也可能是地址。

一般地，操作码占 1 字节；操作数中，直接地址 direct 占 1 字节，♯data 占 1 字节，♯data16 占两字节；操作数中的 A、B、R0～R7、@Ri、DPTR、@A＋DPTR、@A＋PC 等均隐含在操作码中。

2. 按指令执行时间分类

指令可分为 1 个机器周期指令（64 条）、2 个机器周期指令（45 条）和 4 个机器周期指令（2 条）三大类。只有乘、除两条指令的执行时间为 4 个机器周期。

3. 按指令功能（即操作性质）分类

指令又可分为数据传送指令（29 条）、算术操作指令（24 条）、逻辑操作指令（24 条）、控制转移指令（17 条）和位操作指令（也称布尔处理指令，17 条）五大类。

3.1.3　单片机指令系统常用符号

在 MCS－51 单片机汇编指令系统中，约定了一些指令格式描述的常用符号，现将这些符号的标记和含义说明如下：

（1）Rn（n＝0～7）——选定当前工作寄存器组（0～3 组中的一个）的通用寄存器 R0～R7。

（2）Ri（i＝0 或 1）——通用寄存器组中用于间接寻址片内 RAM 单元的两个寄存器 R0，R1。

（3）@——间接寻址寄存器指针的前缀标志。

（4）direct——片内 RAM 或 SFR 的 8 位直接地址。

（5）♯data——8 位直接参与操作的立即数其中立即数为 8 位二进制数。

（6）♯data16：表示 16 位直接参与操作的立即数（仅用于指令 MOV DPTR，♯data16 中，其中立即数为 16 位二进制数）。

（7）♯——立即数前缀。

（8）addr16——16 位目的地址，供 LCALL 和 LJMP 指令使用。

（9）addr11——11 位目的地址，供 ACALL 和 AJMP 指令使用。

（10）rel——用补码形式表示的 8 位二进制偏移量，取值范围为－128～＋127，常用于相对转移指令。

（11）bit——片内 RAM 的位寻址区，或者是可以位寻址的 SFR 的位地址。

（12）/——位取反前缀。/bit 表示位地址 bit 的内容取反后再参与运算。

（13）（×）——由×所指定的某寄存器或某单元中的内容。

（14）（（×））——由 X 间接寻址存储器单元中的内容，即以×地址单元中的内容作为新地址的其单元中的内容。

（15）$——当前指令存放的地址。

（16）←——指令的操作结果是将箭头右边的内容传送到左边。

（17）→——指令的操作结果是将箭头左边的内容传送到右边。

（18）↔——指令的两个操作数内容相互交换。

3.1.4　MCS－51 单片机的寻址方式

一条指令由两个主要部分构成，即操作码和操作数。操作码决定 CPU 的操作性质，而操作数规定以何种方式提供 CPU 进行操作所需的数据，即寻址方式。

计算机执行程序实际上是在不断寻找操作数并进行操作的过程。每种计算机在设计时已决定了它具有哪些寻址方式，寻址方式越多，计算机的灵活性越强，指令系统也就越复杂。

MCS-51 单片机的指令系统提供了 7 种寻址方式，它们分别为立即寻址、直接寻址、寄存器寻址、寄存器间接寻址、变址寻址（或称基址寄存器加变址寄存器间接寻址）、相对寻址和位寻址。由于一条指令可能需提供多个数据，因此一条指令可能含多种寻址方式。

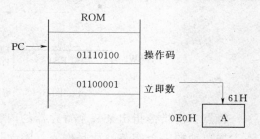

图 3-1 立即寻址过程示意图

1. 立即寻址

定义：在指令中直接给出操作数，即操作数包含在指令中的寻址方式。

例如：MOV A，♯61H；（A）←61H，将 8 位数据 61H（立即数）送入累加器 A 中。如图 3-1 所示。

特点：指令中直接含有所需的操作数，因此操作数是在程序存储器 ROM 中。该操作数是 8 位或 16 位，常常处在指令的第 2 或 2、3 字节的位置上。8 位或 16 位立即数通常采用♯data 或♯data16 通式来表示。注意，立即数前面一定要加"♯"标志，其目的是与直接寻址或位寻址方式中的直接地址或位地址（direct 或 bit）区别开来。

2. 直接寻址

定义：由指令直接给出操作数所在的存储器地址的寻址方式。

例如：MOV A，60H；（A）←（60H），将内部 RAM 中地址为 60H 单元里面的数据送入累加器 A 中。如图 3-2 所示。

图 3-2 直接寻址过程示意图

特点：指令中含有操作数的地址。此地址表示为 direct，该地址指出了参与操作的数据所在的字节单元地址，CPU 可根据直接地址找到所需要的操作数。

寻址范围：

（1）片内 RAM 的低 128 个单元（00H～7FH）。

（2）特殊功能寄存器 SFR（80H～FFH）。此寻址方式是访问 SFR 的唯一寻址方式。书写时除了可用单元地址的形式外，也可用寄存器符号的形式给出。例如：MOV A，90H 与 MOV A，P1 是等价的。

3. 寄存器寻址

定义：操作数在指定的寄存器中的寻址方式。

例如：INC R5；（R5）←（R5）+1，把寄存器 R5 中的数据加 1 后再送回到 R5 中。如图 3-3 所示。

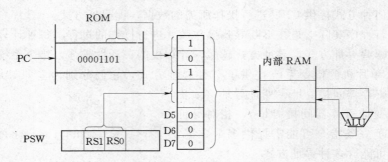

图 3－3　寄存器寻址过程示意图

特点：由指令指出某一个寄存器的内容作为操作数。存放操作数的寄存器在指令代码中不占据单独的一个字节，而是嵌入（隐含）到操作码字节中。

寻址范围：

（1）4 组通用工作寄存区共 32 个工作寄存器 Rn（即 R0～R7）。

（2）部分特殊功能寄存器 SFR（A、B 以及 DPTR 等）。

4. 寄存器间接寻址（简称间址寻址）

定义：指令给出的寄存器中存放的是操作数据的单元地址，即操作数在 RAM 之中，而其单元地址就是由指令指定寄存器的值。

例如：MOV A，@R0；（A）←（（R0）），将 R0 中的内容所表示的内部 RAM 地址单元中的内容送给 A。如图将 3－4 所示，若 R0 中的内容为 60H，把内部 RAM 中 60H 单元的内容（37H）送到 A。

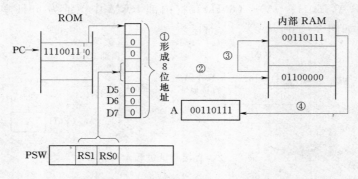

图 3－4　寄存器间接寻址过程示意图

特点：指令给出的寄存器中存放的是操作数地址。寄存器间接寻址是一种二次寻找操作数地址的寻址方式，寄存器前边必须加前缀符号"@"。

寻址范围：内部 RAM 低 128B（只能使用 R0 或 R1 作间址寄存器）、外部 RAM（只能使用 DPTR 作间址寄存器）。对于外部低 256 单元 RAM 的访问，除可以使用 DPTR 外，还可以使用 R0 或 R1 作间址寄存器。

寻址范围：

（1）访问内部 RAM 低 128 个单元（00H～7FH），只能采用 Ri（即 R0 或 R1）作间址寄存器；访问 52 子系列的内部 RAM 高 128 个单元（80H～FFH），只能采用这种寻址方式。

（2）对片外 RAM 的 64K 字节的间接寻址（0000H～FFFFH），采用 DPTR 作间址寄存器。例如：MOVX A，@DPTR。

（3）片外 RAM 的低 256 字节，高 8 位不变或高 8 位无连线（xx00H～xxFFH），采用 Ri 作间址寄存器。例如：MOVX A，@Ri。

（4）堆栈区（只能设在内部 RAM 中）的堆栈操作指令 PUSH（压栈）或 POP（出栈）采用堆栈指针（SP）作间址寄存器。

5. 变址寻址（也称基址寄存器加变址寄存器间址寻址或基址加变址寻址）

定义：以累加器 A 作为变址寄存器，以程序计数器 PC 或数据指针 DPTR 作为基址寄存器，这两者内容之和形成 16 位 ROM 地址的寻址方式。

例如：指令 MOVC A，@A+DPTR ；
(A) ← ((A) + (DPTR))

若 A 的原有内容为 0FH，DPTR 的内容为 2400H，该指令执行的结果是把程序存储器 240FH 单元的内容传送给 A，如图 3-5 所示。

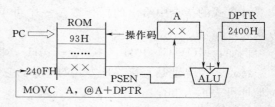

图 3-5 变址寻址过程示意图

特点：指令操作码中隐含作为基址寄存器用的 DPTR 或 PC 和作为变址用的累加器 A。在 CPU 执行变址寻址指令时，先把基地址（DPTR 或 PC 的内容）和地址偏移量（A 的内容）相加，以形成操作数所在的 16 位 ROM 地址，再由操作数地址找到操作数，并完成相应的操作。

寻址范围：只能对程序存储器 ROM 进行寻址，主要用于查表性质的访问。

注意：累加器 A 中存放的操作数地址相对基地址的偏移量的范围为 00H～FFH（无符号数）。MCS-51 单片机共有以下 3 条变址寻址指令：

寻址范围及说明：

（1）该寻址方式是专门针对程序存储器 ROM 中表格数据的寻址方式，寻址范围可达到 ROM 64KB 空间（0000H～FFFFH）。

（2）该寻址方式中的累加器 A 里存放的操作数地址相对基地址的偏移量的范围为 00H～FFH（无符号数）。

（3）该寻址方式的指令只有两条查表指令和 1 条散转指令，这 3 条为：

1) MOVC A，@A+PC   ；(A)←((A)+(PC)+1)
2) MOVC A，@A+DPTR   ；(A)←((A)+(DPTR))
3) JMP @A+DPTR   ；(PC)←((A)+(DPTR))

6. 相对寻址

定义：以程序计数器 PC 的当前值为基准（取出本条指令后的 PC 值），加上指令中给出的相对偏移量（rel）−128～+127 个字节形成新的转移目标地址。

例如：JC 80H ；若 C=0 则 PC 值加 2，若进位 C=1 则 (PC)←(PC)+2+80H，即以现行的 PC 为基地址加上 80H（有符号数的−128）得到转向地址，如图 3-6 所示。

特点：此寻址方式是为实现程序的相对转移而设计的，其指令码中含有相对地址偏移量，能生成浮动代码。若发生了相对转移，则转移的目的地址＝指令地址＋指令字节数＋偏移量。

寻址范围及说明：

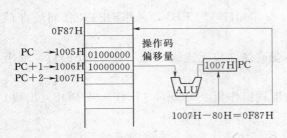

图 3－6 相对寻址过程示意图

（1）只能对程序存储器 ROM 中的指令进行寻址。

（2）相对地址偏移量（rel）是一个带符号的 8 位二进制补码数据，其取值范围为 −128～＋127（它以 PC 为中间的 256 个字节范围内）。

7. 位寻址

定义：MCS－51 设置了独立的位处理器，CPU 进行位处理时，可对内部 RAM 和特殊功能寄存器的某些位寻址单元进行位寻址。位寻址方式的指令中给出的操作数是一个可单独寻址的位地址，这种寻址方式称为位寻址方式。

例如：MOV C，40H ；（Cy）←（40H），即把位地址 40H 单元中的值送到进位位 Cy。

特点：位寻址是直接寻址方式的一种，它是对位寻址区域中的某一位的地址进行操作。位地址可表示为 bit。

寻址范围：

(1) 内部 RAM 中的位寻址区，即位寻址区的低 128B（00H～7FH）。

(2) SFR 中的可寻址位，即 SFR 字节地址能被 8 整除的位寻址区高 128B（80H～FFH）。

在指令中位寻址的位地址 bit 可表示为 4 种形式，它们分别为：

1）直接使用位地址形式。

例如：MOV 05H，D7H ；（05H）←（D7H），其中，位地址 D7H 实际上就是 Cy，05H 是片内 RAM 中 20H 地址单元的第 5 位。

2）字节地址加位序号的形式。

例如：MOV 20H.5，D0H.7 ；（20H.5）←（D0H.7），其中，位地址 D0H.7 实际上就是 Cy，20H.5 是片内 RAM 中 20H 地址单元的第 5 位。

3）位的符号地址（位名称）的形式。对于部分特殊功能寄存器，其各位均有一个特定的名字，所以可以用它们的位名称来访问该位。

例如：ORL C，P ；（Cy）←（Cy）∨（P），其中，Cy 是 PSW 的第 7 位，P 是 PSW 的第 0 位。

4）字节符号地址（字节名称）加位序号的形式。对于部分 SFR（如 PSW），还可以用其字节名称加位序号形式来访问某一位。

例如：CPL PSW.7 ；（Cy）←（$\overline{\text{Cy}}$），其中，PSW.7 表示该位是 PSW 的第 7 位，即 Cy。

【例 3－1】 指出下列指令原操作数的寻址方式。

```
MOV A,R7          ;(A)←(R7)              寄存器寻址
ADD A,#09H        ;(A)←(A)＋09H          立即寻址
MOV A,@R1         ;(A)←((R1))            寄存器间接寻址
MOV 40H,3DH       ;(40H)←(3DH)           直接寻址
MOVC A,@A＋PC     ;(A)←((A)＋(PC)＋1)    变址寻址
SJMP LOP          ;(PC)←(PC)＋2＋偏移量   相对寻址
MOV 32H,C         ;(32H)←(Cy)            位寻址
```

MCS－51 单片机指令系统的 7 种寻址方式可总结为表 3－1。

表 3-1   7 种寻址方式及其寻址空间

序号	寻址方式	利用的变量	寻址空间
1	寄存器寻址	R0~R7、A、B、C（位）、DPTR	内部的 R0~R7、A、B、C（位）、DPTR 等
2	直接寻址	direct	内部 128 字节 RAM、SFR
3	寄存器间接寻址	@R0，@R1，SP，@DPTR	片内 RAM、片外 RAM
4	立即数寻址	#data，#data16	ROM 中的立即数
5	基址加变址间接寻址	@A+DPTR，@A+PC	读 ROM 固定的表格数据或程序散转
6	相对寻址	PC+rel	ROM 中指令相对跳转
7	位寻址	Bit	内部 RAM 中的可寻址位、SFR 中的可寻址位

3.1.5 MCS-51 单片机的指令功能

下面将按指令的 5 大功能分类来介绍各条指令。在学习指令系统时，应注意：

(1) 指令的格式、功能。

(2) 操作码的含义，操作数的表示方法。

(3) 寻址方式，源、目的操作数的范围。

(4) 对标志位的影响。

(5) 指令的适用范围。

(6) 指令的长度和执行时间。

3.1.5.1 数据传送类指令（5 种/共 29 条）

数据传送包括单片机内部 RAM 与特殊功能寄存器（简称 SFR）、外部 RAM 以及与 ROM 之间的数据传送。这类指令见表 3-2，它共有 29 条。

表 3-2   数据传送类指令

序号	分类	指令助记符	字节数	周期数	说明
1		MOV A，Rn	1	1	将寄存器的内容存入累加器中
2		MOV A，direct	2	1	将直接地址的内容存入累加器中
3		MOV A，@Ri	1	1	将间接地址的内容存入累加器中
4		MOV A，#data	2	1	将立即数存入累加器中
5		MOV Rn，A	1	1	将累加器的内容存入寄存器中
6		MOV Rn，direct	2	2	将直接地址的内容存入寄存器中
7	内部	MOV Rn，#data	2	1	将立即数存入寄存器中
8	存储	MOV direct，A	2	1	将累加器的内容存入直接地址中
9	器间	MOV direct，Rn	2	2	将寄存器的内容存入直接地址中
10	传送	MOV direct1，direct2	3	2	将直接地址 2 的内容存入直接地址 1 中
11		MOV direct，@Ri	2	2	将间接地址的内容存入直接地址中
12		MOV direct，#data	3	2	将立即数存入直接地址中
13		MOV @Ri，A	1	1	将累加器的内容存入间接地址中
14		MOV @Ri，direct	2	2	将直接地址的内容存入间接地址中
15		MOV @Ri，#data	2	1	将立即数存入间接地址中
16		MOV DPTR，#data16	3	2	将 16 位立即数存入数据指针寄存器中

续表

序号	分类	指令助记符	字节数	周期数	说　明
17	外部数据存储器与 A 间传送	MOVX A，@Ri	1	2	将间接地址所指定外部数据存储器的内容读入到累加器
18		MOVX A，@DPTR	1	2	将外部数据存储器的内容读入到累加器中
19		MOVX @Ri，A	1	2	将累加器的内容写入到间接地址所指定外部数据存储器
20		MOVX @DPTR，A	1	2	将累加器的内容写入到外部数据存储器中
21	程序存储器向 A 传送	MOVC A，@A+DPTR	1	2	将累加器的值加数据指针寄存器的值为指定程序存储器地址的内容读入到累加器中
22		MOVC A，@A+PC	1	2	将累加器的值加上程序计数器的值为指定程序存储器地址的内容读入到累加器中
23	数据交换	XCH A，Rn	1	1	将累加器的内容与寄存器的内容互换
24		XCH A，direct	2	1	将累加器的内容与直接地址的内容互换
25		XCH A，@Ri	1	1	将累加器的内容与间接地址的内容互换
26		XCHD A，@Ri	1	1	将累加器的内容低 4 位与间接地址的内容低 4 位互换
27		SWAP A	1	1	将累加器的内容高 4 位与累加器的内容低 4 位互换
28	堆栈操作	PUSH direct	2	2	将直接地址的内容压入堆栈区中
29		POP direct	2	2	将堆栈弹出的内容送到直接地址中

分类：内部存储器间传送、外部数据存储器与 A 间传送、程序存储器向 A 传送、数据交换和堆栈操作 5 种。

格式：操作码 <dest>，<src>;

功能：(目的地址) ←或↔ (源地址)，源操作数传到目的操作数或者内容互换。这种指令只是改变数据存放位置，不改变数据值，且单方向传送时源地址单元的内容不变。

寻址范围：累加器 A、片内 RAM、SFR、片外 RAM。

对 PSW 的标志位的影响：不影响标志位 Cy、AC 和 OV，但若目的操作数存入 A 中，将会影响奇偶标志位 P。

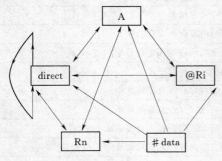

图 3-7　内部存储器间传送关系

1. 内部存储器间传送 (共 16 条)

内部存储器间传送指令用于内部 RAM、SFR 之间的数据传送，共 16 条，内部数据传送指令的传送关系如图 3-7 所示。

格式：MOV <dest>，<src>

其中，<dest>表示目的操作数，<src>表示源操作数。

功能：是将源字节内容传送到由目的字节所指定的单元中，且不改变源字节的内容 (相当于"复制"，而不是"搬家")。

范围：源、目的操作数均在片内 RAM、SFR 中。

分类：按目的操作数不同，还可进一步分为下面 5 小类：

(1) 以累加器 A 为目的操作数的指令 (共 4 条)。

MOV A，<src>

其中，<src>包括 Rn、@Ri、direct、#data。它们具体分别为：

```
MOV A,Rn       ;(Rn)→(A),n=0~7
MOV A,@Ri      ;((Ri))→(A) i=0,1
MOV A,direct   ;(direct)→(A)
MOV A,#data    ;#data→(A)
```

功能是把源操作数内容送累加器 A，源操作数有寄存器寻址、直接寻址、间接寻址和立即数寻址等方式。

（2）以 Rn 为目的操作数的指令（共 3 条）。

MOV Rn，<src>

其中，<src>包括 A、direct、#data。它们具体分别为：

```
MOV Rn,A        ;(A)→(Rn) ,n=0~7
MOV Rn,direct   ;(direct)→(Rn) ,n=0~7
MOV Rn,#data    ;#data→(Rn) ,n=0~7
```

功能是把源操作数送入当前寄存器区的 R0~R7 中的某一寄存器。

（3）以直接地址 direct 为目的操作数的指令（共 5 条）。

MOV direct，<src>

其中，<src>包括 A、Rn、@R$_i$、direct、#data。它们具体分别为：

```
MOV direct,A         ;(A)→(direct)
MOV direct,Rn        ;(Rn)→(direct),n=0~7
MOV direct1,direct2  ;(direct2)→(direct1)
MOV direct,@Ri       ;((Ri))→(direct),i=0,1
MOV direct,#data     ;#data→(direct)
```

功能是把源操作数送入直接地址指定的存储单元。direct、direct1、direct2 指的是内部 RAM 或 SFR 地址。

（4）以间接寄存器@Ri 为目的操作数的指令（共 3 条）。

MOV @Ri，<src>

其中，<src>包括 A、direct、#data。它们具体分别为：

```
MOV   @Ri,A       ;(A)→((Ri)),i=0,1
MOV   @Ri,direct  ;(direct)→((Ri)),i=0,1
MOV   @Ri,#data   ;#data→((Ri)),i=0,1
```

功能是把源操作数内容送入 R0 或 R1 指定的存储单元中。

（5）16 位数传送指令（共 1 条）。

MOV   DPTR，   #data16   ;#data16→(DPTR)

功能是把 16 位立即数送入 DPTR，用来设置数据存储器的地址指针。

注意：2）、3）、4）、5）均不影响标志位，只有 1）影响 PSW 中的 P 标志位，不影响其他标志位。

【例 3-2】 试说明下列每条指令的功能。

```
MOV 40H，♯10H        ;(40H)←10H,将立即数 10H 送给片内 RAM40H 单元中
MOV A，@R0           ;(A)←((R0)),将 R0 中的数据作为内部 RAM 的地址,从此地址取出的数据送入 A 中
MOV R1，A            ;(R1)←(A),将累加器 A 存放到 R1 中
MOV P3，P1           ;(P3)←(P1),将 P1 中存放的数据送到 P3 中
```

【例 3 - 3】 设内部 RAM(40H)＝50H，(50H)＝20H，(15H)＝00H，(P1)＝0DBH，分析以下程序执行后各单元及寄存器、P2 口的内容。

```
MOV R0,♯40H         ;(R0)←40H
MOV A,@R0           ;(A)←((R0))
MOV R1,A            ;(R1)←(A)
MOV B,@R1           ;(B)←((R1))
MOV @R1,P1          ;((R1))←(P1)
MOV P3,P1           ;(P3)←(P1)
MOV 15H,♯25H        ;(10H)←25H
```

执行上述指令后的结果为：(R0)＝40H，(R1)＝(A)＝50H，(B)＝20H，(50H)＝(P1)＝(P3)＝0DB H，(15H)＝25H。

【例 3 - 4】 发光二极管及 8 段显示管的显示。如图 3 - 8 所示，P1 口上接了 8 个发光二极管，实际上它们对应于共阳极 8 段显示管的 8 个段。

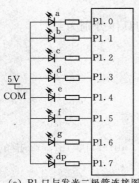
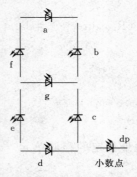
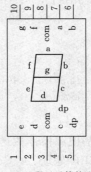

(a) P1 口与发光二极管连接图　　(b) 8 个发光二极管的连接形状　　(c) 8 段显示管外形

图 3 - 8　发光二极管及 8 段显示管的显示

指令 MOV P1，♯0FEH ；(P1) ←11111110B，只有 P1.0 引脚上接的发光二极管得到正向偏置电压，其他 7 个引脚上接的发光二极管无偏置电压。因此，此指令执行后，可使 P1.0 上的发光二极管点亮，而其他发光二极管不亮。

指令 MOV P1，♯00H ；(P1) ←00000000B，P1 口上 8 个二极管均被点亮，因此，8 段显示管就显示 "8" 的形状。同理，指令 MOV P1，♯0F8H 执行后会显示 "7"。指令 MOV P1，♯88H 执行后会显示 "A"。

2. 外部 RAM 与 A 间传送（共 4 条）

CPU 与外部数据存储器之间进行数据传送时，必须使用外部传送指令，只能通过累加器 A，采用 R0、R1 和 DPTR 这 3 个寄存器间接寻址方式完成。指令特征是 MOVX，MOV 的后面 "X" 表示单片机访问的是片外 RAM 存储器或 I/O 接口。

指令格式：MOVX A，＜src＞

　　　　　MOVX ＜dest＞，A

其中，<src>、<dest>包括@DPTR、@Ri（R0，R1）。

对 PSW 标志位的影响：MOVX A，<src>指令只影响 PSW 中的 P 标志位，不影响其他标志位；MOVX <dest>，A 指令不影响标志位。

分类：这类指令共有下面 4 条指令。

```
MOVX    A,@DPTR    ;((DPTR))→(A),读外部 RAM
MOVX    A,@Ri      ;((Ri))→(A),读外部 RAM
MOVX    @DPTR,A    ;(A)→((DPTR)),写外部 RAM
MOVX    @Ri,A      ;(A)→((Ri)),写外部 RAM
```

说明：当采用 16 位的 DPTR 间接寻址时，可寻址整个 64KB 片外 RAM 空间，高 8 位地址（DPH）由 P2 口输出，低 8 位地址（DPL）由 P0 口输出。而采用 Ri（$i=0$，1）进行间接寻址时，隐含着外部 RAM 地址的高 8 位，而该高 8 位地址是由 P2 口输出，低 8 位地址由 Ri 寄存器的内容提供并经 P0 口锁存后输出，即真正外部 RAM 的 16 位地址为（P2）（Ri），此时只可寻址片外 256 个单元的 RAM。

注意：在执行前两条读指令时，读信号 $\overline{RD}$（P3.7）有效（低电平）；而当执行后两条写指令时，写信号 $\overline{WR}$（P3.6）有效（低电平）。

【例 3-5】 试分析指令的执行结果。

```
MOV P2，#90H     ;(P2)=90H
MOV R1，#10H     ;(R1)=10H
MOV A，#30H      ;(A)=30H
MOVX @R1，A      ;((P2)(R1))=(9010H)=(A)=30H
```

即将数据 30H 写入到外部 RAM9010H 地址中。

3. 程序存储器 ROM 向 A 传送（即查表指令）（共 2 条）

MCS-51 单片机对程序存储器的访问之一是读程序中表格数据或常数，专用于这一操作的指令有两条，称为查表指令。两条指令是在 MOV 的后面加 C，"C" 是 CODE 的第一个字母，即代码的意思。执行上述两条指令时，单片机的 $\overline{PSEN}$ 引脚信号（程序存储器读）有效。

```
指令格式:MOVC A，@A+DPTP ;(A)←((A)+(DPTR))
        MOVC A，@A+PC    ;(PC)←(PC)+1,(A)←((A)+(PC))
```

由于 ROM 只读不写，因此传送为单向，从 ROM 中读出数据到 A 中。两条查表指令均采用基址加变址间接寻址方式。

两条指令的功能完全相同，但使用中存在着差异：

（1）偏移量的计算方法不同。采用 DPTR 作为基地址寄存器，查表地址为（A）+（DPTR）。而采用 PC 作为基地址寄存器，查表地址为（A）+（PC）+1。因此，采用 DPTR 作为基地址寄存器，A 为欲查数值距离表首地址的值；采用 PC 作为基地址寄存器，A 的值必须预先设置为：

A 的值＝表首地址－当前指令的 PC 值－1。

（2）查表的位置要求不同。采用 DPTR 作为基地址寄存器，查表结果只与 DPTR 及 A 的内容有关，与该指令存放的地址及常数表格存放的地址无关。因此，表格的大小和位置可以在 64K ROM 中任意安排，一个表格可以为各个程序块公用，使用方便，故称为远程查表。

采用 PC 作为基地址寄存器，不改变 SFR 及 PC 的状态，根据 A 的内容就可以取出表格中的常数。但表格只能存放在该条查表指令后面的 256 个单元之内，且注意如果 MOVC 指令与表格之间有 n 个字节距离时，则需先在 A 上加上相应的立即数 n。因此，表格的大小受到限制，而且表格只能被一段程序所利用，故称为近程查表。

【例 3-6】　试分析指令的执行结果。

```
MOV DPTR，#9010H      ;(DPTR)=9010H
MOV A，#10H           ;(A)=10H
MOVC A，@A+DPTR       ;读 ROM 表格,(A)=((A)+(DPTR))=(9020H)
MOVX @DPTR，A         ;((DPTR))=(9010H)=(A)=(9020H)
                     ;写入外部 RAM
```

即将 ROM 的 9020H 地址单元的内容（由于地址 9020H 在 0000H 开始的 4KB/8KB 空间之外，故一定是外部 ROM 而非内部 ROM）读出后送到外部 RAM 的 9010H 地址中。

【例 3-7】　试分析指令的执行结果。

```
MOV A，#02H          ;(A)=02H,表明查表格中表项的序号 02H
ADD A，#01H          ;(A)=(A)+01H=03H,其中 01H 为偏移量
MOVC A，@A+PC        ;(A)←((A)+(PC)+1)=02H,读 ROM 表格
RET                 ;此指令为 1 个字节,即 MOVC 指令与表格 TAB 间有 1 个字节距离
TAB：DB 30H          ;对应表格中表项序号为 00H
    DB 31H          ;序号为 01H
    DB 32H          ;序号为 02H
```

即查表后将 ROM 表格中表项序号为 02H 处的常数 32H 取出送入累加器 A 中。

4. 数据交换指令（共 5 条）

这组指令的功能是将累加器 A 的内容与源操作数的内容相互交换，或 A 的高低 4 位互换，或 A 的低 4 位与源操作数的低 4 位互换。源操作数有寄存器寻址、直接寻址和寄存器间接寻址等方式。

（1）字节交换指令（共 3 条）。

指令格式:XCH A,<src>;(A)←→<src>

其中，<src>包括 Rn、@Ri、direct。它们分别为：

```
XCH    A,Rn         ;(A) ↔ (Rn),n=0~7
XCH    A,direct     ;(A)↔(direct)
XCH    A,@Ri        ;(A)↔((Ri)),i=0,1
```

（2）半字节数据交换指令（共 2 条）。

```
指令格式：SWAP A            ;(A)_{3~0} ↔ (A)_{7~4}
          XCHD A，@Ri       ;(A)_{3~0}↔((Ri))_{3~0}
```

【例 3-8】　设（R0）= 30H，（30H）= 4AH，（A）= 28H，分别执行下列指令：

```
XCH A,@R0    ;(A)↔((R0)),结果(A)=4AH,(30H)=28H
XCHD A,@R0   ;(A)_{3~0}↔((R0))_{3~0},结果(A)=48H,(30H)=2AH
SWAP A       ;(A)_{3~0}↔(A)_{7~4},结果(A)=84H
```

结果为 (A)=84H, (30)=2AH, (R0)=30H。

5. 堆栈操作指令（2 条）

内部 RAM 中设定一个后进先出（Last In First Out，简称 LIFO）的区域，称为堆栈。在 SFR 中有一个堆栈指针 SP，指示堆栈的栈顶位置。堆栈操作有进栈和出栈两种。因此，在指令系统中相应有两条堆栈操作指令。

指令格式：PUSH direct ；(SP) ← (SP) +1, ((SP)) ← (direct)
POP direct ；(direct) ← ((SP)), (SP) ← (SP) -1

功能：实现 RAM 单元数据送入栈顶或由栈顶取出数据送至 RAM 单元。第 1 条进栈指令（或称压栈指令）是先将栈指针 SP 加 1，再把直接地址 direct（用 00H～FFH 形式表示的）中的内容送到 SP 指示的内部 RAM 单元中。第 2 条出栈指令（或称弹栈指令）是先将 SP 指示的栈顶单元的内容送入直接寻址 direct 字节中，再把 SP 减 1。

特点：堆栈操作指令是一种特殊的数据传送指令，它根据 SP 中的栈顶地址进行数据操作。堆栈操作指令的实质是以栈指针 SP 为间址寄存器的间址寻址方式。堆栈区应避开使用的工作寄存器区 R0～R7、字节地址 20H～2FH 的位寻址区（位地址 00～7FH），以及其他需要使用的数据区，系统复位后 SP 的初值为 07H。为了避免重叠，一般初始化时要重新设置 SP。

适用场合：用于执行中断、子程序调用、参数传递等程序的断点保护和现场保护。

注意：堆栈操作指令是直接寻址指令，直接地址不能是寄存器名，因此应注意指令的书写格式。

【例 3-9】 试分析指令的执行结果。

①MOV SP, #09H ;(SP)=09H
②MOV DPTR, #1234H ;(DPTR)=1234H,即(DPH)=12H,(DPL)=34H
③PUSH DPL ;(SP)←(SP)+1=09H+1=0AH,(SP)=(0AH)←(DPL)=34H
④PUSH DPH ;(SP)←(SP)+1=0AH+1=0BH,(SP)=(0BH)←(DPH)=12H

执行结果：(0AH) =34H, (0BH) =12H, (SP) =0BH。

执行过程示意图如图 3-9 所示。

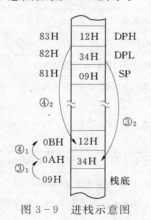

图 3-9 进栈示意图

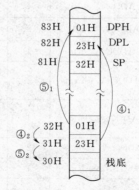

图 3-10 出栈操作过程

【例 3-10】 试分析指令的执行结果。

①MOV SP, #32H ;(SP)=32H
②MOV 31H, #23H ;(31H)=23H

③MOV 32H，♯01H　　；(32H)＝01H
④POP DPH　　　　　；(DPH)←((SP))＝(32H)＝01H,(SP)←(SP)−1＝32H−1＝31H
⑤POP DPL　　　　　；(DPL)←((SP))＝(31H)＝23H,(SP)←(SP)−1＝31H−1＝30H

　　　执行结果：(DPTR) = (DPH) (DPL) ＝0123H，(SP) ＝30H。

　　　执行过程示意图如图 3-10 所示。

　　【例 3-11】　若在外部程序存储器中 2000H 单元开始依次存放 0~9 的平方值，数据指针 (DPTR) ＝3A00H，用查表指令取得 2003H 单元的数据后，要求保持 DPTR 中的内容不变。

　　　完成上述功能的程序为：

MOV A,♯03H　　　　　；(A)←03H
PUSH DPH　　　　　　；保护现场，将 DPTR 高 8 位入栈
PUSH DPL　　　　　　；保护现场，将 DPTR 低 8 位入栈
MOV DPTR,♯2000H　　；(DPTR)←2000H
MOVC A,@A＋DPTR　　；(A)←(2000H+03H)
POP DPL　　　　　　　；恢复现场，弹出 DPTR 低 8 位
POP DPH　　　　　　　；恢复现场，弹出 DPTR 高 8 位

　　　执行结果：(A) ＝09H，(DPTR) ＝3A00H。注意：由于堆栈采用后进先出的管理原则，为了保证现场数据不变，保护现场的顺序应与恢复现场的顺序相反。

3.1.5.2　算术运算类指令 (5 种/共 24 条)

　　算术运算类指令就是用于实现加法、减法、乘法和除法等算术运算的指令。这类指令见表 3-3。它共有 24 条，又可分为 5 种情况。

表 3-3　　　　　　　　　　　　算 术 运 算 类 指 令

序号	分类	指令助记符	字节数	周期数	说　　明
1	加法指令	ADD A，Rn	1	1	将累加器的值与寄存器的值相加，结果存回累加器
2		ADD A，direct	2	1	将累加器的值与直接地址的内容相加，结果存回累加器
3		ADD A，@Ri	1	1	将累加器的值与间接地址的内容相加，结果存回累加器
4		ADD A，♯data	2	1	将累加器的值与立即数相加，结果存回累加器中
5	带进位/借位的加法/减法指令	ADDC A，Rn	1	1	将累加器的值与寄存器的值及进位 C 相加，结果存回累加器中
6		ADDC A，direct	2	1	将累加器的值与直接地址的内容及进位 C 相加，结果存回累加器中
7		ADDC A，@Ri	1	1	将累加器的值与间接地址的内容及进位 C 相加，结果存回累加器中
8		ADDC A，♯data	2	1	将累加器的值与立即数及进位 C 相加，结果存回累加器
9		SUBB A，Rn	1	1	将累加器的值减去寄存器的值再减借位 C，结果存回累加器中
10		SUBB A，direct	2	1	将累加器的值减去直接地址的内容再减借位 C，结果存回累加器中
11		SUBB A，@Ri	1	1	将累加器的值减去间接地址的内容再减借位 C，结果存回累加器中
12		SUBB A，♯data	2	1	将累加器的值减去立即数再减借位 C，结果存回累加器中

序号	分类	指令助记符	字节数	周期数	说　明
13		INC A	1	1	将累加器的值加 1
14		INC Rn	1	1	将寄存器的值加 1
15		INC direct	2	1	将直接地址的内容加 1
16	加 1/ 减 1 指令	INC @Ri	1	1	将间接地址的内容加 1
17		INC DPTR	1	2	将数据指针寄存器的值加 1
18		DEC A	1	1	将累加器的值减 1
19		DEC Rn	1	1	将寄存器的值减 1
20		DEC direct	2	1	将直接地址的内容减 1
21		DEC @Ri	1	1	将间接地址的内容减 1
22	乘法/ 除法 指令	MUL A B	1	4	将累加器的值与 B 寄存器的值相乘，乘积的低 8 位内容存回累加器中，乘积的高 8 位内容存回 B 寄存器中
23		DIV A B	1	4	将累加器的值除以 B 寄存器的值，商存回累加器中，余数存回 B 寄存器中
24	十进制 调整 指令	DA A	1	1	将累加器的值做十进制调整

分类：加法指令、带进位/借位的加法/减法指令、加 1/减 1 指令、乘法/除法指令、十进制调整指令。

格式：操作码 $<$dest$>$, $<$src$>$;

操作码 $<$dest$>$

功能：双操作数指令通过两个操作数进行加、减、乘和除法算术运算，目的操作数 $<$dest$>$ 一定是累加器 A，源操作数 $<$src$>$ 为 Rn、@Ri（片内 RAM）和 ♯data；单操作数指令只有一个操作数 $<$dest$>$，它来源于 A、Rn、@Ri（片内 RAM）、♯data 和 DPTR，用于实现自身数据的加 1、减 1 运算。

此外，MCS-51 算术运算指令一般是针对 8 位二进制无符号数的，如要进行带符号或多字节二进制数运算，需编写具体的运算程序，通过执行程序实现。

寻址范围：A、Rn、DPTR、@Ri（仅针对片内 RAM）和 ♯data。

对 PSW 标志位的影响：一般对进位 Cy、辅助进位 AC、溢出 OV 这 3 种标志有影响。但增 1 和减 1 指令不影响这些标志。若目的操作数存入 A 中，将会影响奇偶标志位 P。

1. 加法指令（共 4 条）

MCS-51 单片机中设置了两个 8 位数据的加法指令。加法指令可用于无符号或带符号的两个 8 位数据加法运算。

指令格式：ADD A , $<$src$>$;（A）← （A）+$<$src$>$

其中，$<$src$>$包括 Rn、@Ri、direct、♯data。它们分别为：

```
ADD    A,Rn        ;(A)+(Rn)→(A) ,n = 0~7
ADD    A,direct    ;(A)+(direct)→(A)
ADD    A,@Ri       ;(A)+((Ri))→(A),i = 0,1
ADD    A,♯data     ;(A)+♯data→(A)
```

功能：8 位加法指令的一个加数总是来自累加器 A，而另一个加数可由寄存器寻址、直接寻址、寄存器间接寻址和立即数寻址等不同的寻址方式得到。加的结果总是放在累加器 A 中。

对 PSW 标志位的影响：ADD 对 PSW 中的所有标志位均产生影响。

【例 3-12】　(A)＝53H，(R0)＝FCH，执行指令 ADD A，R0 的运算式为：

$$
\begin{array}{r}
0101\ 0011 \\
+)\quad 1111\ 1100 \\
\hline
1\quad 0100\ 1111
\end{array}
$$

结果：(A)＝4FH，Cy＝1，AC＝0，OV＝0，P＝1（A 中 1 的位数为奇数）。注意：(OV)＝(Cy) $\oplus$ (C7.6) 即 Cy 内容和第 6 位向第 7 位的进位 C7.6（或称为 C_{y-1}）做"异或"运算。由于位 6 和位 7 同时有进位，所以标志位 OV＝0。

【例 3-13】　两个 8 位无符号数相加。将片内 RAM 的 50H、51H 地址中的内容相加，结果送片内 RAM 的 52H 地址和进位 Cy 中。试通过具体指令分析程序所实现功能。参考程序为：

```
AD：CLR  C                    ADD  A,@R1
    MOV  R1,#50H             INC  R1
    MOV  A,@R1              MOV  @R1,A
    INC  R1                  RET
                            END
```

2. 带进位/借位的加法/减法指令（共 8 条）

MCS-51 单片机中设置了带进位或借位两个 8 位数据的加法或减法指令。它们用于实现多字节数相加、减法运算，通过进位/借位标志 Cy 来保证低位字节的进位/借位加/减到高位字节上。带进位加法/减法指令可用于无符号或带符号的两个数据加法/减法运算。

指令格式：

(1) ADDC　A，<src>；带借位的加法指令，(A) ← (A) ＋ <src>＋ (Cy)
其中，进位标志位 Cy 也与参加法运算，实际上是 3 个数相加，<src>包括 Rn、@Ri、direct、#data。它们分别为：

```
ADDC  A,Rn       ;(A)+(Rn)+Cy→(A),n＝0～7
ADDC  A,direct   ;(A)+(direct)+Cy→(A)
ADDC  A,@Ri      ;(A)+((Ri))+Cy→(A),i＝0,1
ADDC  A,#data    ;(A)+#data+Cy→(A)
```

(2) SUBB　A，<src>；带借位的减法指令，(A) ← (A) －<src>－ (Cy)

其中，进位标志位 Cy 也与参减法运算，实际上是 3 个数相减，<src>包括 Rn、@Ri、direct、#data。它们分别为：

```
SUBB  A,Rn       ;(A)-(Rn)-Cy→(A),n＝0～7
SUBB  A,direct   ;(A)-(direct)-Cy→(A)
SUBB  A,@Ri      ;(A)-((Ri))-Cy→(A), i＝0,1
SUBB  A,#data    ;(A)-#data-Cy→(A)
```

注意：MCS-51指令系统中无不带借位的减法指令，欲实现不带借位的减法计算，可以通过两条指令组合来实现纯减法功能，即应先置 Cy=0，再用带借位的减法指令 SUBB 实现计算。即：

CLR C

SUBB A，源操作数

对 PSW 标志位的影响：ADDC、SUBB 对 PSW 中的所有标志位均产生影响。

【例 3-14】 （A）=C9H，（R2）=54H，Cy=1，执行指令 SUBB A，R2 的运算式为：

$$
\begin{array}{r}
1100\ \ 1001 \\
0101\ \ 0100 \\
-)\qquad\qquad 1 \\
\hline
0111\ \ 0100
\end{array}
$$

结果：（A）=74H，Cy=0，AC=0，OV=1。

【例 3-15】 两字节数相减，设被减数存放在 30H 和 31H 单元，减数存放在 40H 和 41H 单元，差存放在 50H 和 51H 单元，若高字节有借位则转 OVER2 处执行。参考程序为：

```
SUB1:CLR C            ;低字节减无借位 CY 清 0        SUBB  A,41H     ;高字节相减
     MOV  A,30H       ;初减数送 A                    MOV   51H,A     ;结果送 41H 单元
     SUBB A,40H       ;低位字节相减                   JC    OVER2     ;高字节减有借位转 OVER2
     MOV  50H,A       ;结果送 40H 单元                                处执行
     MOV  A,31H       ;被减数高字节送 A               ……
                      OVER2:……
```

3. 加 1/减 1 指令（共 9 条）

MCS-51单片机中设置了 8 位数据的加 1（也称增量）、减 1（也称减量）指令。

指令格式：

（1）INC <dest> ；<dest>←<dest>+1

其中，<dest>即是源操作数又是目的操作数（即只有 1 个操作数），包括 A、Rn、direct、@Ri、DPTR。它们分别为：

```
INC  A          ;(A)+1→(A)
INC  Rn         ;(Rn)+1→(Rn),n=0~7
INC  direct     ;(direct)+1→(direct)
INC  @Ri        ;((Ri))+1→(Ri),i=0,1
INC  DPTR       ;16 位 DPTR 增 1 指令。不影响标志 Cy。
```

（2）DEC <dest> ；<dest>←<dest>-1

其中，<dest>即是源操作数又是目的操作数（即只有 1 个操作数），包括 A、Rn、direct、@Ri。它们分别为：

```
DEC  A          ;(A)-1→(A)
DEC  Rn         ;(Rn)-1→(Rn),n=0~7
DEC  direct     ;(direct)-1→(direct)
```

```
DEC  @Ri       ;((Ri))-1→(Ri),i=0,1
```

功能：

1) INC 指令：[目的] ← [目的] +1。指定的单元的内容加 1。注意：若该字节的内容为 FFH（前 4 条指令）/FFFFH（后 1 条指令），加 1 后将溢出，结果为 00H（前 4 条指令）/0000H（后 1 条指令），但不影响进位标志。

2) DEC 指令：[目的] ← [目的] -1。指定的单元的内容减 1。注意：若原来为 00H，减 1 后下溢为 FFH，不影响标志位（P 标志除外）。

对 PSW 标志位的影响：除了 INC/DEC A 指令操作影响 P 标志位、INC/DEC 指令影响 PSW 的各个标志位外，其他操作均不影响 PSW 的各标志位。

4. 乘法/除法指令（共 2 条）

MCS-51 单片机设置有 8 位无符号的乘法、除法指令各 1 条。

指令格式：

(1) MUL AB   ;8 位无符号乘法操作，(B) (A) ← (A) × (B)。

(2) DIV AB   ;8 位无符号除法操作，商 (A) ← (A) / (B)，余数 (B)。

功能：

(1) MUL 指令把累加器 A 中的 8 位无符号数和寄存器 B 中的 8 位无符号数相乘，16 位乘积的低 8 位放在 (A) 中，高 8 位放在 (B) 中，如果乘积大于 255，则 (OV) =1；否则 (OV) =0。进位标志总为 0，即 (Cy) =0。

(2) DIV 指令把累加器中的 8 位无符号数除以寄存器 B 中的 8 位无符号数，商的整数部分存 (A) 中，余数部分存寄存器 B 中。若除数 (B) 原来为 00H，则操作结果不定，且 (OV) =1，否则 (OV) =0。进位标志总为 0 (Cy) =0。

特点：乘法、除法指令在 MCS-51 指令系统中执行时间最长，均为 4 个机器周期指令。

【例 3-16】 试分析指令的执行结果。

```
MOV A,#50H       ;(A)=50H=80
MOV B,#0A0H      ;(B)=A0H=160
MUL AB           ;(A)×(B)=3200H=12800
```

结果：(B) =32H，(A) =00H，标志：(Cy) =0，(OV) =1

5. 十进制调整指令

MCS-51 单片机设有 1 条对两个 8 位压缩型 BCD 码数据进行二进制加法规则运算的修正指令。但 MCS-51 单片机没有 BCD 码减法、乘法和除法的修正指令。

指令格式：DA A ；源操作数只能在 A 中，调整后的结果重新存入 A 中。

功能：跟在加法指令 ADD 或 ADDC 后面，对 A 中运算结果的十进制数进行 BCD 码修正，使它调整为压缩的 BCD 码数，以完成十进制加法运算功能。其执行的规则是：

(1) 若 $(A)_{3\sim0}>9$ 或 (AC) =1，则 $(A)_{3\sim0}$ ← $(A)_{3\sim0}$ +6。

(2) 若 $(A)_{7\sim4}>9$ 或 (Cy) =1，则 $(A)_{7\sim4}$ ← $(A)_{7\sim4}$ +6。

(3) 除此之外，A 原数不变。

说明：在调整之前参与加法运算的两个数必须是压缩 BCD 码数（1 个字节存放两位 BCD 码），和数也为压缩 BCD 码数。两个压缩 BCD 码数据按二进制数相加后必须经本指令调整才能得到正确的压缩 BCD 码数据之和。

注意：此指令不能对减法、乘法和除法指令进行修正。BCD 码减法必须采用 BCD 补码运算法则，变减法为补码加法（被减数补码＋减数的补码，减数的补码＝9AH－减数），然后对其进行十进制调整来实现。MCS-51 单片机无法对 BCD 码乘法和除法进行修正。

十进制调整问题。对 BCD 码加法运算，只能借助于二进制加法指令。但二进制数加法原则（逢二进一）上并不适于十进制数的加法运算（逢十进一），一般都会产生错误结果。例如：

(a) 3＋6＝9   (b) 7＋8＝15   (c) 9＋8＝17
　　0011   0011   1001
　＋) 0110   ＋) 1000   ＋) 1000
　─────   ─────   ─────
　　1001   1111   1 0001

上述的 BCD 码运算中：(a) 结果正确；(b) 结果不正确，因为 BCD 码中没有 1111 这个编码；(c) 结果不正确，正确结果应为 17，而运算结果却是 11。

因此，二进制数加法指令不能完全适用于四位二进制编码中十进制数的加法运算，要对结果做有条件的修正，这就是所谓的十进制调整问题。

【例 3-17】 对 BCD 码加法 65＋58→123，进行十进制调整。参考程序如下：

```
MOV A,#65H        ;(A)←65
ADD A,#58H        ;(A)←(A)+58
DA A              ;十进制调整
```

$$
\begin{array}{r}
01100101 \quad 65 \\
+\quad 01011000 \quad 58 \\
\hline
10111101 \quad BDH \\
+\quad 01100110 \quad 加 66H 调整 \\
\hline
1 \quad 00100011 \quad 123
\end{array}
$$

结果为（A）＝23H，（Cy）＝1。由上可见，65＋58＝123（BCD 码），结果正确。

3.1.5.3 逻辑运算类指令（3 种/共 24 条）

MCS-51 的逻辑运算指令分为逻辑与（ANL）、逻辑或（ORL）、逻辑异或（XRL）、逻辑非（CPL）、清 0（CLR）和移位操作。它们又可分为双操作数指令、单操作数指令两种。逻辑运算类指令见表 3-4。它共有 24 条，又可分为 3 种。

分类：逻辑与/或/异或、逻辑非/清 0 和移位共 3 种。

格式：

(1) 操作码 <dest> , <src>

(2) 操作码 A

功能：双操作数据指令用于对<dest>、<src>两个 8 位数据进行逻辑与（ANL）、或（ORL）、异或（XRL）3 种操作。单操作数据指令对累加器 A 中的 8 位数据进行求反（非）（CPL）、清 0（CLR）、4 种移位（RL/RLC/RR/RRC）操作。

寻址范围：双操作数的逻辑运算指令的寻址方式见图 3-11 所示。而单操作数据指令的寻址方式只能是寄存器寻址，且寄存器一定是累加器 A。

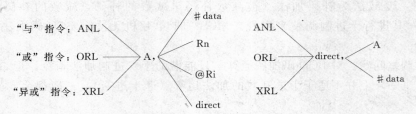

图 3－11　双操作数的逻辑运算指令的寻址方式

表 3－4　　　　　　　　　　逻 辑 运 算 类 指 令

序号	分类	指令助记符	字节数	周期数	说　　　明
1	逻辑与运算	ANL A，Rn	1	1	将累加器的值与寄存器的值做逻辑与运算，结果存回累加器
2		ANL A，direct	2	1	将累加器的值与直接地址的内容做逻辑与运算，结果存回累加器中
3		ANL A，@Ri	1	1	将累加器的值与间接地址的内容做逻辑与运算，结果存回累加器中
4		ANL A，#data	2	1	将累加器的值与立即数做逻辑与运算，结果存回累加器中
5		ANL direct，A	2	1	将直接地址的内容与累加器的值做逻辑与运算，结果存回直接地址中
6		ANL direct，#data	3	2	将直接地址的内容与立即数做逻辑与运算，结果存回直接地址中
7	逻辑或运算	ORL A，Rn	1	1	将累加器的值与寄存器的值做逻辑或运算，结果存回累加器
8		ORL A，direct	2	1	将累加器的值与直接地址的内容做逻辑或运算，结果存回累加器中
9		ORL A，@Ri	1	1	将累加器的值与间接地址的内容做逻辑或运算，结果存回累加器中
10		ORL A，#data	2	1	将累加器的值与立即数做逻辑或运算，结果存回累加器中
11		ORL direct，A	2	1	将直接地址的内容与累加器的值做逻辑或运算，结果存回直接地址中
12		ORL direct，#data	3	2	将直接地址的内容与立即数做逻辑或运算，结果存回直接地址中
13	逻辑异或运算	XRL A，Rn	1	1	将累加器的值与寄存器的值做逻辑异或运算，结果存回累加器中
14		XRL A，direct	2	1	将累加器的值与直接地址的内容做逻辑异或运算，结果存回累加器中
15		XRL A，@Ri	1	1	将累加器的值与间接地址的内容做逻辑异或运算，结果存回累加器中
16		XRL A，#data	2	1	将累加器的值与立即数做逻辑异或运算，结果存回累加器中
17		XRL direct，A	2	1	将直接地址的内容与累加器的值做逻辑异或运算，结果存回直接地址中
18		XRL direct，#data	3	2	将直接地址的内容与立即数做逻辑异或运算，结果存回直接地址中

序号	分类	指令助记符	字节数	周期数	说　明
19	累加器清零/取反	CLR A	1	1	清除累加器的值为 0
20		CPL A	1	1	将累加器的值取反
21	累加器移位操作	RL A	1	1	将累加器的值左移一位
22		RLC A	1	1	将累加器的值和进位标志 Cy 左移一位
23		RR A	1	1	将累加器的值右移一位
24		RRC A	1	1	将累加器的值和进位标志 Cy 右移一位

对 PSW 中标志位的影响：除了两条带进位的循环移位指令外（RLC、RRC），其余均不影响 PSW 中的各标志位。但当目的操作数是 A 时，将影响奇偶校验位 P。

1. 逻辑与/或/异或运算指令（共 18 条）

指令格式：

（1）ANL/ORL/XRL A，<src>

其中，<src>包括 Rn、@Ri、direct、♯data。它们分别为：

ANL/ORL/XRL　　A,Rn　　　;(A)∧(Rn)→(A),$n=0\sim7$

ANL/ORL/XRL　　A,direct　;(A)∧(direct)→(A)

ANL/ORL/XRL　　A,♯data　;(A)∧♯data→(A)

ANL/ORL/XRL　　A,@Ri　　;(A)∧((Ri))→(A),$i=0\sim1$

（2）ANL/ORL/XRL direct，<src>

其中，<src>包括 A、♯data。它们分别为：

ANL/ORL/XRL　　direct,A　　;(direct)∧(A)→(direct)

ANL/ORL/XRL　　direct,♯data;(direct)∧♯data→(direct)

功能：在指定的变量之间以位为基础进行逻辑与（ANL）、或（ORL）、异或（XRL）操作，结果存放到目的变量所在的寄存器或存储器中。逻辑与、或、异或运算的算子（即操作符）常用符号"∧"、"∨"、"⊕"来表示，由于逻辑与、或的运算规则与乘法、加法类似，也常借用"·"、"+"来表示逻辑与、或的运算符。但要注意算术运算与逻辑运算完全是两类意思不同的运算。

对 PSW 标志位的影响：不影响 PSW 中的各标志位，但当目的操作数是 A 时，将影响奇偶校验位 P。特点及适用场合：

（1）逻辑与操作是两个二进制数中只要一个为 0，则"逻辑与"之后结果为 0。逻辑与可用于操作数的某些位清 0（这些位与"0"），某些位不变（这些位与"1"）。

（2）逻辑或操作是两个二进制数中只要一个为 1，则"逻辑或"之后结果为 1。逻辑或可用于操作数的某些位置 1（这些位或"1"），某些位不变（这些位或"0"）。

（3）逻辑异或操作是两个二进制数中若相同（0，0 或者 1，1），则"逻辑异或"之后结果为 0；若相反（0，1 或者 1，0），则"逻辑异或"之后结果为 1。逻辑异或可用于某些位取反（这些位异或"1"），操作数的某些位不变（这些位异或"0"）。

注意：当用逻辑与、或、异或指令修改一个并行 I/O 口输出内容时，则原始值将从该输出口的锁存器中读取，而不是从该输出口的引脚上读取。

【例 3 - 18】　计算下列与、或、异或 3 条指令的运算结果。

（1）（A）＝07H，（R0）＝0FDH，执行指令 ANL A，R0；

（2）（P1）＝05H，（A）＝33H，　执行指令 ORL P1，A；

（3）（A）＝90H，（R3）＝73H，　执行指令 XRL A，R3。

它们的运算式分别为：

$$
\begin{array}{ccc}
\quad\ 00000111 & \quad\ 00000101 & \quad\ 10010000 \\
\wedge)\ \ 11111101 & \vee)\ \ 00110011 & \oplus)\ \ 01110011 \\
\hline
\quad\ 00000101 & \quad\ 00110111 & \quad\ 11100011
\end{array}
$$

运算结果：（A）＝05H　　　　　　（P1）＝37H　　　　　　（A）＝E3H

【例 3 - 19】　编程将 21H 单元的低 3 位和 20H 单元中的低 5 位合并为一个字送 30H 单元，要求（21H）的低 3 位放在高位上。

```
MOV 30H,20H      ;(30H)=(20H)
ANL 30H,♯1FH     ;保留低 5 位
MOV A,21H        ;A=(21H)
SWAP A           ;高低 4 位交换
RL A             ;低 3 位变到高 3 位位置
ANL A,♯0E0H      ;保留高 3 位
ORL 30H,A        ;和(30H)的低 5 位合并
SJMP $
```

2. 累加器 A 清零/取反（共 2 条）

指令格式：

```
(1)CLR A     ;(A)←00H
(2)CPL A     ;(A)←(Ā)
```

功能：

1）CLR 指令将累加器 A 的内容 8 位二进制数都清零，即（A）＝00H。

2）CPL 指令将累加器 A 的内容 8 位二进制数逐位取反；即（A）←（Ā）。

特点：可以节省存储空间，提高程序执行效率。

对 PSW 标志位的影响：不影响 Cy、AC、OV 标志位，但 CLR A 指令会影响的 P 标志位，而 CPL A 指令不影响 P 标志位。

3. 累加器 A 循环移位操作（共 4 条）

MCS - 51 单片机的循环移位指令共有不带进位的循环左、右移位和带进位的循环左、右移位指令 4 条。

指令格式：

（1）RL A；左循环移位

（2）RR A；右循环移位

（3）RLC A；带进位左环移指令

（4）RRC A；带进位右环移指令

功能：它们的功能可用图 3 - 12 来描述。

（1）RL A 使累加器 A 中的内容逐位向左循环移 1 位，且位 7 循环移入位 0。

（2）RR A 使累加器 A 中的内容逐位向右循环移 1 位，且位 0 循环移入位 7。

（3）RLC A 使累加器 A 的内容（8 位）同进位标志 Cy 的内容（1 位）一起向左循环移 1 位。

（4）RRC A 使累加器 A 的内容（8 位）同进位标志 Cy 的内容（1 位）一起向右循环移 1 位。

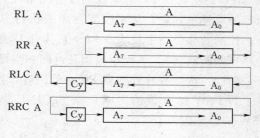

图 3-12　循环移位指令示意图

对 PSW 标志位的影响：4 条指令的结果都是存入 A 中，因此都会影响 P 标志位；RL/RR 不影响 Cy、AC、OV 标志位，但 RLC/RRC 是带 Cy 一起循环移位的，因此它们会影响 Cy 标志位。

特点：只能对累加器 A 进行循环移位。RL A 累加器 A 中的数据逐位左移 1 位相当于原来 8 位无符号的内容乘 2，而 RR A 累加器 A 中逐位右移 1 位相当于原来 8 位无符号的内容除以 2。

【例 3-20】　对累加器 A 进行乘 4 运算。

左循环移位 "RL A" 也常用于实现乘 2n（如乘 2、4、8 等）运算。当需要对累加器 A 进行乘 4 运算时，如果 A 小于 3FH，可用下面两条左循环移位指令来完成。

```
RL A    ;1 字节、2 个机器周期,左循环移位 1 次,相当于乘 2
RL A    ;1 字节、2 个机器周期,再左循环移位 1 次
```

上面两条指令执行时间需要 4 个机器周期，代码长度为 2 字节。

上面的运算也可直接用下面的乘法来实现。

```
MOV B,♯04H    ;3 字节、2 个机器周期
MUL AB        ;1 字节、4 个机器周期
```

通过上面乘法实现同样的功能需要 6 个机器周期，代码长度为 4 字节。

因此，采用左循环移位指令与采用乘法指令相比，其速度更快、代码更短。

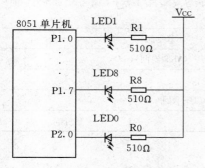

图 3-13　例 3-21 的电路图

【例 3-21】　利用 MCS-51 单片机的 P1 口输出控制 LED 的发光，电路连接如图 3-13 所示。编程实现使累加器 A 中的数据循环送 P1 口，并使用 P2.0 输出指示进位标志。

```
OUTP2:RRC A     ;通过 C 右移 1 位
      MOV P1,A
      MOV P2.0,C  ;该位输出到 P2.0
      RET         ;返回
```

该程序逐位将 A 中的最低位移入进位位 C，并由 P2.0 输出。如果反复调用该程序，并且在每次调用之间加上一定的延时，就会形成 "跑马灯" 的效果。

3.1.5.4　控制转移类指令（4 种/共 17 条）

为了控制程序的执行方向，微机都设置了控制转移指令。控制转移指令用来改变程序计

数器 PC 的值，使 PC 有条件的或者无条件的或者通过其他方式，从当前的位置转移到一个指定的地址单元去，从而改变程序的执行方向。MCS－51 单片机提供了 17 条控制转移指令。控制转移类指令见表 3－5。它共有 17 条，又可分为 4 种，分别是：无条件转移、条件转移（判断跳转）、子程序调用及返回和空操作共 4 种。

　　功能：改变程序计数器 PC 中的内容，控制程序执行的流向，实现程序分支转向。

　　对 PSW 标志位的影响：除了 CJNE 影响 PSW 的进位标志位 Cy 外，其余均不影响 PSW 的各标志位。

表 3－5　　　　　　　　　　　　　　　　控 制 转 移 类 指 令

序号	分类	指令助记符	字节数	周期数	说　　明
1	无条件转移	LJMP addr16	3	2	长跳转（64KB 空间）
2		AJMP addr11	2	2	绝对跳转（2KB 空间）
3		SJMP rel	2	2	短跳转（－128～＋127 空间）
4		JMP @A＋DPTR	1	2	跳到累加器的值加数据指针寄存器的值所对应的目的地址
5	条件转移（判断跳转）	JZ rel	2	2	若累加器的值为 0，则跳到 rel 所对应的目的地址
6		JNZ rel	2	2	若累加器的值不为 0，则跳到 rel 所对应的目的地址
7		CJNE A，direct，rel	3	2	将累加器的值与直接地址的内容相比较，若不相等则跳到 rel 所对应的目的地址
8		CJNE A，#data，rel	3	2	将累加器的值与立即数相比较，若不相等则跳到 rel 所对应的目的地址
9		CJNE Rn，#data，rel	3	2	将寄存器的值与立即数相比较，若不相等则跳到 rel 所对应的目的地址
10		CJNE @Ri，#data，rel	3	2	将间接地址的内容与立即数相比较，若不相等则跳到 rel 所对应的目的地址
11		DJNZ Rn，rel	2	2	将寄存器的值减 1，若不等于 0 则跳到 rel 所对应的目的地址
12		DJNZ direct，rel	3	2	将直接地址的内容减 1，若不等于 0 则跳到 rel 所对应的目的地址
13	子程序调用及返回	LCALL addr16	3	2	长调用子程序（64KB 空间）
14		ACALL addr11	2	2	绝对调用子程序（2KB 空间）
15		RET	1	2	从子程序返回
16		RETI	1	2	从中断服务子程序返回
17	空操作	NOP	1	1	空操作

1. 无条件转移（共 4 条）

　　MCS－51 单片机中设有 4 种无条件转移指令，它们能实现无条件的程序转移，其功能类似于 C 语言中的"goto"功能。

　　指令格式：

　　（1）LJMP addr16；长转移指令，3 字节，(PC)←$addr_{15\sim0}$。

　　（2）AJMP addr11；绝对转移指令，2 字节，(PC)←(PC)＋2，$PC_{10\sim0}$←addr11。

(3) SJMP rel：相对（短）转移指令，2字节，(PC)←(PC)+2+rel。

(4) JMP @A+DPTR：间接转移（散转）指令，单字节，(PC)←(DPTR)+(A)。

功能：

(1) LJMP addr16 转移的目的地址是一个 16 位常数，它直接将指令中的 16 位常数装入 PC 中，使程序无条件地转移到指定的地址处执行。最长区域为 64KB。

(2) AJMP addr11 的指令机器码为 $A_{10}A_9A_8 00001$ 和 $A_7 \sim A_0$ 两个字节，该指令把指令中给出的 $addr_{11}$（$A_{10} \sim A_0$）作为转移目的地址的低 11 位码，而把 AJMP 指令的下一条指令的首地址（即 PC 当前值加 2）的高 5 位作为转移目的地址的高 5 位 $(PC)_{15 \sim 11}$ 拼装新的 16 位转移目的地址。

(3) SJMP rel 执行时在 PC 加 2（本指令为 2 个字节）之后，把指令的带符号 8 位二进制补码数的偏移量 rel（范围 $-128 \sim +127$）加到 PC 上，并计算出目的地址。

(4) JMP @A+DPTR 目的地址由 DPTR 的 16 位无符号数（基址）与 A 中 8 位无符号数（变址）内容之和形成控制程序转移的目的地址。给 A 赋予不同值，即可实现多分支转移。

说明及注意点：

(1) 使用转移指令时，指令中的地址或偏移量均可采用标号来表示目的地址，在执行前被汇编程序自动计算编译成实际的二进制地址。例如，

```
LOOP:MOV A,R6
    ...
    SJMP LOOP
```

(2) 指令的转移范围：在执行当前转移指令后的 PC 值的基础上。

1）长转移指令 LJMP：64KB，简称"长跳"。

2）绝对转移指令 AJMP：2KB，简称"中跳"。

只能在 64KB 存储区的整段 2KB 区域转移，即转移地址必须与 PC 当前值加 2 形成的地址 PC 在同一个 2KB 区域内（即高 5 位地址码 $A_{15} \sim A_{11}$ 相同）。整段 2KB 区域为 0000H～03FFH，0400H～07FFH，…，FC00H～FFFFH。

需注意，目标地址必须与 AJMP 指令的下一条指令首地址的高 5 位地址码 $A_{15} \sim A_{11}$ 相同，否则将混乱。

3）相对（短）转移指令 SJMP：$-128 \sim +127$（8 位补码表示范围字节），简称"短跳"。

4）间接（散）转移指令 JMP：64KB，简称"散跳"。

(3) 相对（短）转移指令 SJMP rel 中地址偏移量的计算：

$$rel = 转移目标地址 - 转移指令地址（当前 PC 值）- 2$$

(4) MCS-51 单片机没有专门设置暂停指令（暂停当前的程序，并不是真的停机），但它可用原地踏步来实现暂停功能。例如，HERE：SJMP HERE 或写为 SJMP $ 。

上面两条指令功能完全等价，其中符号"$"用于表示该转移指令操作码本身所在的地址。

(5) JMP @A+DPTR 间接转移（散转）指令常用于实现程序的多个分支转移（散转）程序结构中，它可以在程序的运行过程中，动态地决定程序的分支走向，即构成所谓散转程

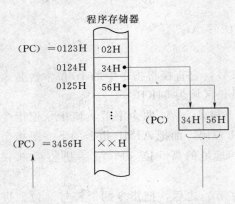

程序存储器

(PC)=0123H　02H

0124H　34H

0125H　56H

(PC)　34H　56H

(PC)=3456H　××H

图 3-14　LJMP 指令的执行过程

序。此时，DPTR 为转移目的的起始地址，A 为转移目的的偏移量。

（6）在编程中，经常使用短转移指令 SJMP 和相对转移指令 AJMP，以便生成浮动代码，并不经常使用长转移指令 LJMP。

【例 3-22】　设 PC 当前值为 0123H，试分析执行在此地址处的指令 LJMP 3456H 的过程，如图 3-14 所示。

在 PC 的当前地址 0123H 开始的连续 3 个单元存放指令的操作码和操作数，存放顺序是：02H（操作码），34H（转移地址常数高字节），56H（转移地址常数低字节）。指令执行时，将转移地址分别装入 PCH 和 PCL。即转移到地址 3456H 处，执行该处的指令序列。

【例 3-23】　编写按键值处理的键盘程序。

```
MOV DPTR,#1000H    ;设 1000H 为散转表入口地址
MOV B,#02H         ;AJMP 指令是 2 个字节指令
MUL AB             ;扩展散转子程序地址表的间隔
JMP @A+DPTR        ;散转
ORG 1000H          ;散转子程序入口
AJMP KEY0          ;当原键值(A)=00H 时,散转到 KEY0 标号处
AJMP KEY1          ;当原键值(A)=01H 时,散转到 KEY1 标号处
```

2. 条件转移（判断跳转）（共 8 条）

MCS-51 单片机中设有 4 种条件转移指令，它们能实现带条件的程序转移，在规定的条件满足时进行程序转移，否则程序往下顺序执行。其功能类似于 C 语言中的"IF <条件>THEN"功能。

指令格式：

（1）JZ　rel　;判零转移,2 个字节。若(A)=0 则转移 (PC)←(PC)+2+rel,

　　　　　　;若(A)≠0 则顺序执行(PC)←(PC)+2

（2）JNZ　rel　;判非零转移,2 个字节。若(A)≠0 则转移(PC)←(PC)+2+rel,

　　　　　　;若(A)=0 则顺序执行(PC)←(PC)+2

（3）CJNE <dest>,<src>,rel　;比较不相等转移指令,3 字节。

　　　　;若<dest>=<src>,则程序继续执行,(PC)←(PC)+3

　　　　;若<dest> > <src>,则程序转移,(PC)← (PC)+rel+3,Cy←0

　　　　;若<dest> < <src>,则程序转移,(PC)← (PC)+rel+3,Cy←1

当目的操作数 <dest> 为 A 时，源操作数 <src> 为 #data、direct；当目的操作数 <dest> 为 Rn、@Ri 时，源操作数为 #data。4 条指令分别是：

```
CJNE A,direct,rel
CJNE A,#data,rel
CJNE Rn,#data,rel
CJNE @Ri,#data,rel
```

（4）DJNZ ＜dest＞，rel

减 1 不为 0 转移指令，2 个字节。＜dest＞←＜dest＞－1。若＜dest＞≠0，则转移（PC）←（PC）＋2＋rel；若＜dest＞＝0，则不转移（PC）←（PC）＋2。

当目的操作数＜dest＞为 Rn、direct 时。2 条指令分别是：

```
DJNZ Rn,rel    ;n＝0～7
DJNZ direct,rel
```

指令功能：

（1）JZ 如果累加器（A）＝00H，则执行转移。

（2）JNZ 如果累加器（A）≠00H，则执行转移。

（3）CJNE 比较前两个无符号 8 位操作数大小，如果值不相等则转移，并转向目的地址。CJNE 指令是把比较与条件转移两种功能结合在一起的指令。它是先通过两操作数的减法实现比较大小，影响 Cy 标志位，再根据 Cy 标志进行转移。

注意，该指令不保存最后的差值，两个操作数的内容不变。通常利用 CJNE 指令的比较操作和它对标志位的影响来实现程序的多分支结构。对应分支程序如图 3-15 所示。

（4）DJNZ 具有减 1 判非 0 则转移的功能。它是把减 1 与条件转移两种功能结合在一起的指令。它一般用于控制程序循环，实现按循环次数控制循环的目的。通过预先装入循环次数，以减 1 后是否为"0"作为转移条件，即可实现按次数控制循环功能。

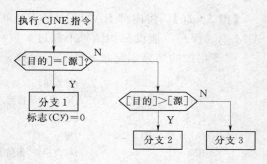

图 3-15　CJNE 操作示意图

指令的转移范围：条件转移指令均为相对转移指令，只能"短跳"，不能"长跳"或"中跳"，因此指令的转移范围十分有限。转移目的地址在以下一条指令首地址为中心的 256B 范围内（－128～＋127）。rel 的取值范围是在执行当前转移指令后的 PC 值基础上（当前 PC 值＋2 或 3，其中 2 或 3 为当前转移指令的字节数）的－128～＋127（用补码表示）。可以采用符号地址表示，偏移量 rel 的计算方法：

$$rel＝转移目标地址－转移指令地址（当前 PC 值）－2 或 3$$

若要实现 64KB 范围内的转移，则可以借助于一条长转移指令的过渡来实现。

对 PSW 标志位影响：除 CJNE 指令只影响进（借）位标志 Cy 以外，其他指令不影响 PSW 中的标志位。

【例 3-24】　在内部 RAM 的 40H 地址单元中，有 1 字节符号数，编写求其绝对值后放回原单元的程序。

带符号数在微算中以补码形式存放，例如－6，存放在内部 RAM 中为 0FAH，求补后得 6。参考程序为：

```
MOV  A,40H
ANL  A,#80H
JNZ NEG       ;为负数转移
SJMP $        ;为正数,绝对值＝原数,不改变原单元内容
```

```
NEG: MOV A,40H    ;为负数求补,得其绝对值
     CPL  A
     INC  A
     MOV  40H,A
     SJMP $
```

【例 3-25】 在内部 RAM 中从 60H 单元开始的连续单元依次存放了一串字符,该字符串以回车符为结束标志,要求测试该字符串的长度。参考程序为:

```
START: MOV  R2, #0FFH
       MOV  R0, #5FH                ;数据指针 R0 置初值
LOOP:  INC R0
       INC R2
       CJNE @R0, #0DH, LOOP        ;0DH 为回车符的 ASCII 码
       RET
```

【例 3-26】 将内部 RAM 从 DATA 单元开始的 15 个 8 位无符号数相加,相加结果送 SUM 单元保存(假设相加结果不超过 8 位)。

假设相加的结果不超过 8 位二进制数,则相应的参考程序为:

```
       MOV R2,#0FH        ;设置循环次数
       MOV R1,#DATA       ;R1 作地址指针,指向数据块首地址
       CLR A              ;A 清零
LOOP:  ADD A,@R1          ;加一个数
       INC R1             ;修改指针,指向下一个数
       DJNZ R2,LOOP       ;R2 减 1,不为 0 循环
       MOV SUM,A          ;存 15 个数相加的和
       RET
```

【例 3-27】 设片内 RAM 的 20H 单元的内容为:$(20H) = x_7x_6x_5x_4x_3x_2x_1x_0$,把该单元内容反序后放回 20H 单元,即为:$(20H) = x_0x_1x_2x_3x_4x_5x_6x_7$。

可以通过先把原内容带进位右移一位,低位移入 Cy 中,然后左移一位,Cy 中的内容移入,通过 8 次处理即可,由于 8 次过程相同,可以通过循环完成,移位过程当中必须通过累加器来处理。设 20H 单元原来的内容先通过 R3 暂存,结果先通过 R4 暂存,R2 作循环变量。

另外,由于片内 RAM 的 20H 单元在位寻址区,这一问题还可以通过位处理方式来实现。参考程序为:

```
       MOV R3,20H
       MOV R4,#0
       MOV R2,#8
LOOP:  MOV A,R3
       RRC A
       MOV R3,A
       MOV A,R4
       RLC A
       MOV R4,A
```

```
DJNZ R2,LOOP
MOV 20H,R4
RET
```

3. 子程序调用及返回指令（共 4 条）

定义：具有完整功能的程序段定义为子程序，供主程序调用。

功能：供主程序在需要时调用。子程序可以在程序中反复多次使用，以简化源程序的书写。

特点：子程序可以嵌套，有利于模块化程序设计。

主程序与子程序之间的调用关系如图 3-16（a）所示，两级子程序嵌套的示意图如图 3-16（b）所示。

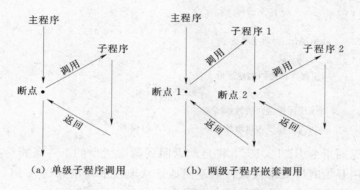

（a）单级子程序调用　　　　（b）两级子程序嵌套调用

图 3-16　主程序与子程序之间的调用关系

为了实现主程序对子程序的一次完整调用，必须有子程序调用指令和子程序返回指令。子程序调用指令在主程序中使用，而子程序返回指令则是子程序的最后一条指令。调用与返回指令是成对使用的。

MCS-51 单片机中设置了 4 条子程序调用与返回指令。

指令格式：

（1）LCALL addr16 ;绝对长调用指令,3 字节。

其中，addr16 为 16 位地址，实际编程时可以用符号地址。可以在 64KB 范围以内调用子程序。

（2）ACALL addr11 ;绝对短调用指令,2 字节。

其中，addr11 为 11 位地址，实际编程时可以用符号地址。并且只能在 2KB 范围以内调用子程序。ACALL addr11 与 AJMP 指令类似，为兼容 MCS-48 的 CALL 指令而设，不影响标志位。

（3）RET ;子程序返回指令。$(PC)_{15\sim8}\leftarrow((SP)),(SP)\leftarrow(SP)-1,(PC)_{7\sim0}\leftarrow((SP)),(SP)\leftarrow(SP)-1$。

（4）RETI ;中断子程序返回指令,$(PC)_{15\sim8}\leftarrow((SP)),(SP)\leftarrow(SP)-1,(PC)_{7\sim0}\leftarrow((SP)),(SP)\leftarrow(SP)-1$。

指令功能：

（1）长调用指令 LCALL。LCALL addr16 可调用 64KB 范围内程序存储器中的任何一个子程序。执行时，先把 PC 加 3 获得下一条指令的地址（断点地址），并压入堆栈（先低位字节，后高位字节），堆栈指针加 2。然后转移到指令中 addr16 所指定的地方执行。其操作相当于两条堆栈推入"PUSH"指令再加上 1 条长跳转"LJMP"指令功能的组合，即为：

$$\begin{cases} (PC)\leftarrow(PC)+3 & ;LCALL 指令长度为 3 个字节 \\ (SP)\leftarrow(SP)+1 & \\ ((SP))\leftarrow(PC)_{7\sim0} & ;先压栈保护返回的地址低 8 位 \\ (SP)\leftarrow(SP)+1 & \\ ((SP))\leftarrow(PC)_{15\sim8} & ;再压栈保护返回的地址高 8 位 \\ (PC)\leftarrow addr_{16} & ;最后转向子程序入口地址 \end{cases}$$

（2）绝对短调用指令 ACALL。ACALL addr11 的指令编码为 $A_{10}A_9A_8 10001 A_7\sim A_0$ 两个字节，它可在 2KB 区域内的绝对调用。其操作相当于两条堆栈推入"PUSH"指令再加上 1 条中跳转"AJMP"指令功能的组合，即为：

指令的操作过程为：

$$\begin{cases} (PC)\leftarrow(PC)+2 & ;ACALL 为两字节指令 \\ (SP)\leftarrow(SP)+1 & \\ ((SP))\leftarrow(PC)_{7\sim0} & ;压栈保护返回的地址低 8 位 \\ (SP)\leftarrow(SP)+1 & \\ ((SP))\leftarrow(PC)_{15\sim8} & ;压栈保护返回的地址高 8 位 \\ (PC)_{10\sim0}\leftarrow addr11 & ;转向子程序入口地址,(PC)_{15\sim11} 与原值相同 \end{cases}$$

（3）子程序返回指令 RET。RET 将自动返回到调用指令的下一条指令处继续执行主程序，也就是把调用开始时压入堆栈保存的返回地址从堆栈中弹出并送入 PC 中。其操作相当于两条堆栈弹出"POP"指令功能的组合，即为：

其具体操作为：

$$\begin{cases} (PC)_{15\sim8}\leftarrow((SP)) & \\ (SP)\leftarrow(SP)-1 & ;弹栈恢复返回地址的高 8 位(后入栈的先弹出) \\ (PC)_{7\sim0}\leftarrow((SP)) & \\ (SP)\leftarrow(SP)-1 & ;弹栈恢复返回地址的低 8 位(先入栈的后弹出) \end{cases}$$

（4）中断服务子程序返回指令 RETI。RETI 用于中断服务子程序后面，作为中断服务子程序的最后一条指令，它的功能是返回主程序中断的断点位置，继续执行断点位置后面的指令。它的功能与 RET 指令相似，不同之处是该指令清除了中断响应时被置 1 的内部中断优先级寄存器的中断优先级状态（该寄存器由 CPU 响应中断时置位，指示 CPU 当前是否处理高级或低级中断），表示 CPU 已退出该中断的处理状态，其他相同。其操作相当于两条堆栈弹出"POP"指令功能的组合，即为：

$$\begin{cases} (PC)_{15\sim8}\leftarrow((SP)) & \\ (SP)\leftarrow(SP)-1 & ;弹栈恢复返回地址的高 8 位(后入栈的先弹出) \\ (PC)_{7\sim0}\leftarrow((SP)) & \\ (SP)\leftarrow(SP)-1 & ;弹栈恢复返回地址的低 8 位(先入栈的后弹出) \end{cases}$$

说明及注意点：

（1）子程序调用指令 LCALL 或 ACALL 的功能必须具有自动把程序计数器 PC 中的断点地址保护到堆栈中，且将子程序入口地址自动送入程序计数器 PC 中的功能；（中断服务）子程序返回指令 RET 或 RETI 的功能必须具有自动把堆栈中的断点地址恢复到程序计数器

PC 中的功能。此外，子程序调用时应注意入口参数设置，子程序返回时应注意出口参数的传递。

（2）LCALL 指令的调用的子程序位置（即转移范围）可以是 64KB 程序存储空间的任一位置，可实现"长调"；ACALL 指令的调用的子程序位置（即转移范围）指令的调用的子程序位置（即转移范围）只可与 ACALL 指令的下一条指令必须在同一个 2KB 内，子程序地址必须与 ACALL 指令下一条指令的 16 位首地址中的高 5 位地址相同，可实现"中调"。

（3）LCALL 与 ACALL 功能类似，只是两者指令长度和转移范围不相同。实际上，ACALL 完全可以用 LCALL 取代，MCS-51 单片机中还保留 ACALL 指令的原因是为了与之前生产的 MCS-48 单片机指令兼容（这种机型的 ROM 地址为 12 位）。

（4）使用 LCALL 和 ACALL 两条子程序调用指令时，指令中的 16 位或 11 位地址均可采用标号来表示目的地址，只有在执行前才被汇编程序自动计算编译成实际的二进制地址。

（5）RET 指令必须与调用指令（LCALL 或 ACALL）成对出现，RET 指令通常放于子程序的最后一条指令位置，用于实现返回到主程序。此外，还可用 RET 指令来实现程序转移，即先将转移位置的地址用两条 PUSH 指令入栈，低字节在前，高字节在后，然后执行 RET 指令，执行后程序转移到相应的位置去执行。

（6）RETI 的具体操作与 RET 指令基本相同，只是 RETI 在执行后，在转移之前还将先清除中断的优先级触发器。RET 适用于从子程序返回，而 RETI 适用于从中断服务程序返回。无论是 RET 还是 RETI 都是子程序执行的最后一条指令。

（7）RETI 和 RET 指令的最大不同在于它们的转移方式不一样。子程序调用是受主程序控制的，即有指令 ACALL 或 LCALL 来调用；而中断转移是由外部因素决定的，即外部中断是在主程序的执行过程中随机产生的，因此中断返回主程序（RETI）的地址名是固定的，它是检测到中断请求的当前指令的下一条指令地址。而子程序的返回（RET）地址是事先已知的。

在 MCS-51 系统中，中断都是硬件中断，无软件中断调用指令。硬件中断时，由一条长转移指令使程序转移到中断服务程序的入口位置，在转移之前，由硬件将当前的断点地址压入堆栈保存，以便于以后通过中断返回指令返回到断点位置后继续执行。

对 PSW 标志位的影响：这类指令对 PSW 中的标志位无任何影响。

【例 3-28】 试分析指令的执行过程。

```
ORG  2000H
MOV  SP,#07H        ;堆栈指针(SP)=07H
LCALL  4567H        ;4567H 为子程序入口地址
```

具体执行过程如图 3-17 所示。

执行结果：(SP)=09H，(08H)=06H，(09H)=20H，(PC)=4567H。

【例 3-29】 设计节日灯，通过 P1.0～P1.7 控制 8 个发光二极管，先亮 1 灯，隔 1s 闪烁 10 次，然后左移 1 位闪 10 次，如此循环。如图 3-18 所示。

参考程序为：

```
MAIN:MOV  A,#01H      ;P1.0先亮
```

113

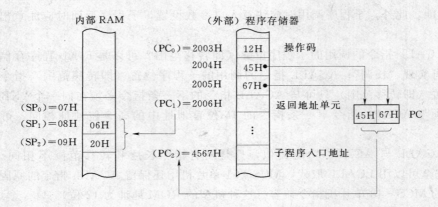

图 3-17　LCALL 操作执行过程

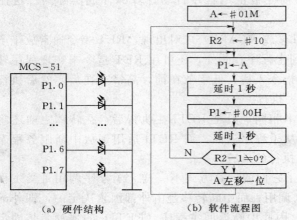

（a）硬件结构　　　（b）软件流程图

图 3-18　例 3-29 的硬件结构与软件流程图

```
LOOP1:MOV R2,#10
LOOP2:MOV P1,A
      ACALL DELAY
      MOV P1,#00H
      ACALL DELAY
      DJNZ R2,LOOP2
      RL A
      AJMP LOOP1
DELAY:1s 延时子程序(略)
      RET
```

4. 空操作指令（共 1 条）

MCS-51 单片机设置了 1 条不做任何操作，但需用 1 个机器周期的"空操作"指令。

指令格式：NOP　　　；$(PC) \leftarrow (PC) + 1$

功能：不执行任何操作，消耗了 1 个机器周期，常用于软件延时或在程序可靠性设计中用来稳定程序。

特点：NOP 占据一个单元的存储空间，除了使 PC 的内容加 1 外，CPU 不产生任何操作结果，只是消耗了一个机器周期。

对 PSW 标志位的影响：对 PSW 中的标志位无任何影响。

说明：该指令主要用于程序延时，还可用于修改调试程序，用来填充修改后剩余的少量地址空间。

3.1.5.5　布尔处理类指令（位操作指令）（4 种/共 17 条）

MCS-51 单片机设有一个功能相对独立的位处理机（即布尔处理机），因而其具有较强的位处理功能。位操作指令在单片机指令系统占有重要地位，这是因为单片机在控制系统中主要用于控制线路通断，继电器的吸合与释放等。因此，MCS-51 单片机的 8 位机内部还保留了完整的 1 位机系统，它除了具有 1 位的硬件外，还具有 1 位的软件指令，即提供了位寻址功能和位操作指令。布尔处理类指令见表 3-6。这类指令共 17 条，可分为 4 种。

分类：可分为位传送、位逻辑与/或/非运算、位清零/置位、位条件转移共 4 类。

表 3 - 6   布 尔 处 理 类 指 令

序号	分类	指令助记符	字节数	周期数	说 明
1	位传送	MOV C, bit	2	2	将直接位地址的内容存入位累加器 C 中
2		MOV bit, C	2	2	将位累加器 C 的值存入直接位地址中
3	位逻辑运算	ANL C, bit	2	2	将位累加器 C 的值与直接位地址的内容做逻辑与运算，结果存回位累加器 C 中
4		ANL C, /bit	2	2	将位累加器 C 的值与直接位地址的内容取反之后做逻辑与运算，结果存回位累加器 C 中
5		ORL C, bit	2	2	将位累加器 C 的值与直接位地址的内容做逻辑或运算，结果存回位累加器中
6		ORL C, /bit	2	2	将位累加器 C 的值与直接位地址的内容取反之后做逻辑或运算，结果存回位累加器 C 中
7		CPL C	1	1	将位累加器 C 的值取反
8		CPL bit	2	2	将直接位地址的内容取反
9	位清零/置位	CLR C	1	1	设位累加器 C 的值为 0
10		CLR bit	2	1	设直接位地址的内容为 0
11		SETB C	1	1	设位累加器 C 的值为 1
12		SETB bit	2	1	设直接位地址的内容为 1
13	位条件转移	JC rel	2	2	若位累加器 C 的值为 1，则跳到 rel 所对应的目的地址
14		JNC rel	2	2	若位累加器 C 的值为 0，则跳到 rel 所对应的目的地址
15		JB bit, rel	3	2	若直接位地址的内容为 1，则跳到 rel 所对应的目的地址
16		JNB bit, rel	3	2	若直接位地址的内容为 0，则跳到 rel 所对应的目的地址
17		JBC bit, rel	3	2	若直接位地址的内容为 1，则跳到 rel 所对应的目的地址，并将该直接位地址的内容清除为 0

特点：位操作的操作数不是字节，而是字节中的某个位，每位的取值只能取 0 或 1。位操作是以进位标志 Cy 作为位累加器，可以实现布尔变量的传送、运算和控制转移等功能。

寻址范围：前面已述，位寻址区包括两块，一块是片内 RAM 字节地址为 20H~2FH 的位寻址区（低 128 位的位地址，00H~7FH），另一块是 SFR 中的 11（51 子系列）/12（52 子系列）个可位寻址特殊功能寄存器中的 83（51 子系列）/92（52 子系列）个可寻址位（高 128 位的位地址，80H~FFH）。

位地址的表达方式：前面已述，位寻址只能采用直接位寻址 bit，但为了方便用户使用，它可用多种方式来表达，编译程序最终都会把它们翻译转换成直接位地址。它们的表示方法有：直接位地址方式（如 0AFH）、特殊功能寄存器名. 位序号（如 PSW.3）、字节地址. 位序号（如 0D0H.0）、位名称方式（如 F0）和用户定义名称等几种方式。

1. 位数据传送指令（共 2 条）指令格式

(1)MOV C, bit   ;(Cy)←(bit)

(2)MOV bit,C　　;(bit)←(Cy)

指令功能：把源操作数指定的位变量送到目的操作数指定处。一个操作数必须为进位标志 Cy，另一个可以是任何直接寻址位 bit。

特点：在可寻址位与位累加器 Cy 之间进行的。不能在两个可寻址位之间直接进行传送。

对 PSW 标志位的影响：MOV C，bit 指令会影响进位标志 Cy，不影响其他标志；而 MOV bit，C 一般不影响任何标志位，除非 bit 本身就是 PSW 中的标志位。

【例 3 - 30】　将 30H 位地址的内容传送到 20H 位地址中，并保留标志位 Cy 的值。

```
MOV  10H，C  ;用 10H 位单元暂存 Cy 的内容
MOV  C，30H  ;(Cy)←(30H)
MOV  20H，C  ;(20H)←(Cy)
MOV  C，10H  ;(Cy)←(10H)恢复原值
```

2. 位逻辑运算指令（共 6 条）指令格式：

(1) 操作码 C，<SRC>

其中，操作码包括 ANL（逻辑位"与"）、ORL（逻辑位"或"）；<SRC>包括 bit、/bit。它们分别为：

```
ANL C,bit    ;(Cy)←(Cy)∧(bit)
ANL C,/bit   ;(Cy)←(Cy)∧(bit̄)
ORL C,bit    ;(Cy)←(Cy)∨(bit)
ORL C,/bit   ;(Cy)←(Cy)∨(bit̄)
```

(2) CPL <dest>　　;<dest> ←$\overline{<dest>}$

其中，CPL 表示取反（即逻辑位"非"），<dest>包括 Cy、bit。它们分别为：

```
CPL C     ;(Cy)←(C̄y)
CPL bit   ;bit←(bit̄)
```

指令功能：

(1) ANL C，bit 指令直接寻址位 bit 与进位标志位 Cy（位累加器）进行"逻辑与"运算，结果送回到 Cy 中。

(2) ANL C，/bit 指令先对直接寻址位 bit 求反，然后与位累加器 Cy 进行"逻辑与"运算，结果送回到 Cy 中。

(3) ORL C，bit 指令是直接寻址位 bit 与位累加器 Cy 进行"逻辑或"运算，结果送回到 Cy 中。

(4) ORL C，/bit 指令先对直接寻址位 bit 求反，然后与位累加器 Cy 进行"逻辑或"运算，结果送回到 Cy 中。

(5) CPL C 指令是把位累加器 Cy 内容取反再送回 Cy 中。

(6) CPL bit 指令是把直接寻址位 bit 内容取反再送回 bit 中。

对 PSW 标志位的影响：一般都不影响标志位。但若目标操作数为 C，则会影响 Cy；或若目标操作数为 bit 且 bit 本身就是 PSW 中的标志位，则会影响该标志。

说明：

(1) ANL C，/bit "基本"相当两条指令 CPL bit 和 ANL C，bit 的组合，而 ORL

C，/bit "基本" 相当两条指令 CPL bit 和 ORL C，bit 的组合。但需注意的是这两条指令的执行前、后，bit 的内容并没有被取反，bit 内容保持不变，仅是在逻辑位 "与"、"或" 运算时，需把 bit 取反为 $\overline{\text{bit}}$。

（2）位逻辑操作指令用于位逻辑操作，还可用于对组合逻辑电路的模拟。采用位操作指令进行组合逻辑电路的设计比采用字节型逻辑指令节约存储空间，运算操作十分方便。

（3）MCS-51 没有提供逻辑位异或运算指令，当需要做逻辑位异或运算时，可通过逻辑位与、或指令得到，因为 $X \oplus Y = X\overline{Y} + \overline{X}Y$。

3. 位清零/置位指令（共 4 条）指令格式：

（1）CLR <dest> ；<dest>←0

其中，<dest>包括 Cy、bit。

（2）SETB <dest> ；<dest>←1

其中，<dest>包括 Cy、bit。它们分别为：

```
CLR C     ;(Cy)←0,Cy 位清 0
CLR bit   ;(bit)←0,bit 位清 0
SETB C    ;(Cy)←1,Cy 位置 1
SETB bit  ;(bit)←1,bit 位置 1
```

对 PSW 标志位的影响：一般都不影响标志位。但若目标操作数为 C，则会影响 Cy；或若目标操作数为 bit 且 bit 本身就是 PSW 中的标志位，则会影响该标志。

4. 位条件控制转移指令（共 5 条）

特点：以位的状态作为实现程序转移的判断条件。指令格式：

（1）以进位标志位 Cy 内容为条件的转移指令：

1）JC rel   ;若(Cy)=1,则转移(PC)←(PC)+2+rel,否则顺序执行。

2）JNC rel   ;若(Cy)=0,则转移(PC)←(PC)+2+rel,否则顺序执行。

（2）以位地址 bit 内容为条件的转移指令：

1）JB bit,rel ;若(bit)=1,则转移(PC)←(PC)+3+rel,否则顺序执行。

2）JNB bit,rel ;若(bit)=0,则转移(PC)←(PC)+3+rel,否则顺序执行。

3）JBC bit,rel ;若(bit)=1,则转移(PC)←(PC)+3+rel,且(bit)←0,否则顺序执行。

它们的功能如图 3-19 所示。

对 PSW 标志位的影响：只有 JBC bit, rel 指令中 bit 本身就是 PSW 中的标志位，则会影响该标志。其他 4 条指令不影响标志位。

注意：

（1）JNC 指令为 JC 判断条件相反指令，JB 指令为 JNB 判断条件相反指令，JC 与 CJNE 指令相配合，能够实现三分支结构。JNC 与 CJNE 指令相配合也能实现三分支结构。

（2）JB bit，rel 与 JBC bit，rel 两指令的功能类似，只是 JBC bit，rel 还多做 1 个操作，即若 bit=1 时不但要转移，还要把寻址位 bit 清 0。因此，JBC bit，rel 相当于 JB bit，rel 再加上 CLR bit 的两条指令组合。

【例 3-31】 利用位操作指令，模拟图 3-20 所示硬件逻辑电路的功能。

参考程序为：

```
MOV C,P1.1        ;(Cy)←(P1.1)
```

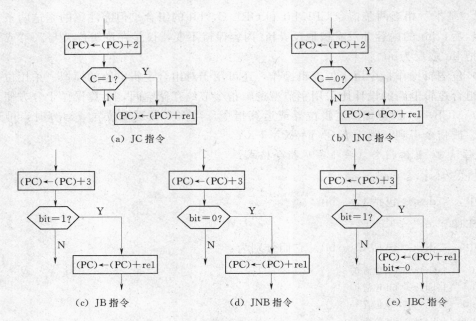

图 3-19　位条件转移指令

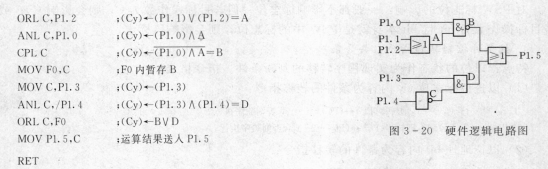

```
ORL C,P1.2      ;(Cy)←(P1.1)∨(P1.2)=A
ANL C,P1.0      ;(Cy)←(P1.0)∧A
CPL C           ;(Cy)←(P1.0)∧A=B
MOV F0,C        ;F0 内暂存 B
MOV C,P1.3      ;(Cy)←(P1.3)
ANL C,/P1.4     ;(Cy)←(P1.3)∧(P1.4)=D
ORL C,F0        ;(Cy)←B∨D
MOV P1.5,C      ;运算结果送入 P1.5
RET
```

图 3-20　硬件逻辑电路图

3.1.5.6　某些指令的说明

111 条汇编指令已经介绍完毕。由于指令条数多，不应采用"死记硬背"的方法来学习指令系统，而应在程序的编写中多加练习，在实践中不断掌握和巩固常用的指令。另外，应该学会熟练地查阅 MCS-51 单片机的指令表，正确地理解各条指令的功能及特性并正确地使用这些指令。

MCS-51 单片机的指令系统中还有几个细节问题说明如下。

1. 十六进制数据前要加 "0" 问题

MCS-51 单片机的指令中，通常会在某些数据或地址的前面多填一个前导 "0"，这是为什么呢？

由于十六进制数 A～F 是用字母来表示的，而指令的标号也常用字母表示，为了把将标号和数据两者区分开来，一般汇编语言都规定，凡是以字母开头的十六进制数字量的前面都需添加一个数字 "0"。由于地址量也是数据量的一种，因此，以字母开头的十六进制地址的前面也应该添加 "0"。如果不加前导 "0"，低版本的汇编语言编译程序可能会把字母开头的数据当作标号来处理，从而导致出错或者不能通过汇编。目前，高版本的汇编语言编译程序一般已不需加前导"0"了。

例如：MOV A，♯0E5H 和 MOV A，0E5；以字母开头的数据量"E5"和以字母开头的地址量"E5"前面都加了前导"0"。

2. 操作数的字节地址和位地址的区分问题

MCS-51 单片机是如何把指令中字节变量和位变量区分开来的呢？

例如，指令"MOV A，50H"与指令"MOV C，50H"两条指令中的源操作数都是以直接地址 50H 形式给出，那么 50H 到底是字节地址还是位地址呢？

实际上，对于这两条助记符相同指令，观察操作数就可容易地看出："MOV A，50H"指令的"50H"是字节地址，因为目的操作数 A 是字节变量；"MOV C，50H"指令中的"50H"肯定是位地址，因为目的操作数 C 是位变量。

3. 累加器 A 与 Acc（或 ACC）的书写问题

MCS-51 单片机的指令中，累加器可写成 A 或 Acc（或 ACC），区别是什么？

有些指令累加器可写成 A 或 Acc 都可以，但写成"A"汇编后则隐含在指令操作码中，而写成"Acc"汇编后的机器码必有 1 个字节的操作数是累加器的字节地址 E0H。例如："INC A"的机器码是 04H；而写成"INC Acc"后，则成了"INC direct"的格式，对应机器码为"05H 和 E0H"。

一般对累加器 A 直接寻址和累加器 A 的某 1 位寻址要用"Acc"，不能写成"A"。例如：指令"POP Acc"不能写成"POP A"；指令"SETB Acc.0"也不能写成"SETB A.0"。

4. 并行 I/O 口 P0～P3 的"读引脚"和"读锁存器"指令的区别问题

当指令的目标操作数为 P0～P3 口时，也就是通过某条指令来修改一个并行 I/O 口输出内容时，则原始值将从该输出口的锁存器中读取，而不是从该输出口的引脚上读取。

例如，指令"CPL P1.7"则是"读锁存器"，也即"读—修改—写"指令，它会先读 P1.7 的锁存器的 Q 端状态，接着取反，然后再送到 P1.7 引脚上。再如，指令"ANL P1，A"也是"读锁存器"命令。类似的"读—修改—写"指令还有："INC P1"、"XRL P3，A"、"ORL P2，A"、"ANL P1，A"等。

而对指令"MOV C，P1.7"读的却是 P1.7 脚，同样对指令"MOV A，P1"也是读引脚指令。注意，读引脚指令之前一定要有向该引脚（如 P1.7）写入高电平"1"的指令。

下面再举一个简单实例。当 P1 口的 P1.7 引脚外接一个发光二极管 LED 的阳极，LED 的阴极接地。若想查看一下单片机刚才向 P1.7 脚输出的信息是 0 还是 1，如何做呢？

不能直接从 P1.7 脚读取，因为单片机刚才向 P1.7 输出的信息如果是 1 的话，则 LED 导通点亮，此时 P1.7 引脚就为 0 电平，如果直接读引脚，结果显然错误。

正确的做法是读 D 锁存器的 Q 端状态，那里储存的才是前一时刻送给 P1.7 的真实值。就是说，凡遇"读取 P1 口前一状态以便修改后再送出"的情形，都应当"读锁存器"的 Q 端信息，而不是读取引脚的信息。

当 P1 口外接输入设备时，要想 P1 口引脚上反映的是真实的输入信号，必须要设法先让该引脚内部的场效应管截止才行，否则当场效应管导通时，P1 口引脚上将被箝位在低电平"0"，无法正确反映外设的输入信号。为此，应让场效应管截止，就是用指令给 P1 口的相应位送一个高电平"1"，这就是为什么读引脚之前，一定要先送出"1"的原因。

3.2　汇编语言的程序设计

本节介绍汇编语言程序设计的基本知识，以及如何使用汇编语言来进行基本的程序设计。由于汇编语言是面向机器硬件的语言，因此，要求程序设计者对 MCS - 51 单片机具有很好的"软、硬结合"的功底。

程序是指令的有序集合。计算机运行就是执行指令序列的过程。程序设计就是编写这一指令序列的过程，即用计算机所能接受的语言把解决问题的步骤有序地描述出来。

3.2.1　汇编语言程序设计的概述

1. 程序设计语言的种类

程序设计的语言基本上可分为机器语言、汇编语言和高级语言 3 种。

（1）机器语言。机器语言是用二进制代码表示的计算机唯一能识别和执行的最原始的程序设计语言。

优点：不需经过翻译，计算机可以直接识别和执行；程序效率最高，占用存储空间最少，运行速度最快。

缺点：不形象直观，不易看懂，难以记忆，且容易出错；面向机器的语言，与 CPU 种类相关，不同的 CPU 其机器语言也不同。因此，要求程序设计员须对计算机的硬件有相当深入的了解。

（2）汇编语言。汇编语言是采用英文助记符描述指令的程序设计语言。它的每条指令都有相应的英文字符表示的助记符，助记符就是根据机器指令不同的功能和操作对象来描述指令的英文缩写符号。

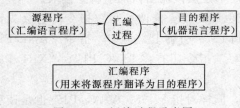

图 3 - 21　汇编过程示意图

汇编语言程序必须转换成为二进制代码表示的机器语言程序，计算机才能识别和执行。将汇编语言程序转换成为二进制代码表示的机器语言程序称为汇编程序。经汇编程序"汇编（翻译）"得到的以"0"、"1"代码形式表示的机器语言程序称为目标程序，原来的汇编语言程序称为源程序。图 3 - 21 为汇编过程示意图。

优点：由于助记符用英文缩写来描述指令，因此，它比较形象直观，便于记忆和理解；由于助记符指令和机器指令一一对应，因此，编程效率较高，占用存储空间较少，运行速度较快。

缺点：计算机不能直接识别和执行，需要翻译成机器语言后才可被识别和执行，程序可读性较差，程序较难理解；还是属于面向机器的语言，离不开具体的硬件，通用性差。

实际上，汇编语言和机器语言都脱离不开具体机器的硬件，均是面向"机器"的语言，缺乏通用性。

（3）高级语言。高级语言是接近于人的自然语言，它使用了许多数学公式和数学计算上的习惯用语，是面向过程而独立于机器的通用语言。常用高级语言有 C 语言、VB 语言、VC 语言等。MCS - 51 单片机可用的高级语言有 C51、PL/M51 等高级语言。

优点：很直观形象，易懂易学，可读性好，不受具体机器的限制，通用性强。

缺点：计算机不能直接识别和执行，需要翻译成机器语言后才可被识别和执行；高级语言非常擅长于科学计算等应用场合，但在程序的空间和时间要求很高的场合，汇编语言仍是必不可缺的。另外，在很多需要直接控制硬件的应用场合，则更是非用汇编语言不可的。

2. 汇编语言的指令类型

MCS-51 单片机汇编语言，包含指令语句和伪指令语两类不同性质的指令。

（1）指令性语句（也称真指令、指令语句）：即指令系统中的指令，它们都是 CPU 能够执行的指令，每一条指令都有对应的机器码。前面介绍的 MCS-51 单片机的指令系统中 111 条汇编指令都是指令性语句。

（2）指示性语句（也称伪指令、指示语句）：汇编时用于控制汇编的指令，它是程序员发给汇编程序的命令，用于向汇编程序发出的指示信息，告诉它如何完成汇编工作，它可用来设置符号值、保留和初始化存储空间、控制用户程序代码的位置。它们仅是为汇编过程服务的，汇编后不产生任何机器代码。

伪指令只出现在汇编前的源程序中，经过汇编得到目标程序（机器代码）后，伪指令已无存在的必要，所以"伪"体现在汇编时，伪指令没有相应的机器代码产生。

3.2.2 常用的伪指令

不同汇编语言的伪指令有所不同，但基本内容相同。下面介绍 MCS-51 单片机中常用的几种伪指令。

1. ORG 汇编起始地址定位伪指令

格式：ORG n

其中，n 通常为绝对地址，可以是十六进制数、标号或表达式。

功能：规定编译后的机器代码的起始位置。

在汇编语言源程序的开始，通常都用 1 条 ORG 伪指令来实现规定程序的起始地址。如不用 ORG 规定，则汇编得到的目标程序将从 0000H 开始。例如：

```
        ORG 2000H
START: MOV A,＃10H    ;规定标号 START 代表地址为 2000H 开始。
        MOV B,＃30H
        …
```

在一个源程序中，可多次使用 ORG 指令，来规定不同的程序段的起始地址。但是，地址必须由小到大排列，地址不能交叉、重叠。

2. END 汇编结束伪指令

格式：［标号：］END ［表达式］

功能：汇编语言源程序的结束标志，它放在汇编语言源程序的末尾，表明源程序的汇编到此结束，汇编程序不予处理 END 后的任何指令。在整个源程序中只能有一条 END 命令，且位于程序的最后。

3. EQU 赋值伪指令（赋值命令）

格式：字符名称 x EQU 赋值项 n

其中，赋值项 n 可以是常数、地址、标号或表达式。

功能：将赋值项 n 的值赋予字符名称 x。程序中凡出现该字符名称 x 就等同于该赋值项

n, 其值在整个程序中有效且不能再改变。在使用字符名称时, 必须先赋值后使用, 以后可以通过使用该符号来使用相应的项。

注意: "字符名称"与"标号"的区别是"字符名称"后无冒号, 而"标号"后面有冒号。另外, 用 EQU 伪指令对某标号赋值后, 该符号的值在整个程序中不能再改变。

有时, 一个表达式在程序中会多次出现, 重复书写可能较为繁杂, 易出错; 另外, 若要对该表达式进行变动, 那么必须在程序中找到每一个表达式, 一一做出修改, 稍有不慎, 就会遗漏, 引出麻烦。此时利用 EQU 伪指令就可以避免这些问题的发生。EQU 给后面的表达式起一个叫做符号名的名字, 这样, 程序中凡是需要用到该表达式的地方, 就都可以用这个名字代替了。

例如: TEST EQU 3000H; 表示标号 TEST＝3000H, 在汇编时, 凡是遇到标号 TEST 时, 均以 3000H 来代替。

4. DATA 数据地址赋值伪指令

格式: 字符名称 x DATA 表达式 n

其中, n 可以是数据或地址, 也可以是包含所定义的"字符名称 x"在内的表达式, 但不能是汇编符号。

功能: 把表达式 n 的值赋值给左边的字符名称 x。

例如, 下面的汇编程序段

```
MOV R2, ADDR
MOV R3, ＃ADDR
ADDR DATA 45H
```

则 (45H) 单元内容送 R2, 而 R3＝45H。

由上可见, DATA 和 EQU 的功能都是将表达成值赋给标号, 但两者有区别。

DATA 与 EQU 的主要区别是:

(1) EQU 定义的"字符名称"必须先定义后使用, 而 DATA 定义的"字符名称"没有这种限制, DATA 可以先使用后定义。因此, DATA 伪指令通常用在源程序的开头或末尾。

(2) EQU 可把汇编符号赋给字符名称, DATA 则不能。

(3) DATA 可把表达式的值赋给字体名称, EQU 则不能。

DATA 常在程序中定义数据地址; EQU 常在程序中定义字符数据。

5. DB 定义字节伪指令

格式: [标号:] DB x_1, x_2, …, x_n; x_i 可以是 8 位数据、ASCII 码、表达式, 也可以是括在单引号内的字符或字符串。两个数据之间用逗号","分隔。

功能: 在程序存储器的连续单元中定义字节数据, 可以定义 1 个字节, 也可定义多个字节, 多个字节时两两之间用逗号间隔, 定义的多个字节在存储器中是连续存放的。在定义时前面可以带标号, 定义的标号在程序中是起始单元的地址。x_i 为数值常数时, 取值范围为 00H～FFH; x_i 为 ASCII 码字符时, 要使用单引号 '', 以示区别; x_i 为字符串常数时, 其长度不应超过 80 个字符。

【例 3 - 32】　ORG 0500H

TAB1:DB 45H,73,01011010B,'5','A'

汇编后, 各个数据在存储单元中的存放情况如图 3 - 22 所示。注意: 73, 01011010B 的十六进制数为49H、5AH；字符'5'、'A'的ASCII码分别为35H、41H。

6. DW 定义字（双字节）伪指令

格式：[标号:] DW x₁, x₂, …, xₙ

其中，x_i 为16位数值常数，占两个存储单元，先存高8位（存入低位地址单元中），后存低8位（存入高位地址单元中）。

功能：从指定的地址开始，在程序存储器的连续单元中定义16位的数据字。即将双字节数据或数组顺序存放在从标号指定地址单元开始的存储单元中

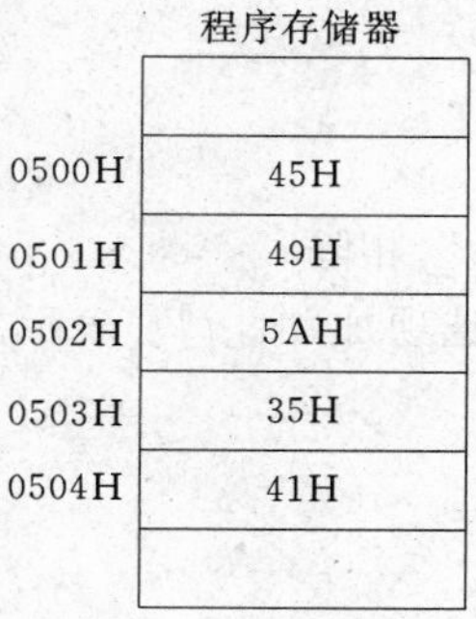

程序存储器

地址	数据
0500H	45H
0501H	49H
0502H	5AH
0503H	35H
0504H	41H

图 3-22 数据在存储单元中的存放情况

程序存储器

地址	数据
1000H	1CH
1001H	26H
1002H	00H
1003H	55H
1004H	00H
1005H	0AH

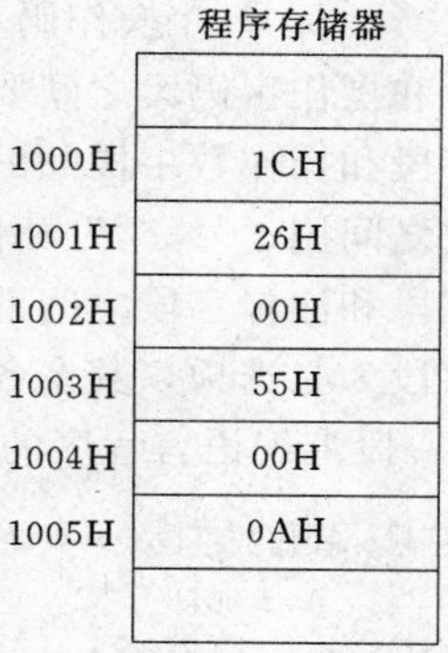

图 3-23 数据在存储单元中的存放情况

【例 3-33】 ORG 1000H

TAB2: DW 1C26H, 55H, 0AH

汇编后，各个数据在存储单元中的存放情况如图 3-23 所示。注意：单字节数据55H、0AH需要转化为双字节数据存放，它们分别为0055H、000AH。

7. DS 定义预留存储空间伪指令

格式：[标号:] DS n

其中，n 可以是数据，也可以是表达式。

功能：从标号指定地址单元开始，预留 n 个存储单元，汇编时不对这些存储单元赋值。保留存储空间的目的是供程序运行时存放数据。

【例 3-34】 ORG 3000H

TAB1: DB 12H, 34H
    DS 4H
    DB 5

地址	数据
3000H	12H
3001H	34H
3002H	××H
3003H	××H
3004H	××H
3005H	××H
3006H	35H

汇编后，存储单元中的分配情况如图 3-24 所示。

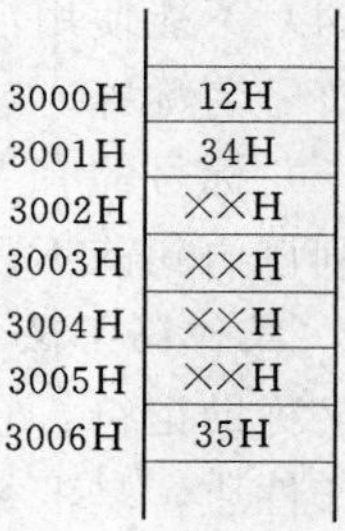

8. BIT 定义位地址符号伪指令

格式：字符名称 x BIT 位地址 n

其中，位地址 n 可以是绝对地址，也可以是符号地址。

功能：用于给位地址赋予字符名称，即将位地址 n 的值赋予字符名称 x。程序中凡出现该字符名称 x 就代表该位地址。

图 3-24 存储单元中的分配情况

【例 3-35】 QA bit F0

QB bit P1. 7

定义后，在程序中位地址 F0、P1. 7 就可以通过 QA 和 QB 来使用。

3.2.3　汇编语言指令的格式

汇编语言源程序是由汇编语句（即指令）组成的。指令的表示方式称为指令格式，它规定了指令的长度和内部信息的安排。MCS - 51 汇编语言的指令格式采用 4 分段形式，具体格式为：

$$［标号:］操作码［操作数］［，操作数］［；注释］$$

（1）标号字段和操作字码段之间要有冒号"："相隔；

（2）操作码字段和操作数字段间的分界符是空格；

（3）双操作数之间用逗号","相隔；

（4）操作数字段和注释字段之间的分界符用分号"；"相隔。

（5）操作码字段为必选项，其余各段为可选项，可选项加"［ ］"表示。

【例 3 - 36】　一段汇编语言程序的 4 分段书写格式

标号字段	操作码字段	操作数字段	注释字段
START:	MOV	A,＃00H	;0→(A)
	MOV	R1,＃10	;10→(R1)
	MOV	R2,＃00000011B	;3→(R2)
LOOP:	ADD	A,R2	;(A)+(R2)→(A)
	DJNZ	R1,LOOP	;R1 内容减 1 不为零,则循环
	NOP		
HERE:	SJMP	HERE	

基本语法规则：

1. 标号字段

标号是指本条指令所在起始地址的标志符号，也称为指令的符号地址。例如，标号"START"和"LOOP"等。它代表该条指令在程序编译时的具体地址。有关标号规定如下：

（1）标号后边必须跟以冒号"："。

（2）标号由 1～8 个 ASCII 字符组成，第 1 个字符必须是字母。

（3）同一标号在一个程序中只能定义一次。

（4）不能使用汇编语言已经定义的符号作为标号。例如，指令助记符、伪指令以及寄存器的符号名称等。

（5）标号的有无，取决于本程序中的其他语句是否访问该条语句。例如，无其他语句访问，则该语句前不需标号。

2. 操作码字段

又称助记符，它是由对应的英文缩写构成的，它规定了指令具体的操作功能，描述指令的操作性质，是汇编语言指令中唯一不能空缺的部分。

3. 操作数字段

操作数既可以是一个具体的数据，也可以是存放数据的地址。通常有单操作数、双操作数、三操作数和无操作数 4 种情况。如果是多操作数，则操作数之间，要以逗号隔开。操作数可用十六进制、二进制和十进制形式来表示。操作数或操作数地址通常都采用十六进制形式来表示，某些特殊场合才采用二进制或十进制的表示形式。采用十六进制、二进制、十进制表示时，需在数据之后加上后缀"H"（或"h"）、"B"（或"b"）、"D"（或"d"，也可省略）。若十六进制的操作数以字符 A～F 中的某个开头时，则需在它前面加一个"0"，以便在汇编时把它和字符 A～F 区别开来。

4. 注释字段

注释是为增加程序的可读性而设置的，是针对某指令而添加的说明性文字，用于解释指令或程序的含义。汇编时遇到";"就停止"翻译"，因此注释字段不会产生机器代码。注释是指令语句的可选项，若使用则须以分号";"开头，长度不限，一行写不下可换行书写，但注意也要以分号";"开头。

3.2.4 汇编语言程序设计的步骤

根据任务要求，采用汇编语言编制程序的过程称为汇编语言程序设计。汇编语言程序设计的步骤如下。

1. 建立数学模型

明确所要解决问题的要求，拟订设计任务书，建立数学模型。

2. 确定算法

根据实际问题的要求和指令系统的特点，决定所采用的计算公式和计算方法，这就是一般所说的算法。算法是进行程序设计的依据，它决定了程序的正确性和程序的质量。

3. 画出程序框图

根据所选择的算法，设计并画出运算的步骤和顺序，把算法和运算过程以程序流程框图的形式描述出来。

4. 确定数据格式，分配内存单元

确定数据格式，分配内存工作区及有关端口地址，并进一步将程序框图细化。

5. 编制汇编语言源程序

进一步合理分配存储器单元和 I/O 接口地址，根据程序框图和指令系统，编写出汇编语言程序，明确各程序模块之间的相互关系，在程序的适当位置上加上注释，便于阅读、调试和修改。

6. 上机调试

编写完毕的程序，必须"汇编"成机器代码，才能调试和运行。由于单片机无自开发功能，需要借用仿真器或模拟调试器，以单步、断点、连续方式试运行程序，对程序进行测试，排除程序中的错误，直至正确为止。

7. 程序优化

程序优化就是优化程序结构、缩短程序长度、加快运算速度和节省数据存储单元。在程序设计中，经常使用循环程序和子程序的形式来缩短程序，用过改进算法和正确使用指令来节省工作单元和减少程序执行的时间。

上面步骤中编制程序流程图是指用各种图形、符号、指向线等来说明程序设计的过程。实际上，程序流程图是对程序执行过程的一种图形描述，是以时间的先后顺序来编制的，常用几何图形符号如图 3-25 所示。

椭圆框：开始和结束框（起止框），在程序的开始和结束时使用。

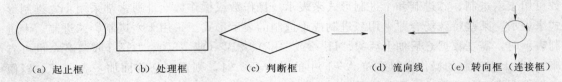

（a）起止框　　　（b）处理框　　　（c）判断框　　　（d）流向线　　　（e）转向框（连接框）

图 3-25　程序流程图常用符号

矩形框：处理框，表示要进行的各种操作。

菱形框：判断框，表示条件判断，以决定程序的流向。

流向线：流程线，表示程序执行的流向。

圆圈：连接符，表示不同页之间的流程连接。

3.2.5　汇编语言的开发环境

1. 单片机开发系统

单片机开发系统在单片机应用系统设计中占有重要的位置，是单片机应用系统设计中不可缺少的开发工具。

在单片机应用系统设计的仿真调试阶段，必须借助于单片机开发系统进行模拟，调试程序，检查硬件、软件的运行状态，并随时观察运行的中间过程而不改变运行中的原有数据，从而实现模拟现场的真实调试。

单片机开发系统应具备的功能：

（1）方便地输入和修改用户的应用程序。

（2）对用户系统硬件电路进行检查和诊断。

（3）将用户源程序编译成目标代码并固化到相应的 ROM 中去，并能在线仿真。

（4）以单步、断点、连续等方式运行用户程序，能正确反映用户程序执行的中间状态，即能实现动态实时调试。

常用的 MCS-51 开发系统主要有：

（1）Keil C51 单片机仿真器。

（2）广州周立功单片机发展有限公司的 TKS 系列仿真器。

（3）Flyto Pemulator 单片机开发系统。

（4）Medwin 集成开发环境。

（5）WAVE（伟福）E6000 系列仿真器。

2. 汇编语言的编辑与汇编

MCS-51 单片机的应用程序的完成，应经过 3 个步骤：

（1）在 PC 微机上运行编辑程序进行源程序的输入和编辑。

（2）在 PC 微机上对源程序进行交叉汇编得到机器代码。

（3）通过 PC 微机的串行口（或并行口）把机器代码传送到用户样机（或在线仿真器）进行程序的调试和运行。

下面先来介绍一下汇编语言的编辑与汇编：

（1）汇编语言的编辑。编写程序并以文件的形式存于磁盘中的过程称为源程序的编辑。编辑完成后源程序应以 ".ASM" 扩展名的 ASCII 码文件形式存盘，以备汇编程序调用。

利用计算机中常用的 EDLIN、PE 等编辑软件或利用开发系统中提供的编辑环境，可在计算机上进行源程序的编辑。

(2) 汇编语言源程序的汇编。用户用汇编语言助记符编写的应用程序称为汇编语言源程序。把汇编语言源程序转换翻译成机器语言目标程序（机器码）的过程称为汇编（或编译）。而能将汇编语言源程序转换成机器语言目标程序的系统软件称为汇编程序（或编译程序）。

汇编方法可分为手工汇编和机器汇编两种：

(1) 人工汇编（手工汇编）：是指利用人工查表直接把汇编语言源程序的每条指令翻译成对应机器代码的过程。这种方法遇到的相对转移指令时，需要根据转移的目标地址计算偏移量。其特点是简单易行，但很麻烦、效率低、且易出错。早期的低档计算机曾使用过，现已很少采用了。

(2) 机器汇编：利用汇编程序自动把汇编语言源程序翻译成目标代码的过程。用机器汇编要提供给汇编一些信息，遵循汇编程序的一些约定，这些由伪指令来指定。汇编工作由计算机完成，一般的单片机开发系统中都能实现汇编语言源程序的汇编。在分析某些产品的程序的机器代码时，需将二进制的机器代码语言程序翻译成汇编语言源程序，称为"反汇编"。

目前工程应用中源程序都是采用机器汇编来实现的。通用的 MCS-51 汇编程序是 MCS-51.EXE，它能实现对汇编语言源程序的汇编。汇编语言源程序（文件名.ASM）经汇编程序汇编后，可生成打印文件（文件名.PRT）、列表文件（文件名.LST）和目标文件（文件名.OBJ），最后生成出可执行文件（文件名.EXE）。

机器码通过 PC 微机的串口（或并口）传送到单片机的用户样机（或单片机的在线仿真器），进行程序的调试和运行。

目前很多公司将编辑器、汇编器、编译器、连接/定位器、符号转换程序做成视窗集成软件包，用户进入该集成环境，编辑好程序后，只需点击相应菜单就可以完成上述的各步，如 KEIL、WAVE、Medwin 等软件。汇编和 C51 两种语言源程序的编译过程见图 3-26 所示。

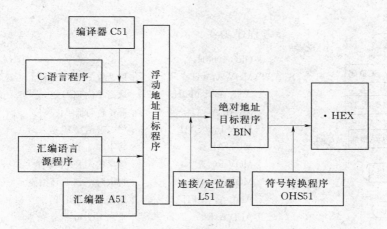

图 3-26 两种语言源程序转换成目标程序过程

支持写入单片机或仿真调试的目标程序有 BIN 文件和 HEX 文件两种文件格式。其中，BIN 文件是由编译器生成的二进制文件，是程序的机器码；HEX 文件是由 INTER 公司定义的一种格式，这种格式包括地址、数据和校验码，并用 ASCII 码来存储，可供显示和打印。HEX 文件需通过符号转换程序 OHS51 进行转换。

3. 汇编语言的调试

最后简单地介绍一下汇编语言的调试。

单片机开发系统应具有的调试功能主要有：运行控制功能、对应用系统状态的读出功能和跟踪功能等。

调试中常见的软件错误主要有：逻辑语法错误、功能错误、指令错误、程序跳转错误、子程序错误、动态错误、上电复位电路的错误和中断程序错误等。

3.2.6　汇编语言的基本程序设计

一个应用系统的汇编语言源程序，无论其系统功能的要求简单还是复杂，其程序结构总是由顺序程序、分支程序、循环程序、子程序、查表程序等结构化程序块组合而成。这是汇编语言源程序的设计基础。下面就按这几种基本程序结构来介绍汇编语言的程序设计。

3.2.6.1　顺序结构（简单结构）的程序设计

顺序结构程序又称简单结构程序，它是一种无分支的直接程序，是按照逻辑操作顺序，从第一条指令开始逐步条顺序执行，直到最后一条指令为止。实际上，顺序结构程序是指其组成结构简单，程序逻辑的逻辑流向是一维的。但程序的具体内容不一定简单，在实际编程中，如何正确选择指令（常用指令 MOV、ADD、ANL 等），合理使用工作寄存器、节省存储单元等，是编写好程序的基本功。

顺序结构程序是汇编语言程序设计中最基本、最单纯的程序，在整个程序设计所占比例最大，也是程序设计的基础。顺序结构程序设计举例如下。

【例 3-37】 将片内 RAM 的 30H 单元中的两位压缩 BCD 码转换成二进制数送到片内 RAM 的 40H 单元中。

两位压缩 BCD 码转换成二进制数的算法为：$(a_1 a_0)_{BCD} = 10 \times a_1 + a_0$。其程序流程图如图 3-27 所示。

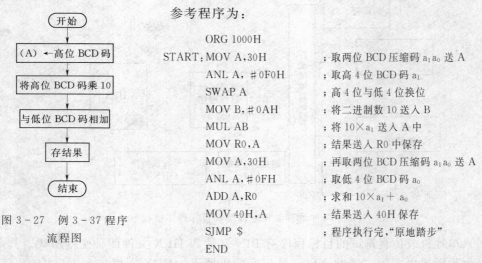

参考程序为：

```
              ORG 1000H
START: MOV A,30H        ；取两位 BCD 压缩码 a₁a₀ 送 A
       ANL A,#0F0H      ；取高 4 位 BCD 码 a₁
       SWAP A           ；高 4 位与低 4 位换位
       MOV B,#0AH       ；将二进制数 10 送入 B
       MUL AB           ；将 10×a₁ 送入 A 中
       MOV R0,A         ；结果送入 R0 中保存
       MOV A,30H        ；再取两位 BCD 压缩码 a₁a₀ 送 A
       ANL A,#0FH       ；取低 4 位 BCD 码 a₀
       ADD A,R0         ；求和 10×a₁ + a₀
       MOV 40H,A        ；结果送入 40H 保存
       SJMP $           ；程序执行完,"原地踏步"
       END
```

图 3-27　例 3-37 程序
流程图

3.2.6.2　分支结构的程序设计

很多复杂的实际问题，总是伴随着逻辑判断，从而选择不同的处理路径，即程序的走向，从而使计算机能实现某种智能的基础。

分支程序的主要特点是程序的流向从一个入口，两个或多于两个出口，根据给定的条件，确定程序的走向。编程的关键是如何确定判断或选择的条件以及如何选择合适的分支指令，MCS－51 的指令集提供了丰富的多种分支指令，特别是条件转移、比较转移和位转移指令（如 JB/JNB、JBC、JC/JNC、JZ/JNZ、CJNE 等），给复杂问题尤其是测控系统的程序设计提供了方便。

一个源程序如果包含有无数个分支，每个分支均有不同的处理程序段，分支中又包含分支，这就使程序的流向十分复杂。因此，程序设计时需要借助程序流程图，把复杂的程序流向展现在平面图上，使之一目了然。为减少程序的复杂性，应尽力少用分支结构程序。

分支程序的设计要点为：先建立可供条件转移指令测试的条件，再选用合适的条件转移指令，最后在转移的目的地址处设定标号。

分支结构程序程序中一定含有转移指令，而转移指令分为无条件转移和带条件转移，因此分支程序也可分为无条件分支转移程序和带条件分支转移程序。带条件分支转移程序按结构类型，又分为单分支转移结构和多分支转移结构。

1. 单分支转移结构

单分支结构在程序设计中应用最广，拥有的分支指令也多，其结构一般为一个入口两个出口。常用的单分支结构程序的形式有 3 种，其流程图如图 3－28 所示。单分支结构程序的选择条件一般由运算或检测的状态标志提供，选用对应的条件转移指令来实现。

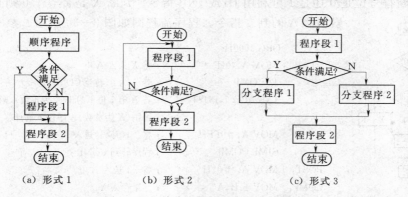

图 3－28　单分支结构程序的典型形式

2. 多分支转移结构

在实际应用中，常常需要从两个以上的流向（出口）中选一。例如，两个数相比较，必然存在大于、等于、小于三种情况，这时就需从三个分支中选一；再如，多分支跳转（又称散转）将根据运算结果值在多分支中选一。这就形成了多分支结构。常见的多分支结构有两种形式，其流程图如图 3－29 所示。MCS－51 单片机的指令系统提供了 CJNE（三分支）、JMP @A＋DPTR（多分支，即散转）两种多分支选择指令。

分支结构程序允许嵌套，即一个分支接着一个分支，形成树根式多级分支程序结构。汇编语言程序本身并不限制这种嵌套层次数，但过多的嵌套层次将使程序结构变得十分复杂和臃肿，以致造成逻辑上的混乱和错误，因而应尽力避免。

【例 3－38】　求符号函数 $y＝\text{sgn}(x)$ 的值。已知片内 RAM 的 40H 单元内有一自变量 X，编制程序按如下条件求函数 Y 的值，并将其存入片内 RAM 的 41H 单元中。

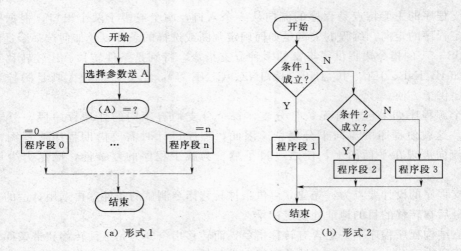

（a）形式 1　　　　　　　　　（b）形式 2

图 3 - 29　多分支结构程序的典型形式

$$Y=\begin{cases} 1 & X>0 \\ 0 & X=0 \\ -1 & X<0 \end{cases}$$

此题有 3 个条件，所以有 3 个分支程序。这是一个 3 分支归 1 的条件转移问题。X 是有符号数，判断符号位是 0 还是 1 可利用 JB 或 JNB 指令。判断 X 是否等于 0 则直接可以使用累加器 A 的判 0 指令。程序流程图如图 3 - 30 所示。参考程序为：

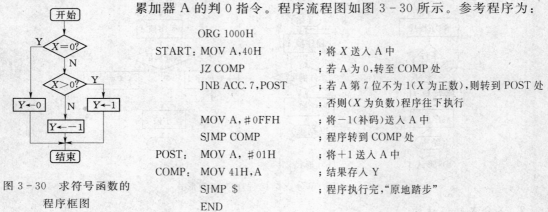

图 3 - 30　求符号函数的
程序框图

```
        ORG 1000H
START: MOV A,40H          ;将 X 送入 A 中
        JZ COMP           ;若 A 为 0,转至 COMP 处
        JNB ACC.7,POST    ;若 A 第 7 位不为 1(X 为正数),则转到 POST 处
                          ;否则(X 为负数)程序往下执行
        MOV A,#0FFH       ;将 -1(补码)送入 A 中
        SJMP COMP         ;程序转到 COMP 处
POST:  MOV A, #01H        ;将 +1 送入 A 中
COMP:  MOV 41H,A          ;结果存入 Y
        SJMP $            ;程序执行完,"原地踏步"
        END
```

3. 2. 6. 3　循环结构的程序设计

循环结构程序是控制计算机多次、重复执行同一个程序段（称为循环体）的一种基本程序结构。从本质上讲，它是分支结构程序中的一个特殊形式。由于它在程序设计中的重要性，故而配以专用指令，单独作为一种程序结构的形式进行设计。因此循环结构程序可使程序大为缩短、程序所占的内存空间减少、程序结构紧凑且可读性好，从而使编程效率得到提高。

1. 循环结构程序的组成

循环结构程序如图 3 - 31 所示，它由下面 4 个部分组成。

（1）循环初始化部分。位于循环程序开头，用于完成循环前的准备工作。例如，设置各工作单元的初始值以及循环次数。

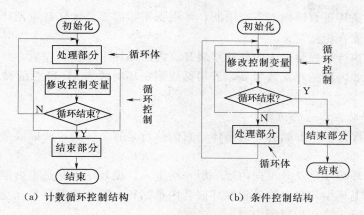

（a）计数循环控制结构　　　　　（b）条件控制结构

图 3 - 31　两种循环控制结构框图

（2）循环体部分。循环程序的主体，位于循环体内，是循环程序的工作程序，完成实际的处理工作，在执行中会被多次重复使用。要求编写得尽可能简练，以提高程序的执行速度。

（3）循环控制部分。位于循环体内，用于控制循环次数和修改每次循环时的参数，在重复执行循环体的过程中，不断修改和判断循环控制变量，直到符合结束条件，就结束循环程序的执行。它一般由循环次数修改、循环修改和条件语句等组成。

（4）循环结束部分。用于存放执行循环程序所得的结果，以及恢复各工作单元的初值。

2. 循环结构的控制

循环结构的控制方法分为循环计数控制法和条件控制法两种。图 3 - 31 （a）、图 3 - 31 （b）分别为计数循环控制结构、条件控制结构。

（1）计数循环控制结构。这种结构是先循环处理，后循环控制（即先处理后控制）。计数器初值在初始化设定，根据计数器的值来决定循环次数。控制计数器的计数方式一般均为不断减 1 计数（递减方式），每循环执行一次，控制变量（即计数器）减 1，并判是否减为 0。若不为 0，继续执行循环体程序；若为 0，则结束循环程序后顺序往下执行，进入结束处理。这些工作可由 MCS - 51 指令系统中的循环指令 DJNZ 自动完成。

计数控制只有在循环次数已知的情况下才适用，循环次数未知时不能用循环次数来控制，往往需要根据某种条件来判断是否应该终止循环；循环次数在初始化时预置，由于 DJNZ 指令采用 8 位数据来计数，因此，循环次数范围为 1～256，如超过此范围，则应采用多重循环方式。

（2）条件控制结构。这种结构是先循环控制，后循环处理（即先控制后处理）。在循环控制中，设置一个结束条件，判别是否满足该条件，如满足，则循环结束。如不满足该条件则循环继续。例如，计算结果达到给定精度要求或达到某一给定条件时就结束循环，此时的循环次数是不固定的。常用条件转移指令来完成。

3. 循环结构程序的结构形式

按结构形式，循环结构程序有单重循环与多重循环之分。

（1）单重循环结构：单重循环结构的循环体内部不包括其他循环的程序。

（2）多重循环结构：循环程序中包含循环程序或一个大循环中包含多个小循环程序，称多重循环程序结构，又称循环嵌套。某些复杂问题或者循环数超过 256，则需采用多重循环的程序结构。

多重循环的循环重数原则上不受限制，可根据实际需要设计任意重循环，但每个循环必须层次分明，不能有相互交叉。

多重循环的执行过程是由内向外逐层展开。内层循环全部执行完后，外层则执行一次循环，依此类推。如内层循环次数为 m，外层循规蹈矩环次数为 n，则总的循规蹈矩环次数为 $m*n$ 次。

4. 循环程序时应注意的问题

（1）循环程序是一个有始有终的整体，它的执行是有条件的，所以要避免从循环体外直接转到循环体内部。

（2）多重循环程序是从外层向内层一层一层进入，循环结束时是由内层到外层一层一层退出的。在多重循环中，只允许外重循环嵌套内重循环。不允许循环相互交叉，也不允许从循环程序的外部跳入循环程序的内部。

（3）编写循环程序时，首先要确定程序结构，处理好逻辑关系。一般情况下，一个循环体的设计可以从第一次执行情况入手，先画出重复执行的程序框图，然后再加上循环控制和置循环初值部分，使其成为一个完整的循环程序。

（4）循环体是循环程序中重复执行的部分，应仔细推敲，合理安排，应从改进算法、选择合适的指令入手对其进行优化，以达到缩短程序执行时间的目的。

【例 3-39】 编制程序将片内 RAM 的 30H～4FH 单元中的内容传送至片外 RAM 的 2000H 开始的单元中。

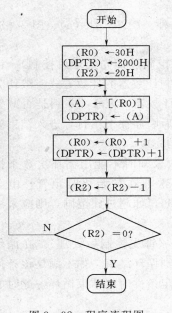

图 3-32 程序流程图

每次传送数据的过程相同，可以用循环程序实现。30H～4FH 共 32 个单元，循环次数应为 32 次（保存在 R2 中），为了方便每次传送数据时地址的修改，送片内 RAM 数据区首地址送 R0，片外 RAM 数据区首地址送 DPTR。程序流程图如图 3-32 所示。

参考程序为：

```
         ORG 1000H
START: MOV R0,#30H
         MOV DPTR,#2000H
         MOV R2,#20H        ;设置循环次数 32 次
LOOP:  MOV A,@R0           ;将片内 RAM 数据区内容送 A
         MOVX @DPTR,A       ;将 A 的内容送片外 RAM 数据区
         INC R0             ;源地址递增
         INC DPTR           ;目的地址递增
         DJNZ R2,LOOP       ;若 R2 的不为 0,则转到 LOOP 处继
                            续循环否则循环结束

         SJMP $
         END
```

【例 3-40】 统计数据块的长度。内部 RAM 的 40H 开始的存储区有若干个数据，最后一个数据为字符 0AH，结果存入 80H 单元。

采用逐个字符依次与 "0AH" 比较（设置的条件）的方法。设置一个累计字符串长度的长度计数器和一个用于指定字符串指针。如果字符与 "0AH" 不等，则长度计数器和字

符串指针都加 1；如果比较相等，则表示该字符为 "0AH"，字符串结束，计数器值就是字符串的长度。

参考程序 1 为：

```
        ORG 2000H
        MOV R1,＃40H          ;R1 作为地址指针
        CLR A                ;累加器 A 作为计数器
LOOP：   CJNE @R1,＃0AH,NEXT   ;与数据 0AH 比较,不等转移
        SJMP JSH1            ;找到结束符号,结束循环
NEXT：   INC A                ;计数器加 1
        INC R1               ;指针加 1
        SJMP LOOP            ;循环
JSH1：   INC A                ;再加入 1 个字符
        MOV 80H,A            ;存结果
        END
```

参考程序 2 为：

```
        ORG 2000H
        MOV A,＃0FFH          ;长度计数器初值送 A
        MOV R1,＃3FH          ;字符串指针初值送 R1
NEXT：   INC A
        INC R1
        CJNE @R1,＃0AH,NEXT   ;比较不等则进行下一字符比较
        MOV 80H,A            ;存结果
        END
```

【例 3－41】 编制 50ms 延时程序。

延时程序与 MCS－51 指令执行时间（机器周期数）和晶振频率 f_{osc} 有直接的关系。当 $f_{osc}＝12MHz$ 时，1 个机器周期为 $1\mu s$，执行一条 DJNZ 指令需要 2 个机器周期，时间为 $2\mu s$。$50ms/2\mu s＞255$，因此单重循环程序无法实现，可采用双重循环的方法编写 50ms 延时程序。参考程序为：

```
        ORG 1000H
DEL：    MOV R7,＃200         ;设置外循环次数(本条指令需要 1μs)
DEL1：   MOV R6,＃125         ;设置内循环次数(本条指令需要 1μs)
DEL2：   DJNZ R6,DEL2        ;本条指令需要 2μs。(R6)-1=0,则顺序执行,否则
                            ;转回 DEL2 继续循环,延时时间为 125＊2μs=250μs
        DJNZ R7,DEL1        ;本条指令需要 2μs。(R7)-1=0,则顺序执行,否则
                            ;转回 DEL1 继续循环,延时时间为 0.25ms＊200=50ms
        RET                ;子程序结束(本条指令需要 2μs)
        END
```

以上延时程序不太精确，它没有考虑到除 "DJNZ R6，DEL2" 指令外的其他指令的执行时间，如把其他指令的执行时间计算在内，它的延时时间为：

$$(250\mu s ＋1\mu s ＋2\mu s)＊200＋1\mu s ＝50.301ms$$

如果要求比较精确的延时，可按如下修改：

```
            ORG 1000H
DEL：     MOV R7，#200
DEL1：    MOV R6，#123
            NOP
DEL2：    DJNZ R6，DEL2      ;2μs＊123＋2＝248μs
            DJNZ R7，DEL1      ;(248μs＋2μs)＊200＋1μs＝50.001ms
            RET
            END
```

实际延迟时间为 50.001ms，已经非常接近于 50ms 了。

注意：软件延时程序，不允许有中断，否则将严重影响定时的准确性。对于更长时间的延时，可用来多重循环。比如，20 次循环例 3 - 41，可得到 1s 的延时。

3.2.6.4　子程序结构的程序设计

在实际应用中常会遇到带有通用性的问题，且在同一个源程序中可能需多次用到。这就应该把它单独设计成通用子程序供随时调用。

将那些需多次应用的、完成相同的某种基本运算或操作的程序段从整个程序中独立出来，单独编成一个程序段，需要时进行调用。这样的程序段称为子程序。调用子程序的程序叫做主程序或称调用程序。

优点：采用子程序可使程序结构简单、紧凑，节省程序的存储空间，便于程序调试。

缺点：由于每调用一次需附加断点保护、参量进栈、出栈等开销时间，因此反而降低了程序的执行效率。

子程序在程序设计中非常重要，读者应熟练掌握子程序的设计方法。

1. 子程序的基本结构

子程序的结构必须标明子程序的入口地址（又称首地址），以便主程序调用，另外，子程序应以返回指令 RET 或 RETI 结束。

在主程序中需要执行调用子程序的地方执行一条调用指令（LCALL 或 ACALL），从而转到子程序完成规定的操作，当执行完子程序时，再在子程序最后应用 RET 返回指令返回到主程序断点处，继续向下执行主程序。图 3 - 33 为子程序调用与返回过程示意图。

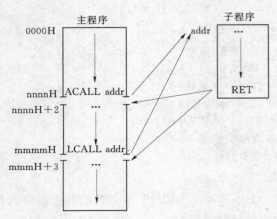

图 3 - 33　子程序调用与返回过程示意图

（1）子程序的调用。

1）子程序的入口地址：子程序的第一条指令地址称为子程序的入口地址，常用标号表示。

2）程序的调用过程：单片机收到 ACALL 或 LCALL 指令后，首先将当前的 PC 值（调用指令的下一条指令的首地址）压入堆栈保存（低 8 位先进栈，高 8 位后进栈），然后将子程序的入口地址送入 PC，转去执行子程序。

（2）子程序的返回。

1）主程序的断点地址：子程序执行完毕后，返回主程序的地址称为主程序的断点地址，它在堆栈中保存。

2）子程序的返回过程：子程序执行到 RET 指令后，将压入堆栈的断点地址弹回给 PC （先弹回 PC 的高 8 位，后弹回 PC 的低 8 位），使程序回到原先被中断的主程序地址（断点地址）去继续执行。

注意：中断服务程序是一种特殊的子程序，它是在计算机响应中断时，由硬件完成调用而进入相应的中断服务程序。RETI 指令与 RET 指令相似，区别在于 RET 是从子程序返回，RETI 是从中断服务子程序返回。

（3）典型的子程序的基本结构。

主程序

```
MAIN： …               ;MAIN 为主程序或调用程序标号
        …
        LCALL SUB      ;调用子程序 SUB,SUB 为子程序入口地址
        …
```

子程序

```
SUB：   PUSH PSW       ;现场保护
        PUSH ACC
        …              ;子程序处理程序段
        …
        POP ACC        ;现场恢复,注意要先进后出
        POP PSW
        RET            ;最后一条指令必须为 RET
```

注意：上述子程序结构中，现场保护与现场恢复不是必需的，要根据实际情况而定。

2. 调用子程序应注意两个问题

在汇编语言源程序中调用子程序时，一般应注意两个问题：参数传递和现场保护、恢复。

（1）子程序的参数传递。主程序在调用子程序时传递给子程序的参数和子程序结束后送回主程序的参数统称为参数传递。

入口参数：子程序需要的原始参数。主程序在调用子程序前将入口参数送到约定的存储器单元（或寄存器）中，然后子程序从约定的存储器单元（或寄存器）中获得这些入口参数。

出口参数：子程序根据入口参数执行程序后获得的结果参数。子程序在结束前将出口参数送到约定的存储器单元（或寄存器）中，然后主程序从约定的存储器单元（或寄存器）中获得这些出口参数。

在使用调用指令不附带任何参数时，参数的互相传递要由设计者通过程序安排。一般参数传递可采用以下方法：

1）采用工作寄存器 Rn 或累加器 A 传递参数。优点是程序简单、运算速度较快，缺点是工作寄存器有限。

2）将要传递的参数存放在数据存储器 RAM 中，采用指针寄存器 R0、R1 或 DPTR 传递参数。优点是能有效节省传递数据的工作量，并可实现可变长度运算。

3）在内部 RAM 中设置堆栈进行传递参数。优点是简单，能传递的数据量较大，不必为特定的参数分配存储单元。

4）利用位地址传送子程序参数。

注意：子程序的参数传递方法一般也同样适用于中断服务程序的参数传送。

（2）现场保护和恢复。子程序（包括中断服务程序）是个独立的程序段，在子程序执行过程中常需用到通用单元。例如：工作寄存器 R0～R7、累加器 A、数据指针 DPTR，以及有关标志、状态位等。主程序转入子程序后，保护主程序的信息不会在运行子程序时丢失的过程称为保护现场。在执行完子程序并返回继续执行主程序前应恢复其原内容，称为现场恢复。

在进入子程序前或后时，由堆栈完成保护现场，而在从子程序返回之前或之后将堆栈中保存的内容弹回各自的寄存器称为恢复现场。因此，一般有两种现场保护/恢复方式。

1）调用前保护、返回后恢复。这种方式是在主程序的逻辑调节器用指令前进行现场保护，在调用指令之后，即返回原断点处进行恢复现场。

这种结构灵活，可根据实际需要实现现场保护/恢复。

2）调用后保护、返回前恢复。这种结构是在子程序的开始部分进行现场保护，而在子程序的结束部分、返回指令前恢复。

这是子程序标准格式，现场保护/恢复内容固定，但程序规范、清晰。

上述两种方式可由设计者任选，通常采用第 2 种方式，即在子程序中完成现场的保护与恢复。

3. 子程序特性

随着汇编语言程序设计技术的发展，子程序的应用越显重要。因此，对子程序的设计具有较高要求，除通常在程序设计中应遵循的原则外，还应具备以下特性：

（1）通用性。严格讲，子程序有通用和专用两种。前者如数制转换、浮点运算等子程序可广泛应用于同系列单片机的任何应用系统，而后者仅限用于同一个应用系统中。对于前者，子程序的资源要为所有调用程序共享，子程序在结构上应具有通用性。

子程序中某些可变的量称为参量，占用一定的变量单元，每次调用均由实际变量或数据赋值。因此，一个子程序可以对不同的变量或参数进行处理。为了使子程序具有通用性，在设计中要解决的一个重要问题，就是确定哪些变量作为参量以及如何传递参量。

（2）可浮动性。可浮动性是指子程序段可安置在程序存储器的任何区域。为此，在子程序中应避免选用绝对转移地址。

（3）可递归和可重入性。子程序能自己调用自己和同时能被多个任务（或多个用户程序）调用的特性，分别称之为子程序的可递归性和可重入性。这类子程序常在庞大而复杂的程序中应用，在单片机应用程序设计中较少用到。

（4）子程序说明文件。对于通用子程序，为便于各种应用程序的选用，要求在子程序编制、调试完成后提供一个说明文件。其内容应包含以下内容：

1）子程序名。标明子程序功能的名称。

2）子程序功能。简要说明子程序能完成的主要功能，包括重要算法、参量要求及有关存储单元配置等。

3）子程序调用。指明本子程序还需调用哪些子程序。

4）附子程序流程图及程序清单。

4. 子程序的设计原则和应注意的问题

在编写子程序时应注意以下问题：

（1）子程序的入口地址一般用标号表示，标号习惯上以子程序的功能命名。例如，延时子程序常用 DELAY 作为标号。

（2）主程序调用子程序，是通过调用指令来实现。MCS-51 单片机有两条子程序调用指令。

1）长调用指令 LCALL addr16。指令长度 3 个字节，addr16 为直接调用的目的地址，子程序可放在 64KB 程序存储器区任意位置。

2）绝对调用指令 ACALL addr11。指令长度 2 个字节，addr11 指出了调用的目的地址，被调用的子程序的首地址与绝对调用指令的下一条指令的高 5 位地址相同，即只能在同一个 2KB 区内。

（3）子程序返回主程序时，最后一条指令必须是 RET 指令，功能是把堆栈中的主调程序断点地址弹出送入 PC 指针中，从而实现子程序返回后从主程序断点处继续执行主程序。

（4）单片机通过调用指令 LCALL/ACALL、返回指令 RET 能自动通过堆栈来保护、恢复主程序的断点地址。但对于各工作寄存器、特殊功能寄存器和内存单元的内容，一般都是自行编程通过堆栈进行保护现场和恢复现场。当然，也可采用主程序、子程序使用不同区段的 Rn 来实现工作寄存器的保护。

（5）子程序内部必须使用相对转移指令，以便子程序可以放在程序存储器 64KB 存储空间的任何子域并能被主程序调用，汇编时生成浮动代码。

（6）子程序可以嵌套，即主程序可以调用子程序，子程序又可以再调用另外的子程序。MCS-51 单片机允许多重嵌套。

（7）在子程序调用时，还要注意参数传递的问题。

【例 3-42】 延时子程序。编程使 P1 口连接的 8 个 LED 按下面方式显示：从 P1.0 连接的 LED 开始，每个 LED 闪烁 10 次，再移向下一个 LED，同样闪烁 10 次，循环不止。

在前面的例子中，我们已经编了一些 LED 模拟霓虹灯的程序，按照题目要求画出本例的程序流程图如图 3-34 所示。图中两次使用延时程序段，因此我们把延时程序编成子程序。

参考程序为：

```
          ORG 0000H
MAIN：     MOV A，#0FE        ;送显示初值
LP：       MOV R0，#10        ;送闪烁次数
LP0：      MOV P1，A          ;点亮 LED
          LCALL DELAY        ;延时
          MOV P1，#0FFH       ;熄灭灯
          LCALL DELAY        ;延时
          DJNZ R0，LP0        ;闪烁次数不够 10 次,继续
          RL A               ;否则 A 左移,下一个灯闪烁
          SJMP LP            ;循环不止
DELAY：    MOV R3，#0FFH       ;延时子程序
DEL2：     MOV R4，#0FFH
DEL1：     NOP
          DJNZ R4，DEL1
          DJNZ R3，DEL2
          RET
```

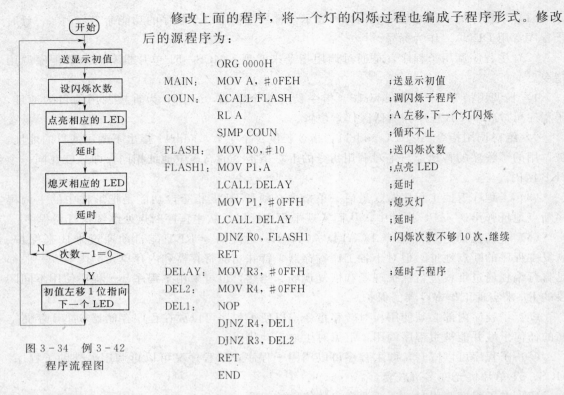

修改上面的程序，将一个灯的闪烁过程也编成子程序形式。修改后的源程序为：

```
        ORG 0000H
MAIN:   MOV A,#0FEH          ;送显示初值
COUN:   ACALL FLASH          ;调闪烁子程序
        RL A                 ;A 左移,下一个灯闪烁
        SJMP COUN            ;循环不止
FLASH:  MOV R0,#10           ;送闪烁次数
FLASH1: MOV P1,A             ;点亮 LED
        LCALL DELAY          ;延时
        MOV P1,#0FFH         ;熄灭灯
        LCALL DELAY          ;延时
        DJNZ R0,FLASH1       ;闪烁次数不够 10 次,继续
        RET
DELAY:  MOV R3,#0FFH         ;延时子程序
DEL2:   MOV R4,#0FFH
DEL1:   NOP
        DJNZ R4,DEL1
        DJNZ R3,DEL2
        RET
        END
```

图 3 - 34　例 3 - 42
程序流程图

上面程序中，主程序调用了闪烁子程序 FLASH，闪烁子程序中又调用延时子程序 DELAY，这种主程序调用子程序，子程序又调用另外的子程序的程序结构，称为子程序的嵌套。一般来说，子程序嵌套层数理论上是无限的，但实际上，受堆栈深度的影响，嵌套层数是有限的。

3.2.6.5　查表结构的程序设计

在很多情况下，直接通过查表方式求得的值（变量的值）比通过计算解决要简单、方便得多，而且速度快，实时性强。待查的表格数据一般是一串有规律、按顺序排列的固定常量，MCS - 51 单片机中把它固化在程序存储器 ROM 的数据区域内。

查表：根据存放在 ROM 中数据表格的项数 x 来查找与它对应的表中值 y，使 $y = f(x)$。查表程序可避免复杂的运算或转换过程，完成数据补偿、修正、计算、转换等各种功能，它具有程序简单、执行速度快等优点。

适用场合：主要应用于数码显示、打印字符的转换、数据转换等场合。

MCS - 51 单片机的指令系统中设置了两条专门查访 ROM 程序存储器表格类数据的指令。两条查表指令分别是：

（1）MOVC A，@A+DPTR

（2）MOVC A，@A+PC

在执行查表 MOVC 指令时，发出读程序存储器选通脉冲PSEN。两条指令的功能基本相同，具体使用有差别。两条指令的功能分别为：

（1）指令"MOVC A，@A+DPTR"把 A 中内容与 DPTR 中的内容相加，结果为某一程序存储单元的地址，然后把该地址单元的内容送到 A 中。

（2）指令"MOVC A，@A＋PC"，PC 的内容与 A 的内容相加后所得的数作为某一程序存储器单元的地址，根据地址取出程序存储器相应单元中的内容送到累加器 A。指令执行后，PC 的内容不发生变化，仍指向该查表指令的下一条指令。

指令"MOVC A，@A＋DPTR"应用范围较广，使用该指令时不必计算偏移量，表格可以设在 64KB 程序存储器空间内的任何地方，且可供无限次查表；而"MOVC A，@A＋PC"只设在 PC 下面的 256 个单元中，且需计算查表指令和函数表之间的偏移量（字节数）。此外，"MOVC A，@A＋PC"基本上只能一次性查表，因为 PC 的当前值随程序的执行而改变。编程时应根据实际情况进行选择，一般选择 DPTR 为基址指针的查表指令，这样查表更加灵活方便，也可省去一些计算麻烦。

下面说明查表指令的用法和计算偏移量应注意的问题：

（1）采用 MOVC A，@A＋DPTR 指令查表程序的设计方法。当选用 DPTR 作为基地址的查表指令时，其操作可分 3 步进行：

1）在程序存储器中建立相应的函数表（设表格具体项数值为自变量 x）；

2）计算出这个表中所有的函数值 y。将这群函数值按顺序存放在起始（基）地址为 TABLE 的程序存储器中；

3）将表格首地址 TABLE 送入 DPTR，x 送入 A，采用查表指令 MOVC A，@A＋DPTR 完成查表，就可以得到与 x 相对应的 y 值，并存放在累加器 A 中。

（2）采用 MOVC A，@A＋PC 指令查表程序的设计方法。当选用 PC 作为基址寄存器时，由于 PC 本身是一个程序计数器，与指令的存放地址有关，查表时其操作有所不同。其操作可分 4 步进行：

1）在程序存储器中建立相应的函数表（设自变量为 x）。

2）计算出这个表中所有的函数值 y。将这群函数值按顺序存放在起始（基）地址为 TABLE 的程序存储器中。

3）x 送入 A，使用 ADD A，♯data 指令对累加器 A 的内容进行修正，偏移量 data 由公式 data＝函数数据表首地址 PC＋1 确定，即 data 值等于查表指令和函数表之间的字节数。

4）采用查表指令 MOVC A，@A＋PC 完成查表，就可以得到与 x 相对应的 y 值，并存放在累加器 A 中。

【例 3－43】 利用查表的方法编写 $y＝x^2$（$x＝0$，1，2，…，9）的程序。设变量 x 的值存放在内存 30H 单元中，求得的 y 的值存放在内存 31H 单元中。平方表存放在首地址为 TABLE 的程序存储器中。

方法 1：采用 MOVC A，@A＋PC 指令实现，查表过程如图 3－35（a）所示。参考程序为：

```
        ORG 1000H
START: MOV A,30H          ;将查表的变量 x 送入 A
        ADD A,♯02H         ;定位修正
        MOVC A,@A+PC       ;将查表结果 y 送 A
        MOV 31H,A          ;y 值最后放入 31H 中
TABLE:DB 0,1,4,9,16,25,36,49,64,81   ;数 0～9 的平方表
        END
```

指令"ADD A，♯02H"的作用是 A 中的内容加上"02H"，"02H"即为查表指令与平

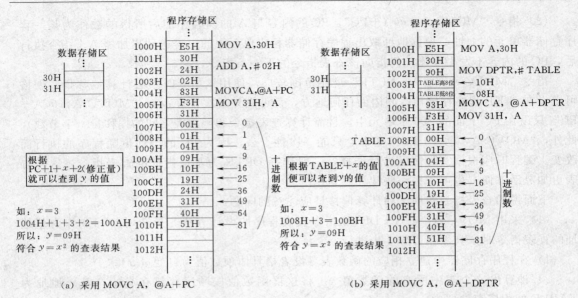

图 3-35　查表过程的示意图

方表之间的"MOV 31H，A"指令所占的字节数。加上"02H"后，可保证 PC 指向表首，累加器 A 中原来的内容仅是从表首开始向下查找多少个单元。

方法 2：采用 MOVC A，@A+DPTR 指令实现，查表过程如图 3-35（b）所示。参考程序为：

```
         ORG 1000H
START：  MOV A,30H              ；将查表的变量 x 送入 A
         MOV DPTR,＃TABLE       ；将查表的 16 位基地址 TABLE 送 DPTR
         MOVC A,@A+DPTR         ；将查表结果 y 送 A
         MOV 31H,A              ；y 值最后放入 31H 中
TABLE：  DB 0,1,4,9,16,25,36,49,64,81   ；数 0～9 的平方表
         END
```

如果 DPTR 已被使用，则在查表前必须通过 PUSH 指令保护 DPTR 的内容，且查表结束后通过 POP 指令恢复 DPTR。

3.2.6.6　实用汇编程序设计的其他例子

上面介绍了几种组成源程序设计的基本结构，一般单片机应用程序不管如何复杂，都是这几种基本程序结构的有机组合。在充分掌握这几种基本程序结构的基础上，结合具体算法，施展程序设计技巧，就能设计出符合要求的、正确可靠、具有较高水平的优秀程序。

下面再从实用角度，分类给出了一些在单片机应用系统软件设计中经常用到的汇编语言程序实例，以供大家学习查阅。

1. 数据极值查找的程序设计

在指定的数据区中找出极值（最大值或最小值）。进行数值大小的比较，从一批数据中找出最大值（或最小值）并存于某一单元中。

【例 3-44】　片内 RAM 中存放一批单字节无符号的数据，查找出最大值并存放在首地址中。设 R0 中存放首地址，R2 中存放字节数，程序框图如图 3-36 所示。

参考子程序为：

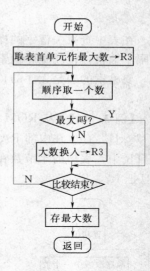

图 3-36　例 3-44
程序框图

```
            MOV R2,n        ;n 为要比较的数据字节数
            MOV A,R0        ;存首地址指针
            MOV R1,A
            DEC R2
            MOV A,@R1
LOOP：      MOV R3,A
            INC R1
            CLR C
            SUBB A,@R1      ;两个数比较
            JNC LOOP1       ;Cy＝0,A 中数大,跳 LOOP1
            MOV A,@R1       ;Cy＝1,则大数送 A
            SJMP LOOP2
LOOP1：     MOV A,R3
LOOP2：     DJNZ R2,LOOP    ;是否比较结束?
            MOV @R0,A       ;存最大数
            RET
```

2. 统计数据块中正数、0 和负数的个数的程序设计

【例 3-45】　从片内 RAM 中 30H 单元开始有 100 个数据，统计当中正数、0 和负数的个数，分别存放在 R5、R6、R7 中。

设用 R2 作计数器，用 DJNZ 指令对 R2 减 1 转移进行循环控制，在循环体外设置 R0 指针，指向片外 RAM 30H 单元，对 R5、R6、R7 清零，在循环体中用指针 R0 依次取出片外 RAM 中的 100 个数据，判断：如大于 0，则 R5 中的内容加 1；如等于 0，则 R6 中的内容加 1；如小于 0，则 R7 中的内容加 1。参考程序为：

```
            MOV R2,#100
            MOV R0,#30H
            MOV R5,#0
            MOV R6,#0
            MOV R7,#0
LOOP：      MOVX A,@R0      ;自片内 RAM 取一个数
            CJNE A,#0,NEXT1 ;该数为 0,顺序执行且 R6＋1,也可用 JZ 指令。
            INC R6
            SJMP NEXT3
NEXT1：     CLR C
            SUBB A,#0
            JC NEXT2        ;该数为负,转 NEXT2,R7＋1
            INC R5          ;不为负,则必为正数,R5＋1
            SJMP NEXT3
NEXT2：     INC R7
NEXT3：     INC R0
            DJNZ R2,LOOP    ;循环自片内 RAM 取数,直到 R2-1＝0 为止。
            SJMP $
```

141

3. 查找的程序设计

在表中查找关键字的操作，也称为数据检索。有两种方法，即顺序检索和对分检索，本书限于篇幅，仅就顺序检索作介绍。

要检索的表是无序的，检索时只能从第 1 项开始逐项查找，判断所取数据是否与关键字相等。

【例 3-46】　从 ROM 的 50 个字节无序表中查找一个关键字"xxH"。假设待查找的内容"xxH"存放在内部 RAM 的 30H 单元中，50 个字节的无序表在 ROM 中，表格首址在 DPTR 中，表格的字节数在 R1 中。找到时，OV＝0 且把地址送 R2、R3；未找到时，OV＝1 且把 R2、R3 清 0。

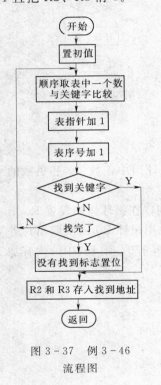

图 3-37　例 3-46
流程图

参考子程序为：

```
        ORG 1000H
        MOV 30H,＃xxH          ;关键字 xxH 送 30H 单元
        MOV R1,＃50            ;查找次数送 R1
        MOV A,＃14             ;修正值送 A
        MOV DPTR,＃TAB4        ;表首地址送 DPTR
LOOP:   PUSH Acc
        MOVC A,@A＋PC          ;查表结果送 A
        CJNE A,30H,LOOP1       ;(30H)不等于关键字则转 LOOP1
        CLR OV                 ;查到关键字,查找成功,OV＝0
        MOV R2,DPH             ;查到关键字,把地址送 R2,R3
        MOV R3,DPL
DONE:   RET
LOOP1:  POP Acc               ;修正值弹出
        INC A                 ;A＋1→A
        INC DPTR              ;修改数据指针 DPTR
        DJNZ R1,LOOP          ;R1≠0,未查完继续查找
        SETB OV               ;未查到,失败,OV＝1
        MOV R2,＃00H          ;R1＝0,R2 和 R3 清 0
        MOV R3,＃00H          ;表中 50 个数已查完
        AJMP DONE             ;从子程序返回
TAB4:   DB …,…,…             ;50 个无序数据表
```

4. 排序的程序设计

将一批数由小到大（升序）排列，或由大到小（降序）排列。

最常用的数据排序算法是冒泡法，是相邻数互换的排序方法，因其过程类似于水中气泡上浮，故称冒泡法。排序时，从前向后进行相邻两个数的比较，如果数据的大小次序与要求的顺序不符时，就将两个数互换；否则，顺序符合要求就不互换。

如果进行无符号数据的升序排序，应通过这种相邻数互换方法，使小数向前移，大数向后移。如此从前向后进行一次相邻数互换（冒泡），就会把这批数据的最大数排到最后，次大数排在倒数第二的位置，从而实现一批数据由小到大的排列。

假设有 7 个原始数据的排列顺序为 6、4、1、2、5、7、3。第一次冒泡的过程是：

6、4、1、2、5、7、3　　　;原始数据的排列

4、6、1、2、5、7、3　　　;逆序，互换

4、1、6、2、5、7、3	；逆序，互换
4、1、2、6、5、7、3	；逆序，互换
4、1、2、5、6、7、3	；逆序，互换
4、1、2、5、6、7、3	；正序，不互换
4、1、2、5、6、3、7	；逆序，互换，第一次冒泡结束

如此进行，各次冒泡的结果如下：

第 1 次冒泡结果：4、1、2、5、6、3、7

第 2 次冒泡结果：1、2、4、5、3、6、7

第 3 次冒泡结果：1、2、4、3、5、6、7

第 4 次冒泡结果：1、2、3、4、5、6、7 ；已完成排序

第 5 次冒泡结果：1、2、3、4、5、6、7

第 6 次冒泡结果：1、2、3、4、5、6、7

对于 n 个数，理论上应进行 $(n-1)$ 次冒泡才能完成排序，实际上有时不到 $(n-1)$ 次就已完成排序。例如，上面的 7 个数，应进行 6 次冒泡，但实际上第 4 次冒泡时就已经完成排序。

如何判定排序是否已经完成，就是看各次冒泡中是否有互换发生，如果有，则排序还没完成；否则就表示已经排好序。在程序设计中，常用设置互换标志的方法，用标志的状态表示是否有互换进行。

【例 3 - 47】 排序程序设计（冒泡法）。设内部 RAM 起始地址为 40H 的数据块中共存有 64 个无符号数，编制程序使它们按从小到大的顺序排列。

下面采用冒泡法进行编程排序，其程序流程图如图 3 - 38 所示。

以 R0 为首地址指针，R2、R3 中为内外循环的字节数，互换标志位 2FH.7（位地址 7FH），相比较的两个数据存放在 20H 和 21H 中。参考程序为：

```
        ORG 2000H
        MOV R0,#40H      ；数据区首地址送 R0
        MOV R3,#63H      ；设置外循环次数在 R3 中
LP0:    CLR 7FH          ；交换标志位 2FH.7 清 0
        MOV A,R3         ；取外循环次数
        MOV R2,A         ；设置内循环次数
        MOV R0,#40H      ；重新设置数据区首址
LP1:    MOV 20H,@R0      ；数据区数据送 20H 单元中
        MOV A,@R0        ；20H 内容送 A
        INC R0           ；修改地址指针(R0+1)
        MOV 21H,@R0      ；下一个地址的内容送 21H
        CLR C            ；Cy 清 0
        SUBB A,21H       ；前一个单元的内容与下一个单元的内容比较
        JC LP2           ；若有借位(Cy＝1)，前者小，转移到 LP2 处执行，
                         ；若无借位(Cy＝0)，前者大，不转移，往下执行
        MOV @R0,20H      ；前、后内容交换
        DEC R0
        MOV @R0,21H
        INC R0           ；修改地址指针(R0+1)
```

```
        SETB 7FH              ;置位交换标志位 2FH.7 为 1
LP2: DJNZ R2,LP1              ;修改内循环次数 R2(减少),若 R2≠0,则程序转到 LP1 处仍执行循环,
                             ;若 R2＝0,程序结束循环,程序往下执行
        JNB 7FH,LP3          ;交换标志位 2FH.7 若为 0,则转到 LP3 结束循环
        DJNZ R3,LP0          ;修改外循环次数 R3(减少),若 R3≠0,程序转到 LP0 处,执行仍循环,
                             ;若 R3＝0,程序结束循环,往下执行
LP3: SJMP $                  ;程序执行完,"原地踏步"
        END
```

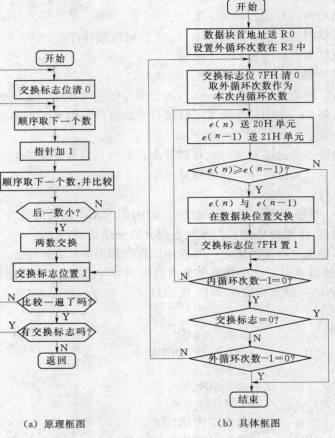

(a) 原理框图　　　　　　　　　　(b) 具体框图

图 3－38　单字节无符号数冒泡法程序流程图（升序排序）

5. 多字节算术运算的程序设计

【例 3－48】　多字节求补运算。假设在片内 RAM 的 30H 单元开始有一个 8 字节数据，对该数据求补，结果放回原位置。

在 MCS－51 系统中没有求补指令，只有通过取反末位加 1 得到。而当末位加 1 时，可能向高字节产生进位。因而在处理时，最低字节采用取反加 1，其余字节采用取反加进位，通过循环来实现。参考程序为：

```
ORG 2000H
MOV R2,＃08H
MOV R0,＃30H
```

```
        MOV A,@R0
        CPL A
        ADD A,#01
        MOV @R0,A
        DEC R2
LOOP:   INC R0
        MOV A,@R0
        CPL A
        ADDC A,#00
        MOV @R0,A
        DJNZ R2,LOOP
        END
```

【**例 3 - 49**】 双字节无符号数乘法。设被乘数存放在 R2、R3 寄存器中（R2 高位，R3 低位），乘数存放在 R6、R7 中（R6 高位，R7 低位），乘积存放在 R4、R5、R6、R7 寄存器中（R4 为高位，R7 为低位）。

先用一个具体例子来分析乘法的具体过程：设被乘数＝6，乘数＝5，相乘公式为：

$$
\begin{array}{r}
1\ 1\ 0\ (b_2\ b_1\ b_0) \\
\times\quad 1\ 0\ 1\ (c_2\ c_1\ c_0) \\
\hline
1\ 1\ 0 \\
0\ 0\ 0 \\
+\quad 1\ 1\ 0 \\
\hline
1\ 1\ 1\ 1\ 0
\end{array}
$$

把乘数（$c = c_2c_1c_0 = 101$）的每一位分别与被乘数（$b = b_2b_1b_0 = 110$）相乘，操作过程为：

（1）相乘的中间结果称为部分积，假设为 x，y（x 保存低位，y 保存高位），预设 $Cy = 0$，$x = 0$，$y = 0$。

（2）$c_0 = 1$，$x = x + b = b_2\ b_1\ b_0$。

（3）x、y 右移 1 位，$Cy \to x \to y \to Cy$，把 x 的低位移入 y 中，则 $x = 0\ b_2\ b_1$，$y = b_0$。

（4）$c_1 = 0$，$x = x + 000$。

（5）$Cy \to x \to y \to Cy$，$x = 00\ b_2$，$y = b_1\ b_0$。

（6）$c_2 = 1$，$x = x + b = 00\ b_2 + b_2b_1b_0 = 111$，$Cy = 0$，$y = b_1b_0 = 10$。

（7）右移 1 次：$Cy \to x \to y \to Cy$。

乘数的每一位都计算完毕，x 和 y 中的值合起来即为所求乘积。

由以上分析可见，对于 3 位二进制乘法，部分积 x、y 也是 3 位的，这种方法称为部分积右移计算方法。部分积右移算法归纳如下：

（1）将存放部分积的寄存器清 0，设置计数位数，用来表示乘数位数。

（2）从最低位开始，检验乘数的每一位是 0 还是 1，若该位是 1，部分积加上被乘数；若该位为 0，就跳过去不加。

（3）部分积右移 1 位。

（4）判断计数器是否为 0，若计数器不为 0，重复步骤（2），否则乘法完成。

部分积右移算法的程序流程图如图 3 - 39 所示。

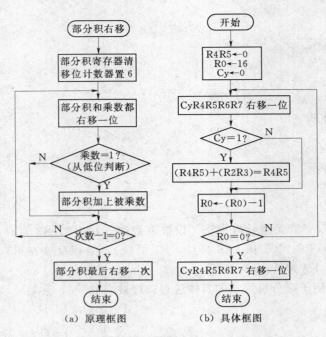

（a）原理框图　　　　（b）具体框图

图 3-39　部分积右移算法流程图

参考子程序为：

```
DMUL： PUSH ACC          ;保护现场
       PUSH PSW
       MOV R4,#0          ;部分积清 0
       MOV R5,#0
       MOV R0,#16         ;计数器清 0
       CLR C              ;Cy=0
NEXT： ACALL RSHIFT       ;部分积右移一位,Cy→R4→R5→R6→R7→Cy
       JNC NEXT1          ;判断乘数中相应的位是否为 0,若是,转移到 NEXT1
       MOV A,R5           ;否则,部分积加上被乘数(双字节加法)
       ADD A,R3
       MOV R5,A
       MOV A,R4
       ADDC A,R2
       MOV R4,A
NEXT1：DJNZ R0,NEXT       ;移位次数是否为 0,若不为 0 转移到 NEXT
       ACALL RSHIFT       ;部分积右移一位
       POP PSW            ;恢复现场
       POP ACC
       RET
;程序名:RSHIFT,功能:部分积右移一位
;入口参数:部分积 R4、R5、R6、R7,出口参数:Cy→R4→R5→R6→R7→Cy
RSHIFT：MOV A,R4
       RRC A              ;Cy→R4→Cy
```

```
MOV R4,A
MOV A,R5
RRC A                    ;Cy→R5→Cy
MOV R5,A
MOV A,R6
RRC A                    ;Cy→R6→Cy
MOV R6,A
MOV A,R7
RRC A                    ;Cy→R7→Cy
MOV R7,A
RET
```

6. 数据拼拆的程序设计

【例 3-50】 设在 30H 和 31H 单元中各有一个 8 位数据：（30H）＝$x_7x_6x_5x_4x_3x_2x_1x_0$、（31H）＝$y_7y_6y_5y_4y_3y_2y_1y_0$。现在要从 30H 单元中取出低 5 位，并从 31H 单元中取出低 3 位完成拼装，拼装结果送 40H 单元保存，并且规定：（40H）＝$y_2y_1y_0x_4x_3x_2x_1x_0$。

利用逻辑指令 ANL、ORL、RL 等来完成数据的拼拆。处理过程：将 30H 单元的内容高 3 位屏蔽；31H 单元内容的高 5 位屏蔽，高、低 4 位交换，左移 1 位；然后与 30H 单元的内容相或，拼装后放到 40H 单元。参考程序为：

```
ORG 0100H
MOV A,30H
ANL A,#00011111B
MOV 30H,A
MOV A,31H
ANL A,#00000111B
SWAP A
RL A
ORL A,30H
MOV 40H,A
END
```

7. 代码转换的程序设计

在计算机内部，任何数据最终都是以二进制形式出现的。但是人们通过外部设备与计算机交换数据采用的常常又是一些别的形式。例如标准的编码键盘和标准的 CRT 显示器使用的都是 ASCII 码；人们习惯使用的是十进制，在计算机中表示为 BCD 码等。因此，汇编语言程序设计中经常会碰到代码转换的问题，这里提供了 BCD 码、ASCII 码与二进制数相互转换的基本方法和子程序代码。

【例 3-51】 二进制数转换为 BCD 码。将累加器 A 中的二进制数 0～FFH 内的任一数转换为 BCD 码（0～255），转换后的 BCD 码存放在 B（百位）和 A（十位和个位）中。

BCD 码是每 4 位二进制数表示一位十进制数，本例所要求转换的最大 BCD 码为 255，表示成 BCD 码需要 12 位二进制数，超过了一个字节（8 位），因此我们把高 4 位存放在 B 的低 4 位，高 4 位清零；低 8 位存放在 A 中。

即（BA）＝ 0000 0010 0101 0101B。

转换的方法是将 A 中二进制数除以 100、10，所得商即为百、十位数，余数为个位数。参考子程序为：

```
BINBCD：PUSH PSW
        MOV B,♯100
        DIV AB          ;除法指令,A/B→商在 A 中,余数在 B 中
        PUSH ACC        ;把商(百位数)暂存在堆栈中
        MOV A,♯10
        XCH A,B         ;余数交换到 A 中,B=10
        DIV AB          ;A/B→商(十位)在 A 中,余数在 B(个位)中
        SWAP A          ;十位数移到高半字节
        ADD A,B         ;十位数和个位数组合在一起
        POP B           ;百位数存放到 B 中
        POP PSW
        RET
```

【例 3-52】　ASCII 码转换为二进制数。将累加器 A 中的十六进制数的 ASCII 码（0～9、A～F）转换成 4 位二进制数（0～F），转换后的结果还存放在 A 中。

在单片机汇编程序设计中主要涉及十六进制的十六个符号"0～F"的 ASCII 码同其数值的转换。ASCII 码是按一定规律表示的，数字 0～9 的 ASCII 码即为该数值加上 30H，而对于字母"A～F"的 ASCII 码即为该数值加上 37H。0～F 对应的 ASCII 码如下：

十六进制数（0～F）	0	1	2	3	4	5	6	7	8	9	A	B	C	D	E	F
ASCII 码（16 进制）	30	31	32	33	34	35	36	37	38	39	41	42	43	44	45	46

两者差为 30H　　　　　　　　两者差为 37H

参考子程序 1 为：

```
ASCBCD：PUSH PSW        ;保护现场
        PUSH B
        CLR C           ;清 Cy
        SUBB A,♯30H     ;ASCII 码减 30H
        MOV B,A         ;结果暂存 B 中
        SUBB A,♯0AH     ;结果减 10
        JC SB10         ;如果 Cy=1,表示该值≤9
        XCH A,B         ;否则该值>9,必须再减 7
        SUBB A,♯07H
        SJMP FINISH
SB10：   MOV A,B
FINISH：POP B           ;恢复现场
        POP PSW
        RET
```

参考子程序 2 为：

```
ASCBCD：PUSH PSW        ;保护现场
        CJNE A,♯0AH,LM3
LM3：   JNC LM1
```

```
            ADD A,#30H
            SJMP LM2
LM1：       ADD A,#37H
LM2：       POP PSW                ；恢复现场
            RET
```

【例 3-53】 二进制数转换为 ASCII 码。将累加器 A 中的一位 16 进制数（A 中低 4 位，x0H～xFH）转换成 ASCII 码，还存放在累加器 A 中。参考程序为：

```
BINASC：PUSH PSW          ；保护现场
        ANL A,#0FH        ；屏蔽掉高 4 位
        PUSH ACC          ；将 A 暂存到堆栈中
        CLR C             ；清 Cy
        SUBB A,#0AH        ；A-10
        JC LOOP           ；判断有否借位
        POP ACC           ；如果没有借位,表示 A≥10
        ADD A,#37H
        SJMP FINISH
LOOP：   POP ACC           ；否则 A<10
        ADD A,#30H
FINISH：POP PSW
        RET
```

8. 多分支转移（散转）的程序设计

散转程序是一种并行分支程序（多分支程序），它是根据某种输入或运算结果，分别转向各个处理程序。

散转程序可采用 4 种设计方法，下面分别举例说明：

（1）用查转移指令表法。采用分支转移指令 AJMP 与 LJMP，并按分支号转移。对 AJMP 指令应将分支序号乘以 2，转移范围为 2KB；对 LJMP 指令应将分支序号乘以 3，转移范围为 64KB。

先用无条件转移指令（AJMP 或 LJMP）按顺序构造一个转移指令表，执行转移指令表中的第 n 条指令，就可以转移到第 n 个分支，将转移指令表的首地址装入 DPTR 中，将分支信息 K 装入累加器 A 形成变址值。然后执行散转指令 JMP @A+DPTR 实现多分支转移（散转）。转移的地址最多为 256 个。

【例 3-54】 根据工作寄存器 R2 内容的不同，使程序转入相应的分支。

（R2）=0 对应的分支程序标号为 OPR0；

（R2）=1 对应的分支程序标号为 OPR1；

…

（R2）=127 对应的分支程序标号为 OPR127。

参考程序 1 为：

```
ORG 2000H
MOV A,R2
RL A                ；分支信息乘 2
MOV DPTR,#TAB       ；DPTR 指向转移指令表首址
```

```
        JMP @A＋DPTR          ;转向形成的散转地址
TAB: AJMP OPR0               ;转移指令表
     AJMP OPR1
     …
     AJMP OPR127
```

转移指令表中的转移指令是由 AJMP 指令构成。AJMP 指令的转移范围不超出 2KB 字节空间，如各分支程序比较长，在 2KB 范围内无法全部存放，应改为 LJMP（指令长度为 3 字节）。

参考程序 2 为：

```
     ORG 2000H
     MOV DPTR,＃TAB          ;DPTR 指向转移指令表首址
     MOV A,R2                ;分支信息放累加器 A 中
     MOV B,＃3
     MUL AB                  ;分支信息乘3
     XCH A,B
     ADD A,DPH               ;高字节调整到 DPH 中
     MOV DPH,A
     XCH A,B
     JMP @A＋DPTR            ;转向形成的散转地址
TAB: LJMP OPR0               ;转移指令表
     LJMP OPR1
     LJMP OPR2
     …
     LJMP OPR127
```

```
        首址
DPTR →3000H  10H
      3001H  20H
      3002H  40H
      3003H  60H
```
图 3-40　数据表格

（2）采用地址偏移量表实现的散转程序。它直接利用地址偏移量形成转移表。如果散转点较少，而且所有操作程序处在同一页（256B）内，则可以使用地址偏移量表的方法实现散转。其特点是程序简单、转移表短，转移表和处理程序可位于程序存储器的任何地方。数据见图 3-40。

【例 3-55】　有 BR0、BR1、BR2 和 BR3 共 4 个分支程序段，各分支程序段的功能依次是从内部 RAM256B 范围取数、从外部 RAM 低 256B 范围取数、从外部 RAM4KB 范围取数和从外部 RAM64KB 范围取数。并假定 R0 中存放取数地址低 8 位地址，R1 中存放高 8 位地址，而 R3 中存放分支序号值，要求按 R3 的内容转向 4 个操作程序。假定以 BRTAB 作差值表首地址，BR0 _ BRTAB～BR3 _ BRTAB 为差值。差值表＝分支入口地址－该表首址。

参考程序为：

```
程序:    MOV   A, R3         ;分支转移值送 A（如 R3＝2）
         MOV   DPTR,＃BRTAB  ;差值表首址（BRTAB＝3000H）
         MOVC  A, @A＋DPTR   ;查表 [A＋DPTR＝3002H,（A）＝40H]
         JMP   @A＋DPTR      ;转移（A＋DPTR＝3040H）
BRTAB:DB       BR0－BRTAB    ;差值表（＝10H）
      DB       BR1－BRTAB    ;      （＝20H）
      DB       BR2－BRTAB    ;      （＝40H）
```

入口地址：	DB	BR3-BRTAB	；　　　　（=60H）
3010H BR0:	MOV	A,@R0	；从内部 RAM 取数
	SJMP	BRE	
3020H BR1:	MOVX	A,@R0	；从外部 RAM 256B 取数
	SJMP	BRE	
3040H BR2:	MOV	A,R1	；从外部 RAM 4KB 取数
	ANL	A,#0FH	；高位地址取低 4 位
	ANL	P2,#0F0H	；清 P2 口低 4 位
	ORL	P2,A	；发高位地址
	MOVX	A,@R0	
	SJMP	BRE	
3060H BR3:	MOV	DPL,R0	；从外部 RAM64KB 取数
	MOV	DPH,R1	
	MOVX	A,@DPTR	；差值表=分支入口地址—该表首址
BRE:	SJMP	$	

（3）采用转向地址表的散转程序。前面讨论的采用地址偏移量表的方法，其转向范围局限于一页之内，在使用时，受到较大的限制。若需要转向较大的范围，可以建立一个转向地址表，即将所要转向的二字节地址组成一个表，在散转时，先用查表的方法获得表中的转向地址，并将该地址装入数据指针 DPTR 中，然后清除累加器 A，执行 JMP @A+DPTR 指令，便能转向到相应的操作程序中去。限于篇幅，举例从略。

（4）采用 RET 指令实现散转程序。用子程序返回指令 RET 实现散转。其方法是：在查找到转移地址后，不是将其装入 DPTR 中，而是将它压入堆栈中（先低位字节，后高位字节，即模仿调用指令）。然后通过执行 RET 指令，将堆栈中的地址弹回到 PC 中实现程序的转移。限于篇幅，举例从略。

本 章 小 结

本章主要介绍了 MCS-51 系列单片机指令的基本格式、指令符号，并给出了应用例子。同时介绍了汇编语言程序的设计方法，并就常用的延时、数码转换、查表、BCD 码加减法和数据排序等问题进行了程序设计分析。

习 题 与 思 考 题

3-1　MCS-51 指令系统中有哪几种寻址方式？对内部 RAM 的 0~7FH 的操作有哪些寻址方式？对 SFR 的操作有哪些寻址方式？

3-2　MOV、MOVC、MOVX 指令的区别。

3-3　执行下列指令序列后，将会实现什么功能？

（1）MOV R0,#20H
　　MOV R1,#30H
　　MOV P2,#90H
　　MOVX A,@R0
　　MOVX @R1,A

（2）MOV DPTR,#9010H
　　MOV A,#10H

　　　MOVC A,@A+DPTR

　　　MOVX @DPTR,A

(3) MOV SP,♯0AH

　　　POP 09H

　　　POP 08H

　　　POP 07H

(4) MOV PSW,♯20H

　　　MOV 00H,♯20H

　　　MOV 10H,♯30H

　　　MOV A,@R0

　　　MOV PSW,♯10H

　　　MOV @R0,A

(5) MOV R0,♯30H

　　　MOV R1,♯20H

　　　XCH A,@R0

　　　XCH A,@R1

　　　XCH A,@R0

3 - 4　指出下面的程序段的功能

(1) MOV DPTR,♯8000H

　　　MOV A,♯5

　　　MOVC A,@A+DPTR

(2) ORG 2000H

　　　MOV A,♯80H

　　　MOVC A,@A+PC

3 - 5　说明以下指令执行操作的异同。

(1) MOV R0,♯11H 和 MOV R0,11H

(2) MOV A,R0 和 MOV A,@R0

(3) ORL 20H,A 和 ORL A,20H

(4) MOV B,20H 和 MOV C,20H

(5) CLR A 和 MOV A,♯00H

3 - 6　执行下列指令序列后,累加器 A 与各标志 C、AC、OV、P 及 Z 各等于什么? 并说明标志变化的理由。

(1) MOV A,♯99H

　　　MOV R7,♯77H

　　　ADD A,R7

　　　DA A

(2) MOV A,♯77H

　　　MOV R7,♯AAH

　　　SUBB A,R7

3 - 7　MCS - 51 单片机布尔处理器硬件由哪些部件构成? 布尔处理器指令主要功能? 布尔处理机的位处理与 MCS - 51 的字节处理有何不同?

用布尔指令，求逻辑方程。

(1) PSW. 5＝P1. 3∧A$_{cc}$. 2∨B. 5∧P1. 1

(2) PSW. 5＝P1. 5∧B. 4∨A$_{cc}$. 7∧P1. 0

3－8 试分析下列程序的功能

```
        CLR   A
        MOV   R2,A
        MOV   R7,#4
LOOP:   CLR   C
        MOV   A,R0
        RLC   A
        MOV   R0,A
        MOV   A,R1
        RLC   A
        MOV   R1,A
        MOV   A,R2
        RLC   A
        MOV   R2,A
        DJNZ  R7,LOOP
```

3－9 指出下面子程序中每条指令的功能，画出程序框图，指出子程序 SSS 的功能。

```
SSS:   MOV R7, #4
       MOV R2, #0
SSL0:  MOV R0, #30H
       MOV R6, #3
       CLR C
SSL1:  MOV A, @R0
       RRC A
       MOV @R0, A
       INC R0
       DJNZ R6, SSL1
       MOV A, R2
       RRC A
       MOV R2, A
       DJNZ R7, SSL0
       RET
```

3－10 MCS－51 汇编语言重要伪指令有几条？它们分别具有哪些功能？

3－11 在内部 RAM 的 ONE 和 TWO 单元各存有一带符号 X 和 Y。试编程按下式要求运算，结果 F 存入 FUNC 单元。

$$
F=\begin{cases}
X＋Y & \text{若 X 位正奇数}\\
X∧Y & \text{若 X 位正偶数}\\
X∨Y & \text{若 X 位负奇数}\\
X＋Y & \text{若 X 位负偶数}\\
X & \text{若 X 等于零}
\end{cases}
$$

3-12　设变量 X 存入 VAR 单元，函数 F 存入 FUNC 单元，试编程按下式要求给 F 赋值。

$$F=\begin{cases} 1 & X \geqslant 20 \\ 0 & 20 \geqslant X \geqslant 10 \\ -1 & X < 10 \end{cases}$$

3-13　已知单片机的晶振频率为 12MHz，分别设计延时为 0.1s、1s 的子程序。

3-14　编程查找内部 RAM 的 32H～41H 单元中是否有 0AAH 这个数据，若有这一数据，则将 50H 单元置为 0FFH，否则将 50H 单元清零。

3-15　内部 RAM 从 20H 单元开始处有一数据块，以 0DH 为结束标志，试统计该数据块的长度，将该数据块送到外部数据存储器 7E01H 开始的单元，并将长度存入 7E00H 单元。

3-16　内部 RAM 从 DATA1 和 DATA2 单元开始处存放着两个等长的数据块，数据块的长度在 LEN 单元中。请编程检查这两个数据块是否相等，若相等，将 0FFH 写入 RESULT 单元，否则将 0 写入 RESULT 单元。

3-17　试编写一个子程序，其功能为将内部 RAM 中的 30H～32H 的内容左移 1 位，即：

CY ← [30H] ← [31H] ← [32H] ← 0

3-18　5 个双字节数，存放在外部 RAM 中的 barf 开始的单元中，求它们的和，并把和存放在 sum 开始的单元中，请编程实现。

3-19　试求内部 RAM30H～37H 单元中 8 个无符号数的算术平均值，结果存入 38H 单元。

3-20　试编写一个子程序，其功能为（R2R3）* R4→R5R6R7。

3-21　试编写一个子程序，将内部 RAM30H～4FH 单元的内容传送到外部 RAM 中 7E00H～7E1FH 单元。

3-22　从内部 RAM 缓冲区 buffin 向外部 RAM buffout 传送一个字符串，遇 9DH 结束，置 PSW 的 F0 位为"1"；或传送完 128 个字符后结束，并置 PSW 的 OV 位为"0"。

3-23　从 2030H 单元开始，存有 100 个有符号数，要求把它传送到从 20B0H 开始的存储区中，但负数不传送，试编写程序。

3-24　片外 RAM 区从 1000H 单元开始存有 100 个单字节无符号数，找出最大值并存入 1100H 单元中，试编写程序。

3-25　设有 100 个单字节有符号数，连续存放在以 2100H 为首地址的存储区中，试编程统计其中正数、负数、零的个数。

3-26　试编程把以 2040H 为首地址的连续 10 个单元的内容按升序排列，存到原来的存储区中。

3-27　试编写一个子程序，其功能为将 30H～32H 中的压缩 BCD 码，拆成 6 位单字节 BCD 码存放到 33H～38H 单元。

3-28　试编写一个子程序，其功能为将 33H～38H 单元的 6 个单字节的 BCD 码拼成 3 字节压缩 BCD 码存入 40H～42H 单元。

3-29　试编程将 R0 指向的内部 RAM 中 16 个单元的 32 个十六进制数，转换成 ASCII 码并存入 R1 指向的内部 RAM 中。

3-30　试设计一个子程序，其功能为将片内 RAM 20H～21H 中的压缩 BCD 码转换为二进制数，并存于以 30H 开始的单元。

第4章　Keil C51 程序设计

C 语言是一种常用的高级语言，其语言简洁、紧凑、使用方便灵活。用 C 语言编程容易实现程序的模块化与结构化，程序容易阅读、修改和移植。Keil C51 是目前最流行的 51 系列单片机 C 语言软件开发平台，具有程序的编辑、编译、连接、目标文件格式转换、调试和模拟仿真等功能，Keil 官网是 http：//www.keil.com。C51 是其中的一个编译器，它具有 ANSIC 标准 C 所有的功能，并针对 51 系列单片机的硬件特点做了扩展。本章首先介绍了 Keil μVision4 的使用方法，随后对标准 C 的基本语法做了概括性的介绍，重点阐述了 C51 对标准 C 所扩展的部分，并通过一些例程来介绍 C51 的程序设计思想，使具有标准 C 语言基础的读者能尽快掌握 C51 程序的编写方法。最后还对 C51 与汇编语言的混合编程作了介绍。

4.1　Keil C51 编程语言

目前 51 系列单片机编程的 C 语言都采用 Keil C51（简称 C51），Keil C51 是在标准 C 语言基础上发展起来的。

4.1.1　Keil C51 的简介

C 语言是美国国家标准协会（ANSI）制定的编程语言标准，1987 年 ANSI 公布 87 AN-SI C，即标准 C 语言。

Keil C51 语言是在 ANSI C 的基础上针对 51 单片机的硬件特点进行的扩展，并向 51 单片机上移植，经过多年努力，C51 语言已经成为公认的高效、简洁而又贴近 51 单片机硬件的实用高级编程语言。

目前大多数的 51 单片机用户都在使用 C51 语言来进行程序设计。用 C51 进行单片机软件开发，有如下优点：

（1）可读性好。C51 语言程序比汇编语言程序的可读性好，因而编程效率高，程序便于修改。

（2）模块化开发与资源共享。用 C51 开发出来的程序模块可以不经修改，直接被其他项目所用，这使得开发者能够很好地利用已有的大量的标准 C 程序资源与丰富的库函数，减少重复劳动。

（3）可移植性好。为某种型号单片机开发的 C 语言程序，只需将与硬件相关之处和编译连接的参数进行适当修改，就可以方便地移植到其他型号的单片机上。例如，为 51 单片机编写的程序通过改写头文件以及少量的程序行，就可以方便地移植到 PIC 单片机上。

（4）代码效率高。当前较好的 C51 语言编译系统编译出来的代码效率只比直接使用汇编语言低 20％左右，如果使用优化编译选项，效果会更好。

4.1.2 Keil C51 的开发环境

Keil C51 是德国 Keil software 公司开发的用于 51 系列单片机的 C51 语言开发软件。Keil C51 在兼容 ANSI C 的基础上，又增加很多与 51 单片机硬件相关的编译特性，使得开发 51 系列单片机程序更为方便和快捷，程序代码运行速度快，所需存储器空间小，完全可以和汇编语言相媲美。它支持众多的 MCS-51 架构的芯片，同时集编辑、编译、仿真等功能于一体，具有强大的软件调试功能，是众多的单片机应用开发软件中最优秀的软件之一。

Keil 公司目前已推出 V7.0 以上版本的 C51 编译器，为 51 单片机软件开发提供了全新的 C 语言环境，同时保留了汇编代码高效、快速的特点。现在，Keil C51 已被完全集成到一个功能强大的全新集成开发环境（IDE）μVision4 中，该环境下集成了文件编辑处理、编译链接、项目管理、窗口、工具引用和仿真软件模拟器以及 Monitor51 硬件目标调试器等多种功能，这些功能均可在 Keil μVision4 环境中极为简便地进行操作。

本章经常用到 Keil C51 和 Keil μVision4 两个术语。Keil C51 一般简写为 C51，指的是 51 单片机编程所用的 C 语言；而 Keil μVision4，可简写为 μVision4，指的是用于 51 单片机的 C51 程序编写、调试的集成开发环境。

μVision4 内部集成了源程序编辑器，并允许用户在编辑源文件时就可设置程序调试断点，便于在程序调试过程中快速检查和修改程序。此外，μVision4 还支持软件模拟仿真（Simulator）和用户目标板调试（Monitor51）两种工作方式。在软件模拟仿真方式下不需任何 51 单片机及其外围硬件即可完成用户程序仿真调试。

在用户目标板调试方式下，利用硬件目标板中的监控程序可以直接调试目标硬件系统，使用户节省购买硬件仿真器的费用。

4.1.3 Keil μVision4 的初步应用方法

使用汇编语言或 C 语言要用到编译器，以便把写好的程序编译为机器码，随后才能把 HEX 可执行文件写入单片机内。Keil μVision4 是众多单片机应用开发软件中最新、最优秀的软件之一，它支持众多不同公司的 MCS51 架构的芯片，甚至 ARM 系统，它集编辑、编译、仿真等多种功能于一体，它的界面和常用的微软 VC++ 的操作界面相似，人机交互友好，易学易用，在调试程序，软件仿真方面也有很强大的功能。因此，在本节将对 Keil μVision4 的使用加以介绍。

关于 Keil μVision4 软件的获得与安装，限于本书篇幅，请参见相关其他教程。

安装好后，尝试创建第一个 C 程序项目，即使没有单片机开发板或者 Proteus 仿真软件，我们也可以通过 Keil 软件看到程序运行的结果。运行 Keil μVision4 的首个页面如图 4-1 所示。

接着按下面的步骤建立第一个项目：

（1）在 Project 菜单，选择弹出的下拉式菜单中的 New Project，创建新的 μVision 项目。注意，这里的项目文件扩展名是 μvproj，即本

图 4-1 Keil μVision4 的启动画面

章的第一个项目文件名实 example801. µvproj。以后我们可以直接点击此文件以打开先前做的项目。

（2）选择所要的单片机，这里选择常用的 MCU 单片机芯片是 Ateml 公司的 AT89C51。此时屏幕如图 4-2 所示。AT89C51 的简要功能和特点，图中右边有简单的介绍，完成上面步骤后，就可以进行程序的编写了。

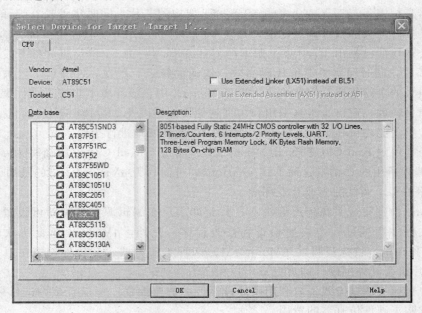

图 4-2　选择 MCU 单片机具体的芯片型号

（3）可在项目中创建新的程序文件或加入旧程序文件。以例 4-1 的串口输出字符串"Hello World!"程序为例，在 File 菜单的 New 或者是快捷键 Ctrl＋N，来创建 C 程序。

【例 4-1】　串口输出字符串"Hello World!"。

```
#include <AT89X51. H>
#include <stdio. h>
void main(void)
 {
    SCON = 0x50;          //串口方式1,允许接收
    TMOD = 0x20;          //定时器1定时方式2
    TCON = 0x40;          //设定时器1开始计数
    TH1 = 0xE8;           //11.0592MHz 1200 波特率
    TL1 = 0xE8;
    TI = 1;
    TR1=1;               //启动定时器
    while(1)
    {
    printf ("Hello World! \\n");//显示 Hello World!
    }
 }
```

这段程序的功能是不断从串口输出"Hello World!"字符，关于定时器和串口的设定与工作原理，见前续章节，而这里，作为本章的第一个举例程序，初学者先暂时不问程序中的语法和含义，仅掌握如何把它加入到 μVision 项目中和如何编译运行即可。

（4）保存新建的 C 语言程序，也可以用 File 菜单的 Save 或快捷键 Ctrl＋S 进行保存。如图 4-3 所示，把第一个程序命名为 example801.c，保存在项目所在的目录中。如图 4-3 所示，鼠标在屏幕左边 project 项目区域中的 Target 1 ，点击其左侧的＋号；然后，在 Source Group1 文件夹图标上右击弹出菜单，在这里可以实现在项目中增加减少文件等操作。点击 Add File to Group 'Source Group 1'弹出文件窗口，选择刚刚保存的 example801.c 文件，按 ADD 按钮，实现添加 example801.c 文件到项目工程，如图 4-4 所示；然后，点击 CLOSE 按钮，实现关闭文件窗口并退出。这时在 Target 1 项目文件夹下的 Source Group1 文件夹图标左边出现了一个小＋号说明，文件组中有了文件，点击它可以展开查看。

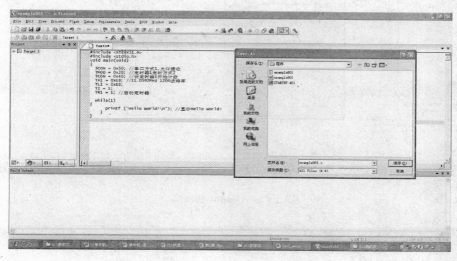

图 4-3 C 语言程序文件的建立

图 4-4 C 语言程序文件加入到项目文件组

（5）设置 Options for Target 'Target1'，在 Project 下拉菜单中或者在 Target 1 图标上点击右键，打开 Options for Target 'Target1'，弹出项目选项设置窗口。如图 4-5 所示，Output 选项页中"1"是选择编译输出的路径，"2"是设置编译输出生成的文件名，"3"则是决定是否要创建 HEX 文件，选中它就可以输出 HEX 文件到指定的路径中。Debug 选项页如图 4-6 所示，由于本章内容不涉及 Proteus 仿真和单片机开发板烧录，Debug 选项页中均保持如图显示的默认值即可。

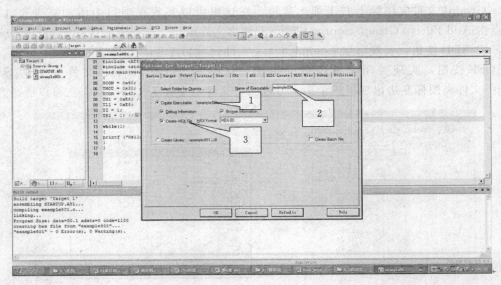

图 4-5　Output 选项页

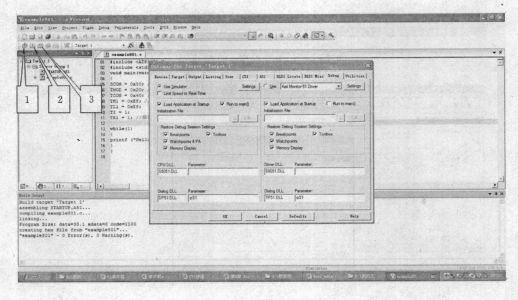

图 4-6　Debug 选项页

（6）项目的编译运行。见图 4-6 中"1"、"2"、"3"都是编译按钮。"1"是用于编译单个文件；"2"是编译当前项目，如果先前编译过一次之后文件没有做过编辑改动，这时再点击是不会再次重新编译的；"3"是重新编译，每点击一次均会再次编译链接一次，不管程序是否有改动。本举例的项目仅仅只有一个文件，按"1"、"2"或"3"中的任何一个都可以编译。编译的结果见图 4 - 7，若程序正确，则显示 0 个错误和 0 个警告。

```
Build Output
Build target 'Target 1'
assembling STARTUP.A51...
compiling example801.c...
linking...
Program Size: data=30.1 xdata=0 code=1100
creating hex file from "example801"...
"example801" - 0 Error(s), 0 Warning(s).
```

图 4 - 7　编译的结果

（7）进入调试模式，在下拉菜单 Debug 中 Start \ \ Stop Debug Session，或者，快捷键为 Ctrl＋F5，见图 4 - 8 中的"5"按钮。点击下拉菜单 Debug 中的 Run，或者，快捷键 F5，程序连续运行。显示内容见图 4 - 8，在此画面中同时打开了 Serial Windows，以观察字符串的输出情况。图中"1"为运行按钮，当程序处于停止状态时才有效；图中"2"为停止按钮，程序处于运行状态时才有效；图中"3"是复位按钮，模拟芯片的复位，程序回到最开头处执行。按图中的 Peripherals 下拉菜单中可以打开串行调试窗口，如图中"4"项所示。这个窗口可以看到从 51 芯片的串行口输入输出的字符，"Hello World!"。最后要停止程序运行回到文件编辑模式中，就要先按停止按钮，再按 Start \ \ Stop Debug Session 开启 \ 关闭调试模式按钮。然后，就可以进行关闭 Keil 软件等相关操作了。

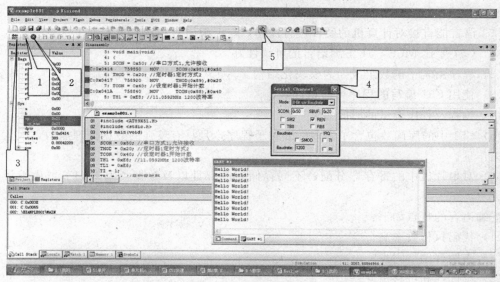

图 4 - 8　调试运行程序

至此，初步学习了 Keil μVision4 的项目文件创建、编译、运行和软件仿真的基本操作方法。建议读者在实践操作中举一反三，熟练掌握 Keil 软件工具中更多的使用方法和操作细节。

4.2　MCS – 51 单片机 C51 语言的程序设计基础

在单片机应用系统开发过程中，应用程序设计是整个应用系统开发的重要组成部分，它直接决定着应用系统开发周期的长短、性能。尽管采用汇编语言编写的应用程序可直接操纵系统的硬件资源，能编写出较高运行效率的程序代码，程序运行速度快。但因汇编语言学习困难、可读性差、修改调试困难，且编写比较复杂的数值计算程序非常复杂。因此，为了提高编制单片机系统和其应用程序的效率，改善程序的可读性和可移植性，最好采用高级语言编程，及类似于 C 语言的单片机开发语言。本章介绍 MCS – 51 单片机 C51 语言的基本编程技术和方法，与标准 C 语言相同的内容从略。同时，就 C51 语言在 MCS – 51 中的特殊用途做说明解释。

4.2.1　C51 与 MCS – 51 汇编语言的比较

无论是采用 C51 语言还是汇编语言，源程序都要转换成机器码，单片机才能执行。国内在 MCS 51 中使用的类 C 高级语言基本上都是采用 Keil C 语言，简称 C51 语言。它与传统的、通用的像 K&R（Kernighan 和 Ritchie）所著的 C 语言是有所区别的。对于用 C51 编制的程序，要经过编译器；而采用汇编语言编写的源程序要经过汇编器汇编后产生浮动地址作为目标程序，然后经过链接定位器生成十六进制的可执行文件。

用 MCS – 51 汇编语言编程时，需要考虑它的存储器结构，尤其要考虑其片内数据存储器与特殊功能寄存器的合理正确使用，及按实际地址处理端口数据。就是说编程者必须具体地组织、分配存储器资源和正确处理端口数据。

C51 语言能直接对计算机的硬件进行操作，与汇编语言相比它具有如下优点：

（1）C51 要比 MCS – 51 汇编语言的可读性好。

（2）程序由若干函数组成，为模块化结构。

（3）使用 C51 编写的程序可移植性好。

（4）编程及程序调试的时间短。

（5）C51 中的库函数包含了许多标准的子程序，且具有较强的数据处理能力，大大减少编程工作量。

（6）对单片机中的寄存器分配、不同存储器的寻址以及数据类型等细节可由编译器来管理。

汇编语言的特点如下：

（1）代码执行效率高。

（2）占用存储空间少。

（3）可读性和可移植性差。

使用 C51 编程，虽不像汇编语言那样要具体地组织、分配存储器资源和处理端口数据，但是对数据类型和变量的定义，必须与 MCS – 51 的存储器结构相关联，否则编译器就不能正确地映射定位。用 C51 编写的程序与标准 C 程序编写的不同之处必须根据 MCS – 51 的存储器结构以及内部资源定义相应的数据类型和变量。所以用 C51 编程时，如何定义与单片机相对应的数据类型和变量，是使用 C51 编程的一个重要问题。

4.2.2 C51 与标准 C 的主要区别

不同的嵌入式处理器的 C 编译系统与标准 C 的不同之处，主要是它们所针对的嵌入式处理器的硬件系统不同。Keil C51 的基本语法与标准 C 相同，但对标准 C 进行了扩展。深入理解 Keil C51 对标准 C 的扩展部分是掌握 Keil C51 的关键之一。

C51 与标准 C 的主要区别如下：

（1）头文件的差异。51 系列单片机厂家有多个，它们的差异在于内部资源如定时器、中断、I/O 等数量以及功能的不同，而对使用者来说，只需要将相应的功能寄存器的头文件加载在程序内，就可实现所具有的功能。因此，Keil C51 系列的头文件集中体现了各系列芯片的不同资源及功能。

（2）数据类型的不同。51 系列单片机包含位操作空间和丰富的位操作指令，因此 Keil C51 与 ANSI C 相比又扩展了 4 种类型，以便能够灵活地进行操作。

（3）数据存储类型的不同。C 语言最初是为通用计算机设计的，在通用计算机中只有一个程序和数据统一寻址的内存空间，而 51 系列单片机有片内、外程序存储器，还有片内、外数据存储器。标准 C 并没有提供这部分存储器的地址范围的定义。此外，对于 AT89C51 单片机中大量的特殊功能寄存器也没有定义。

（4）标准 C 语言没有处理单片机中断的定义。

（5）Keil C51 与标准 C 的库函数有较大的不同。

由于标准 C 的中的部分库函数不适于嵌入式处理器系统，因此被排除在 Keil C51 之外，如字符屏幕和图形函数。

有一些库函数可以继续使用，但这些库函数都必须针对 51 单片机的硬件特点来作出相应的开发，与标准 C 库函数的构成与用法有很大的不同。例如库函数 printf 和 scanf，在标准 C 中，这两个函数通常用于屏幕打印和接收字符，而在 Keil C51 中，它们主要用于串行口数据的收发。

（6）程序结构的差异。首先，由于 51 单片机的硬件资源有限，它的编译系统不允许太多的程序嵌套。其次，标准 C 所具备的递归特性不被 Keil C51 支持，在 C51 中，要使用递归特性，必须用 reentrant 进行声明才能使用。

但是从数据运算操作、程序控制语句以及函数的使用上来说，Keil C51 与标准 C 几乎没有什么明显的差别。如果程序设计者具备了有关标准 C 的编程基础，只要注意 Keil C51 与标准 C 的不同之处，并熟悉 AT89C51 单片机的硬件结构，就能够较快地掌握 Keil C51 的编程。

4.2.3 C51 数据类型与 MCS-51 的存储方式

1. C51 的字符集、标识符与关键字

C51 和任何高级语言一样，有规定的符号、词汇和语法规则。

（1）字符集和词汇。C51 的字符有数字 0~9，大小写的英文字母 A~Z 和 a~z，下划线和运算符等。由这些符号组成词汇，基本的词汇有标识符、关键字、运算符、常量等。

（2）标识符。标识符用于标识源程序中某一个对象的名称，对象可以是函数、变量、常量、数据类型、存储方式、语句等。标识符由字母或下划线开头，后跟字母或数字的符号组成，标识符的命名应简洁、含义清晰、便于阅读理解。C51 程序中大小写字母的标识符是指不同的对象。通常将全局变量、特殊功能寄存器名、常数符号等用大写表达；而一般的语句、函数或者是变量用小写表达。

（3）关键字。关键字是 C51 已定义的具有固定名称和特定含义的特殊标识符，又称保留字，源程序中用户自己命名的标识符不能和关键字相同。

以下是标准 C 规定的关键字：

auto break case char const ontinue default do double else enum extern float for goto if int long register return short signed static struct switch typedef union unsigned void volatile while

以下是 C51 扩展的关键字：

_ at _ alien bdata bit code compact data idata interrupt large pdata _ priority _ reentrant sbit sfr sfr16 small _ task _ using xdata

下面几个虽不属于关键字，但用户也不要在程序中随便使用：

Define undef include ifdef ifndef endif line elif

2. C51 常量与变量的数据类型

数据类型是数据的不同格式，数据按一定的数据类型进行的排列、组合、架构称为数据结构。C51 提供的数据结构是以数据类型的形式出现的，C51 编译器支持的数据类型有：位型（bit）、无符号字符型（unsigned char）、有符号字符型（signed char）、无符号整型（unsigned int）、有符号整型（signed int）、无符号长整型（unsigned long）、有符号长整型（signed long）、浮点型（float）、双精度浮点型（double）以及指针类型（point）等。

C51 编译器支持的数据类型、长度和数据的表示域如表 4－1 所示。

表 4－1　　　　　　　　　　　　　　　C51 编译器的数据类型

数据类型	长度（bit）	长度（byte）	数 据 表 示 域
bit	1	1/8	0，1
unsigned char	8	1	0～255
signed char	8	1	－128～127
unsigned int	16	2	0～65535
signed int	16	2	－32768～32767
unsigned long	32	4	0～4294967295
signed long	32	4	－2147483648～2147483647
float	32	4	$\pm1.176E-38\sim\pm3.40E+38$（6 位数字）
double	64	8	$\pm1.176E-38\sim\pm3.40E+38$（10 位数字）
指针类型	24	3	存储空间 0～65535

（1）常量。

1）整型常量。整型常量即整常数又称为标量，有 3 种表示形式：

a. 八进制整数：八进制整数必须以 0 开头后跟数字序列，数字的取值为 0～7，例如 0123，其值等于十进制整数 83。

b. 十六进制整数：十六进制照数必须以 0x 开头，后跟数字序列，数字的取值为 0～9、a～f，例如 0xaf，其值等于十进制整数 175。

c. 十进制整数：十进制整数是人类社会默认的计数体制，没有前缀。就是数字 0～9 的数字序列，例如 125，354 等。

在整常数的数字后面加 L，则表示该数据是长整型常数。例如 123L 等，其占据的存储空间长度由 2 个字节增长到了 4 个字节。

2）字符型常量。

a. 普通字符：普通字符常是用单引号括起来的字符，其值为 ASCII 编码，例如：'A'、'B'，都是合法的字符常量，查 ASCII 编码表（见附录 1），知道其值分别为 41H、42H。

b. 转义字符：转义字符是控制字符，用 '\字符或字符序列' 的方式来标记，表 4-2 为常用的转义字符。

表 4-2   常用转义字符及其含义

转 义 字 符	含 义	ASCII 码 （16/10 进制数）
\ 0	空字符 （NULL）	00H/0
\ n	换行符 （LF）	0AH/10
\ r	回车符 （CR）	0DH/13
\ t	水平制表符 （HT）	09H/9
\ b	退格符 （BS）	08H/8
\ f	换页符 （FF）	0CH/12
\ '	单引号	27H/39
\ "	双引号	22H/34
\\	反斜杠	5CH/92

3）字符串常量。字符串常量用双引号括起来的字符序列表示，例如："CHINA"、"8051" 都是合法的字符串常量，字符串常量所占的字节数为字符数再加一个字节（因为，在字符串的尾数要加一个结束符 NULL，即 '\0'）。

4）实型常量。实型数据用于表示实数，实型常数的一般格式为：

±整数部分 . 小数部分   或者加指数部分

例如：−0.123，123e10 等都是合法的实型常数。

（2）变量。

1）变量定义格式。51 系列单片机有内部 RAM、SFR、外部 RAM/IO、程序存储器等存储区域，为了能访问不同存储区域的变量，C51 对变量的定义增加了存储器类型说明。变量定义的一般格式为：

［存储种类］数据类型［存储器类型］ 变量名（或变量名表）；

定义格式中的方括号部分 ［］ 是可选项，可有可无。

例如：int x，y，z；//定义 x，y，z 三个整形变量，每个占据 2 字节；存储类型为 auto。

存储种类有：动态 （auto）、外部 （extern）、静态 （static） 和寄存器 （register）。若函数或复合语句中的局部变量定义中缺少存储种类说明，则默认为 auto 变量。

在前面的表 4-1 中已列出了 C51 所支持的基本数据类型。

2）整型变量。整型变量的类型符为 int，有以下 4 种：

a. 有符号基本整型   ［signed］int

b. 无符号基本整型   unsigned int

c. 有符号长整型   long ［int］

d. 无符号长整型   unsigned long ［int］

3）字符型变量。

　　a. 有符号字符型　　　　　　　　　　［signed］char

　　b. 无符号字符型　　　　　　　　　　unsigned char

　　4）实型变量。C51 支持单精度实型变量，长度为 4 字节，类型符为关键字 float，又称为浮点型。

　　此外，C51 除支持前面提到的基本数据类型外，还支持构造数据类型。构造的数据类型（如结构、联合等）可以包含表 4-1 中所列的所有数据变量类型作为该构造数据类型的成员。关于构造类型请见本书的"4.2.7 C51 构造数据类型"小节部分。

　　在 C 语言程序中的表达式或变量赋值运算式中，有时会出现与运算对象的数据类型不一致的情况，C51 允许任何标准数据类型之间的自动类型转换。自动类型转换一般的优先级别由低到高如下：

　　① bit → char → int → long → float

　　② signed int → unsigned int

　　其中，箭头方向表示数据类型级别的由低到高，自动类型转换时由低向高（即如上所示的从左到右）进行。一般来说，如果有几个不同类型的数据同时参加运算，先将低级别类型的数据转换成高级别类型，再作运算处理，并且运算结果为高级别类型数据。

　　3. C51 数据变量在 MCS-51 中的存储方式

　　对于 C 这样的高级语言，不管使用何种数据类型，虽然在程序中好像操作十分简单，但毕竟 C51 语言运行的平台是 MCS-51 单片机。所以，C51 编译器要用一系列机器指令对其进行复杂的数据类型处理。如果在程序中使用大量的、不必要的数据变量类型，这样会导致 C51 编译器相应地增加所调用的库函数的数量，从而明显增加程序长度和程序运行时间。另外，数据变量类型包含有符号和无符号两种，在编写程序时，如果使用了 signed 和 unsigned 两种数据类型，相应地也就要使用两种格式的库函数，这也将成倍增长占用的存储空间。因此，在实际编程时最好采用无符号型数据和尽量少的数据变量类型，这样将明显提高代码的运行效率。

　　（1）位型变量。用位型数据类型定义，位变量的值可以是 1（true）或 0（false）。与 MCS-51 特性操作有关的位变量必需定位在 MCS-51 片内 RAM 的位寻址空间中，比如在片内 RAM 的 20H～2FH 单元中。

　　（2）字符型变量。用无符号或有符号字符型数据类型定义，即字符变量长度为 1 byte，这很适合 MCS-51 系列单片机，也是在编程中最常用的变量类型。因为 MCS-51 系列单片机每次可处理的数据就是 8 位。

　　（3）整型变量。用无符号或有符号整型数据类型定义，占用 2 byte 存储空间。与 8080 和 8086CPU 系列不同，MCS-51 系列单片机整型变量存放在内存单元时，高位字节存放在低地址空间，低位字节存放在高地址空间。

　　例如：int x=0x1234;

　　设整型变量 x 的值为 0x1234，则 MCS-51 系列单片机在内存中的存放方式如图 4-9 所示。

　　（4）长整型变量。用无符号或有符号长整型数据类型定义，占用 4 byte 存储空间。

　　例如：int x=0x12345678;

　　设长整型变量 x 的值为 0x12345678，则 MCS-51 系列单片机在内存中的存放方式如

图 4-10 所示。

地址	...
+0	0x12
+1	0x34
+2	...

地址	...
+0	0x12
+1	0x34
+2	0x56
+3	0x78
+4	...

图 4-9　整型变量在
内存的保存方式

图 4-10　长整型变量在
内存的保存方式

（5）浮点数量。根据数据小数点位置是否固定，数的表示方法可分为定点表示和浮点表示，相应的机器数就叫做定点数和浮点数。定点数就是小数点在数中的位置是固定不变的，上面提到的 4 种数据都可以归纳为定点数。而浮点数则是小数点的位置是浮动的。通常，对于任意一个二进制数 X，都可表示成：

$$X = 2^E \times M$$

式中：M 表示全部有效数字，称之为数 X 的尾数；E 为数 X 的阶码，它指明了小数点的位置；2 是阶码的底。M 和 E 均为用二进制表示的数，它们可正可负。阶码常用补码表示法，尾数常为原码表示的纯小数。当 E 值可变时，表示是浮点数。

浮点型变量用浮点型数据类型定义，占用 4 byte 存储空间。它用符号位表示数的符号，用阶码和尾数表示数的大小。C51 的浮点变量使用格式与 IEEE-754 标准有关，为 24 位精度，尾数的高位始终为"1"，因而不保存，位的分布如下：

1）1 位符号位。

2）8 位阶码指数位。

3）23 位尾数。

符号位为最高位，尾数为最低位，32 位按字节在内存中的存储顺序如图 4-11 所示。

地址	+0	+1	+2	+3
内容	MMMMMMMM	MMMMMMMM	EMMMMMMM	SEEEEEEE

图 4-11　浮点型变量在内存中按字节存储格式
S—符号位；1—负数；0—正数；E—阶码；M—23 位尾数，最高位为"1"

对于变量的定义 C51 允许使用缩写形式来定义，其方法是在源程序开头位置使用 #define 语句定义缩写形式。例如：

```
#define uchar unsigned char
#define uint unsigned int
```

这样，在其下面的程序语句就可以用 uchar 代替 unsigned char，用 uint 代替 unsigned int 来定义变量，从而节省书写时间和减少书写错误。如：

```
uchar x;        /* 定义变量 x 为无符号字符型变量 */
uint y;         /* 定义变量 y 为无符号整型变量 */
```

4. C51 数据的存储类型与 MCS‐51 单片机的存储关系

(1) C51 数据的存储类型。C51 是面向 MCS‐51 系列单片机及其硬件控制系统的开发工具，它所定义的任何数据类型都必须以一定的存储类型的方式定位于 MCS‐51 系列单片机的某一存储区中。这样，我们首先要对 MCS‐51 系列单片机的存储器结构比较熟悉。在 MCS‐51 系列单片机中，程序存储器与数据存储器是严格分开的，且都分为片内和片外两个独立的寻址空间，特殊功能寄存器（SFR）与片内 RAM 统一编址，数据存储器与 I/O 口统一编址，这是 MCS‐51 系列单片机与一般微机存储器结构不同的显著特点。

C51 完全支持 MCS‐51 系列单片机的硬件结构，可完全访问 MCS‐51 系列单片机硬件系统的所有部分。C51 变量的存储类型可以由关键字直接声明指定，C51 编译器通过将变量、常量定义成不同的存储类型的方法，将它们定位在不同的存储区中。

C51 存储类型与 MCS‐51 系列单片机实际存储空间的对应关系如表 4‐3 所示。

表 4‐3　　　　　　　　　　C51 存储类型与 MCS‐51 实际存储空间的对应关系

存储类型	与 MCS‐51 系列单片机存储空间的对应关系	备　　注
data	直接寻址片内数据存储区，访问速度快	片内 RAM 的 00H～7FH 区域
bdata	位寻址片内数据存储区，允许位与字节混合访问	片内 RAM 的 20H～2FH 区域
idata	间接寻址片内数据存储区，可访问片内全部 RAM，用@R0，@R1 间接访问	片内全部 RAM，即 00H～0FFH 区域
pdata	由 MOVX @R0，@R1 间接访问	分页寻址片外数据存储区，每页 256 字节，即 00H～0FFH 区域
xdata	由 MOVX @DPTR 访问的片外数据存储区，64KB 空间	外部 64K RAM 0000H～0FFFFH 区域
code	程序存储区，64KB 空间，由 MOVC @DPTR 访问	外部 64K ROM 0000H～0FFFFH 区域

C51 存储类型及其数据长度和值域范围如表 4‐4 所示。

表 4‐4　　　　　　　　　　C51 存储类型及其数据长度和值域范围

存 储 类 型	长度（bit）	长度（byte）	值 域 范 围
data	8	1	0～255
bdata	8	1	0～255
idata	8	1	0～255
pdata	8	1	0～255
xdata	16	2	0～65535
code	16	2	0～65535

访问片内数据存储器（data、idata、bdata）比访问片外数据存储器（xdata）相对要快很多，其中尤其以访问 data 型数据为最快。因此，可将经常使用的变量置于片内数据存储器中，而将较大以及很少使用的数据单元置于外部数据存储器中。

带存储类型的变量定义的一般格式为：

数据类型　存储类型　变量名

例如：

```
char data var1;              /* 字符变量 var1 定义为 data 存储类型 */
bit bdata flags;             /* 位变量 flags 定义为 bdata 存储类型 */
float idata x;               /* 浮点变量 x 定义为 idata 存储类型 */
unsigned int pdata var2;     /* 无符号整形变量 var2 定义为 pada 存储类型 */
unsigned char xdata vector[10][4];/* 无符号字符数组变量 vector[i][j]定义为 xdata 存储类型 */
```

（2）C51 存储模式。在程序设计时，有经验的程序员一般会给定存储类型，如果用户不对变量的存储类型定义，则 C51 编译器自动选择默认的存储类型，默认的存储类型由编译器的编译控制命令的存储模式部分 SMALL、COMPACT 和 LARGE 来决定。

存储模式决定了变量的默认存储器类型、参数传递区和无明确存储区类型的说明，存储器模式说明如表 4-5 所示。

表 4-5　　　　　　　　　　　　　存 储 器 模 式 说 明

存储器模式	说　　　明
SMALL	默认的存储类型为 data，参数及局部变量放入可直接寻址的片内 RAM 中。另外，所有对象（包括堆栈），都必须嵌入片内 RAM 中
COMPACT	默认的存储类型为 pdata，参数及局部变量放入分页的外部 RAM，通过@R0 或@R1 间接访问，堆栈空间位于片内 RAM 中
LARGE	默认的存储类型为 xdata，参数及局部变量放入外部 RAM，使用数据指针 DPTR 来进行寻址，用此指针访问效率较低。堆栈空间也位于外部 RAM 中

C51 允许在变量类型定义之前指定存储模式。书写格式上，定义 data char x 与定义 char data x 是等价的，但应尽量使用后一种方法。

在 C51 中有两种方法来指定存储模式，例如，以下为两种方法来指定 COMPACT 模式：

方法 1：在编译时指定。如使用命令 C51 PROC. C COMPACT
方法 2：在程序的第一句加预处理命令 ♯ pragma compact

当然由于 C51 支持混合模式，所以一般在编程时很少指定存储模式，而是在定义变量的同时指定存储模式。如 char data x，就表示为在片内 RAM 中定义字符型变量 x。

5. MCS-51 特殊功能寄存器（SFR）及其 C51 定义方法

（1）MCS-51 系列单片机中，除了程序计数器 PC，片内 RAM 低 128 个字节空间和 4 组工作寄存器组外。其他所有的寄存器均为特殊功能寄存器（SFR），离散地分布在片内 RAM 高 128 个字节中，地址范围为 80H～0FFH。SFR 中地址为 8 的倍数的寄存器具有位寻址能力。为了能直接访问 SFR，C51 编译器提供了一种与标准 C 语言不兼容，而只适用于对 MCS-51 系列单片机进行 C 语言编程的 SFR 定义方法，其定义 8 位 SFR 语句的一般格式为：

sfr sfr _ name = int constant;

最前面的 "sfr" 是定义特殊功能寄存器的关键字，其后在 sfr _ name 处必须是一个 MCS-51 系列单片机真实存在的 SFR 名，"＝" 后面必须是一个整型常数，不允许带有运算符的表达式，该整型常数是特殊功能寄存器 SFR "sfr _ name" 在内存单元中的实际字节地址，这个常数的取值必须在 SFR 地址范围（80H～0FFH）内。当然 sfr _ name 的字符名称可以任意设置，只要"＝"后边的常数值正确就行，但最好用与在汇编语言中的名字相同。例如：

　　sfr SCON = 0x98;　　/* 设置 SFR 串行口寄存器地址为 98H */
　　sfr TMOD = 0x89;　　/* 设置 SFR 定时器/计数器方式控制器地址为 89H */

　　注意：再次强调，SFR 的地址不是任意设置的，它必须与 MCS-51 系列单片机内部定义的完全相同，因 MCS-51 系列单片机的 SFR 的数量与类型不尽相同，况且一般而言每一个 C51 源程序都会要用到 SFR 的设置，所以一般把 SFR 的定义放入一个头文件中，如 C51 编译器自带的头文件"reg51.h"就是为了设置 SFR 的。用户可以根据具体的单片机型号对该文件进行增删或修改。

　　另外，在新的 MCS-51 单片机中，有些 SFR 在功能上组合为 16 位的值，当 SFR 的高字节地址直接位于低字节之后时，对 16 位的 SFR 可以直接进行访问。采用关键字用"sfr16"来定义，其他的与定义 8 位 SFR 的方法相同，只是"＝"后面的地址必须用 16 位 SFR 的低字节地址，即 16 位 SFR 的低地址作为"sfr16"的定义地址，其高位地址在定义中没有体现。但应注意，这种定义方法只适用于所有新的 SFR，不能用于定时器/计数器 0 和 1 的定义。在 89C52 单片机中有额外的定时器 T2，比如：

　　1) sfr16 T2 = 0xCC;　　/* 定义正确；定时器 T2 的低 8 位 TL2 地址为 0CCH，高 8 位 TH2 地址为 0CDH */
　　2) sfr16 T0 = 0x8A;　　/* 定义错误；尽管该指令的本意可能是定义定时器 T0 的低 8 位 TL0 地址为 08AH，高 8 位 TH0 地址为 08CH，但不能用来定义定时器/计数器 0，正确的对定时器/计数器 0 的定义见下面的指令 */
　　3) sfr TH0 = 0x8C;　　/* 定义定时器/计数器 0 的高位地址 */
　　sfr TL0 = 0x8A;　　/* 定义定时器/计数器 0 的低位地址 */

　　对定时器/计数器 1 的定义也应与定时器/计数器 0 的定义方法相同。

　　SFR 的 sfr_name 被定义后，就可以像普通变量一样用赋值语句进行赋值从而改变对应的 SFR 的值。

　　(2) 由于 SFR 中地址为 8 的倍数的寄存器具有位寻址能力，那能否也像汇编语言一样能逐一访问这些 SFR 的位呢？是的，在 C51 中规定了支持 SFR 位操作的定义，当然这也是与标准 C 语言不兼容的，使用"sbit"来定义 SFR 的位寻址单元。定义 SFR 的位寻址单元的语法格式有 3 种：

　　1) 第 1 种格式：sbit bit_name = sfr_name ^ int constant

　　这是一种最常用也是最直观的定义方法。这里"sbit"是关键字，其后在 bit_name 处必须是一个 MCS-51 系列单片机真实存在的某 SFR 的位名，"＝"后面在 sfr_name 处必须是一个 MCS-51 系列单片机真实存在的 SFR 名，且必须是已定义过的 SFR 的名字，"^"后的整型常数是寻址位在 SFR "sfr_name"中的位号，取值范围为 0~7。例如：

　　sfr PSW = 0xD0;　　/* 先定义程序状态字 PSW 的单元地址为 0D0H */
　　sbit OV = PSW^2　　/* 定义溢出标志 OV 为 PSW.2，位地址映像为 0D2H */
　　sbit CY = PSW^7　　/* 定义进位标志 CY 为 PSW.7，位地址映像为 0D7H */

　　2) 第 2 种格式：sbit bit_name = int constant ∧ int constant

　　与第 1 种格式不同的是在第一种格式中的 sfr_name 处用 SFR 的地址代替，这样，定义 SFR 的那条语句就可省略了。例如：

sbit OV = 0xD0^2   /* 定义溢出标志 OV，是单元地址 0D0H 的第 2 位，位地址映像为 0D2H */
sbit CY = 0xD0^7   /* 定义进位标志 CY，是单元地址 0D0H 的第 7 位，位地址映像为 0D7H */

这里用单元地址 0xD0 代替了 PSW，同时定义 PSW 的语句就可省略。

3）第 3 种格式：sbit bit _ name = int constant

这里直接定义 SFR 的位寻址单元的位地址映像地址。例如：

sbit OV = 0xD2   /* 直接定义溢出标志 OV，位地址映像为 0D2H */
sbit CY = 0xD7   /* 直接定义进位标志 CY，位地址映像为 0D7H */

bit _ name 通过定义以后就可以当作普通位变量进行存取了。

（3）MCS-51 位变量及其 C51 定义方法

C51 编译器提供了一种与标准 C 语言不兼容，而只适用于对 MCS-51 系列单片机进行 C 语言编程的"bit"数据类型用来定义位变量，其具体定义方法说明如下：

1）位变量的 C51 定义的方法。C51 通过"bit"关键字来定义位变量，一般格式为：

bit bit _ name;

例如：

bit sflag;   /* 将 sflag 定义为位变量 */

2）C51 程序函数的参数及返回值。C51 程序函数可包含类型为"bit"的参数，也可以将其作为返回值。例如：

bit func(bit b0，bit b1)   /* 位变量 b0、b1 作为函数的参数 */
{
    …
    return(b1);   /* 变量 b1 作为函数的返回值 */
}

注意，使用编译器伪指令♯pragma disable（加于某函数的前一行，是该函数在执行期间不被中断；这条控制伪指令只对其后的一个函数有效）或包含明确的寄存器组切换（using n)的函数不能返回位值，否则编译器将会给出一个错误信息。

3）对位变量的限制。位变量不能说明为指针和数组。例如：

bit * ptr;   /* 用位变量定义指针，错误 */
bit b_array[];   /* 用位变量定义数组，错误 */

在定义位变量时，允许定义存储类型，位变量都被放入一个位段，此段总位于 MCS-51 系列单片机片内 RAM 中，因此其存储类型限制为 data 或 idata，如果将其定义成其他类型都将在编译时出错。

对位变量的操作也可以采用先定义变量的数据类型和存储类型，其存储类型只能为 bdata，然后采用"sbit"关键字来定义可独立寻址访问的对象位。例如：

bdata int ibase;   /* 定义 ibase 为 bdata 存储类型的整型变量 */
bdata char bary[4];   /* 定义 bary[4]为 bdata 存储类型的字符型变量 */
sbit ibase0 = ibase^0;   /* 定义 ibase0 为 ibase 变量的第 0 位 */

```
sbit ibase15 = ibase^15;          /* 定义 ibase15 为 ibase 变量的第 15 位 */
sbit bary07 = bary[0]^7;          /* 定义 bary07 为 bary[0]数组元素的第 7 位 */
sbit bary36 = bary[3]^6;          /* 定义 bary36 为 bary[3]数组元素的第 6 位 */
```

对采用这种方式定义的位变量既可以位寻址又可以字节寻址。例如：

```
bary36 = 1;                       /* 位寻址,给 bary[3]数组元素的第 6 位赋值为 1 */
bary[3] = 'a';                    /* 字节寻址,给 bary[3]数组元素赋值为'a' */
```

注意，可独立寻址访问的对象位的位置操作符（"^"）后的取值依赖于位变量的数据类型，即对于 char/unsigned char 型为 0～7，对 int/unsigned int 型为 0～15，对 long/unsigned long 型为 0～31。

4.2.4　MCS-51 并行接口及其 C51 定义方法

MCS-51 系列单片机片内有 4 个并行 I/O 口（P0～P3），因这 4 个并行 I/O 口都是 SFR，故这 4 个并行 I/O 口的定义采用定义 SFR 的方法。另外，MCS-51 系列单片机在片外可扩展并行 I/O 口，因其外部 I/O 口与外部 RAM 是统一编址的，即把一个外部 I/O 口当作外部 RAM 的一个单元来看待。

利用绝对地址访问的头文件 absacc.h 可对不同的存储区进行访问。该头文件的函数有：

```
CBYTE    （访问 code 区字符型）
DBYTE    （访问 data 区字符型）
PBYTE    （访问 pdata 区或 I/O 口字符型）
XBYTE    （访问 xdata 区或 I/O 口字符型）
```

另外，还有 CWORD、DWORD、PWORD、XWORD 4 个函数，它们的访问区域同上，只是访问的数据类型为 int 型。

对于片外扩展的 I/O 口，根据硬件译码地址，将其看作片外 RAM 的一个单元，使用语句 #define 进行定义。例如：

```
#include <absacc.h>                /* 必须要,不能少 */
#define PORTA XBYTE [0xFFC0]       /* 定义外部I/O口 PORTA 的地址为外部 RAM 的 0FFC0H */
```

当然也可把对外部 I/O 口的定义放在一个头文件中，然后在程序中通过 #include 语句调用，一旦在头文件或程序中通过使用 #define 语句对片外 I/O 口进行了定义，在程序中就可以自由使用变量名（如 PORTA）来访问这些外部 I/O 口了。

4.2.5　C51 的运算符和表达式

C 语言的运算符有以下几类：算术运算符、逻辑运算符、位操作运算符、赋值运算符、条件运算符、逗号运算符、求字节数运算符和一些特殊运算符。用运算符和括号将运算对象（也称为操作数）连接起来并符合 C 语法规则的式子称为表达式；C 语言有算术表达式、赋值表达式、逗号表达式、关系表达式、逻辑表达式等。

C 运算符的优先级有 15 级（具体内容见相关通用 C 语言书籍），在表达式求值时，按运算的优先级由高至低的次序运算（例如先乘除后加减），若在一个运算分量的两侧出现两个相同优先级的运算待时，则按运算符的结合性处理。有的运算符具有左结合特性，按自左至右的次序计算；有的运算符具有右结合特性，按自右至左的次序运算。

例如：公式 x－y＋z：y 两侧的"－""＋"运算符具有相同优先级，都具有左结合性，因此先计算 x－y，后计算＋z，相当于（x－y）＋z。

1. 算术运算符和算术表达式

（1）算术运算符。

1）＋（加）、－（减）、＊（乘）、/（除）运算符。都是双目运算符，即有两个量参与运算，都具有左结合特性；另外，两个整数相除结果为整数。

2）％（求余数运算符，也称模运算）运算符。为双目运算符，参与运算的两个量都必须是整型数，结果为两数相除以后的余数。

3）＋（取正）、－（取负）运算符。都是单目运算符，具有右结合特性，取正的含义是取运算分量的值，取负的含义是取运算分量符号相反的值。

4）＋＋（自增 1）、－－（自减 1）运算符都是单目运算符，都具有右结合特性，它们只能用于变量的加 1 或减 1，＋＋、－－运算符可放在变量之前或变量之后，其含义有细微的差别：

（a）＋＋i；－－j；　　　／＊ 先使变量自 i 加 1；变量自 j 减 1，后使用变量 i，j ＊／

（b）i＋＋；j－－；　　　／＊ 先使用变量 i，j，后使变量 i 自加 1，使变量 j 自减 1 ＊／

（2）算术表达式。由算术运算符、括号将运算对象连接起来的式子称为算术表达式。

例如：a、b、x、y 都是整型变量，则下式

a＋b、a＊2/x、（x＋y）＊8 都是算术表达式

2. 位运算符和位运算

位运算符的功能是对数据进行按位运算，使之能对单片机的硬件直接进行位操作，位运算符只能用于字符型和整型数据，不能用于浮点数。C51 共有以下 6 种位运算符。

（1）按位与运算符 ＆。参与运算的两个数据按位进行逻辑与运算，仅当两个数据的对应位都为 1 时，结果的相应位为 1；否则结果为 0。其功能相当于 51 系列的 ANL 逻辑与指令。

利用按位与操作，可以使变量的某些位清零。例如：

P1＝P1＆0xfe；　　　／＊清零 P1.0 ＊／

（2）按位或运算符 ｜。参与运算的两个数据按位逻辑或运算，只要两个数据的对应位中有一个为 1，结果的相应位为 1；仅当对应位都为 0 时，结果才为 0。功能相当于 51 系列的 ORL 逻辑或指令。

利用按位或操作，可以使变量的某些位置 1。例如：

P1＝P1｜0x1；　　　／＊ 置位 P1.0 ＊／

（3）按位异或 ˆ。参与逻辑运算的两个数据对应位相同时，结果的相应位为 0；不同时结果为 1。功能相当于 51 指令 XOR 逻辑异或指令。利用按位逻辑异或运算可以使变量的某些位求反。例如：

P1＝P1ˆ1；　　　／＊使 P1.0 求反，而 P1 的其他位保持不变 ＊／

（4）按位取反运算符 ～。按位取反运算符～是单目运算符，其功能是使一个数据的各个位求反。例如：无符号整型变量 a＝0x7ff0，则：

　　b＝～a;　　/＊ 使 b 的值为 0x800f ＊/

　　（5）左移运算符 ＜＜。其功能是将一个数的各位左移若干位，高位溢出舍去，低位补充 0。例如：一个无符号整型变量 a 乘于 2^n（n＜16），可用左移 n 位实现：

　　b＝a＜＜4;　　/＊ 其功能是使 b 等于 a 乘以 16 ＊/

　　（6）右移运算符 ＞＞。其功能是将一个数据的各位右移若干位，对于无符号整数高端移入 0，低端移出舍去；如果是有符号整数，高端移入原来数据的符号位，其右端移出位被舍去。对于无符号整型变量除以 2^n（n＜16），可用右移 n 位实现。

　　b＝a＞＞4;　　/＊ 其功能是使 b 等于 a 除以 16 ＊/

　　3. 赋值运算符和赋值表达式

　　（1）赋值运算符和赋值表达式。赋值运算符的符号为 "＝"，其优先级别很低，仅仅高于最低优先级别的 "," 逗号运算符。由赋值运算符将一个变量和一个表达式连起来称为赋值表达式，其一般形式为：

　　变量＝表达式;

　　其功能是将表达式的值赋给变量，例如：

　　unsigned int a，b，x，y;　　　　　　　/＊ 定义变量 a、b、x、y ＊/
　　x＝a＋b;　　　　　　　　　　　　　/＊ a＋b 的值赋给 x ＊/
　　y＝a&b;　　　　　　　　　　　　　/＊ 将 a 和 b 按位逻辑与，结果赋给 y ＊/

　　赋值运算符具有右结合特性，因此 a＝b＝c＝5; 等价于 a＝（b＝（c＝5））;

　　如果赋值运算符两边的数据类型不相同，编译器自动将右边表达式值的类型转换为和左边变量相同的类型。

　　（2）复合赋值运算符及表达式。在赋值运算符 "＝" 的前面加上其他双目运算符，就构成复合赋值运算符。c 的复合赋值运算符有如下十种：

　　＋＝、－＝、＊＝、/＝、%＝、＜＜＝、＞＞＝、&＝、^＝、｜＝

　　由复合运算符将一个变量和表达式连起来也构成赋值表达式。一般形式为：

　　变量 双目运算符＝ 表达式;

　　例如：

　　a＋＝3;　　　　　等价于　　　　　a＝ a＋3;
　　x＊＝y＋8;　　　　等价于　　　　　x＝x＊（y＋8）;
　　x%＝3;　　　　　等价于　　　　　x＝x%3;

　　4. 逗号运算符和逗号表达式

　　"," 逗号是 C 的一种特殊运算符，其功能是把几个表达式连接起来，组成（逗）号表达式，一般形式为：

　　表达式 1，表达式 2，…，表达式 n;

　　逗号表达式的功能是依次计算表达式 1，表达式 2，…，表达式 n 的值，整个逗号表达式的值为表达式 n 的值。例如：

　　i＝0，j＝3;

　　依次将 0 赋值给 i，3 赋值给 j，整个表达式值为 3。

另外，逗号表达式在 for（；；）循环控制语句中用于对循环变量的初始化。

4.2.6 C51 语句和结构化程序设计

1. C51 语句和程序结构

C51 语句是计算机执行的操作命令，一条语句以分号结尾（注意：程序中的变量、函数声明部分尽管不是语句，但也以分号结尾）。从程序流程分析，程序主要有顺序结构、选择结构和循环结构这样三种最基本的结构。而 C 语句有表达式语句、复合语句、控制语句、空语句和函数调用语句等。

2. 表达式语句、复合语句和顺序结构程序

表达式语句的一般形式为如下：

例如：x＝y＋z;   /＊赋值语句 ＊/
　　　i＋＋;   /＊自增 1 语句 ＊/

顺序结构程序由按先后顺序执行的多个语句组成，在 C 语言中，常常将按顺序执行的多条语句用花括号 {} 括起来构成复合语句，复合语句中每个语句以分号结尾，复合语句花括号后不再加分号。而没有内容，只有分号，不执行任何操作的语句称为空语句。像赋值语句那种不包含其他语句的语句，称为简单语句。通常用复合语句描述顺序结构程序。例如实现两个变量值交换的复合语句为：

{ int x,y,temp;   /＊变量定义,不是语句 ＊/
  temp＝x;   /＊3个顺序执行的赋值语句,实现 x 和 y 变量互换 ＊/
  x＝y;
  y＝temp;
}

3. 选择语句和选择结构程序

（1）关系运算符和关系表达式。比较两个量的大小关系的运算符称为关系运算符，关系运算符有 6 种：＜（小于）、＜＝（小于等于）、＞（大于）、＞＝（大于等于）、＝＝（等于）、!＝（不等于）。

关系运算符都是双目运算符，都具有左结合特性。

关系表达式的一般形式为：

表达式 1 关系运算符 表达式 2

例如：a＞b，(a＋b)＜(c−d) 等都是关系表达式。

关系表达式的结果取值为 1（真）或 0（假）。

（2）逻辑运算符和逻辑表达式。逻辑运算符有 &&（逻辑与）、||（逻辑或）、!（逻辑非）这样 3 种。

1）逻辑与表达式：表达式 1 && 表达式 2

当表达式 1 和表达式 2 的值都是非零时，表达式的值为 1，否则为 0。

2）逻辑或表达式：表达式 1 || 表达式 2

当表达式 1 和表达式 2 的值中，只要有一个为非零，则表达式的值为 1，否则为 0。

3）逻辑非表达式：! 表达式

当表达式值为 0 时，逻辑非表达式为 1；表达式值为 1 时，逻辑非表达式值为 0。

（3）if 语句。if 语句用来判定所给的条件是否满足来决定执行的两种可能操作之一。if 语句有 3 种形式。

1）if（表达式）语句；

括号中的表达式一般为关系表达式或逻辑表达式。当表达式的值为非零时，则执行语句；否则，不执行语句。语句可以是简单语句或复合语句。

例如：

if（RI＝＝1）
{ RI＝0；　　　　　　　　/＊ 若 RI＝1 则清零 RI，读接收缓冲器 ＊/
 SIO＿IN＝SBUF；}　　　/＊ SIO＿IN 为已定义的字符型全局变量 ＊/

2）if（表达式）语句 1；
else　　　　　　　　语句 2；

当括号中的表达式值为非零时执行语句 1；否则，执行语句 2。其中的语句 1 和语句 2 可以是简单语句或复合语句。

例如：

if（RI＝＝1）
{RI＝0；　　　　　　　/＊若 RI＝1，清零 RI，读 SBUF＊/
 SIO＿N＝SBUF；
}
else
{TI＝0；　　　　　　　/＊否则，清零 TI，对 SBUF 写＊/
 SBUF＝SIO＿OUT；/＊在串行中断中，非 RI 中断，即 TI 中断，所以不判 TI 状态＊/
}

3）if（表达式 1）　　　　语句 1；
else if（表达式 2）　　　语句 2；
else if（表达式 3）　　　语句 3；
　　　　　　：
else if（表达式 n）　　　语句 n；
else　　　　　　　　　语句 n＋1；

这种形式的 if 语句可以实现多种条件的选择。

在第 2 和第 3 种 if 语句中，应注意 if 和 else 的配对，else 总是和最近的 if 配对。在 ifelse语句中可以再包含 ifelse 语句，构成 if－else 语句的嵌套。

（4）条件表达式。在 if（表达式）语句 1；else 语句 2；这种形式中，若语句 1、语句 2 都是给同一个变量赋值，则可以用更加简洁的条件表达式来实现。条件表达式的一般形式为：

表达式 1？表达式 2：表达式 3

条件表达式求解时，先求表达式 1 的值，若非零（即表达式 1 为真），则求解表达式 2 的值，并作为整个条件表达式的值；如果表达式 1 的值为零（即表达式 1 为假），则求解表达式 3 的值，并作为整个条件表达式的值。例如：

if（a＞b）max＝a；　　　　/＊ 取 a、b 中的大值赋给 max ＊/

else   max=b;

可以改写为条件表达式：

max=(a>b)?   a:b;   /* (a>b)? a: b 是条件表达式。a>b 成立 max=a; 否则 max=b */

（5）switch 语句。switch 语句是直接处理多分支的选择语句，其功能类似于 51 的散转指令 JMP @A+DPTR。一般形式为：

```
switch（表达式）
{ case 常量表达式 1：   语句 1；
  case 常量表达式 2：   语句 2；
         :
  case 常量表达式 n：   语句 n；
  default：   语句 n+1；
}
```

switch 语句中的表达式一般为整型或字符型表达式，当表达式的值和某一个 case 后的常量表达式 i 相同时，就执行对应的语句 i，语句 i+1，…，语句 n+1。若要使各种情况互相排斥，只执行语句 i，应在每个语句后加上退出循环的语句 break；若表达式和所有的常量表达式不匹配，则执行语句 n+1。同时要求在 switch 语句中所有的常量表达式必须不同。

【例 4-2】 若在一个应用系统中设置 5 个单字符命令：A、F、G、W、Z。变量 SIO_IN 为串行口输入的字符。要求设计一个程序，若 SIO_IN 为合法的命令字符求出其命令号（0~4），非法字符则置为 0FFH。设 SIO_IN、CMD_N 为已定义的无符号字符型变量，则程序如下：

```
switch( SIO_IN)    /* SIO_IN 为输入字符变量 */
{ case 'A':    CMD_N=0；  break；        /* CMD_N 为命令号 */
  case 'F':    CMD_N=1；  break；
  case 'G':    CMD_N=2；  break；
  case 'W':    CMD_N=3；  break；
  case 'Z':    CMD_N=4；  break ；
  default：    CMD_N=0xff；
}
```

4. 循环语句和循环结构程序

（1）while 语句。while 语句的一般形式为：

while（表达式）语句；

其中，（）内的表达式为循环条件，一般为关系表达式或逻辑表达式，语句为循环体，可以是简单语句、复合语句或空语句。while 语句执行过程如图 4-12（a）所示。

【例 4-3】 求 S=1+2+3+…+100 和的程序，请用 while 循环来实现：

```
#include <stdio.h>
void main()
{unsigned int s=0;            /* 定义变量并初始化 */
 unsigned char i=1;
```

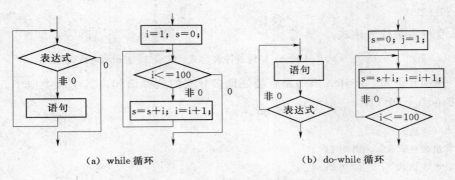

（a）while 循环　　　　　　（b）do-while 循环

图 4-12　while 不同结构的执行过程图

```
while (i<=100)
{
    s+=i;                  /* 循环体为复合语句 */
    i++;                   /* 修改循环变量 */
}
printf("s=%d\n",s);
}
```

（2）do-while 语句。do-while 语句的一般形式为：

```
do
{语句;}               /* 循环体,可以是简单语句或复合语句 */
while（表达式）;      /* 其后分号不可少,表达式为关系表达式或逻辑表达式 */
```

do-while 语句先执行循环体语句，再求解表达式值，判断是否退出循环。do-while 语句执行过程如图 4-12（b）所示。

【例 4-4】 求 S=1+2+3+…+100 和的程序，请用 do-while 循环来实现：

```
#include <stdio. h>
void main()
{   int i,s;
    i=1;s=0;
    do
    {
      s=s+i;
      i=i+1;
    } while(i<=100);
    printf("s=%d\\n",s);
}
```

【例 4-5】 P1.1 输出 16 次跳变，产生 8 个脉冲，P1.1 初态为 0，则程序如下：

```
{
unsigned char i=0;          /* 定义循环控制变量i;并初始化为 0 */
do{
P1= P1^0x02;                /* P1.1求反,P1 口其他位不变 */
```

```
        i++;                    /* 修改循环控制变量 */
      } while (i<16);           /* ；号不可省 */
```

（3）for 语句。for 语句的一般形式为：

for（表达式1；表达式2；表达式3）语句；

for 语句的执行过程如图 4-13 所示。循环程序由循环变量初始化、循环体、修改循环变量、判断循环终止条件等部分组成，上面的 while、do-while 语句循环变量初始化放在语句的前面，而循环变量的修改放在循环体中。而 for 语句具有循环程序的所有部分，可以理解为：

for（循环变量赋初值；循环条件；循环控制变量修改）

｛语句｝/* 循环体，可以是简单语句、复合语句或空语句*/

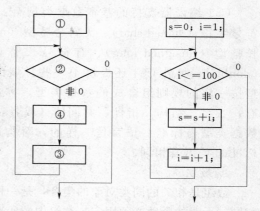

图 4-13 for 语句循环结构图

for 语句中的表达式 1 可以有几个表达式，表达式之间用逗号分开（，号表达式）。表达式 1 也可以省略，但分号（；）不可省。如果表达式 2 省略（；号不可以省）则不判断条件，无限循环，表达式 3 也可省略，此时应在循环体中增加修改循环控制变量的语句。

【例 4-6】 用 for 语句实现 S=1+2+3+…+100 的程序。

```
1) { unsigned int s;          /* 标准形式 */
     unsigned char i;
     for (i=1, s=0; i<=100; i++) s+=i;
   }
2) { unsigned int s=0; /* 省表达式1 */
     unsigned char i=1;
     for (; i<=100; i++) s+=i;
   }
3) { unsigned int s;          /* 缺省表达式3 */
     unsigned char i;
     for (i=1, s=0; i<=100;)
     {s+=i; i++;              /* 循环体中修改变量 i */}
   }
```

另外，for（；；），其功能相当于 SJMP $，即无限次循环。

（4）goto 语句、break 语句和 continue 语句。

1）goto 语句为无条件跳转语句，一般形式为：

goto 语句标号；/* goto 语句尽量少用 */

2）break 语句用来从循环体中跳出循环体，终止整个循环。一般形式为：

Break；

3）continue 语句用于循环体中，其功能为跳过本次循环中尚未执行的语句，继续下次循环，而不终止整个循环，一般形式为：

Continue；

4.2.7　C51 构造数据类型

C51 编译器支持的基本数据类型有：位型（bit）、无符号字符（unsigned char）、有符号字符（signed char）、无符号整型（unsigned int）、有符号整型（signed int）、无符号长整型（unsigned long）、有符号长整型（signed long）、浮点（float）、双精度浮点（double），另外 C51 还提供了一些扩展的数据类型，它们是由 C51 支持的基本数据类型按一定的规则组合成的数据类型，称之为构造数据类型。C51 支持的构造数据类型有：数组、结构、指针、共同体（或者，也称为联合）、枚举等。其实 C51 支持的构造数据类型与标准 C 语言是一样的，对构造数据类型的定义、引用以及运算的规则也与标准的 C 语言相同。

1. 数组

数组是相关的同类对象的集合，是一种构造类型的变量。数组中各元素的数据类型必须相同，元素的个数必须固定，数组中的元素按顺序存放，每个元素对应于一个序号（称为下标），各元素按下标存取。数组元素下标的个数由数组的维数确定，一维数组有一个下标，二维数组有两个下标，多维数组以此类推。这里仅仅介绍常用的一维数组。

（1）一维数组的定义。C51 数组定义中增加了存储器类型选项，定义的格式如下：

数据类型［存储器类型］数组名［常量表达式］；

数据类型指定数组中元素的类型，［存储器类型］选项可指定存放数组的存储器类型，数组名是一个标识符，其后的方括号是数组的标志，方括号内的常量表达式指定数组元素的个数。

例如：在外部 RAM 中定义一个存放 20 个学生成绩的数组：

unsigned char xdata student _ score ［20］；

又如在程序存储器中定义一个 LED 显示的字符型数据表数组：

unsigned char code SEG _ TAB ［ ］ = ｛0x3f，0x6，0x5b，0x4f，0x66，0x6d，0x7d，0x7，0x7f，0x6f｝；

/ * 0～9 数码管字形表，这里列出了所有数组元素值，常量表达式 * /

（2）一维数组的引用。数组必须先定义以后才能引用，只能逐个引用数组中的元素，不能一次引用整个数组。如上面举例中定义了学生成绩的数组 student _ score，数组元素 student _ score ［i］ 代表相应学号的学生成绩，可以分别存取和引用。下面的程序是统计 80 分以上，60 分～80 分，60 分以下的学生人数的程序。

【例 4 - 7】　统计某班学生成绩中 80 分以上，60 分～80 分，60 分以下人数的程序。

```
{ unsigned char i=0, score_A=0, score_B=0, scroe_F=0;
for( ;i<20; i++)
  {
  if( student_score[i]>80) score_A++;          / * score_A 统计 80 分以上学生人数 * /
  else if( student_score[i]>=60) score_B++;  / * score_B 统计 60～80 分之间学生人数 * /
  else score_F++;                             / * score_F 统计 60 分以下学生人数 * /
  }
}
```

（3）一维数组的初始化。在定义数组时如果给所有的元素赋值，可以不指定数组元素的个数，但数组标志方括号不可省。

在定义数组时只给部分或全部元素赋值，例如：

unsigned char a [5] = {1, 2, 3}; /* a [0] =1, a [1] =2, a [2] =3, a [3] =a [4] =0, 有 5 个元素 */

unsigned char a [ ] = {1, 2, 3}; /* a [0] =1, a [1] =2, a [2] =3, 有 3 个元素 */

定义数组时使全部元素初值为 0，例如：

char b [5] = [0, 0, 0, 0, 0]; 或 char b [5] = {0};

2. 结构体的定义与引用

结构是另一种构造类型数据。通过使用结构可以把一些数据类型可能不同的相关变量结合在一起，给它们一个共同的名称，以方便编程。

（1）定义结构类型。定义结构类型的一般形式为：

```
struct 结构类型名 {          /* struct 为结构类型关键字 */
  成员表列                   /* 对各个成员数据类型声明 */
};                          /* 分号不能省略 */
```

例如：定义包含年、月、日的结构类型：

```
struct date {
unsigned int year;           /* 3 个成员的数据类型声明 */
unsigned char month;
unsigned char day;
};                              /* ; 号不可省略 */
```

（2）定义结构类型变量。

1）定义结构类型以后，再定义这种结构类型的变量。一般形式为：

结构类型名［存储器类型说明］结构变量名表；

如前面已经定义了 struct date 结构类型，接着可以再定义属于这种结构类型的变量。例如：

struct date birth _ day, works _ day;

这样就定义了生日、工作日期两个属于 date 结构的变量，关键词 struct 不能少。

2）在定义结构类型时同时定义结构变量，一般形式为：

```
struct 结构类型名
{
  成员表列
} 变量名表列;
```

例如：

```
struct date
{                              /* 结构体类型声明 */
  unsigned int year;
```

```
        unsigned char month;
        unsigned char day;
} birth_day, works_day;        /* 定义了这种结构类型的两个变量 */
```

3）直接定义结构类型变量

这种定义方法就是在上一种方法中省去了结构类型名 date。

例如：

```
Struct {                        /* 结构体类型声明 */
        unsigned int year;
        unsigned char month;
        unsigned char day;
} birth_day, works_day;    /* 定义了这种结构类型的两个变量 */
```

（3）结构变量的引用。对结构变量的成员只能一个一个引用。引用结构变量成员的方法有两种：

1）用结构变量名引用结构成员，其形式为：

结构变量名 . 成员名

例如：birth_day. year＝1960；

2）用指向结构的指针引用成员，其形式为：

指针变量名－＞成员名

例如：birth_day－＞year＝1960；

3. 联合的定义与引用

联合也称为共用体，联合中的成员是几种不同类型变量，它们共用一个存储区域，任意瞬间只能存取其中的一个变量，即一个变量被修改了，其他变量原来的值也就消失了。

（1）定义联合类型和联合类型变量。联合类型和联合类型变量可以一起定义，也可以像结构那样先定义联合类型，再定义属于这种联合类型的变量。联合类型和变量一起定义的形式为：

```
union 联合类型名 {
成员表列
} 变量名表；
```

如果同一个数据要用不同的表达方式，可以定义为一个联合类型变量。例如：有一个双字节的系统状态字，有时按字节存取，有时按字存取，则可定义下述联合类型变量：

例如：

```
union status {                        /* 定义联合类型 */
        unsigned char status [2];
        unsigned int status_val;
        } io_status, sys_status;    /* 同时定义了两个联合变量 io_status, sys_status */
```

（2）联合类型变量成员引用。联合类型变量成员的引用方法类似于结构类型变量成员的引用：变量名 . 成员名

例如：io_status. status_val＝0；

io _ status. status〔0〕=0x80；

因为 MCS-51 系列单片机的最大外部数据存储空间只有 64KB，所以应尽量少用或不用构造类型数据。

4. 指针

在 C 语言中，把存放数据的地址称为指针，把存放数据地址的变量称为指针变量。一般的数据变量表示存储单元内容，而指针变量表示存储单元的地址。利用指针变量访问数据对象类似于用 DPTR 间接寻址一样地方便。

（1）定义指针变量。指针变量也必须先定义后使用，C51 指针变量定义的一般形式为：

基类型〔存储器类型〕* 指针变量名表；

1）基类型说明了所定义的指针变量所能指向的数据对象类型（不能指向其他类型）。

2）使用〔存储器类型〕选项，称为存储器类型指针，只能指向这种存储器类型的变量，保存指针变量的长度为 2 字节或 1 字节。缺省〔存储器类型〕选项的指针变量称为普通指针变量，可以访问任何类型存储器中的数据对象，保存普通指针变量需 3 字节。

3）* 为定义指针变量的标志。

4）指针变量名也是一个标识符，如果定义多个指针变量，变量名之间用逗号分隔。

例如：int * ptr0 / * ptr0 为普通指针，可指向任何存储空间的整形变量 * /

具体到在 C51 中，不仅有指向一般变量的指针，还有指向各种构造数据类型成员的指针。C51 编译器支持“基于存储器”的指针和“通用指针”两种指针类型。

a. 基于存储器的指针。基于存储器的指针以存储类型为参量，在编译时确定。用这种指针可以高效地访问指针指向单元的内容。这类指针的长度为 1 个字节（idata * ，data * ，pdata * ）或 2 个字节（code * ，xdata * ）。例如：

char xdata * px；/ * px 只能指向 xdata 区的字符变量 * /

表示在定义了一个指向在 xdata 存储空间的字符型变量的指针变量 px，注意指针变量名是 px，而不是 * px。至于指针自身的存放位置是在默认存储区（具体在哪个存储区由存储器模式决定），指针变量 px 的长度为 2 字节（0～0xFFFF）。

b. 通用指针。凡是在指针定义时未对指针指向的对象存储空间进行修饰说明的，编译器都使用 3 个字节的通用指针。一个通用指针可以访问任何变量而不管它在 MCS-51 哪个存储空间的什么位置。通用指针只在编译和连接/定位时才把存储空间代码和地址填入预留的 3 个字节中。

通用指针包括 3 个字节，其中 1 个字节为存储类型，另 2 个字节为偏移地址。存储类型决定了对象所占用的 MCS-51 存储空间，偏移地址指向实际地址。有关通用指针的字节分配、存储类型编码以及通用指针到具体存储空间的定位如表 4-6、表 4-7 和图 4-14所示。

表 4-6 通用指针的字节分配

地　址	+0	+1	+2
地址保存内容	存储器类型	偏移地址高位字节	偏移地址低位字节

表 4-7　　　　　　　　　　　　　　　通用指针的存储器类型编码

存储器类型	idata	xdata	pdata	data	code
编码值	1	2	3	4	5

注　使用以上存储器类型编码值以外的值可能会导致不可预测的程序动作。

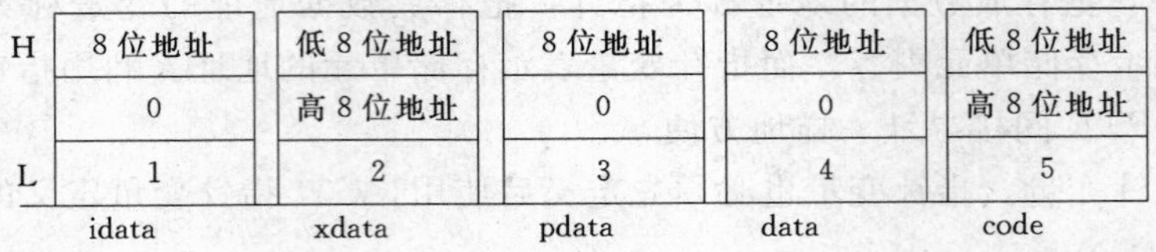

H　8 位地址	低 8 位地址	8 位地址	8 位地址	低 8 位地址
0	高 8 位地址	0	0	高 8 位地址
L　1	2	3	4	5
idata	xdata	pdata	data	code

图 4-14　通用指针定位到具体存储空间

例如，以 xdata 类型的 0x1030 地址为指针的通用指针的字节分配如下：

地　　址	+0	+1	+2
地址保存内容	2	0x10	30

（2）指针变量的引用。

1）取变量的地址赋给指针变量。C51 中的单目运算符 &，是取变量地址的运算符，用 & 可以将变量的地址赋给一个指针变量。

例如，将变量的地址赋给相应指针变量。

```
    int ＊ ptr0        /＊ptr0 为普通指针，可指向任何存储空间的整形变量＊/
int xdata x：              /＊ x 为 xdata 区的整型变量＊/
    ptr0＝ &x；       /＊将变量 x 或 y 的地址赋给 ptr0＊/
```

2）引用指针变量间接访问所指向的变量。C51 中指针运算符 ＊，为单目运算符，也称间接访问运算符，它可以用指针变量间接访问所指向的变量。例如，在 1）中已经定义过了 ptr0＝&x，则 ＊ ptr0 就是指的变量 x。

3）指针变量的加减 1。指针变量的加减 1 是使指针变量指向下一个或上一个变量。所以，指针变量加减 1，其步进是加减数据类型的长度。例如：

Ptr0＋＋ /＊ 整形变量占据了两个字节，因此，ptr0 指针的值是加了 2 ＊/

4.2.8　C51 函数与中断函数

C 语言是函数式语言，C 源程序中有一个主函数 main（），由主函数调用其他函数，程序的功能是由函数完成的。C51 提供丰富的库函数，只要在源文件开头包含相应的头文件，就可以调用库函数，也允许用户自己定义函数。

1. 函数的定义

定义一个函数的一般形式如下：

［类型说明符］函数名（形参表列）

〈声明部分

　语句〉

（1）类型说明符。类型说明符指定函数执行结果返回值的数据类型，若没有返回值可用 void 表示或缺省。

（2）函数名。函数名为一个标识符，主函数用 main，其他函数按函数的功能取名。

（3）形参表列。函数名后括号内的形参表列相当于子程序的入口参数，是主调函数传送给被调用子函数的参数及类型，形参可以是整型、字符型或数组元素等变量，也可以是地址指针，形参可以有一个或几个（用'，'号分开），也可以没有，但函数名后的函数标志括号（ ）不可省略。

（4）函数体。花括号内的声明部分和语句称为函数体，函数的功能是由函数体完成的，有返回值的函数必须有一个或几个 return 语句。花括号内的声明和语句也可以没有，此时称为空函数，什么也不执行。

【例 4-8】 求两个整型变量中的大数

```
int max(int x,int y)
{ int z;                /* 变量声明 */
 z=x>y? x : y;/* 条件语句,判断 x 和 y 变量中的大数,赋值给变量 z */
 return z;
}
```

2. 函数的调用

（1）函数调用的一般形式。函数调用的一般形式为：

函数名（实参表列）

实参的个数、顺序、数据类型必须和函数定义中的形参一一对应，参数之间用"，"号分开。若没有参数传递可省略（ ）内的实参表列，但函数标志括号不能省略。

（2）函数调用方式。

1）函数调用语句：这种方式适用于无参数传递的函数。

例如：

inil _ sys（）;/* 调用无参数的初始化程序 */

2）函数表达式：例如：c=2 * max（a, b）;

3）函数参数：例如：m=max（a, max（b, c））;

（3）对被调用函数的声明。如果调用自定义函数，应该在主调函数的源文件开头对被调函数作声明（函数原型），使编译系统对调用函数的合法性进行检查，如果主调函数和被调函数不在同一个文件中，在声明中加 extern（表示调用外部函数）。函数声明的一般形式为：

［extern］类型说明符 函数名（形参表列）;

例如：　　　 int max （int x, int y）;　　　　 /* 在同一文件中 */
　　　　　　　 extern int max （int x, int y）;　　 /* 不在同一文件中 */

如被调函数位于调用函数之前，可以省去该函数声明。

3.C51 函数的参数传递

C51 支持用工作寄存器传递参数，最多可以传 3 个参数，也可以通过固定存储区来传速参数。表 4-8 和表 4-9 列出了参数传递中寄存器使用情况。

表 4-8   寄存器传递函数参数

参数序号	char	int	Long or float	一般指针
1	R7	R6、R7	R4～R7	R1～R3
2	R5	R4、R5		
3	R3	R2、R3		

表 4-9   函 数 返 回 值

返回类型	返回的寄存器	说　　明
bit	C	在进位标志中返回
(unsigned) char	R7	在 R7 中返回
(unsigned) int	R6、R7	返回值高位字节在 R6 中，低位字节在 R7 中
(unsigned) long	R4～R7	返回值高位字节在 R4 中，低位字节在 R7 中
float	R4～R7	32 位 IEEE 格式，指数和符号位在 R7 中
指针	R1、R2、R3	R3 中放存储器类型，高位地址在 R2 中，低位地址在 R1 中

4. 中断函数

C51 提供以调用中断函数的方法处理中断，编译器在中断入口产生中断向量，当中断发生时，跳转到中断函数，中断函数以 RETI 指令返回。

(1) 中断函数的定义。C51 编译器支持直接编写中断服务函数程序，从而减轻了采用汇编语言编写中断服务程序的繁琐程度。为了在 C 语言源程序中直接编写中断服务函数的需要，C51 编译器对函数的定义进行了扩展，增加了一个扩展关键字 interrupt，使用关键字 interrupt 可以将一个函数定义成中断服务函数。由于 C51 编译器在编译时对申明为中断服务程序的函数自动添加了相应的现场保护、阻断其他中断、返回时恢复现场等处理的程序段，因而在编写 C51 中断服务函数时可以不必考虑这些问题，而把精力集中在如何处理引发中断的事件上。C51 用关键字 interrupt 和中断号定义中断函数，定义中断服务函数的一般形式为：

［void］中断函数名（形式参数表）interrupt 中断号 ［using n］
｛ 声明部分
   语句｝

中断函数注意事项：

1) 中断函数无返回值，数据类型以 void 表示，也可以缺省。

2) 中断函数名为标识符，一般以中断名称表示，如 timer ()。

3) 圆括号为函数标志，interrupt 为中断函数的关键字。

4) 中断号为该中断在 IE 寄存器的使能位位置，比如外部中断 0 的中断号为 0；而串行口的中断号为 4。应根据所选单片机的器件手册正确编写中断号。

5) 选项 ［using n］，指定中断函数使用的工作寄存器组号，n＝0～3。如果使用 ［using n］ 选项，编译器不产生保护和恢复 R0～R7 的代码，执行速度会快一些。这时中断函数及其所调用的函数必须使用同一组工作寄存器，否则会破坏主程序的现场。如果不使用 ［using n］选项，中断函数和主程序使用同一组寄存器，在中断函数中编译器自动产生保护和恢复 R0~R7 现场，执行速度慢一些。一般情况下，主程序和低优先级中断使用同一组寄存器，而高优先中断可使用选项 [using n] 指定工作寄存器组。

关键字 interrupt 后面的 n 是中断号，n 的取值范围为 0~31。编译器从 8*n+3 处产生中断向量，具体的中断号 n 和中断向量取决于不同的 MCS-51 系列单片机芯片，基本中断源和中断向量如表 4-10 所示。

表 4-10　　　　　　　　　　　　　　常用中断号和中断向量

n	中　断　源	中断向量（8*n+3）
0	外部中断 0	0003H
1	定时器 0	000BH
2	外部中断 1	0013H
3	定时器 1	001BH
4	串行口	0023H
其他值	保留	8*n+3

MCS-51 系列单片机可以在内部 RAM 中使用 4 个不同的工作寄存器组，每个寄存器组中包含 8 个工作寄存器（R0~R7）。C51 编译器扩展了一个关键字 using，专门用来选择 MCS-51 系列单片机中不同的工作寄存器组。using 后面的 n 是一个 0~3 的整型常数，分别选中 4 个不同的工作寄存器组。在定义一个函数时 using 是一个选项，如果不用该选项，则由编译器选择一个寄存器组作绝对寄存器组访问。需要注意的是，关键字 using 和 interrupt 的后面都不允许跟一个带运算符的表达式。关键字 using 对函数目标代码的影响如下：在函数的入口处将当前工作寄存器组保护到堆栈中，指定的工作寄存器内容不会改变，函数返回之前将被保护的工作寄存器组从堆栈中恢复。使用关键字 using 在函数中确定一个工作寄存器组时必须十分小心，要保证任何寄存器组的切换都只在控制的区域内发生，如果不做到这一点将产生不正确的函数结果。另外还要注意，带 using 属性的函数原则上不能返回 bit 类型的值，并且关键字 using 不允许用于外部函数，关键字 interrupt 也不允许用于外部函数。

编写 MCS-51 系列单片机中断程序时应遵循的规则：

1）中断函数不能进行参数传递，如果中断函数中包含任何参数声明都将导致编译出错。

2）中断函数没有返回值，如果企图定义一个返回值将得到不正确的结果。因此建议在定义中断函数时将其定义为 void 类型，以明确说明没有返回值。

3）在任何情况下都不能直接调用中断函数，否则会产生编译错误。因为中断函数的返回是由 MCS-51 系列单片机指令 RETI 完成的，RETI 指令影响 MCS-51 系列单片机的硬件中断系统。如果在没有实际中断请求的情况下直接调用中断函数，RETI 指令的操作结果会产生一个致命的错误。

4）如果中断函数中用到浮点运算，必须保存浮点寄存器的状态，当没有其他程序执行浮点运算时可以不保存。C51 编译器的数学函数库 math.h 中，提供了保存浮点寄存器状态的库函数 fpsave 和恢复浮点寄存器状态的库函数 fprestore。

5）如果在中断函数中调用了其他函数，则被调用函数所使用的寄存器组必须与中断函数相同。用户必须保证按要求使用相同的寄存器组，否则会产生不正确的结果，这一点必须引起足够的注意。如果定义中断函数时没有使用 using 选项，则由编译器选择一个寄存器组作绝对寄存器组访问。另外，由于中断的产生不可预测，中断函数对其他函数的调用可能形成递归调用，需要时可将被中断函数所调用的其他函数定义成重入函数。

（2）中断函数举例。主程序和中断函数之间的信息交换一般通过全局变量（见后介绍）实现。例如，定时器中断函数修改变量 Tick_count，主程序可查询 Tick_count 之值作相应的处理。如是否进行 A/D 采样，是否进行键盘或显示器的定时扫描等。

【例 4-9】　T0 定时器中断函数

```
#include <reg51.h>              /*源文件开头宏命令*/
#define RELOADH 0x3e            /*宏定义符号*/
#define RELOADL 0xbd
unsigned int Tick_count;        /*定义全局变量*/
timer0( ) interrupt 1
{  TR0=0;                       /*关定时器 T0*/
   TH0=RELOADH;                 /*恢复 T0 初值*/
   TL0=RELOADL;
   TR0 =1;                      /*重新允许 T0 计数*/
   Tick_count++;                /*修改变量 Tick_count*/
}
```

（3）无用中断的处理。为了提高系统的可靠性，对于不使用的中断，编写一个空的中断函数，使之能通过指令 RETI 返回主程序。例如外部中断 0 若不用，可以编写如下空中断函数。

```
extern0 _ISR ( ) interrupt 0 { }
```

5. 局部变量和全局变量

（1）局部变量。在一个函数（即使是主函数）内部定义的变量在本函数内有效，在函数外无效。在复合语句内定义的变量也只能在本复合语句内有效，复合语句外无效。这类变量称为局部变量。因此，不同函数内使用的变量可以使用相同的名称。局部变量名是用小写字母表示的标识符。

（2）全局变量。一个源文件包含若干个函数，在函数外部定义的变量可以为多个函数所共用，有效范围从定义变量处到文件结束，一般在文件开头定义，使之对整个文件有效。这类变量称之为全局变量。全局变量名称一般以大写字母开头。

设置全局变量增加了函数之间的联系渠道（特别适用于主程序和中断程序之间信息交换），但不宜使用过多，全局变量使函数的移植性变差。

6. 变量的存储种类

变量定义中的存储种类指出变量的存储方式和作用域。

（1）auto 动态变量。在函数或复合语句内部定义的变量，在定义中若缺省存储种类则默认为动态变量，动态变量只在函数被调用时，系统才给动态变量分配存储单元，函数执行结束时释放存储空间。动态变量只能在函数或复合语句的内部使用。

（2）static 静态变量。在函数内或复合语句内的变量定义中，用 static 指定存储种类，这种变量称为静态局部变量，静态局部变量在程序运行时始终存在（占用存储单元），但只能在函数内部使用，其作用是本次调用函数时能使用上次调用后的变量值。例如中断函数中定义的一些特殊变量可以用静态变量。全局变量也是静态变量，始终占有存储单元，但可以为多个函数共用。

（3）用 extern 声明外部变量。在函数外部定义的变量称为外部变量（即全局变量），如果在变量定义处之前使用该变量，必须用 extern 声明，从声明处开始可使用该变量，如果一个文件中使用另一个文件中的全局变量，在使用之前也应用 extern 声明。

（4）用 extern 声明外部函数。一个文件使用另一个文件中的函数，也用 extern 声明是外部函数。如

extern int max（int x，int y）

4.2.9 C51 预处理命令和库函数

1. 预处理命令

预处理命令是在编译前预先处理的命令，编译器不能直接对它们处理，是在编译前预先处理的命令。下面简单介绍常用的预处理命令。

（1）宏定义 #define。

1）不带参数的宏定义。用指定的标识符来代表一个字符序列。一般定义形式为：

#define 标识符 字符序列 /*宏定义命令后不加分号*/

在上述形式中：

a. #define 为宏命令。

b. 标识符为宏名，一般取含义清晰易记忆的名称。

c. 字符序列为被代表的数字或字符序列。例如：

#define PI 3.1415926

宏定义后 PI 作为一个常量使用，预处理时又将程序中所有的 PI 替换为 3.1415926。

2）带参数的宏定义。预处理时不但进行字符替换，而且替换字符序列中的形参。一般定义形式如下：

#define 标识符（形参）字符序列 /*字符串中含有形参*/

例如：

#define s（a，b） a*b

宏定义后，程序中可以使用宏名，并将形参换成实参。如：

Area=s（3，2）； /*表达式中调用带实参的宏名*/
在预处理后，换成了 Area=3*2 /* s（a，b）换成了 3*2 */

（2）类型定义 typedef。使用基本类型定义或声明变量时，用数据类型关键字指明变量的数据类型，而用结构、联合等类型定义变量时，先定义结构、联合的类型，再用关键字、类型名定义变量。如果用 typedef 定义新的类型名后，只要用类型名就可定义新的变量。例如：

```
typedef struct {
int num;
```

```
        char * name;
        char sex;
        int arg;
        int score;
    } STD _ TYPE; / * 定义结构类烈 STD _ TYPE * /
```

接着便可以在程序中用 STD _ TYPE，就可以定义属于这种类型的结构变量。例如：

STD _ TYPE std1，std2；/ * 定义 STD _ TYPE 类型结构变量 std1，std2 * /

（3）文件包含♯include。文件包含命令是将另外的文件插入到本文件中，作为一个整体文件编译。C51 提供了丰富的库函数，并有相应的头文件，只有用♯ include 命令包含了相应头文件，才可以调用库中的函数。包含命令一般形式为：

♯include "文件名" 或者 ♯include ＜文件名＞

例如：♯include "stdio. h"　　　　　/ * 包含标准 I/O 头文件，后面无 ';' 号 * /
　　　　♯include "math. h"　　　　　 / * 包含数学计算函数库头文件 * /

2. C51 的通用文件

在 Keil μVision 的安装目录 C51/LIB 中有几个重要的源文件，对它们稍作修改就可以用在专用的系统中。

（1）init _ mem. C。功能是初始化动态内存区，指定动态内存区的大小。

（2）init. a51。功能是对 watchdog 操作。

（3）C51 启动配置文件 startup. a51。启动配置文件 startup. a51 中包含了目标系统启动代码，可以在每个工程项目中加入这个文件，复位以后先执行该程序，然后转主函数 main（）。其功能包括：①定义内部和外部 RAM 的大小，可重入堆栈的位置；②初始化内部和外部 RAM 存储器；③按存储模式初始化重入堆栈和重入堆栈指针；④初始化硬件堆栈指针 sp；⑤转向 main（），向 main（）交权。

必须根据目标是 CPU 和扩展 RAM 的情况，编译前选用 SMALL、COMPACT 或 LARGE 模式之一，并修改 startup. a51 中下述参数，将 startup. a51 加入项目，一起编译，才能对目标系统正确地初始化，修改参数见表 4 - 11。

表 4 - 11　　　　　　　　　　　　startup. a51 中的修改参数

常　数　名	含　　义
IDATALEN	待清内部 RAM 的长度：80H（8051）或 100H（8052）等
XDATASTART	指定待清外部 RAM 起始地址，由硬件确定，缺省为 0
XDATALEN	待清外部 RAM 的长度，由硬件确定，原值为 0
IBPSTACK	小模式重入堆栈需初始化标志，1 需初始化；0 不需，原值为 0
IBPSTACKTOP	指定小模式重入栈顶部地址，缺省是 idata 的 0xFF
XBPSTACK	大模式重入堆栈需初始化标志，1 要初始化，0 不要初始
XBPSTACKTOP	大模式重入堆栈顶部地址，缺省为 0xFFFF，由硬件而定
PBPSTACK	紧凑模式重入堆栈需初始化标志，1 要初始化，0 不要初始化
PBPSTACKTOP	紧凑模式堆栈顶部地址，缺省是 pdata 的 0xFF
PPAGEENABLE	是否对 P2 口初始化。1 要初始化，0 不要初始化，由硬件确定
PPAGE	指定 P2 值

在紧凑模式中，P2作为页（高端）地址，若指定某页为 BE00H～BEFFH，则 PPAGE＝0XBE，连接时 L51＜input modules＞PDATA（BE80H）。

3.C51的库函数

（1）本征函数文件。本征函数也称为内联函数，这种函数不采用调用形式，编译时直接将代码插入当前行。

1）左环移本征函数。函数原型：

a. unsigned char _ crol _（unsigned char a, unsigned char n）；

b. unsigned int _ irol _ （unsigned int a, unsigned char n）；

c. unsigned long _ lrol _ （unsigned long a, unsigned char n）；

功能：_ crol _，_ irol _，_ lrol _ 分别将字符型变量a、整型变量a、长整型变量a循环左移n位。

例如：

```
unsigned char a;
unsigned int x;
unsigned long y;
a= 0xa5;
x=0xa5a5;
y=0xa5a5a5a5;
a= _ crol _ （a, 3）        /* 结果为 a=0x2d */
x= _ irol _ （x, 3）        /* 结果为 x=0x2d2d */
y= _ lrol _ （y, 3）        /* 结果为 y=0x2d2d2d2d */
```

2）右环移本征函数。函数原型：

a. unsigned char _ cror _ （unsigned char a, unsigned char n）；

b. unsigned int _ iror _ （unsigned int a, unsigned char n）；

c. unsigned long _ lror _ （unsigned long a, unsigned char n）；

功能：_ cror _，_ iror _，_ lror _ 分别将字符型变量a、整型变量a、长整型变量a循环右移n位。举例类同于左环移本征函数，从略。

3）其他本征函数。

```
a. _ nop _；                    /* 空操作，产生一条 NOP 指令 */
b. bit _ testbit _ （bit b）；    /* 位测试，产生一条 JBC 指令 */
```

功能：测试的位为1时，清零该位，并返回1；否则返回0。

例如：if _ testbit _ （RI） a=SBUF；   /* RI=1，清零 RI，读 SBUF */

（2）库函数。C51针对51单片机硬件特点设置了 SMALL、COMPACT、LARGE 三种情况下的有和没有浮点运算的函数库，如下：

C51S．LIB	无浮点运算的小系统函数库
C51FPS．LIB	有浮点运算的小系统函数库
C51C．LIB	无浮点运算的紧凑系统函数库
C51FPC.LIB	有浮点运算的紧凑系统函数库
C51L．LIB	无浮点运算的大系统函数库
C51FPL.LIB	有浮点运算的大系统函数库

（3）头文件。每个函数库都有相应头文件，用户如果需要用库函数，必须将用 ♯ include 命令包含相应头文件。用户尽可能采用小系统无浮点运算的函数库，以减少代码的长度。下面列出相应头文件（位于 Keil \ C51 \ INC 目录下）：

ctype. h	字符函数
stdio. h	一般 I/O 函数
string. h	字符串函数
stdlib. h	标准函数
math. h	数学函数
absacc. h	绝对地址访问宏定义
intrins. h	本征函数
stdarg. h	变量参数表
setjmp. h	全程跳转
regxxx. h	SFR 定义文件

4.2.10　MCS - 51 汇编语言与 C51 的混合编程

目前多数开发人员都在用 C51 开发单片机程序，但在一些速度和时序敏感的场合下，C51 略显不足，而有些特殊的要求必须通过汇编语言程序来实现，但是用汇编语言编写的程序远不如用 C51 语言编写的程序可读性好和效率高。因此采用 C51 与汇编语言混合编程是解决这类问题的最好方案。

混合编程多采用如下的编程思想，程序的框架或主体部分以及数据处理及运算用 C51 编写，而时序要求严格的部分用汇编语言编写。这种混合编程的方法将 C 语言和汇编语言的优点结合起来，已经成为目前单片机程序开发的最流行的编程方法。

C51 与汇编语言混合编程的方法为：在把汇编语言程序加入到 C 语言程序前，须使汇编语言和 C51 程序一样具有明确的边界、参数、返回值和局部变量；必须为汇编语言编写的程序段指定段名并进行定义；如果要在它们之间传递参数，则必须保证汇编程序用来传递参数的存储区和 C51 函数使用的存储区是一样的。

在 C51 中使用汇编语言有以下 3 种方法：

1. C51 代码中直接嵌入汇编代码

在 C51 代码中直接嵌入汇编指令有两种方法。其中：

第 1 种方法使用 asm 功能。当在某一行写入 _ asm　"字符串"时，可以把双引号中的字符串按汇编语言看待，通常用于直接改变标志和寄存器的值或做一些高速处理，双引号中只能包含一条指令。

第 2 种方法使用 ♯ pragma asm 功能。如果嵌入的汇编语言包含许多行，可以使用 ♯ pragma asm 识别程序段，并直接插入编译通过的汇编程序到 C51 源程序中。此法的具体格式为：

♯ pragma asm

汇编指令行

♯ pragma endasm

这种方法是通过 asm 和 endasm 告诉 C51 编译器，中间的行不用编译为汇编行。

【**例 4 - 10**】 编写程序从 P1.0 接口输出方波。要求 Keil C 环境下 C51 程序中嵌入汇编程序段。

```
#include <reg51.h>
sbit P1_0=P1^0;              //定义位变量 P1_0
void main (void)
{
while (1) { P1_0=! P1_0;     // P1_0 接口输出取反
    #pragma asm              // 汇编程序段开始
    MOV R3，#18
    DJNZ R3，$               // 延时等待
    #pragma endasm           // 汇编程序段结束
    }
}                            // 程序结束
```

注意，Keil μVision4 的默认设置不支持 asm 和 endasm，采用本法进行混合编程，需要在 Keil C 环境下，内嵌汇编时将 SRC CONTROL 激活。激活的方法是：在 Project 窗口中包含汇编代码的 C 文件上单击鼠标右键，选择 "Options for" 单击左边的 "Gerate Assembler SRC File" 和 "Assemble SRC File"，使复选框由灰色变成黑色（有效）状态，这样才允许用伪指令 asm 和 endasm 选项。

直接嵌入汇编代码的方法：

（1）在 C 文件中要嵌入汇编代码片的方式为：

#pragma ASM

; Assembler Code Here

#pragma ENDASM

（2）在 Project 窗口中包含汇编代码的 C 文件上右键，选择 "Options for ..."，点击右边的 "Generate Assembler SRC File" 和 "Assemble SRC File"，使检查框由灰色变成黑色（有效）状态；

（3）根据选择的编译模式，把相应的库文件（如 Small 模式时，是 Keil \ C51 \ Lib \ C51S. Lib）加入工程中，该文件必须作为工程的最后文件；

（4）编译，即可生成目标代码。

2. 控制命令 SRC 控制

本方式最为灵活简单，先用 C51 编写代码，然后用 SRC 控制命令将 C51 文件编译生成汇编文件（.SRC），在该汇编文件中对要求严格的部分进行修改，保存为汇编文件 .ASM，再用 ASM51 进行编译生成机器代码。

下面的例子阐述了编写 C51 程序调用汇编函数的一种方法，这个外部函数的入口参数是一个字符型变量和一个位变量，返回值是一个整型变量。本例中，先用 C51 写出这个函数的主体，然后用 SRC 控制指令编译产生 asm 文件，进一步修改这个 asm 文件就得到我们所要的汇编函数。该方法让编译器自动完成各种段的安排，提高了汇编程序的编写效率。

（1）按写普通 C51 程序方法，建立工程，在里面导入 main. c 文件和 CFUNC. c 文件。相关文件如下：

//main. c 文件

```
#include < reg51. h >
#define uchar unsigned char
#define uint unsigned int
extern uint AFUNC(uchar v_achr,bit v_bflag);
void main ()
{   bit BFLAG;
    uchar mav_chr;
    uint mvintrslt;
    mav_chr=0xd4; BFLAG=1;
    mvintrslt=AFUNC(mav_chr,BFLAG);
}


//CFUNC. c 文件
#define uchar unsigned char
#define uint unsigned int
uint AFUNC (uchar v_achr,bit v_bflag)
{
    uchar tmp_vchr;
    uint tp_vint;
    tmp_vchr=v_achr;
    tp_vint=(uint)v_bflag;
    return tmp_vchr+(tp_vint<<8);
}
```

（2）在 Project 窗口中包含汇编代码的 C 文件上右键，选择"Options for ..."，点击右边的"Generate Assembler SRC File"和"Assemble SRC File"，使检查框由灰色变成黑色（有效）状态；

（3）根据选择的编译模式，把相应的库文件（如 Small 模式时，是 Keil \ C51 \ Lib \ C51S. Lib）加入工程中，该文件必须作为工程的最后文件；

（4）build 这个工程后将会产生一个 CFUNC. SRC 的文件，将这个文件改名为 CFUNC. A51（也可以通过编译选项直接产生 CFUNC. A51 文件），然后在工程里去掉库文件（如 C51S. Lib）和 CFUNC. c，而将 CFUNC. A51 添加到工程里。CFUNC. SRC 文件如下：

```
. \CFUNC. SRC generated from: CFUNC. c
NAME CFUNC
? PR? _AFUNC? CFUNC SEGMENT CODE
? BI? _AFUNC? CFUNC SEGMENT BIT OVERLAYABLE
PUBLIC ? _AFUNC? BIT
PUBLIC _AFUNC
RSEG ? BI? _AFUNC? CFUNC
? _AFUNC? BIT: v_bflag? 041: DBIT 1 ;
; #define uchar unsigned char ;
; #define uint unsigned int ;
; uint AFUNC(uchar v_achr,bit v_bflag)
```

```
RSEG ? PR? _AFUNC? CFUNC
_AFUNC:
USING 0
            ; SOURCE LINE # 5 ;
; ———— Variable 'v_achr? 040' assigned to Register 'R7' ———— ;
;{ ;
            ; SOURCE LINE # 6 ;
; uchar tmp_vchr
; uint tp_vint
;
; tmp_vchr=v_achr
            ; SOURCE LINE # 10
; ———— Variable 'tmp_vchr? 042' assigned to Register 'R5' ————
  MOV R5, AR7
; tp_vint=(uint)v_bflag;
; SOURCE LINE # 11
  MOV C, v_bflag? 041
  CLR A
  RLC A
; ———— Variable 'tp_vint? 043' assigned to Register 'R6/R7' ————
; return tmp_vchr+(tp_vint<<8);
; SOURCE LINE # 12
  MOV R6, A
  MOV R4, #00H
  CLR A
  ADD A, R5
  MOV R7, A
  MOV A, R4
  ADDC A, R6
  MOV R6, A
; }
            ; SOURCE LINE # 13
? C0001:
  RET
; END OF _AFUNC
  END
```

（5）检查 main.c 的 "Generate Assembler SRC File" 和 "Assemble SRC File" 是否有效，若是有效则点击使检查框变成无效状态；再次 build 这个工程，到此你已经得到汇编函数的主体，修改函数里面的汇编代码就得到你所需的汇编函数了。

3. 模块间接口

在此方式，汇编语言程序部分和 C51 程序部分位于不同的模块，或不同的文件，通常由 C51 程序模块调用汇编语言程序模块的变量和函数，例如调用汇编语言编写的中断服务程序。此法的 C51 模块和汇编模块的接口比较简单，分别用 C51 和 A51 对源文件进行编译，然后用 L51 连接 obj 文件即可。模块接口间的关键问题是 C51 函数与汇编语言函数之间的参数传递。C51 中可借助寄存器、固定存储区两种参数传递方法。

　　由于 C51 语言对函数的参数、返回值传送规则、段的选用和命名都做了严格规定。因而，在混合编程时汇编语言要按照 C51 语言的规定来编写。这也是一般高级语言与低级语言混合编程的通用规则。当采用 C51 与汇编语言混合编程时，在技术上有两个问题：一个是在 C51 中如何调用汇编语言程序；另一个是 C51 程序如何与汇编语言程序之间实现数据的交换。当采用混合编程时，必须约定这两方面的规则，即命名规则和参数传递规则。

　　(1) 命名规则。关于 C51 中如何调用汇编语言程序，是这样来解决的。在 C51 中被调用函数要在主函数中说明，在汇编语言程序中，要使用伪指令使 CODE 选项有效并申明为可再定位段类型，并且根据不同情况对函数名作转换，函数名的转换原则如表 4 - 12 所示。

表 4 - 12　　　　　　　　　　　　　　　函 数 名 的 转 换

说　　明	符号名	解　　释
void func（void）	FUNC	无参数传递或不含寄存器参数的函数名不作改变转入目标文件中，名字只是简单地转为大写形式
void func（char）	_ FUNC	带寄存器参数的函数名加上 '＿' 字符前缀以示区别，它表明该函数包含寄存器的参数传递
void func（void）reentrant	_ ? FUNC	对于重入函数的函数名加入 '＿?' 字符串前缀以示区别，它表明该函数包含栈内的参数传递

　　在汇编语言中，变量、子程序或标号与其它模块共享时，必须在定义它们的模块开头说明为 PUBLIC（公用），使用它们的模块必须在模块的开头包含 EXTERN（外部的）。

　　例如，用汇编语言编写函数 "toupper"，参数传递发生在寄存器 R7 中，以供 C51 函数调用。

```
PUBLIC        _TOUPPER            ;入口地址
UPPER         SEGMENT    CODE     ;定义 UPPER 段为再定位程序段
              RSEG       UPPER    ;选择 UPPER 为当前段
_TOUPPER：     MOV   A,R7          ;从 R7 中取参数
              CJNE  A,#'a',$+3
              JC  UPPERET
              CJNE  A,# 'z',$+3
              JNC      UPPERET
              CLR      ACC.5
UPPERET：      MOV    R7,A          ;返回值放在 R7 中
              RET                  ;返回到 C51
```

　　(2) 参数传递规则。关于参数传递问题，见前续章节。而当采用混合语言编程时，关键是入口参数和出口参数的传递，两种语言必须使用同一规则，否则传递的参数在程序中得不到。典型的规则是所有参数在内部 RAM 固定单元中传递，若是传递位变量，也必须位于内部可位寻址空间的顺序位中。当然参数在内部 RAM 中的顺序和长度必须让调用和被调用程序一致。事实上，内部 RAM 相同的数据块可共享。调用程序在进行汇编程序调用之前，在数据块中填入要传递的参数，调用程序在调用时，假定所需的值已在块中。

　　C51 编译器可使用寄存器传递参数，也可以使用固定存储器或使用堆栈，由于 MCS - 51 系列单片机的堆栈深度有限，因此多用寄存器或存储器来传递。利用寄存器最多只能传

递3个参数,选择固定的寄存器,这种参数传递方法能产生高效率代码,参数传递的寄存器选择如表4-13所示。

表 4-13　　　　　　　　　　　　　　　参数传递的寄存器选择

参数类型	char	int	long，float	一般指针
第 1 个参数	R7	R6，R7	R4～R7	R1，R2，R3
第 2 个参数	R5	R4，R5	R4～R7	R1，R2，R3
第 3 个参数	R3	R2，R3	无	R1，R2，R3

下面提供了几个说明参数传递方法的例子。

1) func1 (int a),整型变量 a 是第 1 个参数,在 R6,R7 中传递。

2) func2 (int b, int c, int * d),整型变量 b 是第 1 个参数,在 R6,R7 中传递,整型变量 c 是第 2 个参数,在 R4,R5 中传递,指针变量 d 是第 3 个参数,在 R1,R2,R3 中传递。

3) func3 (long e,long f),长整型变量 e 是第 1 个参数,在 R4～R7 中传递,长整型变量 f 是第 2 个参数,只能在参数段中传递(第 2 个参数的传递寄存器 R4～R7 已被占用)。

4) func4 (float g, char h),单精度浮点变量 g 是第 1 个参数,在 R4～R7 中传递,字符变量 h 是第 2 个参数,只能在参数段中传递(第 2 个参数的传递寄存器 R5 已被占用)。

注意:在汇编程序中,当前选择的寄存器组及寄存器 ACC、B、DPTR 和 PSW 都可能改变。当汇编程序被 C51 调用时,必须无条件地假设这些寄存器的内容已被破坏。

4.3　MCS-51 单片机 C51 语言程序设计方法

在 C51 程序设计时,应注意软件程序设计和硬件结构设计协调一致。尽管 C51 语言是类似于通用 C 语言的编程语言,但其平台是 MCS-51 单片机。因此,软件设计必须注意以下几点:

(1) 存储种类和存储模式的选择应和硬件存储器物理地址范围对应,还应注意存储器是否溢出。

(2) 外部 I/O 口绝对地址的定义和 I/O 口物理地址对应,还须考虑 P2 口是否做为地址总线口使用来选择 XBYTE 或 PBYTE 来定义,选用 PBYTE 时注意和 P2 口操作一致。

(3) 寄存器定义文件的选择和单片机型号一致。

(4) 动态参数选择应考虑时钟频率的因素。

(5) 算法选择应考虑硬件和 C51 的特点。

(6) 设法提高内部 RAM 使用效率(尽可能缩短变量字节数,如循环变量 i 一般用 unsigned char 类型;使用存储器类型指针等)。

4.3.1　系统软件设计

1. 软件结构设计

合理的软件结构是设计出一个性能优良的应用程序的基础。

对于大多数简单的计算机硬件应用系统,通常采用顺序设计方法,这种系统软件由主程序和若干个专用服务子程序所构成。而为了保证程序的实时性,大量的专用服务子程序中都涉及了中断程序的设计。根据系统各个操作的性质，制定哪些操作由中断服务程序完成，哪些操作由主程序完成，并制定各个中断的优先级。

中断服务程序对实时事件请求作必要的处理，使系统能实时地、并行地完成各个操作。中断处理程序必须包括现场保护、中断服务、现场恢复、中断返回等 4 个部分。中断的发生是随机的，它可能在任意地方打断主程序的运行，无法预知这时主程序执行的状态。因此，在执行中断服务程序时，必须对原有程序状态进行保护。现场保护的内容应是中断服务程序所使用的有关资源（如 PSW、ACC、DPTR 等）。中断服务程序是中断处理程序的主体，它由中断所要完成的功能所确定，如输入输出一个数据等。现场恢复与现场保护相对应，恢复被保护的有关寄存器状态，中断返回使 CPU 回到被该中断所打断的地方继续执行原来的程序。主程序是一个顺序执行的无限循环的程序，不停地顺序查询各种软件标志，以完成对日常事务的处理。图 4-15、图 4-16 分别给出了中断程序结构、主程序结构流程框图。

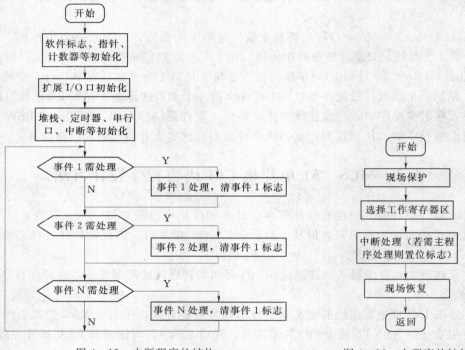

图 4-15 中断程序的结构   图 4-16 主程序的结构

主程序和中断服务程序间的信息交换一般采用数据缓冲器和软件标志位（置位或清 "0" 位寻址区的某一位）方法。例如定时中断到 1 秒后置位标志 SS（假设（20H）.0），以通知主程序对日历时钟进行计数，主程序查询到 SS＝1 时，清 "0" 该标志并完成时钟计数。又如：A/D 中断服务程序在读取一个完整数据时将数据存入缓冲器，并置位标志以通知主程序对数据进行处理。再如：若要打印，主程序判断到打印机空闲时，将数据装配到打印机缓冲器，启动打印机并允许打印中断。但因中断服务程序将一个个数据输出打印，应在完成后关闭打印机中断，并置位打印机结束标志，以通知主程序打印机已空。

因此顺序程序设计方法容易理解和掌握，也能满足大多数简单的应用系统对软件的功能要求，因此是一种使用很广的方法。顺序程序设计的缺点是软件的结构不够清晰、软件的修改扩充比较困难、实时性能差。这时因为当功能复杂的时候，执行中断服务程序要花较多的时间，CPU执行中断程序时不响应低级或同级的中断，这可能导致某些实时中断请求得不到及时响应，甚至会丢失中断信息。如果多采用一些缓冲器和标志，让大多数工作由主程序完成，中断服务程序只完成一些必须的操作，从而缩短中断服务程序的执行时间，这在一定程度上能提高系统的实时性，但众多的软件标志会使结构杂乱，容易发生错误，给调试带来困难。对复杂的应用系统，可采用实时多任务操作系统。

2. 程序设计方法

（1）自顶向下模块化设计方法。随着计算机应用日益广泛，软件的规模和复杂性也不断的增加，给软件设计、调试和维护带来很多困难。自顶向下的模块化设计方法能有效解决这个问题。程序结构自顶向下模块化程序设计方法就是把一个大程序划分成一些较小的部分，每一个功能独立的部分用一个程序模块来实现。分解模块的原则是简单性、独立性和完整性，即：

1）模块具有单一的入口和出口。

2）模块不宜过大，应让模块具有单一功能。

3）模块和外接联系仅限于入口参数和出口参数，内部结构和外界无关。

这样各个模块分别进行设计和调试就比较容易实现。

（2）逐步求精设计方法。模块设计采用逐步求精设计方法，先设计出一个粗的操作步骤，只说明先做什么后做什么，而不回答如何做。进而对每个步骤细化，回答如何做的问题，每一个越来越细，直至可以编写程序时为止。

（3）结构化程序设计方法。按顺序结构、选择结构、循环结构模式编写程序。

3. 算法和数据结构

算法和数据结构有密切的关系。明确了算法才能设计出好的数据结构，反之选择好的算法又依赖于数据结构。

算法就是求解问题的方法，一个算法由一系列求解步骤完成。正确的算法要求组成算法的规则和步骤的含义是唯一确定的，没有二义性，指定的操作步骤有严格的次序，并在执行有限步骤以后给出问题的结果。

求解同一个问题可能有多种算法，选择算法的标准是可靠性、简单性、易理解性以及代码效率和执行速度。

描述算法的工具之一是流程图又称流程框图，它是算法的图形描述，具有直观、易理解的优点。前面章节中许多程序算法都用流程图表示。流程图可以作为编写程序的依据，也是程序员之间进行交流的工具。流程图也是由粗到细，逐步细化，足够明确后就可以编写程序。

数据结构是指数据对象、相互关系和构造方法。不过计算机硬件中数据结构一般比较简单，多数只采用整型数据，少数采用浮点型或构造型数据。

4. 程序设计语言选择和编写程序

计算机硬件中常用的程序设计语言为汇编语言和C51语言。对于熟悉指令系统并且有经验的程序员，喜欢用汇编语言编写程序，根据流程图可以编写出高指令的程序。对指令系统不熟悉的程序员，喜欢用C51语言编写程序，用C51编写的结构化程序易读易理解，容易维护和移植。因此程序设计语言的选择是因人而异的。

汇编语言编写程序对硬件操作很方便，编写的程序代码短，但是使用起来不方便，可读性和可移植性较差，同时汇编语言程序的设计周期长，调试和排错也较难。为了能提高编程的效率和应用程序的效率，改善程序的可读性和可移植性，最好是采用高级语言来进行应用系统和应用程序设计。而 C51 语言既有高级语言使用方便的特点，也具有汇编语言直接对硬件进行操作的特点，因而在现在计算机硬件系统设计中，往往用 C51 语言来进行开发和设计，特别是在计算机硬件应用系统的开发过程中。

学习一种编程语言，最重要的是建立一个练习环境，边学边练才能学好。本章所介绍的 Keil μVision 软件是目前最流行开发 MCS－51 系列单片机的软件，Keil 提供了包括 C51 编译器、宏汇编、连接器、库管理和一个功能强大的仿真调试器等在内的完整开发方案，通过一个集成开发环境 μVision 将这些部分组合在一起。

4.3.2　C51 语言程序设计举例

下面通过几个简单的例子说明如何利用 C51 语言来编程，复杂的例子将在后面章节中介绍。

【例 4－11】　片内 RAM 的 20H 单元存放一个有符号数 x，函数 y 与 x 有如下关系式：

$$y = \begin{cases} x & x > 0 \\ 20H & x = 0 \\ x+5 & x < 0 \end{cases}$$

设 y 存放于 21H 单元，C 程序如下：

```
main()
{
    char x, *p, *y;
    p=0x20;
    y=0x21;
    for(;;)
    {
      x=*p;
      if(x>0)*y=x;
      if(x<0)*y=x+5;
      if(x==0)*y=0x20;
    }
}
```

程序中为观察不同数的执行结果，采用了死循环语句 for（;;），上机调试时退出死循环可用 Ctrl＋C 组合键。

【例 4－12】　有两个数 a 和 b，根据 R3 的内容转向不同的处理子程序：

（1）r3＝0，执行子程序 pr0（完成两数相加）；
（2）r3＝1，执行子程序 pr1（完成两数相减）；
（3）r3＝2，执行子程序 pr2（完成两数相乘）；
（4）r3＝3，执行子程序 pr3（完成两数相除）。

C 语言中的子程序即为函数，因此需编 4 个处理的函数，如果主函数在前，主函数要对子函数进行说明；如果子函数在前，主函数无须对子函数说明，但是无论子、主函数的顺序如何，程序总是从主函数开始执行，执行到调用子函数就会转到子函数执行。

在 C51 编译器中通过头文件 reg51.h 可以识别特殊功能寄存器，但不能识别 R0～R7 通用寄存器，因此 R0～R7 只有通过绝对地址访问识别。

C 程序如下：

```
#include<absacc.h>
#define r3 DBYTE[0x03]
int c,c1,a,b;
pr0(){c=a+b}
pr1(){c=a-b}
pr2(){c=a*b}
pr3(){c=a/b}
main()
    {
        a=90;b=30;
        for(;;)
        {
          switch(r3)
          {
            case 0：pr0();break;
            case 1：pr1();break;
            case 2：pr2();break;
            case 3：pr3();break;
          }
        c1=56;
        }
    }
```

在上述程序中，为便于调试观察，加了 C1=56 语句，并使用了死循环语句 for（;;），用 Ctrl+C 组合键可退出死循环。

【例 4-13】 外部 RAM 的 000EH 单元和 000FH 单元的内容交换。

C 语言对地址的指示方法可以采用指针变量，也可以引用 absacc.h 头文件作绝对地址访问，下面采用绝对地址访问方法。

```
#include<absacc.h>
main()
  {
    char c;
    for(;;)
      {
      c=XBYTE[14];
      XBYTE[14]=XBYTE[15];
      XBYTE[15]=c;
      }
  }
```

【例 4-14】 十六进制到十进制转换。待转换的整型十六进制数存放于变量 x 中，将变量 x 中字节的十六进制数转换为相应的十进制数，存放于数组 a [] 中，其中转换结果的个位、十位、百位、千位、万位分别存入于 a [0]、a [1]、a [2]、a [3]、a [4] 中。

变量 x 为整型数，最大值为 65535，则 x 除以 10 的余数为 5，即十进制数的个位，商为 6553；商再除以 10 余数为 3，即十进制数的十位，商为 655⋯⋯依次类推，得到百位、千位、万位。

```
void main ()
    {
    unsigned int x;
    unsigned char a [5]={0,0,0,0,0};
    unsigned char j, i=0;
    for ( j=1; j<=5; j++ )
    {
      a [i] = x% 10;
      x=x/10;
      i++;
    }
    }
```

【例 4 - 15】　十进制到十六进制转换。十进制数以 BCD 码的形式存放于数组 a []中，a [0]、a [1]、a [2]、a [3]、a [4] 中分别存放个位、十位、百位、千位、万位，把此数据转换为十六进制数存放于变量 x 中。常用于键盘输入时输入十进制数，需要转换为十六进制数，便于后续程序的单片机运算。本例程序为例 4 - 14 的反运算。

一个十进制整数的表示形式为：$x = a_n \times 10^n + \cdots + a_1 \times 10 + a_0$

输入十进制数为 5 位，则 n=4，即：$x = a_4 \times 10^4 + a_3 \times 10^3 + a_2 \times 10^2 + a_1 \times 10 + a_0$

```
void main ()
{
  unsigned int x=0;
  unsigned char a [5]={1,2,3,4,5};
  unsigned char j, i=4;
  for(j=1; j<=5; j++)
  {
    x=x*10+a[i];
    i--;
  }
}
```

【例 4 - 16】　数据排序。有 8 个无符号字符型数据存放在数组 a []中，求其中的最大值。

数组中最大值存放于变量 max 中，设置 max 中初值为 0，把数组中的数逐一与 max 比较，若比 max 大，则取代 max 中的值，若比 max 小，则保持 max 中值不变。

```
void main ()
  {
  unsigned char i=0, max=0;
  unsigned char a[]={1,2,3,4,5,100,45,56};
  while (i<8)
```

```
    {
    if (a[i]>max) max=a[i];
    i++;
    }
}
```

【**例 4 - 17**】 查表程序。应用查表程序求 0~5 这几个数据的平方值。

把几个数的平方值预先放在数组中，根据序号查找相应数组中的数据，即为该序号的平方值。例如，2 的平方值在 a [2] 内，3 的平方值在 a [3] 内。

```
void main ()
    {
    unsigned char square, i;
    unsigned char a[]={0,1,4,9,16,25};
    square=a[i];
    }
```

【**例 4 - 18**】 用 P1.0 输出 1kHz 和 500Hz 的音频信号驱动扬声器，作报警信号，要求 1kHz 信号响 100ms，500Hz 信号响 200ms，交替进行，P1.7 接一开关进行控制，当开关合上，响报警信号，当开关断开，报警信号停止。

500Hz 信号周期为 2ms，信号电平为每 1ms 变反一次，1kHz 信号周期为 1ms，信号电平每 500μs 变反一次。

C 语言编程如下：

```
#include<reg51. h>
sbit    P10=P1^0;
sbit    P17=P1^7;
main()
{
    unsigned char i, j;
    while(1)
    {
        while(P17==0)
        {
        for(i==1;i<=150;i++)          /*控制音响时间*/
        { P10=~P10;
            for(j=0;j<=50;j++);       /*延时完成信号 500μs 周期时间*/
        }
        for(i=1;i<=100;i++)           /*控制音响时间*/
        { P10=~P10;
        for(j=0;j<=100;j++);          /*延时,完成信号/ms 周期时间*/
        }
        }
    }
}
```

下面通过几个实例说明 C 语言与汇编语言混合编程的方法及参数传递过程。

【**例 4 - 19**】 用 P1.0 产生周期为 4ms 的方波，同时用 P1.1 产生周期为 8ms 的方波。

用 C 语言编写主程序，使 P1.1 产生周期为 8ms 的方波为模块 1；P1.0 产生周期为 4ms

的方波为模块 2；用汇编语言编写的延时 1ms 程序为模块 3。

模块 1 调用模块 2 获得 8ms 方波，模块 2 调模块 3 时向汇编程序传递了字符型参数（x＝2），延时 2ms，程序如下：

模块 1：

```
#include<reg51.h>
#define uchar unsigned char
sbit P11=P1^1;
void delay4ms(void);                    /* 定义延时 4ms 函数(模块 2)*/
main()
{
  uchar i;
  for(;;)
  {
    P11=0;
    delay4ms();                         /* 调模块 2 延时 4ms*/
    P11=1;
    delay4ms();                         /* 调模块 2 延时 4ms*/
  }
}
```

模块 2：

```
#include<reg51.h>
#define uchar unsigned char
sbit P10=P1^0;
delay1ms(uchar x);                      /* 定义延时 1ms 函数(模块 3)*/
void delay4ms(void)
{
  P10=0;
  delay1ms(2);                          /* 调汇编函数(模块 3)*/
  P10=1;
  delay1ms(2);                          /* 调汇编函数(模块 3)*/
}
```

模块 3：

```
PUBLIC_DELAY1MS              ;DELAY1MS 为其他模块调用
DE  SEGMENT  CODE            ;定义 DE 段为再定位程序段
        RSEG    DE           ;选择 DE 为当前段
_DELAY1MS:NOP
DELA:  MOV R1,#0F8H          ;延时
LOP1:  NOP
       NOP
       DJNZ R1,LOP1
       DJNZ R7,DELA          ;R7 为 C 程序传递过来的参数
EXIT:RET
```

204

END

本例中，汇编语言程序从 R7 中获取参数（x＝2）。以上各模块可以先分别汇编或编译（选择 DEBUG 编译控制项），生成各自的 .OBJ 文件，然后将各 OBJ 文件连接，生成一个新的文件。在集成环境下的连接调试可以连续进行，比上面方法更为方便。

【例 4 - 20】 在汇编程序中比较两数大小，将大数放到指定的存储区，由 C 程序的主调函数取出。

模块 1：C 语言程序

```
# define uchar unsigned char
void max(uchar a, uchar b);            /* 定义汇编函数 */
main()
{
  uchar a=5,b=35, * c,d;
  c=0x30;                              /* c 指针变量指向内部 RAM 30H 单元 */
  max(a,b);                            /* 调汇编函数,a,b 为传递的参数 */
  d= * c;                              /* d 存放模块二传递过来的参数 */
}
```

模块 2：汇编语言程序

```
        PUBLIC   _MAX              ;MAX 为其他模块调用
        DE   SEGMENT CODE          ;定义 DE 段为再定位程序段
        RSEG   DE                  ;选择 DE 为当前段
_MAX：  MOV A,R7                   ;取模块 1 的参数 a
        MOV 30H,R5                 ;取模块一的参数 b
        CJNE A,30H,TAG1            ;比较 a, b 的大小
TAG1：  JC EXIT
        MOV 30H,R7                 ;大数存于 30H 单元
EXIT：  RET
        END
```

此例中，C 语言程序通过 R7 和 R5 传递字符型参数 a 和 b 到汇编语言程序，汇编语言程序将返回值放在固定存储单元，主调函数通过指针取出返回值。

C 语言程序调用汇编程序最多只能传递 3 个参数，如果多于 3 个参数，就需要通过存储区传递，可以通过数组，也可以在汇编程序中建立数据段，来传递参数。

4.4 MCS-51 单片机 C51 语言的编程技巧

C51 编译器能从 C 程序源代码产生高度优化的代码，而通过一些编程上的技巧又可以帮助编译器产生更好的代码。如何编写高效的 C 语言程序，通常应按下面技巧来编程：

（1）尽可能定位变量在内部存储区。经常访问的数据对象放入在片内数据 RAM 中，这可在任一种模式（COMPACT/SMALL）下用输入存储器类型的方法实现。访问片内 RAM 要比访问片外 RAM 快得多。片内 RAM 由寄存器组、位数据区、栈和其他由用户用 "data" 类型定义的变量共享。由于片内 RAM 容量的限制（128～256 字节，由使用的处理器决

定），必须权衡利弊以解决访问效率和这些对象的数量之间的矛盾。

（2）尽可能使用 "char" 数据类型。MCS－51 系列单片机是 8 位机，因此对具有 "char" 类型的对象的操作比 "int" 或 "long" 类型的对象方便得多。建议编程者只要能满足要求，应尽量使用 "char" 这种最小数据类型。C51 编译器直接支持所有的字节操作，因而如果不是运算符要求，就不作 "int" 类型的转换，这可用一个乘积运算来说明，两 "char" 类型对象的乘积与 MCS－51 的操作码 "MUL AB" 刚好相符。如果用整型完成同样的运算，则需调用库函数。

（3）尽可能使用 "unsigned" 数据类型。MCS－51 单片机的 CPU 不直接支持有符号数的运算，因而 C51 编译必须产生与之相关的更多的代码以解决这个问题。如果程序中不需要负数而采用无符号 "unsigned" 类型，则产生的代码要少得多。

（4）尽可能使用局部函数变量。由于编译器在内部存储区中为局部变量分配存储空间，而在外部存储区中为全局变量分配存储空间访问全局变量的速度要慢，因此应该尽可能使用局部变量。如将索引变量（如 FOR 和 WHILE 循环中计数变量）声明为局部变量是最好的。

（5）避免使用浮点指针。在 8 位的 51 单片机上使用 32 位浮点数会浪费大量的时间，所以在程序中声明浮点数时，要慎重是否确实需要这种数据类型。可以通过提高数值数量级和使用整型运算来消除浮点指针。当不得不在程序中加入浮点指针时，代码长度会增加，程序执行速度也会比较慢。

（6）使用位变量。对于某些标志位，应使用位变量而不是 unsigned char 型变量，这将节省 7 位存储区，节省内存，而且在 RAM 中访问位变量只需一个周期，但应用变量时，应注意，位变量不能定义成一个指针，不存在位数组。

（7）使用特定指针。在程序中使用指针时，应指定指针的类型，确定它们指向哪个区域（如 XDATA 或 CODE 区），这样编译器就不必费时确定指针所指向的存储区，所以代码也会更加紧凑。

（8）使用宏替代函数。对于小段代码，如使用某些电路或从锁存器中读取数据，可通过宏来替代函数，以使程序有更好的可读性，也可以把代码声明在宏中，这样看上去更像函数。

（9）避免复杂的运算。在 C51 中乘、除、求模、浮点运算都是通过调用库函数来实现，调用库函数可以使编程比较方便，但也会带来一些问题，如可能在对时间要求比较严格时它们用的时间太长；或者在对代码长度要求严格时，它们编译生成的代码太长。因此，应尽量使用左移和右移完成乘除法运算，用逻辑运算符代替求模运算符完成取模运算，从而节省时间和缩短代码长度。

（10）其他。认真考虑编程的细节和操作的次序，尽量采用子程序的办法提高效率，用 switch case 语句产生的代码要比 if 语句多，因此当规模很大时候尽量避免用 switch case 语句。

本 章 小 结

本章首先介绍了 Keil μVision4 的使用方法，随后对标准 C 的基本语法做了概括性的介绍，重点阐述了 C51 的扩展功能，介绍了 C51 的基本数据类型、存储类型及 C51 对单片机内部部件的定义，最后通过几个简单例子，概要地介绍了单片机 C51 语言编程方法。本章的侧重点在于掌握借助于 Keil μVision 软件、利用 C 语言开发简单的单片机程序，而复杂程序以及电路图设计部分则参考相关书籍。本章是利用 C 语言编单片机程序的基础，初学者都应该掌握并灵活应用。只有多编程，多上机才能不断提高编程的能力。

习 题 与 思 考 题

4-1 简述通用 C 语言与单片机 C51 编程语言的异同。

4-2 C51 与汇编语言的特点各有哪些？怎样实现两者的优势互补？

4-3 简述 C51 语言和汇编语言的混合编程。

4-4 在 Keil C51 环境下，如何设置和删除断点？如何查看和修改寄存器的内容？如何观察和修改变量？如何观察存储器区域？

4-5 在 C51 编程环境下，如何 C 语言编程让 T0 工作于方式 1？如何编写 C 语言中断处理子程序？

4-6 哪些变量类型是 51 单片机直接支持的？

4-7 C51 语言的变量定义包含哪些关键因素？为何这样考虑？

4-8 简述 C51 对 51 单片机特殊功能寄存器的定义方法。

4-9 C51 的 data、bdata、idata 有什么区别？

4-10 C51 中的中断函数和一般的函数有什么不同？简述 C51 中断处理子函数编写的方法。

4-11 按照给定的数据类型和存储类型，写出下列变量的说明形式：

(1) 在 data 区定义字符变量 val1；

(2) 在 idata 区定义整型变量 val2；

(3) 在 xdata 区定义无符号字符型数组 val3 [4]；

(4) 在 xdata 区定义一个指向 char 类型的指针 px；

(5) 定义可位寻址变量 flag；

(6) 定义特殊功能寄存器变量 P3。

4-12 什么是重入函数？重入函数一般什么情况下使用，使用时有哪些需要注意的地方？

4-13 指出下列标识符的命名是否正确：

　　　using　pl.5　pl_5　8155_PA　PA_8255　8155

4-14 指出下列各项是否为 C51 的常量？若是指出其类型。

　　　E-4　A423　.32E31　003　0.1

4-15 请分别定义下述变量：

(1) 内部 RAM 直接寻址区无符号字符变量 a；

(2) 内部 RAM 无符号字符变量 key_buf；

(3) RAM 位寻址区无符号字符变量 flag；

(4) 将 flay.0～2 分别定义为 K_IN、K_D、K_P；

(5) 外部 RAM 的整型变量 x。

4-16 请将外部 8255 的 PA、PB、PC、控制口分别定义为绝对地址 7FFCH、7FFDH、7FFEH、7FFFH 的绝对地址字节变量。

4-17 设无符号字符变量 key 为输入键的键号（0～9，A～F），请编写一个 C51 复合语句把它转为 ASCII 码。

4-18 在定义 unsigned char a=5，b=4，c=8 以后，写出下述表达式的值：

(1) (a+b>c) && (b==c)；

（2）（a｜｜b）&&（b－4）；

（3）（a＞b）&&（c）。

4－19　求下列算术运算表达式的值：

（1）x＋a％3* （int）（x＋y）％2/4，设 x＝2.5，a＝7，y＝4.7；

（2）a* ＝2＋3，设 a＝12。

4－20　请分别定义下列数组：

（1）外部 RAM 中 255 个元素的无符号字符数组 temp；

（2）内部 RAM 中 16 个元素的无符号字符数组 buf；

（3）temp 初始化为 0，buf 初始化为 0；

（4）内部 RAM 中定义指针变量 ptr，初始值指向 temp［0］。

4－21　指出下面程序的语法错误：

```
#include<reg51.h>
main()
{
  a=C;
  int a=7,C
  delay(10)
  void delay();{
  cgar i;
  for(i=0；i<=255；"++")；
}
```

4－22　定义变量 a，b，c，其中 a 为内部 RAM 的可位寻址区的字符变量，b 为外部数据存储区浮点型变量，c 为指向 int 型 xdata 区的指针。

4－23　编程将 8051 的内部数据存储器 20H 单元和 35H 单元的数据相乘，结果存到外部数据存储器中（任意位置）。

4－24　8051 的片内数据存储器 25H 单元中存放有一个 0～10 的整数，编程求其平方根（精确到 5 位有效数字），将平方根放到 30H 单元为首址的内存中。

4－25　将外部 RAM 10H～15H 单元的内容传送到内部 RAM 10H～15H 单元。

4－26　内部 RAM 20H、21H 和 22H、23H 单元分别存放着两个无符号的 16 位数，将其中的大数置于 24H 和 25H 单元。

4－27　编写一个函数，参数为指针，功能为将 buf 中的 16 个数据写入指针指出的 temp 数组中。

4－28　编写一个函数计算两个无符号数 a 与 b 的平方和，结果的高 8 位送 Pl 口显示，低 8 位送 P0 口显示。

4－29　将 n 个数按输入时的顺序进行逆序排序，用函数实现。

4－30　用指向指针的指针的方法对 5 个字符串排序并输出。

4－31　用"冒泡法"和"选择法"两种方法分别对输入的 10 个字符按由小到大的顺序排列。

4－32　求一个 3 * 3 矩阵对角线元素之和。

4－33　已知片外 RAM 的 70H 和 71H 单元的内容都是 1，编程排列连续的 10 个斐波那契数。

第 5 章　I/O 接口传输方式及其中断技术

输入/输出（I/O）设备是计算机系统的重要组成部分，而 I/O 设备需通过 I/O 接口才能与计算机连接在一起。因此，I/O 接口技术是计算机接口技术涉及的首要问题。另外，中断是对微处理器功能的有效扩展，它是提高计算机工作效率的一种重要技术。如何建立准确的中断概念和灵活掌握中断技术是学好本门课程的关键问题之一。

本章将首先介绍 I/O 的基本概念、接口的功能作用、CPU 与外设数据传送的方式，包括无条件方式、查询方式、中断方式和直接存储器存取方式。接着，再详细讲授 MCS - 51 单片机的中断系统。本章重点是 CPU 和外设之间的 4 种数据传送方式，特别是中断方式与查询方式；本章难点是中断方式及其编程方法。

5.1　I/O 接口电路

在微机的硬件系统中，除了 CPU、存储器之外，还必须有输入/输出设备（即 I/O 设备或称外部设备或称外围设备，简称外设）。计算机通过外设与外界进行人机通信操作。计算机所用的程序、数据以及现场采集的各种信息都要通过输入设备输入计算机，而计算的结果和计算机产生的各种控制信号都要输出到各种输出装置或受控部件才能起到实际的作用。但是，一般来讲，计算机的三总线（AB、DB、CB）并不是直接与外设相连接，而是外设先通过输入/输出接口电路（即 I/O 接口，或称外设接口），再接到三总线与系统相连，只有在 I/O 接口的支持下才能实现各种方式的数据传送。

1. I/O 接口电路的定义

CPU 要通过 I/O 接口电路与外设交换信息。I/O 接口（电路）是位于系统的主机（包括 CPU、内存、三总线等）与外设之间、用来协助完成数据传送和控制任务的逻辑电路。它相当于主机与外设之间的"桥梁"，如图 5 - 1 所示。

图 5 - 1　I/O 接口电路的示意图

2. I/O 接口电路的作用

与 CPU 交换信息更频繁的不是外设，而是内部存储器（包含 ROM 或 RAM，简称内存），CPU 与内存的连接并不需要通过任何接口电路，而是直接通过三条总线相连。那么，为何 CPU 不能通过三条总线直接与外设相连，而一定要通过 I/O 接口（电路）呢？其主要原因如下：

（1）协调高速工作的主机与速度较低的外设的速度匹配问题。外设的一个普遍特点是工作速度较低，例如一般的打印机打印一个印刷字符需要几十毫秒，而主机向外输送一个字符的信息只需若干微秒，两者工作速度的差别为几百倍甚至几千倍。另一方面，微机系统的数据总线 DB 是与各种设备以及存储器传送信息的公共通道，任何设备都不允许长期占用，而仅允许被选中的设备在主机向外传送信息时享用 DB，在这么短的时间内，外设不可能启动并完成工作，相当于打印机刚要开始打印，字符信息就消失了，使打印成为不可能。因此，向外传送的数据必须有一个锁存器加以保存，主机的 CPU 将数据传送到锁存器后就不必等待外设的动作，可以继续执行其他指令。外设则从锁存器中取得数据，时间长一些也没有问题。这种数据锁存器就是一种最简单的接口电路。锁存器除了与 DB 相连外，还要受 CPU 的控制，以确定何时向这个接口电路传送数据。

（2）传送输入/输出过程中的状态信号。由于主机与外设工作速度的差异，使得主机不能够随意地向外设传送信息。在输出信息时，主机必须在外设把上次送出的信息处理完（例如打印）以后再传送下一个信息；在输入信息时，主机也必须知道外设是否已把数据准备好，只有准备好时才能进行输入操作。也就是说，主机在与外设交换数据之前，必须知道外设的状态，即是否处于准备就绪的状态，而这种状态信息的产生或传递也是接口电路的任务之一。这种状态信息的交互，有时候是双向的，即主机还要向外设提供状态信号。在接口电路中，主机与外设之间状态信号的配合，特别是时间上的配合，将是接口设计中最主要的任务之一。当然，状态信号的真正的产生还是由外设决定的，接口电路只是作为桥梁来传递这种信号。

（3）解决主机信号与外设信号之间的不一致。主机信号与外设需要或提供的信号在许多场合是不一致的。这种不一致往往是指信号电平、码型的不一致。此时接口电路就是用来进行电平转换和码型转换的。例如，电传电报信号的电平高达几十 V，采用的电码也为 5 单位码，而计算机的电源电压只有 5V，必须通过接口电路两者才能连接；又如，串行口所采用的逻辑系统是负逻辑，负电平为逻辑"1"，正电平为逻辑"0"，与微机所采用的正逻辑完全不一致，也必须通过接口电路的转换，两者才能连接；此外，主机送出的信号都是并行数据，而对于外设来讲，有的只能接受一位一位传送的串行数据，完成这种并串、串并变换也是某种接口的功能，这种接口一般称为串行接口；有时外部提供的信号是模拟信号，而微机信号是数字信号，也是不能直接连接的，此时 A/D，D/A 转换接口是必不可少的。

总之，I/O 接口电路主要是为了解决主机与外设工作速度不一致、信号不一致而不得不采用的。对于内存来讲，其信号和微机的 CPU 是完全一致的，只要存取速度能满足微机 CPU 要求的前提下，可以直接互连。若内存的存取时间较长或速度太低，则仍然要采取其他措施来解决与微机 CPU 的速度匹配问题。当然这种解决办法比较简单，远没有微机与外设的接口那样复杂。

3. I/O 接口电路的功能

设置 I/O 接口的主要目的就是解决主机与外设之间的这些差异，I/O 接口不但应该负责接收、转换、解释并执行 CPU 发来的命令，而且应能将外设的状态或请求传送给 CPU，从而完成 CPU 与外设之间的数据传输。I/O 接口应具有的主要功能有：

（1）主机与外设的通信联络控制功能。由于主机与外设的工作速度有较大的差别，所以 I/O 接口的基本任务之一就是必须能够解决两者之间的时序配合问题。CPU 应能通过 I/O 接口向外设发出启动命令；外设在准备就绪时，应能通过 I/O 接口送回"准备好"信息或请求中断的信号。

（2）设备选择功能。微机系统中一般有多个外设，主机在不同时刻可能要与不同的外设进行信息交换，I/O 接口必须能对 CPU 送来的外设地址进行译码以产生设备选择信号。

（3）数据缓冲功能。解决高速主机与低速外设矛盾的方法是在 I/O 接口中设置一个或几个数据缓冲寄存器或锁存器，用于数据的暂存，以避免因速度不一致而丢失数据；另一方面，采用数据缓冲或锁存也有利于增大驱动能力。有时 I/O 接口还需要能向 CPU 提供内部寄存器空或满的联络信号。

由于主机高速和外设低速之间存在差异，因此，对于数据输入接口，若外设有数据保持能力时，数据输入接口只需采用三态门使其具有数据缓冲功能即可，而若外设无数据保持能力时，则需用带有三态输出的锁存器来实现；而对于数据输出接口，需要采用三态锁存器实现。因此，输出接口一般应有锁存环节，而输入接口一般应有缓冲环节。

（4）信号格式转换功能。外设直接输出的信号和所需的驱动信号多与微机总线信号不兼容，因此 I/O 接口必须具有实现信号格式转换的功能，如电平转换功能、A/D 转换功能、D/A 转换功能、串/并转换功能、并/串转换功能、数据宽度变换功能等。

（5）错误检测功能。在很多情况下，系统还需要 I/O 接口能够检测和纠正信息传输过程中引入的错误。常见的有传输线路上噪声干扰导致的传输错误、接收和发送速率不匹配导致的覆盖错误等。

（6）可编程功能。可编程功能意味着 I/O 接口具有较强的通用性、灵活性和可扩充性，即在不改变硬件设计的条件下，I/O 接口可以接收并解释 CPU 的控制命令，从而改变接口的功能与工作方式。

（7）复位功能。接收复位信号，使 I/O 接口本身以及所连的外设进行重新启动。

4. I/O 接口电路的信号

一般来说，每连接一个外设，就需要一个 I/O 接口（Interface），但每一个接口都可以有不止一个端口（Port）。端口（简称口）是指那些在 I/O 接口电路中用以完成某种信息传送，并可由编程人员通过端口地址进行读/写的寄存器。

CPU 与存储器之间通过数据总线 DB 所传输的信息只有 1 种，即数据。而 CPU 与接口之间通过 DB 传输的信息就有多种，它们有：

（1）数据信息。即要交换的数据本身，它当然是 CPU 与外设之间传输的最基本的信息。

（2）状态信息。即反映外设的工作是否处于准备好的状态。对输入接口而言，CPU 是否准备好接收数据；对输出接口而言，外设是否准备好接收数据。

（3）命令信息。即控制外设工作的命令，CPU 通过 I/O 接口向外设传送某种命令信息，例如，启动外设开始工作的命令等。

上面 3 种信息从形式上看都是二进制代码，如果没有特殊的规定，无法区分收到的信息是数据还是命令，或者是需要传送的状态。例如，微机向外设发送一个信息"00000001"，它有可能是数据信息"+1"，也可能是反映计算机的一种状态，这个状态由最低位是"1"还是"0"来表示，还可能通过最低位表示对外设的一种控制命令。如果没有其他的机制，外设收到这个信息无法区别它究竟代表什么。

由于不能从信息的形式上来区分交换的是什么信息，因此只好从空间位置上来加以区分，使一个接口上有若干个端口，也就是不同的寄存器，并规定这些端口分别是数据口、状态口和命令口 3 种。

只要送到数据口的二进制代码就是数据信息，而送到状态口或命令口的信息就一定是状态信息或命令信息。因此，一个接口在物理上就有若干个端口。当然，也不一定每个接口都要 3 种端口齐全，要视需要来配置。另外，每种端口的数目也可以不止一个，使得不同的接口芯片上的端口数可以差别很大，有的只有一两个端口，有的则有十几个端口，也是按需要来设置。

对于内存来说，一个单元有一个地址；而对于接口来说，由于一个接口有若干个端口，每一个端口都要分配一个地址，这样，一个接口就要分配若干个地址。CPU 将不同的信息写到不同的端口地址，也从不同的端口地址来读取不同的信息。一个端口上还可以读、写几种不同的信息，例如，在同一个命令端口上写入几个不同的控制命令，此时要求写入的命令在形式上必须有各自的特征，以示相互之间的区别。

5. I/O 接口电路的基本结构

图 5-2 为 I/O 接口电路的基本结构。

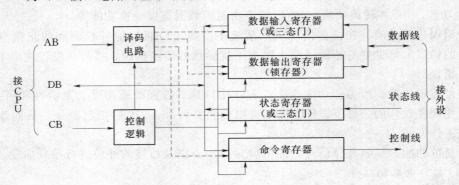

图 5-2　I/O 外设接口电路的基本结构

（1）I/O 接口部件的 I/O 端口（数据端口、控制端口、状态端口）。CPU 对 I/O 接口的访问实际上就是对接口中数据寄存器、状态寄存器和控制寄存器的访问。从含义上讲，数据信息、状态信息和控制信息应该分别传送和处理。但在微机系统中，从广义上讲，状态信息属于输入数据，控制信息属于输出数据，因此 CPU 与 I/O 接口之间各类信息的交换都是通过数据总线 DB 来进行的。在这种情况下，我们只有利用地址信号来区分各类信息，即根据 CPU 送出的不同地址将数据线上出现的数据与 I/O 接口内部的寄存器对应起来。换句话说，系统将给 I/O 接口中的寄存器分配地址，CPU 可以通过不同的地址访问不同的寄存器，从而完成对接口的访问。

CPU 向外设进行数据传输时，各类信息在接口中进入不同的寄存器，一般称这些寄存器为 I/O 端口，每个端口有一个端口地址。用于对来自 CPU 和内存的数据或者送往 CPU 和内存的数据起缓冲作用的端口，这些端口叫数据端口。用来存放外部设备或者接口部件本身状态的端口，称为状态端口。用来存放 CPU 发出的命令，以便控制接口和设备动作的端口，这类端口叫控制端口。

（2）I/O 接口的外部特性。由于 I/O 接口电路位于 CPU 与外设之间，因此，它的引脚信号可分成两侧信号，即面向 CPU 一侧的信号和面向外设一侧的信号。

1）面向 CPU 一侧的信号：用于与 CPU 连接。不同的 I/O 接口这部分功能基本相同，主要提出数据、地址和控制信号，以便与 CPU 三总线相连。

2）面向外设一侧的信号：用于与外设连接。由于外设种类繁多，不同的 I/O 接口这部分功能相差很大，它提供的信号也是五花八门，其功能定义、时序及有效电平等差异较大。

6. I/O 接口电路芯片的分类

I/O 接口电路核心部分往往是一块或数块大规模集成电路芯片（接口芯片），它可采用下面 3 种接口芯片：

（1）通用接口芯片。支持通用的数据输入/输出和控制的接口芯片。

（2）面向外设的专用接口芯片。针对某种外设设计、与该种外设的接口。

（3）面向微机系统的专用接口芯片。与 CPU 和系统配套使用，以增强其总体功能。

7. I/O 接口电路芯片的可编程性

许多 I/O 接口电路具有多种功能和工作方式，可以通过编程的方法选定其中一种。I/O 接口除需进行硬件连接，还需要编写相应的接口软件。接口软件有下面两类：

（1）初始化程序段。设定芯片工作方式等；

（2）数据交换程序段。管理、控制和驱动外设，负责外设和系统间信息交换。

8. I/O 端口的编址方式

为了区分接口电路的各个寄存器，系统为它们各自分配了一个地址，称为 I/O 端口地址，以便对它们进行寻址并与存储器地址相区别。

CPU 通过 I/O 接口与外设交换信息的过程和与存储器交换信息的过程很相似。例如，要传送状态信息，CPU 先把状态口的地址送到地址总线 AB 上，选中了接口的状态口，然后发出读/写控制信号，实现信息交换。但从接口地址的安排上，I/O 端口却存在与存储器统一编址和独立编址两种不同的方式可以选择。

（1）I/O 端口与存储器之间的统一编址（也称存储器映象编址，简称统一编址）。它是指 I/O 端口与存储器共享一个寻址空间，也就是把 I/O 端口当做存储器单元来对待，即本来可以让存储器使用的寻址范围要分出一部分给外设寻址使用。这种编址方式的示意图如图 5-3 所示。从内存的寻址范围中划出一部分作为外设端口地址，例如，规定 FF00H～FFFFH 为 I/O 端口地址，这时，当地址总线上的地址属于这个范围时，硬件连接应保证能自动寻找到外设的某个端口，而不是错误地找到的存储器单元，此部分地址空间已让出位置来给 I/O 口了。

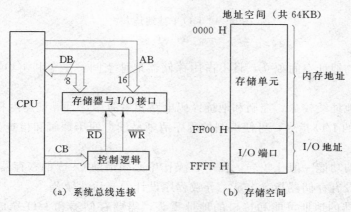

图 5-3 I/O 与存储器统一编址方式

此方式的优点：

1）I/O 数据存取与存储器数据存取一样灵活，可以直接使用访问存储器的各种指令访问外设端口，使用方便，而且这类指令很多，如用运算指令就可直接对 I/O 口的数据进行算术或逻辑操作等。

2）不需要设置专门的输入/输出指令。

3）I/O 寄存器数目与外设数目不受限制，而只受它们总存储容量的限制。

4）读写控制逻辑电路比较简单。

此方式的缺点：

1）I/O 端口要占用存储器的部分地址空间，相对减少了存储器的可用空间。

2）尽管外设的地址范围不大（如只需 255 个端口），但仍然应该采用与存储器地址位数完全相同的地址线数（如 16 位）来对端口寻址，地址译码器会比较复杂些。

3）程序不易阅读，不易分清访问内存还是访问外设。

MCS-51 单片机的 I/O 外设的编址就是采用这种方式。

（2）I/O 端口单独编址（简称 I/O 独立编址）。它是指主存地址空间和 I/O 端口地址空间相互独立，分别编址。此时，外设的地址和存储器的地址没有关系。存储器的地址范围仍然由 CPU 地址总线的数目来决定。这种编址方式的示意图如图 5-4 所示。此方式另外再给 I/O 端口分配一组地址，具体的地址范围由 CPU 决定。例如，8086 CPU 的存储器地址线是 20 条，存储器的寻址范围是 00000H～FFFFFH（1MB），但对外设 I/O 寻址时，只用 16 条地址线，外设 I/O 的地址范围是 0000H～FFFFH（64KB）。

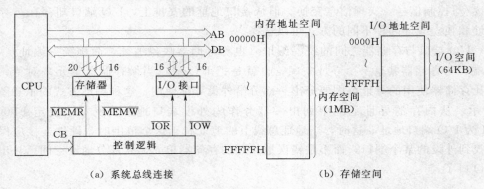

图 5-4　I/O 单独编址方式

此方式的优点：

1）I/O 端口的地址空间独立，且不占用存储器地址空间，主存和 I/O 端口的地址可用范围都比较大。

2）I/O 端口地址线较少，控制和地址译码电路相对简单，且寻址速度相对较快。

3）采用专门的 I/O 指令，可使编制的程序清晰易读，便于理解和检查。

此方式的缺点：

1）I/O 指令的功能一般比较弱，在 I/O 操作中必须借助 CPU 的寄存器进行中转。

2）I/O 指令没有存储器指令丰富，导致程序设计的灵活性较差。

3）由于存储器的地址可能和接口的地址重叠，需要存储器和 I/O 端口两套控制逻辑，增加了控制逻辑电路的复杂性。

8086 CPU 的 I/O 外设的编址就采用这种方式。

9. MCS-51 单片机 I/O 接口的统一编址方式

MCS-51 单片机采用的是外设 I/O 接口与数据存储器 RAM 统一编址，访问外设 I/O 接口和访问数据存储器应该使用相同的方式，即将外设当作数据存储器来访问。MCS-51 单片机有内部 I/O 接口（也称片内 I/O 接口）、外部 I/O 接口（也称扩展 I/O 接口）之分。其中，内部 I/O 接口寄存器（如并行接口锁存器 P0、P1、P2、P3，串行接口寄存器

SCON、SBUF，定时计数器的寄存器 TMOD、TCON、TH0、TL0、TH1、TL1，中断寄存器 IE、IP 等）在特殊功能寄存器 SFR 中，它们占用内部数据存储器 RAM 的高位地址空间（80H~FFH，高 128B）；而外部 I/O 接口使用外部数据存储器 RAM 地址空间（0000H~FFFFH，64KB）。

这主要体现在下面两个方面：

（1）MCS-51 单片机对外设（即 I/O 接口）的连接方式与单片机对数据存储器 RAM 的连接方式是相同的。

在 MCS-51 单片机中，内部 I/O 接口与 CPU 之间的连接方式与内部数据存储器 RAM 与 CPU 之间的连接方式完全相同，这在制造单片机集成电路时已完全做好了，用户不需关注单片机内部是如何连线的。

在 MCS-51 单片机系统中，外部数据存储器 RAM 是通过单片机引脚上的控制线 $\overline{WR}$ 和 $\overline{RD}$ 与单片机连接的，同样外部的 I/O 口也要通过 $\overline{WR}$、$\overline{RD}$ 与单片机连接，这就是要将单片机的 $\overline{WR}$ 脚与外部 I/O 接口的写控制线连接，单片机的 $\overline{RD}$ 脚与外部 I/O 接口的读控制线连接。

MCS-51 单片机的外部程序存储器 ROM 是通过控制线 $\overline{PSEN}$ 与单片机连接的。MCS-51 单片机与外设 I/O 接口的连接不能采用这种连接方式，因为这种连接只能对外设读数据，而不能对外设写数据，显然这是不行的。另外，访问外部 ROM 的指令（MOVC）与访问外部 RAM 的指令（MOVX）也是不同的。

（2）MCS-51 单片机通过访问数据存储器 RAM 的指令来访问 I/O 接口，也就是将 I/O 接口当作数据存储器 RAM 单元来访问。

MCS-51 单片机访问内部数据存储器 RAM 的指令有：

MOV A, direct　；读内部存储器 RAM
MOV direct, A　；写内部存储器 RAM

其中，direct 为内部 RAM 的直接地址，它可为低 128B 的内部 RAM，也可为高 128B 中的 SFR（如，内部 I/O 接口 P0~P3 等）。

MCS-51 单片机访问外部数据存储器 RAM 的指令有下面两组：

1）当外部数据存储器 RAM 采用 8 位地址时，需要采用工作寄存器 Ri（i=0 或 1）的间接寻址指令来进行访问。

MOVX A, @Ri；读外部存储器
MOVX @Ri, A；写外部存储器

2）当外部数据存储器 RAM 采用 16 位地址时，用 DPTR 寄存器间接寻址指令进行访问。

MOVX A, @DPTR　；读外部存储器
MOVX @DPTR, A　；写外部存储器

5.2　I/O 接口数据传送的控制方式

由于外设的速度与 CPU 相比要慢得很多，且不同外设之间的速度也相差很大，为了保证数据传送的可靠性，CPU 一定要等外设准备就绪之后才能执行 I/O 操作，而外设就绪的时刻

对 CPU 而言是随机的，因此需要同步。数据传送过程中的关键问题是数据传送的同步控制方式。数据传送的控制方式有：程序控制方式、直接存储器存取方式（简称 DMA 方式）和 I/O 处理机方式（简称通道方式）3 大类。其中：程序控制方式是通过 CPU 执行程序中的 I/O 指令来完成传送，它又可分为无条件传送、查询传送、中断传送 3 种方式；DMA 方式的传送请求由外设向 DMA 控制器（DMAC）提出，后者向 CPU 申请总线，最后 DMAC 利用系统总线来完成外设与存储器间的直接数据传送；I/O 处理机是 CPU 委托专门的 I/O 处理机来管理外设，完成传送和相应的数据处理，这种方式在微机系统中用得很少，这里不作介绍。

5.2.1　程序控制方式

程序控制方式的数据传送分为无条件传送、查询传送和中断传送，这类传送方式的特点是以 CPU 为中心，由 CPU 控制，通过预先编制好的输入或输出程序实现数据传送。这种传送方式的数据传送速度较低，传送时要经过 CPU 内部的寄存器，同时数据的输入/输出的响应也较慢。

5.2.1.1　无条件传送方式（也称同步传送方式或立即传送方式）

此方式是一种最简单的 I/O 控制方式，它有点类似于 CPU 与存储器之间的数据传送，即 CPU 总是认为外设在任何时刻都是处于"准备好"的就绪状态。因此，这种传送方式中不需要交换状态信息，只需在程序中加入访问外设的指令，CPU 就可随时无条件地读写 I/O 端口，实现数据的传送。

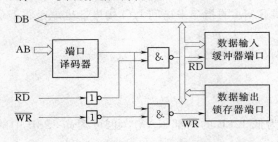

图 5 - 5　无条件传送接口示意图

图 5 - 5 为无条件传送接口示意图。在无条件传送方式下，CPU 和外设端口之间也要有接口电路。一般在输出端口上会有一个输出锁存器，CPU 将要输出的信息存入输出锁存器，外设从锁存器读取信息；在输入端口上会有一个输入缓冲器，在不做输入操作的时候，缓冲器处于高阻状态，CPU 实际上和输入的外设没有连接。需要做输入操作时，地址译码器的输出使缓冲器正常工作，输入设备的信息就可以通过缓冲器读入到 CPU。

使用前提：CPU 与外设进行数据传送时，必须保证外设已准备好，这就要求外设的动作时间是固定或者已知的。

实现方法：CPU 不查询外设工作状态，与外设速度的匹配通过在软件上延时完成，在程序中直接用 I/O 指令，完成与外设的数据传送。

特点：软件及接口硬件十分简单，但只适用于简单外设，适应范围较窄。

适用场合：适用于总是处于准备好状态的简单外设。例如，开关/按键/按钮、发光器件（如发光二极管、LED 数码管、灯泡等）、继电器和步进电机等。这些简单外设的操作时间是固定或已知的。

【例 5 - 1】　图 5 - 6 是 8031 和一组开关和一个 LED 显示器的接口。从开关读入一个 BCD 码，并将读入的值在显示器上显示。输入缓冲器的地址是 8000H，输出锁存器的地址是 8002H。请写出相应的接口程序。

4 个开关有 16 个状态，其中 0000～1001 对应于数字 0～9 的 BCD 码。如果输入是 1010

~1111 非法 BCD 码，则属于错误输入，显示字母"E"。对于正确输入，应先转换为 7 段显示码，再从输出口输出。BCD 码到 7 段显示码（共阳极）的转换用查表来完成。在两次输入/输出操作之间加上适当的延迟，以保证稳定的显示输出，这也是在这种应用模式下可以使用无条件传送方式的必要条件。

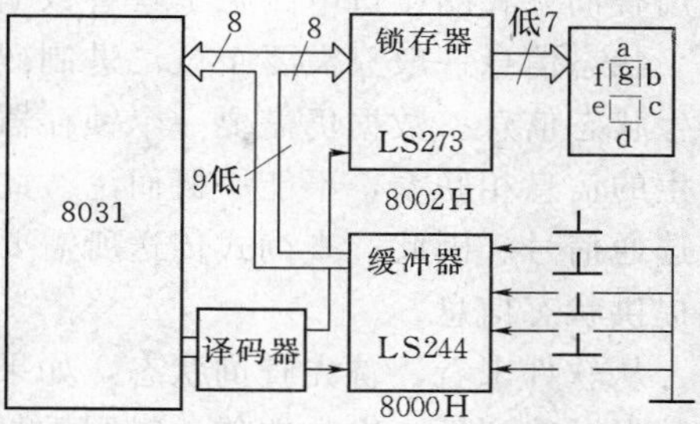

相应的参考程序段为：

图 5-6 例 5-1 的简化电路

```
START:MOV DPTR, #8000H        ;输入口地址
      MOVX A, @DPTR           ;输入 BCD 码
      ANL A, #0FH             ;取低 4 位
      CJNE A, #09H, NEXT1     ;检测是否 BCD 码
NEXT1:JNC NEXT2               ;不是,转移到 NEXT2
      MOV DPTR, #TABLE        ;准备查表
      MOVC A, @A+DPTR         ;查表
      MOV DPTR, #8002H        ;输出口地址
      MOV @DPTR, A            ;输出显示
      CALL DELAY              ;延迟
      SJMP START             ;再次输入
NEXT2:MOV DPTR, #8002H        ;错误输入处理
      MOV A, #06H             ;"E"的 7 段码
      MOVX @DPTR, A           ;显示"E"
      SJMP START             ;再次输入
TABLE:DB 40H, 79H, 24H, 30H, 19H  ;0~4 的 7 段显示码(共阳极)
      DB 12H, 02H, 78H, 00H, 18H  ;5~9 的 7 段显示码(共阳极)
```

5.2.1.2 查询传送方式（也称条件传送方式或异步传送方式）

在不能采用无条件传送的场合，CPU 可以通过不断查询外设状态，实现与外设的速度匹配问题。它是一种 CPU 主动、外设被动的 I/O 操作方式。为了保证数据传送的正确性，在传送数据之前，CPU 首先要查询外设是否处于准备好的状态，以确定是否可以进行数据传输。对于输入操作，需要知道外设是否已把要输入的数据准备好；对于输出操作，则要知道外设是否已把上一次计算机输出的数据处理完毕。只有通过查询确信外设确实已处于"准备好"的状态（即传输条件满足时），CPU 才能发出访问外设 I/O 端口的指令，实现数据的交换，否则 CPU 等待直到条件满足。对多个外设的情况，则 CPU 按一定顺序依次查询（轮询）。先查询的外设将优先进行数据交换。

在查询传送时，从硬件来说，外设应该能送出反映其工作状态的状态信息。接口电路则要用专门的端口来保存和传送状态信息。此外，数据端口当然也是不能少的。在查询输入时，当外设把数据准备好时，应使状态置于"准备好"，CPU 在输入前，先查询状态，发现外设已"准备好"时，执行输入操作。输入操作之后，状态信息应立即自动改为"没准备好"，以防止计算机马上再进行下一次输入，出现传送的错误。当外设又把下一个数据准备好后，再使状态信息恢复"准备好"。然后重复以上的过程。在输出操作时，情况类似。接口电路也至少需要有两个端口：状态端口和数据端口，以分别传送状态和数据信息。因此，采用查询方式的接口电路除了具备数据端口之外，还应该具备状态端口。

状态信息一般只需要 1 位二进制码，所以在接口中只用一个 D 触发器就可用来保存和产生状态信息。数据仍需要一个锁存器来保存。但具体的接口电路采用什么形式要和外设所产生的信息相联系，不能一概而论。此外，两个端口往往需要两个译码电路的输出来产生地址选通信号。因此，查询式传送所需要的硬件比无条件传送复杂一些，另外，它还要求外设能提供状态信息。

从软件来看，首先查询状态，如果没有准备好，则继续查询，直到外设准备好以后再传送数据，待到下一次数据传送时则重复以上过程。具体的步骤为：

(1) CPU 向接口发命令，要求进行数据传输。

(2) CPU 从状态端口读取状态字，并根据约定的状态字格式判断外设是否已就绪。

(3) 若外设未准备好，重复步骤 (2)，直至就绪。

(4) CPU 执行输入/输出指令，读/写数据端口。

(5) 使状态字复位，为下次数据传输做好准备。

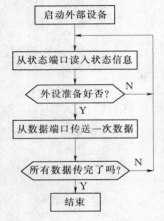

图 5-7　查询方式流程图

在查询过程中，CPU 实际处于等待状态。对于动作时间固定的外设，等待也可以不采用循环等待，而用软件插入固定延时的方法来完成，此时硬件连接上可能会简单一些。图 5-7 为查询方式程序的一般流程图。

查询传送方式工作流程包括两个基本工作环节：

(1) 查询环节。主要通过读取状态寄存器的标志位来检查外设是否"就绪"。寻址状态口，读取状态寄存器的标志位，若不就绪就继续查询，直至就绪。

(2) 传送环节。当上一环节完成后，将对数据口实现寻址，并通过输入指令从数据端口输入数据，或通过输出指令从数据端口输出数据。

实现方法：在与外设进行传送数据前，CPU 先查询外设状态，当外设准备好后，再才执行 I/O 指令，实现数据传送。

使用前提：CPU 在与外设交换数据前必须询问外设状态——"你准备好没有？"。对外设的要求：应提供设备状态信息。对接口的要求：需要提供状态端口。

特点：避免了无条件传送对端口的"盲读"、"盲写"，能够保证输入/输出数据的正确性，数据传送的可靠性高；适用面宽，可用于多种外设和 CPU 的数据传送；接口的硬件相对简单，接口的软件也比较简单。但由于需要有一个查询状态的等待过程，特别是在连续进行数据传送时，由于外设工作速度比 CPU 慢得多，所以 CPU 在完成一次数据传送后要等待很长的时间（与数据传送相比），才能进行下一次的传送，而在查询等待过程中，CPU 不能进行其他操作。因此，CPU 工作效率低，数据传送的实时性差，I/O 响应速度慢。

适用场合：由于需先查询状态后传送数据，数据传送速度较慢，适用于简单、慢速的或实时性要求不高的外设。

查询传送方式的说明如下。

1. 输入方式

图 5-8 为查询输入接口电路，图 5-9 为查询输入的端口信息及程序流程框图。当输入设备的数据已经准备好后，一方面将数据送入 8 位锁存器，另一方面对 D 触发器触发，使

状态信息标志位 D_0 为 1。当 CPU 要求外设输入信息时，先检查状态信息。若数据已经准备好，则输入相应数据，并使状态信息清"0"。否则，等待数据准备"就绪"。图中的①、②、③、④表示动作顺序。

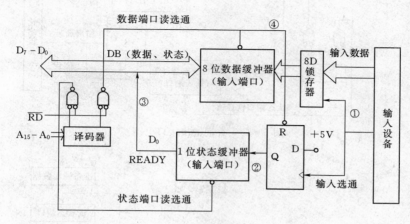

图 5-8　查询输入接口电路

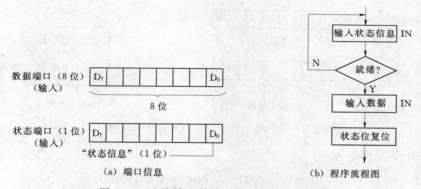

（a）端口信息　　　　　（b）程序流程图

图 5-9　查询输入的端口信息及程序流程框图

查询输入的参考程序为：

```
        MOV DPTR, # STATUS_PORT    ;STATUS_PORT 是状态口地址
QUERY:  MOVX A,@ DPTR             ;从状态口输入状态信息
        RRC A                     ;把 D0 移入 Cy 中,用于测试 D0
        JNC QUERY                 ;当 D0＝0 时,未就绪,继续查询
        MOV DPTR, # DATA_PORT      ;DATA_PORT 是数据口地址
        MOVX A, @ DPTR            ;从数据端口输入数据
```

2. 输出方式

图 5-10 为查询输出接口电路，图 5-11 为查询输出的输出信息及程序流程框图。当输出设备将数据输出后，会发出一个 ACK 信号，使 D 触发器翻转为 0。CPU 查询到这个状态信息 BUSY 后，执行输出指令，将新的输出数据发送到数据总线上，同时把数据口地址发送到地址总线上。由地址译码器产生的译码信号和 $\overline{WR}$ 相"与"后，发出选通信号，将输出数据送至 8 位锁存器。同时，将 D 触发器置为 1，并通知外设进行数据输出操作。图中的①、②、③、④、⑤、⑥表示动作顺序。

219

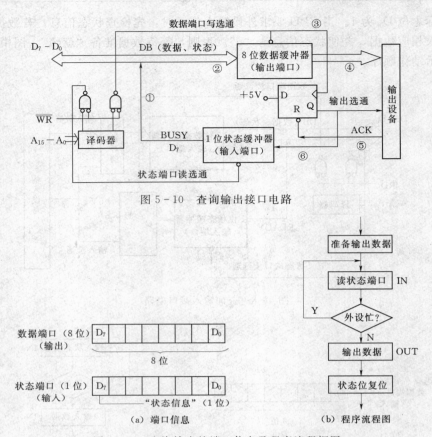

图 5-10　查询输出接口电路

图 5-11　查询输出的端口信息及程序流程框图

查询输出的参考程序为：

```
        MOV DPTR, # STATUS_PORT    ;STATUS_PORT 是状态口地址
QUERY:MOVX A,@ DPTR               ;从状态口输入状态信息
        RLC A                     ;把 D_7 移入 Cy 中,用于测试 D_7
        JC QUERY                  ;当 D_7 = 1 时,未就绪,继续查询
        MOV DPTR, # DATA_PORT     ;DATA_PORT 是数据口地址
        MOV A,@Ri                 ;把要输出的数据送到 A 中
        MOVX @ DPTR,A             ;从数据端口输出数据
```

3. 优先级问题

当 CPU 需对多个外设进行查询时，就出现了所谓的优先级问题，即究竟先为哪个设备服务。一般来讲，在这种情况下都是采用轮流查询的方式来解决，如图 5-12 所示。这时的优先级是很明显的，即先查询的设备具有较高的优先级。但这种优先级管理方式，也存在着一个问题，即某设备的优先级是变化的，如当为设备 B 服务以后，这时即使 A 已准备好，它也不理睬，而是继续查询 C，直至 X，也就是说 A 的优先地位并不巩固（即不能保证随时处于优先）。为了保证 A 随时具有较高的优先级，可采用加标志的方法，当 CPU 为 B 服务完以后，先查询 A 是否准备好，若此时发现 A 已准备好，立即转向对 A 的查询服务，而不是为 C 设备服务。

5.2.1.3 中断传送方式（简称中断方式或称中断）

1.中断方式的概述

（1）计算机中引入中断的原因。尽管查询传送方式能解决快速的 CPU 与慢速的外设的速度匹配，但 CPU 要用去大量时间进行外设状态的查询工作，而真正用于数据传送时间却很短，因此，CPU 工作效率很低，数据传送的实时性差。为了提高数据传输率，并避免 CPU 不断检测外设状态的过程，提高 CPU 的利用率，实现对特殊事件的实时响应和处理，现代计算机中都引入中断传送方式。

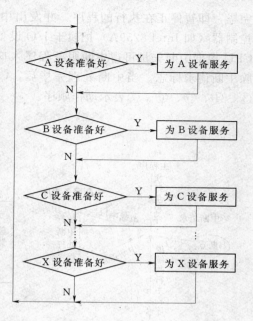

图 5-12　多个外设查询传送方式的程序流程框图

与查询传送方式下 CPU 主动而外设被动完全不同，中断传送方式是 CPU 被动而外设主动的 I/O 操作方式。在中断传送方式下，CPU 无需循环查询外设状态，CPU 执行着本身的主程序（如数学运算等），外设在需要进行数据传送时，才主动向 CPU 提出使用请求，若 CPU 接受其请求，CPU 就会响应之，CPU 会暂时中断正在进行的工作，并转而为外设提供相应的服务，服务完毕后再返回去做被中断的工作。即 CPU 在没有外设请求时可以去做更重要的事情，有请求时才去传输数据，这样 CPU 就避免了把大量时间耗费在等待、查询状态信号的操作上，完全消除了 CPU 在查询方式中的等待过程，使其工作效率得以大大地提高。

由于 CPU 工作速度很快，传送数据所花费的时间很短。对外设来讲，似乎是对 CPU 发出数据交换的申请后，CPU 马上就实现了数据传输，没有一点耽搁。对于主程序来讲，虽然中断了一个瞬间，由于时间很短，也不会有什么影响和不便。

（2）中断的定义。中断实际上是一种效率比查询方式更高的 CPU 与外设之间数据传送方式。具体来讲，中断就是指 CPU 在正常执行主程序的过程中，由于系统中出现某些急需处理的异常情况或特殊请求（内部/外部事件或由程序预先安排的），引起 CPU 暂时中断当前主程序的运行而转去对随机发生的更紧迫的事件进行处理（即执行为内部/外部事件或预先安排的事件服务的子程序），待处理完毕后（中断服务子程序执行完成后），CPU 又自动返回到主程序的暂停处（断点）继续执行原来的主程序，这一过程称为中断。或者说，中断就是 CPU 在执行当前程序的过程中因意外事件插入了另一段程序的运行。图 5-13 为中断过程的示意图。

假设中断是由外设引起的，当 CPU 进行主程序操作时，外设的数据已存入输入端口的数据寄存器或端口的数据输出寄存器已空，由外设通过接口电路向 CPU 发出中断请求信号（发出中断请求时间是随机的），CPU 在满足一定的条件下，暂停执行当前正在执行的主程序，转入执行预先设计好的、能够进行相应的输入/输出操作的（中断服务）子程序，待输入/输出操作执行完毕之后 CPU 即返回继续执行原来被中断的主程序。

中断传送方式输入的接口电路如图 5-14 所示。当输入装置输入一个数据后，发选通信号 STB，把数据存入 8 位锁存器，并使 1 位的 D 触发器置"1"，表示 I/O 设备已经准备好。D 触发器的输出经门后去申请中断。CPU 接受了中断的请求 INTR 后，等现行指令执行完毕，即暂停正在执行的程序，并发出中断响应信号$\overline{\text{INTA}}$，在$\overline{\text{INTA}}$信号的作用下，中断控制器（如 Intel 8259A）把属于 I/O 设备的中断矢量送上系统数据总线 DB 让 CPU 读取，CPU 根据中断矢量可得中断服务程序入口地址，进而转入中断服务程序输入数据，同时清除中断请求标志。当中断处理完毕后，CPU 返回被中断的程序继续执行。图中的①、②、③、④、⑤、⑥、⑦表示动作顺序。

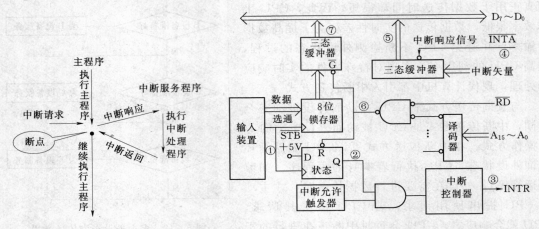

图 5-13　中断过程的示意图　　　　图 5-14　中断传送方式的输入接口电路

（3）中断的日常事例。下面通过一个日常事例来帮助读者对中断概念的正确理解。

1）你正在上机调试一段程序。

2）有你的长途电话。

3）将光标定位到调试的当前位置，起身接听电话。

4）电话谈话中间，有人来通知你一项重要事宜。

5）请来电话者稍等，将重要事宜问清楚。

6）继续听电话。

7）电话完毕后，继续调试程序。

在此事件中，"你"就相当于计算机的 CPU，调试的程序相当于 CPU 正在处理的程序和数据，而"有长途电话"和"重要事宜的通知"则是中断源。从调试程序到接听电话，从电话打断到重要事宜的通知均是一次中断，从整体而言，长途电话和重要事宜的通知则是一次中断的嵌套。

（4）中断技术能实现的功能。计算机系统引入中断机制后，较大地提高了 CPU 的工作效率，并使系统具有了分时操作、实时处理和故障处理等功能。

1）分时操作（并行处理）。计算机配上中断系统后，CPU 就可以分时执行多个用户的程序和多道作业，使每个用户认为它正在独占系统。此外，CPU 可控制多个外设同时工作，并可及时得到服务处理，使各个外设一直处于有效工作状态，实现并行处理，从而大大提高主机的使用效率。例如，一台高速计算机可以接几十个终端，每个终端用户都觉得 CPU 只为他单独服务，所有的终端可"同时"投入使用。但实际上，这种多用户服务并不真是在同一时间进行的，而仅是因为计算机工作速度极快，各个用户的中断申请总有一定的时间差别，而在这种细小的时间先后中，CPU 已很充裕地完成了对各个用户的服务。所以，实际上是一种时间复用的服务方式。如果 CPU 接的外设太多，则用户仍会有等待的感觉。

2）实时处理。当计算机用于实时控制时，计算机在现场测试和控制、网络通信、人机对话时都会具有强烈的实时性，中断技术能确保对实时信号的处理。实时控制系统要求计算机为它们的服务是随机发生的，且时间性很强，要求及时发现并进行自动处理，实现实时处理。

3）故障处理。计算机运行过程中，往往会出现一些故障，如电源掉电、存储器读出出错、运算溢出，还有非法指令、存储器超量装载、信息校验出错等等。尽管故障出现的概率较小，但是一旦出现故障将使整个系统瘫痪。有了中断系统后，当出现上述情况时，CPU 就转去执行故障处理程序而不必停机。中断系统能在故障出现时发出中断信号，调用相应的处理程序，将故障的危害降低到最低程度，并请求系统管理员排除故障。

（5）中断传送方式的特点。CPU 和外设大部分时间处在并行工作状态，只在 CPU 响应外设的中断申请后，进入数据传送的过程，避免了 CPU 反复低效率的查询，大大提高了 CPU 的工作效率。对外设的请求能作出实时响应，并可用于故障处理。但中断处理过程比较复杂，外设应具有必要的联络（握手）信号（如 READY 等），实现中断系统的硬件电路和和软件编制都比较复杂。此外，中断方式的 I/O 操作还是由 CPU 控制，此时每传输一个数据，往往就要做一次中断处理，当 I/O 设备很多时，CPU 可能完全陷入 I/O 处理中，甚至由于中断次数的急剧增加会造成 CPU 无法响应中断和出现数据丢失现象。

（6）适用场合。适于实时、快速、复杂的外设，且适用于 CPU 任务繁忙而数据传送不太频繁的系统中。但不适用于大量、高速频繁数据交换，此时应采用 DMA 等其他方式。

2. 中断处理的完整过程

完整的中断工作过程应该包括 5 个步骤，即中断申请/请求、中断判优/排队（有时还要进行中断源识别）、中断响应、中断服务/处理（有时还要进行中断嵌套）和中断返回。图 5-15 为中断响应的整个过程示意图。

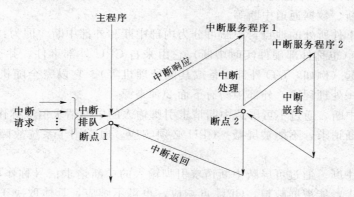

图 5-15　中断响应的整个过程示意图

能够实现中断处理功能的部件称为中断系统（或称中断机构）；能够向 CPU 发出中断请求的源称为中断源；中断源向 CPU 提出的处理请求，称为中断请求（或中断申请）；CPU 同意处理该请求称为中断响应；处理中断请求的程序称为中断服务（子）程序，而正在执行中断服务程序的处理中断过程称为中断处理（或中断服务）；当 CPU 执行完中断服务子程序，返回断点继续执行被中断的程序，称为中断返回。另外，由于一般中断源有多个，而它们又有不同的优先级别，因此，当它们同时申请中断时，需要进行排队，从中选出优先级最高的中断，这称为中断排队；而当它们不同时申请中断时，可能会发生正在处理的中断被新的更高级别所中断的情况，这称为中断嵌套。

下面详细讨论中断处理过程的 5 个步骤。

(1) 中断请求 (也称中断申请)。

1) 中断源。引起中断事件发生的原因或发出中断请求的来源,称为中断源。一般中断源有下面几种:

a. 外部设备请求中断。一般的外部设备 (如键盘、打印机、A/D 转换器等) 在完成自身的操作后,向 CPU 发出中断请求,要求 CPU 为它服务。

b. 故障强迫中断。计算机在一些关键部位都设有故障自动检测装置 (如运算溢出、存储器读出出错、外部设备故障、电源掉电以及其他报警信号等)。当这些装置出现某些故障,相关报警部件会向 CPU 发出中断请求,以便使 CPU 转去执行故障处理程序来解决故障。

c. 实时时钟请求中断。在控制中常遇到定时检测和控制,为此常采用一个外部时钟电路 (可编程) 控制其时间间隔。需要定时时,CPU 发命令使时钟电路开始工作,一旦到达规定的时间,时钟电路发出中断请求,由 CPU 转去完成检测和控制等工作。

d. 软件中断源。在程序中向 CPU 发出中断指令 (如 8086 CPU 为 INT 指令),可迫使 CPU 转去执行某个特定的中断服务程序,而中断服务程序执行完后,CPU 又回到原程序中继续执行中断指令后面的指令。

e. 为调试而设置的中断源。系统提供的单步中断、断点中断,可以使被调试程序在执行一条指令或执行到某个特定位置处时自动产生中断,从而便于程序员检查中间结果,寻找错误所在。

2) 中断类型。按中断产生的方式,中断可分为自愿中断和强迫中断。即为:

a. 自愿中断,即通过自陷指令引起的中断,或称软件中断,例如程序自愿中断。

b. 强迫中断,是一种随机发生的实时中断,例如外部设备请求中断、故障强迫中断、实时时钟请求中断、数据通道中断等。

按引起中断事件所处的地点,中断可分为内部中断和外部中断。即为:

a. 外部中断 (也称外部硬件实时中断) 它由来自 CPU 外部事件,并通过 CPU 的某一引脚上的信号引起 (例如,I/O 外部设备或其他处理机等)。它以完全随机的方式中断现行程序,而转向另一处理程序。外部中断有下面 2 种来源:

(a) 非屏蔽中断。通过不可屏蔽中断请求引脚输入的中断请求信号称作不可屏蔽中断请求,对于这种中断请求,不能被屏蔽,CPU 必须响应。通常用于系统故障或实时时钟等引起的中断。

(b) 可屏蔽中断。通过可屏蔽中断请求引脚输入的中断请求信号称作可屏蔽中断请求,对于这种中断请求,能被屏蔽掉,CPU 可响应,也可不响应,具体取决于相应的屏蔽寄存器的状态。通常用于各种外设要求数据传送引起的中断。

因此,利用外部中断,CPU 可以实时响应外部设备的数据传送请求,能够及时处理外部随机出现的意外或是紧急事件。

b. 内部中断 (也称软件指令中断或软件中断)。它来自 CPU 内部的中断事件,这些事件都是特定事件,一旦发生,CPU 即调用预定的中断服务程序去处理。内部中断主要有下面 3 种来源:

(a) 软件中断。执行软件中断指令时,会产生软件中断。例如,在 8086 CPU 系统中,INT 指令会产生一个类型为 n 的中断,以便让 CPU 执行 n 号中断的中断服务程序。

(b) 错误中断。由于 CPU 运算产生的某些错误 (如除数为 0 的中断、溢出中断等) 而引起。例如，在8086 CPU系统中，当执行除法指令时，如果除数为0或商数超过了最大值，CPU会自动产生类型为0的除法错误中断；如果运算产生溢出，标志寄存器中溢出标志位置1，在执行了INTO指令后，将产生类型为4的溢出中断。

（c）调试中断。由调试程序的需要而设置的单步中断、断点中断。例如，在8086 CPU系统中，当标志寄存器的标志位TF置1时，8086 CPU处于单步工作方式，此时CPU每执行完一条指令，自动产生类型为1的单步中断，直到将TF置0为止；执行断点指令INT 3将引起类型为3的断点中断。

利用内部中断，CPU为用户提供了发现、调试并解决程序执行异常情况的有效途径。

3）中断源的识别。由于计算机系统中存在许多中断源，当中断请求发生且CPU响应此中断时，CPU首先必须识别出是哪一个中断源引起的请求中断。只有知道了中断源，CPU才能转入到对应于该中断源的中断服务程序，并为其提供中断服务。

为了标记中断源，人们给系统中的每个中断源指定了一个唯一的编号，称为中断类型号。CPU识别请求中断来源的过程称为中断源的识别。实际上，CPU对中断源的识别就是获取当前中断源的中断类型号。

CPU在响应中断时，要执行该中断源对应的中断服务程序，那么CPU如何知道这段程序在哪儿呢？CPU一般通过查找中断矢量表来得知。中断服务程序的入口地址叫做中断矢量，而将全部中断矢量集中在一张表中，即中断矢量表。中断矢量表一般放置在内存的固定位置上。这张表中存放着所有中断服务程序的入口地址，而且根据中断类型号从小到大依次排列。8086 CPU就采用这种中断向量法来得到中断处理程序的首地址；而MCS-51单片机则采用更为简单的固定入口地址法。

中断源的识别有两个方法：

a. 软件查询法。利用程序来查询设备的请求中断状态，从而确认出应该服务的设备号，并转入相应设备号的中断服务程序。

b. 硬件法。CPU可识别出硬件排队电路中优先的设备，并取回占有优先权的设备的中断类型号（或设备地址编码），由此CPU识别出中断源，并转入相应的中断服务程序。

由于中断源识别与中断优先权排队两个过程的处理方法相同，因此，计算机中常把它们合并起来处理。

（2）中断排队（也称中断优先级排队或中断判优）。

1）中断优先级（也称优先权）的定义。在实际计算机系统中，常常遇到多个中断源同时请求中断的情况，而CPU在某一时刻只能做一项工作，因此，此时CPU必须确定首先为哪一个中断源服务以及服务的次序。解决的方法是用中断优先排队的处理方法，即根据中断源要求的轻重缓急（如紧迫性、实时性等），排好中断处理的优先次序，即优先级（也称优先权）。这样，同时有多个中断请求到来时，CPU先响应优先级最高的中断请求，在处理完优先权最高的中断请求后，再去响应其他较低优先级的中断请求。另外，当CPU正在处理中断时，也可能要响应更高级的中断请求，并屏蔽同级或较低级的中断请求。这些都需要分清各中断源的优先权。

中断源的优先权是根据它们的重要性事先规定好的。微机中一般规定优先级别为：内部中断（除单步中断以外）最高，外部不可屏蔽中断次之，可屏蔽中断再次之，单步中断最低。这样，不同级别的中断同时申请时，CPU根据级别高低依次决定响应顺序。

2）中断优先级控制要处理的情况。中断优先级控制要处理两种情况：

a. 中断排队。对同时产生的中断，应首先处理优先级别较高的中断，若优先级别相同，则按先来先服务的原则处理。

b. 中断嵌套。对非同时产生的中断，低优先级别的中断处理程序允许被高优先级别的中断源所中断，这就是所谓的中断嵌套。

下面先讨论同时来中断的中断排队，而不同时来中断的中断嵌套放在中断过程的第 4 步中断服务中再讨论。

3）中断优先级的控制方法。由于有的微处理器可有两条或更多的外部中断请求线，而且已经安排好中断的优先级，而有的微处理器仅只有 1 条外部中断请求线。凡是遇到外部中断源的数目多于 CPU 的外部中断请求线的情况时，就需要用户根据轻重缓急，采取适当的方法来安排中断优先级。

中断的优先级的控制方法有软件排队（也称软件判优或软件查询）、硬件排队（也称硬件判优）两种方法。另外，前面已述，通常将中断判优与中断源识别合并在一起进行处理。

a. 软件排队。CPU 响应中断后，在中断服务程序中用查询的方法判定外设的中断请求。查询的顺序反映了各个中断源的优先权的高低。显然，最先查询的外设，其优先权级别最高。

这种方法只需有简单的硬件电路，如图 5-16 所示电路。图中各中断源的优先权不是由硬件电路安排，而是由软件安排的。图中若干个外设的中断请求信号相"或"后，送至 CPU 的中断接收引脚 INTR。这样，只要至少有任一台外设有中断请求，都可以向 CPU 发中断请求，CPU 便可响应中断。在中断服务子程序前可安排一段优先级的查询程序，即 CPU 读取外设中断请求状态端口，然后根据预先确定的优先级级别逐位检测各外设的状态，若有中断请求就转到相应的处理程序入口。查询的前后顺序就给出了设备的优先级，其流程如图 5-17 所示。

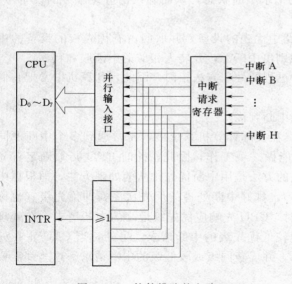

图 5-16　软件排队的电路

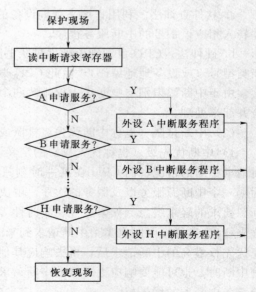

图 5-17　软件排队的流程图

软件排队的优点：电路很简单，不需要有判断与确定优先权的硬件排队电路；修改优先级方便灵活，只要改变程序中的查询次序即可。软件排队的缺点：查询需要耗费时间，由询问转至相应的服务程序入口的时间长，尤其是在中断源较多的情况下，会影响中断响应的实时性。

　　b. 硬件排队。它是指利用专门的硬件电路或中断控制器对系统中各中断源的优先权进行安排。根据采用硬件电路的不同，它又可分为菊花链式（也称雏菊花环式或链式或简单硬件）、优先权编码器（也称优先级编码器）、中断控制集成芯片（也称可编程的中断控制器）等3种硬件排队。

　　（a）链式硬件排队电路。此法将所有的设备连成一条链，靠近 CPU 的设备优先级最高，越远的设备优先级别越低，则发出中断响应信号，若级别高的设备发出了中断请求，在它接到中断响应信号的同时，封锁其后的较低级设备使得它们的中断请求不能响应，只有等它的中断服务结束以后才开放，允许为低级的设备服务。

　　链式优先权排队电路是一种简单的中断优先权硬件排队电路，如图 5-18 所示。采用该方法时，每个外设对应的接口上连接一个逻辑电路，这些逻辑电路构成一个链，称为菊花链，由该菊花链来控制中断响应信号的通路。当一个外设有中断请求时，CPU 如果允许中断，则会发出 $\overline{\text{INTA}}$ 信号。如果链条前端的外设没有发出中断请求信号，那么这级中断逻辑电路就会允许中断响应信号 $\overline{\text{INTA}}$ 原封不动地往后传递，一直传到发出中断请求的外设；如果某一外设发出了中断请求，那么本级的中断逻辑电路就对后面的中断逻辑电路实现阻塞，使 $\overline{\text{INTA}}$ 信号不再传到后面的外设。因而菊花链电路各个外设的中断优先权就由其在链中的位置决定，处于菊花链前端的比处于后端的优先级高。当某一外设收到中断响应信号后，就控制有关电路送出中断类型码，从而执行相应的中断服务程序。

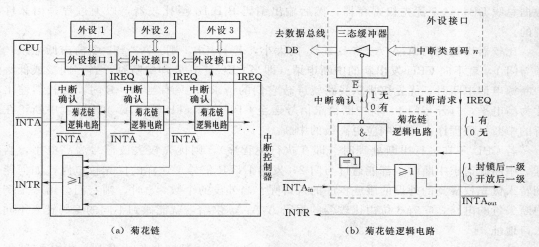

图 5-18　链式优先权的排队电路

　　当多个外设同时发出中断请求信号时，根据电路分析可知，处于链头的外设先得到中断响应，而排在菊花链中较后位置的外设就收不到中断响应信号，因而暂时不会被处理。若 CPU 正执行某个中断处理子程序，又有级别较高的外设提出中断请求，由于菊花链电路中级别低的外设不能封锁级别高的外设得到中断响应信号，故可响应该中断请求，从而发生中断嵌套现象。

　　（b）采用优先权的编码电路。此法采用优先权的编码电路来实现中断排队，图 5-19 为中断优先权编码电路。

　　若有 8 个中断源，当任一个有中断请求时，通过"或"门，即可有一个中断请求信号产生，但它能否送至 CPU 的中断请求线，还要受比较器的控制（若优先权失效信号为低电

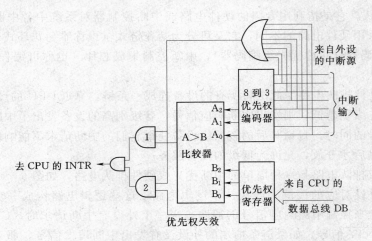

图 5-19　中断优先权编码的排队电路

平，则与门 2 关闭）。

8 条中断输入线的任一条，经过编码器可以产生 3 位二进制优先权编码 $A_2A_1A_0$，优先权最高的线的编码为 111，优先权最低的线的编码为 000。而且若有多个输入线同时输入，则编码器只输出优先权最高的编码。正在进行中断处理的外设的优先权编码，通过 CPU 的数据总线 DB，送至优先权寄存器，然后输出编码 $B_2B_1B_0$ 至比较器，以上过程是由软件实现的。

比较器比较编码 $A_2A_1A_0$ 与 $B_2B_1B_0$ 的大小，若 A≤B，则 "A＞B" 端输出低电平，封锁与门 1，就不向 CPU 发出新的中断申请（即当 CPU 正在处理中断时，当有同级或低级的中断源申请中断时，优先权排队线路就屏蔽它们的请求）；只有当 A＞B 时，比较器输出端才为高电平，打开与门 1，将中断请求信号送至 CPU 的 INTR 输入端，CPU 就中断正在进行的中断处理程序，转去响应更高级的中断。

若 CPU 不在进行中断处理时（即在执行主程序），则优先权失效信号为高电平，当有任一中断源请求中断时，都能通过与门 2，发出 INTR 信号。这样的优先权电路，如何能做到转入优先权最高的外设的服务程序的入口呢？当外设的个数≤8 时，则它们公用一个产生中断矢量的电路，它有 3 位由比较器的编码 $A_2A_1A_0$ 供给，就能做到不同的编码转入不同的入口地址。

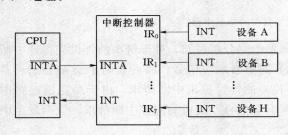

图 5-20　中断控制集成芯片的排队电路

4）中断控制集成芯片。中断控制集成芯片是专用于系统内可屏蔽硬件中断的控制，并管理系统的外部中断请求的芯片。图 5-20 为采用可编程的中断控制器芯片（如 Intel8259A）的排队电路。

采用可编程中断控制器是当前微型计算机系统中解决中断优先权管理的常用方法。通常，中断控制器包括下列部件：中断优先权管理电路、中断请求锁存器、中断类型寄存器、当前中断服务寄存器以及中断屏蔽寄存器等。其中，中断优先权管理电路用来对所处理的各个中断源进行优先权判断，并根据具体情况预先设置优先权。实际上，中断控制器也可以认为是一种接口，外设提出的中断请求经该环节处理后，再决定是否向 CPU 传送，CPU 接受中断请求后的中断响应信号也送给该环节处理，以便得到相应的中断类型码。

硬件判优的优点是查询速度快，它依靠硬件电路实现了优先权判断，无需软件按查询方式判断，响应中断速度很快。它的缺点是硬件电路复杂，且不能随意改变中断优先级别。

（3）中断响应。

1）中断响应的条件。中断可被响应的条件一般有：①中断源发出中断请求信号，并使中断请求触发器置位；②中断请求信号没有被中断屏蔽触发器屏蔽掉（即中断屏蔽触发器清零），也就是中断请求信号能顺利地发出去；③该中断请求是当作同时多个申请中断中优先权最高的中断请求信号，它能顺利地通过中断排队被选出来，也就是当前 CPU 未处理更高级中断；④CPU 内部开放中断，也就是 CPU 本身允许被中断；⑤由于 CPU 在每条指令的最后一个时钟周期时检测是否有中断请求信号，因此，必须等待 CPU 现行指令执行完后，都会去响应检测到的中断请求；⑥可能还需其他的条件，如 8086CPU 中，对可屏蔽中断 INTR，还应满足以下特殊条件：若当前指令是 STI 和 IRET，则此指令下一条指令也要执行完；若当前指令带有 LOCK、REP 等指令前缀时，则把它们看成一个整体，要求完整地执行完；若非屏蔽中断 NMI 和可屏蔽中断 INTR 同时发生，则首先响应非屏蔽中断 NMI；当前没有复位（RESET）和保持（HOLD）信号。

2）断点和现场的保护与恢复。中断响应时，一般首先都需保护断点和保护现场。①断点（也称断点地址）指 CPU 执行的现行主程序被中断的下一条待执行的指令的所在地址。它也是中断返回时的指令指针之值；②现场指中断发生前主程序的运行状态，它包括 CPU 执行主程序时所用到的相关寄存器、存储单元和标志位等。

为了保证中断处理结束后能返回主程序时，能继续正确地执行原来的主程序，中断系统必须能在中断发生时保护断点和保护现场，并在中断结束返回主程序时能恢复断点和恢复现场。

在中断响应过程中，断点的保护主要由硬件电路自动实现。它将断点压入堆栈，再将中断服务程序的入口地址送入程序计数器 PC，使程序转向中断服务程序，即为中断源的请求服务。

现场保护的方法可以有：①通过堆栈推入指令 PUSH；②通过寄存器区的切换（如单片机的 4 个区 $R_0 \sim R_7$）；③通过微机内部存储器单元暂存。现场保护一定要位于中断服务程序的前面。

在结束中断服务程序返回断点处之前要恢复现场，与保护现场的方法相对应；而恢复断点是通过中断服务程序的最后一条中断返回指令 RETI 来实现，该指令会将压入堆栈中的断点弹出到程序计数器 PC 中，使 CPU 回到被中断的主程序继续执行。

3）中断响应过程。当某一外设需要 CPU 服务时，该中断源向 CPU 发出中断请求，CPU 能决定是否响应该中断请求。若中断响应条件成立，则 CPU 允许响应该中断请求，并可能向该中断源发出中断响应信号 $\overline{\text{INTA}}$，CPU 在现行的指令执行完后，会把中断断点处的 PC 地址（即下一条将执行的指令地址）自动压入堆栈保留起来（相当于执行堆栈压入指令 PUSH），而中断现场的各个寄存器的内容和标志位的状态，则需要用户通过堆栈压入指令 PUSH（或其他办法）保存起来，这就是上面所说的保护断点和保护现场。然后跳转到需要处理的中断源的服务程序入口（即中断服务程序的首地址），同时自动清除中断请求触发器，自动关闭中断。

那么，CPU 是如何得到中断处理程序的首地址？不同的微机可能得到首地址的方法不一样。例如，由于 8086CPU 可以有 256 种不同的中断源，它采用前面介绍过的中断向量法得到首地址；而由于 MCS-51 单片机仅有 5 个（51 子系列）或 6/7 个（52 子系列）中断源，它采用固定入口法，即 5/6/7 个中断源的入口地址是固定不变的。

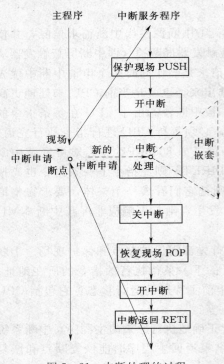

图 5-21　中断处理的过程

（4）中断处理（也称中断服务）。

1）中断处理的过程。中断处理的过程就是 CPU 运行中断服务程序的过程，这一步骤对所有中断源都一样。所谓中断服务程序，就是为实现中断源所期望达到的功能而编写的处理程序。中断服务程序一般由保护断点和现场、开中断、中断服务、关中断、恢复现场、中断返回 6 部分组成，图 5-21 为中断处理的过程。其中保护断点是 CPU 自动完成的，用户无需编程，而保护现场需要用户编程来完成，保护现场的原因是有些寄存器可能在主程序被打断时存放有用的内容，为了保证返回后不破坏主程序在断点处的状态，应将有关寄存器的内容保存起来。恢复现场是指中断服务程序完成后，把原先保存起来的现场寄存器内容恢复到 CPU 相应的寄存器中。有了保护现场和恢复现场的操作，就可保证在返回断点后，正确无误地继续执行原先被打断的程序。中断服务部分是整个中断服务程序的核心，其代码完成与中断任务相关的数据处理。中断服务程序的最后部分是一条中断返回指令 RETI，实际上它就是做恢复断点工作。图 5-21 中的开中断和关中断这两步主要是为了允许中断嵌套，如果不允许中断嵌套，则可省去这两步。

2）对中断的控制。微机具有多级（或称多重）中断功能（也即中断嵌套），为了不至于在保护现场或恢复现场时，由于 CPU 响应其他中断请求，而使现场破坏。一般规定，在保护和恢复现场时，CPU 不响应外界的中断请求，即关中断。因此，在编写程序时，应在保护现场和恢复现场之前，关闭 CPU 中断；在保护现场和恢复现场之后，再根据需要使 CPU 开中断。

对于重要中断，不允许被其他中断所嵌套。除了设置中断优先级外，还可以采用关中断的方法，彻底屏蔽其他中断请求，待中断处理完之后再打开中断系统。

3）中断嵌套（或称多重中断）。当 CPU 执行优先级较低的中断服务程序时，若有更高级别的新中断源发出请求，且新中断源满足响应条件，CPU 允许响应优先级比它高的中断源请求中断，而挂起正在处理的较低优先级中断，这就是中断嵌套或称多重中断。此时，CPU 将暂时中断正在进行着的级别较低的中断服务程序，优先为级别高的中断服务。待优先级高的中断服务结束后，再返回到刚才被中断的较低优先级的那一级，继续为它进行中断服务。

需要注意的是：低级（或同级）中断源不能中断高级（或同级）的中断处理。某些计算机的中断系统可能对中断嵌套的层数有一定限制。

多重中断流程的编程与单级中断的编程的主要区别有：①加入屏蔽本级（或称同级）和低级中断请求的环节。这是为了防止在进行中断处理时，不致受到来自本级和低级中断的干扰，并允许优先级比它高的中断源进行中断；②在进行中断服务之前，要开中断。因为如果中断仍然处于禁止状态，则将阻碍较高级中断的中断请求和响应，所以必须在保护现场、屏蔽本级及低级中断完成之后，开中断以便允许进行中断嵌套；③中断服务程序结束之后，为了使恢复现场过程不致受到任何中断请求的干扰，必须安排并执行关中断指令，将中断关闭，才能恢复现场；④恢复现场后，应该安排并执行开中断指令，重新开中断，以便允许任何其他等待着的中断请求有可能被 CPU 响应。应当指出，只有在执行了紧跟在开中断指令后面的一条指令以后，CPU 才重新开中断。一般紧跟在开中断指令后的是返回指令 RETI，它将把原来被中断的服务程序的断点地址弹回 PC（即恢复断点），然后 CPU 才能开中断，响应新的中断请求。

上面提到了"中断屏蔽"，所谓"中断屏蔽"就是在某些情况下 CPU 不对已发出的中断请求作出响应或处理，就称为该中断请求被"屏蔽"掉了。中断屏蔽可能发生在下面两种情况下：①中断系统设置了中断屏蔽标志（或中断允许标志），以屏蔽某些中断源的请求，这需要用户根据情况，通过指令来置位或复位中断屏蔽标志；②当系统在处理优先级别较高的中断请求时，不会理睬新来的级别较低或同级的中断请求，中断系统一般会自动屏蔽低级或同级中断，一般无需用户专门编程。

如果一个系统中有 3 个中断源，优先权的安排为：中断 1 为最低，中断 2 次之，中断 3 为最高，则中断嵌套示意图如图 5-22 所示。

（5）中断返回。中断处理完毕，除恢复现场（即恢复被保留下来的各个寄存器和标志位的状态）外，最后还需恢复断点（即恢复被中断的程序的下一条指令 PC 值），使 CPU 返回断点，并从断点处继续执行被中断的程序。恢复断点一般采用执行中断返回指令 RETI 来实现，RETI 指令将使 CPU 把保存在堆栈内的断点地址弹出到指令计数器 PC 中，相当于执行堆栈弹出指令 POP。

3. 中断过程与主程序调用子程序过程的比较

表面上看，中断过程与主程序调用子程序过程有相似之处，但实质上，两个过程有根本的区别。正是由于它们表

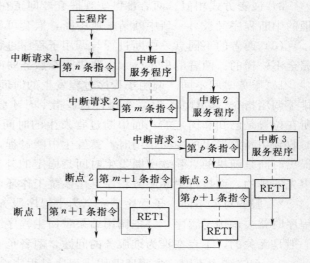

图 5-22 中断嵌套示意图

面上相似，很容易使学生把两者混淆起来，特别是把中断也看作子程序，那就大错特错了。下面就把这两个过程做详细的比较。

（1）两者的定义和作用。实际上，中断过程与主程序调用子程序过程属于完全不同的概念。其中：调用子程序过程相对比较容易掌握。子程序是微机基本程序结构中的一种，基本程序结构包括顺序（简单）、分支（判断）、循环、子程序和查表 5 种。子程序是一组可以公用的指令序列，只要给出子程序的入口地址就能从主程序转入子程序。子程序在功能上具有

相对的独立性，在执行主程序的过程中往往被多次调用，甚至被不同的程序所调用。一般微机首先执行主程序，碰到调用指令就转去执行子程序，子程序执行完后，返回指令就返回主程序断点（即调用指令的下一条指令），继续执行没有处理完的主程序，这一过程叫做（主程序）调用子程序过程。子程序结构可简化程序，防止重复书写错误，并可节省内存空间。计算机中经常把常用的各种通用的程序段编成子程序，提供给用户使用。

中断是计算机 CPU 与外设 I/O 交换数据的一种方式，除此方式外，还有无条件、条件（查询）、存储器直接存取 DMA 和 I/O 通道 4 种方式。由于无条件不可靠、条件效率低、DMA 和 I/O 通道两方式硬件复杂，而中断方式的 CPU 效率高，因此一般大多采用中断方式。当计算机正在执行某一（主）程序时，收到中断请求，如果中断响应条件成立，计算机就把正在执行的程序暂停一下，去响应处理这一请求，执行中断服务程序，处理完服务程序后，中断返回指令使计算机返回原来还没有执行完的程序断点处继续执行，这一过程称为中断过程。有了中断，计算机才能具有并行处理、实时处理和故障处理等重要功能。

（2）两者的相同点。尽管中断与调用子程序两过程属于完全不同的概念，但它们有一定的相似之处。

1）调用过程相似。两者都需要保护断点（即下一条指令地址）、跳至子程序或中断服务程序、保护现场、子程序或中断处理、恢复现场、恢复断点（即返回主程序）。两者都是中断当前正在执行的程序，转去执行子程序或中断服务程序。两者都是由硬件自动地把断点地址压入堆栈，然后通过软件完成现场保护。两者执行完子程序或中断服务程序后，都要通过软件完成现场恢复，并通过执行返回指令，重新返回到断点处，继续往下执行程序。

2）嵌套方式相似。两者都可实现嵌套，即正在执行的子程序再调另一子程序或正在处理的中断程序又被另一新中断请求所中断，嵌套可为多级。

（3）两者的不同点。中断过程与调用子程序过程相似点仅是表面的，从本质上讲两者是完全不一样的。两者的根本区别主要表现在服务时间、服务对象等多个方面。

1）服务时间不同。调用子程序过程发生的时间是已知和固定的，即用户在主程序中安排了调用指令（CALL）时，当执行到该指令时才会发生主程序调用子程序，因此调用指令所在位置是已知和固定的；而中断过程发生的时间一般是随机的，CPU 在执行某一主程序时收到中断源提出的中断申请时，就发生中断过程，而中断申请一般是硬件电路产生，申请提出时间是随机的（除软中断发生时间是固定的外），也可以说，调用子程序是程序设计者事先安排的，而执行中断服务程序是由系统工作环境随机决定的。

2）服务对象不同。子程序是完全为主程序服务的，两者属于主从关系，主程序需要子程序时就去调用子程序，并把调用结果带回主程序继续执行；而中断服务程序与主程序两者一般是无关的，不存在谁为谁服务的问题，两者是平行关系。

3）系统结构不同。主程序调用子程序过程完全属于软件处理过程，不需要专门的硬件电路。而中断处理系统是一个软、硬件结合系统，需要专门的硬件电路才能完成中断处理的过程。

4）入口地址不同。子程序入口地址是由主程序的调用指令设定；而中断响应后由固定的中断矢量地址得到中断服务程序的入口地址。

5）响应时间不同。主程序调用子程序响应时间是固定的且可估算；而中断响应是受多控的，其响应时间会受一些因素影响，其响应时间一般难以估算。

6）同时调用的个数不同。不存在主程序同时调用多个子程序的情况，因此子程序不需要进行优先级排队；而不同的中断源可能同时提出服务请求，需要通过优先级排队选出最高级中断请求来调用响应之。

7）不同时调用的重数不同。子程序嵌套是在程序中事先安排好的，子程序嵌套可实现若干级，一般无次序限制，其嵌套的最多级数是由计算机内存开辟的堆栈大小限制；而中断嵌套是随机发生的，中断嵌套级数主要由中断优先级数来决定，中断嵌套只允许高优先级"中断"低优先级，一般优先级数不会很大。

5.2.2　直接存储器存取方式（简称 DMA 方式）

1. DMA 方式的定义

上述的程序控制和中断两种方式的数据传送过程部是在 CPU 控制下通过执行相应的指令来完成数据传送的，也就是都需要以 CPU 作为中介，即使中断传送方式相对于查询发送方式来说，大大提高了 CPU 的利用率，但是中断传送仍然必须由 CPU 通过指令来执行。每次中断，都要进行保护断点、保护现场、传送数据、存储数据，以及最后恢复现场、返回主程序等操作，这需要执行多条指令来完成。这两种数据传送方式将一个数据从外设传送到存储器大约需要几十个时钟周期，因此，它们通过 CPU 指令执行速度限定了其传送的最大速度（约为几十 KB/s）。这个速度在传送大量数据时，例如，高速的 I/O 设备（如硬盘、光盘、U 盘）与内存间的大量信息交换，显然是太慢了。

为了提高外设和存储器之间的数据传送速度，充分发挥高速外设的潜力，可以采用直接存储器存取（Direct Memory Access，简称 DMA）方式。采用 DMA 方式时，外设和存储器的数据交换不需要 CPU 的控制，也不需要任何程序的执行，而是在一种专门的硬件——DMA 控制器（简称 DMAC）的管理控制下（CPU 要放弃控制权）实现外设和存储器之间（或外设与外设之间、存储器与存储器之间）直接进行大量的数据交换，且数据交换过程不受 CPU 的控制（也即 CPU 不再担当数据传输的中介者），这样传送速度可以大大地加快。

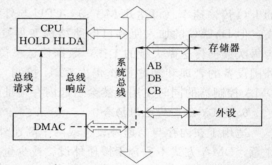

图 5-23　DMA 方式的原理方框图

DMA 方式使计算机的硬件结构发生了变化，信息传送从以 CPU 为中心变成了以内存为中心。这种方式实际上简化了 CPU 对输入/输出的控制，把输入/输出过程中外设与存储器交换信息的那部分操作的控制交给了 DMA 控制器（DMAC）。图 5-23 为 DMA 传送方式的原理框图，图中的黑色加粗的线段表示 DMA 方式的数据传递路径。

2. DMA 方式与中断方式的区别

（1）中断方式是在数据缓冲寄存器满之后发出中断，要求 CPU 进行中断处理。而 DMA 方式则是在所要求传送的数据块全部传送结束时要求 CPU 进行中断处理，这就大大减少了 CPU 进行中断处理的次数。

（2）中断方式的数据传送是在中断处理时由 CPU 控制完成的。而 DMA 方式则是在 DMA 控制器的控制下，不经过 CPU 控制完成的，这就排除了 CPU 因并行设备过多而来不及处理以及因速度不匹配而造成数据丢失等现象。

3. DMA 方式的实现方法

（1）由专用接口芯片 DMA 控制器（称 DMAC）控制传送过程。

（2）当外设需传送数据时，通过 DMAC 向 CPU 发出总线请求 HOLD。

（3）CPU 发出总线响应信号 HLDA，释放总线。

（4）DMAC 接管总线，控制外设、内存之间直接数据传送。

4. DMAC 的基本功能

当用 DMA 方式传送时，CPU 让出总线（即 CPU 连到这些总线上的线处于高阻状态），系统总线由 DMA 接管，故 DMAC 必须具备功能为：

（1）能向 CPU 发出要求控制总线的总线请求信号 HRQ。

（2）当收到 CPU 发出的同意出让总线的应答信号 HLDA 后，能接管总线并进入 DMA 方式。

（3）能发出地址信息对储存器及 I/O 寻址并能修改地址指针。

（4）能发存储器及 I/O 外设的读、写控制信号。

（5）能决定传送的字节数，并能判断 DMA 传送是否结束。

（6）接收 I/O 设备的 DMA 请求信号和向 I/O 设备发出 DMA 响应信号。

（7）能发出 DMA 结束信号，使 CPU 恢复正常工作。

5. DMA 方式的特点

在 DMAC 硬件来控制下，内存和外设之间直接交换数据，不通过 CPU，可以达到很高的 I/O 传输速率（可达几 MB/s）。CPU 与外设可实现真正的并行工作，CPU 的效率得到提高。但 DMAC 的加入使接口电路结构变得复杂，硬件开销增大。另外，DMA 控制器需要为每次数据传送做大量的工作，数据传送单位的增大意味着传送次数的减少；DMA 方式对外围设备的管理和某些操作仍由 CPU 控制。随着系统所配外设种类和数量的增加，多个 DMA 控制器的同时使用显然会引起内存地址的冲突并使控制过程进一步复杂。

6. DMA 方式的适用场合

适用于在内存与高速外设、或两个高速外设之间、或存储器之间进行大批量数据传送。注意，DMA 方式不适合于慢速外设、或少量数据传递。

注意，采用 DMA 方式的一个必要前提是 CPU 允许接受这种方式。也就是说，并不是所有的 CPU 都可以接受 DMA 方式的。例如，MCS-51 单片机就不具备这种功能，由于 MCS-51 单片机主要用于工业测量与控制，一般不会有大量的数据在外设和存储器之间传送，没有设置 DMA 功能也是很自然的。

5.3　MCS-51 单片机的中断系统

5.3.1　MCS-51 单片机中断系统的概述

MCS-51 系列单片机的中断系统有 5 个（51 子系列）/6 或 7 个（52 子系列）中断源，两个中断优先级，可实现两级中断服务程序嵌套。每个中断源均可软件编程为高优先级或低优先级中断，允许或禁止向 CPU 请求中断。下面仅介绍 51 子系列单片机的中断系统。图 5-24 为 MCS-51 单片机对中断事件的整个处理过程示意图。

MCS-51 单片机内部对中断系统的管理主要通过中断源寄存器（TCON、SCON 中的

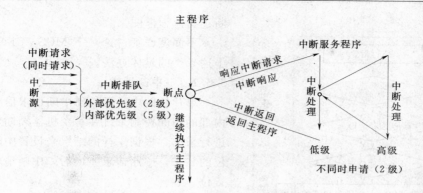

图 5-24 MCS-51 单片机整个中断过程示意图

有关位)、中断允许寄存器 IE、中断优先级控制寄存器 IP 共 4 个特殊功能寄存器 SFR 来实施。

MCS-51 系列单片机的中断系统如图 5-25 所示。它由中断源、中断标志位、中断控制位、中断优先级位和硬件查询机构组成。其中，中断源为外部中断 0 ($\overline{\text{INT0}}$)、定时器/计数器 0 溢出中断 C/T0 (T0)、外部中断 1 ($\overline{\text{INT1}}$)、定时器/计数器 1 溢出中断 C/T1 (T1) 和串行口发送/接收中断 (TXD/RXD) 共 5 个。其中两个外部中断还有低电平、下降沿两种触发方式，它们由触发方式控制位 IT0、IT1 来设置；中断申请的标志位为 IE0、TF0、IE1、TF1、TI 和 RI 共 6 个。中断允许 (开放) 或禁止 (屏蔽) 的控制由 1 个总开关和对应于 5 个中断源的分开关串连来控制，其中总开关为 EA 1 个，而对应于 5 个中断源的分开关为 EX0、ET0、EX1、ET1 和 ES 共 5 个。5 个中断源可设置为高、低两个优先级，其对应的优先级控制位为 PX0、PT0、PX1、PT1 和 PS 共 5 个。

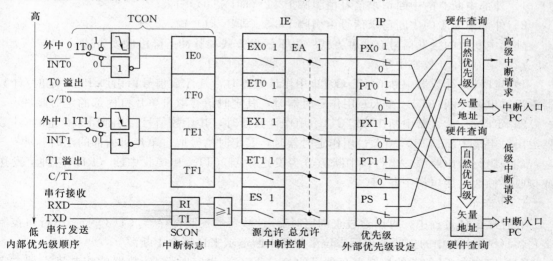

图 5-25 MCS-51 的中断系统结构

5.3.2 MCS-51 单片机中断处理的整个过程

由图 5-24 可见，中断的完整过程大致可分为中断请求 (或称中断申请)、中断排队、中断响应、中断处理 (或中断服务)、中断返回共 5 步。图 5-26 为 MCS-51 单片机整个中

235

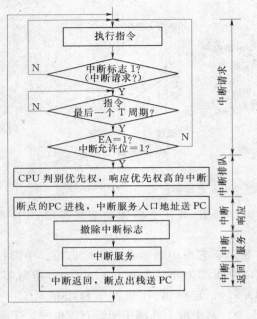

图 5-26　MCS-51单片机整个
中断过程流程框图

断过程流程框图。

下面就详细讨论一下 MCS-51 单片机中实施这 5 步的具体办法。

5.3.2.1　中断请求

单片机的中断源发出中断请求信号，单片机内部的中断控制系统在每个机器周期对引脚信号进行采样，根据采样的结果来设置中断请求标志位的状态，中断请求完成后，中断请求标志位被置位。

1. MCS-51 的中断源

MCS-51 单片机的中断源比较少，也比较简单。51 子系列单片机有 5 个中断源，它们分别是 2 个外部中断源、2 个定时器/计数器中断源及 1 个串行口中断源。它们都属于硬件中断源，单片机无软件中断源。

两个外部中断源是通过 P3.2（即 $\overline{\text{INT0}}$）、P3.3（即 $\overline{\text{INT1}}$）两个引脚由片外输入，主要用于单片机外部扩展部件的中断申请，因此它们被称为外部的中断源。而定时器/计数器和串行口两种部件属于单片机内部资源，因此，它们的中断申请称为内部的中断源。

（1）外部中断源。

1）外部中断 0 的中断请求信号由引脚 P3.2（即 $\overline{\text{INT0}}$）输入。

2）外部中断 1 的中断请求信号由引脚 P3.3（即 $\overline{\text{INT1}}$）输入。

外部中断源的触发信号有两种方式：电平触发方式和脉冲下降沿触发方式。

（2）定时器/计数器中断源。

1）定时器/计数器中断 0（T/C0）。用作计数器时，其计数信号由引脚 P3.4 定时/计数器溢出时申请中断（T0）输入；用作定时器时，其定时信号取自单片机内部的定时脉冲。

2）定时器/计数器中断 1（T/C1）。用作计数器时，其计数信号由引脚 P3.5 定时/计数器溢出时申请中断（T1）输入；用作定时器时，其定时信号取自单片机内部的定时脉冲。

（3）串行口中断源。串行口中断源分为发送中断（TI）和接收中断（RI）两种。发送或接收一帧数据后申请中断。

2. 中断请求标志

在程序设计过程中，可以通过查询定时器/计数器的控制寄存器（TCON）、串行口控制寄存器（SCON）中的中断请求标志位来判断中断请求来自哪个中断源。

（1）定时器/计数器的控制寄存器 TCON。TCON 为定时器/计数器的控制寄存器，字节地址为 88H，可位寻址。它锁存外部中断 0、1 的中断标志及两个定时器/计数器的溢出中断标志。TCON 中的中断请求标志位如表 5-1 所示。

1）IT0（TCON.0）：外部中断 0 触发方式控制位。选择外部中断请求 0 为跳沿（边沿）触发方式还是电平触发方式：IT0＝0，为低电平触发方式；IT0＝1，为下跳沿（边沿）触发方式。可由软件置"1"或清"0"。

表 5-1   **TCON 中的中断请求标志位**

TCON	D7	D6	D5	D4	D3	D2	D1	D0
位名称	TF1	TR1	TF0	TR0	IE1	IT1	IE0	IT0
位地址	8FH	8EH	8DH	8CH	8BH	8AH	89H	88H
功能	T1 中断标志	T1 启动标志	T0 中断标志	T0 启动标志	$\overline{INT1}$ 中断标志	$\overline{INT1}$ 触发方式	$\overline{INT0}$ 中断标志	$\overline{INT0}$ 触发方式

2）IE0(TCON.1)：外部中断 0 请求标志位。IE0＝0，无中断请求；IE0＝1，外部中断 0 有中断请求。当 CPU 响应该中断，转向中断服务程序时，由硬件清 "0" IE0（电平触发）。

3）IT1(TCON.2)：外部中断 1 触发方式控制位。选择外部中断请求 1 为跳沿（边沿）触发方式还是电平触发方式，意义与 IT0 类似。IT1＝0，为低电平触发方式；IT1＝1，为下跳沿（边沿）触发方式。可由软件置 "1" 或清 "0"。

4）IE1(TCON.3)：外部中断 1 请求标志位，意义与 IE0 类似。IE1＝0，无中断请求；IE1＝1，外部中断 1 有中断请求。当 CPU 响应该中断，转向中断服务程序时，由硬件清 "0" IE1（电平触发）。

5）TF0(TCON.5)：定时器/计数器 T/C0 溢出中断请求标志位。T0 启动计数后，从初值加 "1" 计数，直至计数器全满产生溢出时，由硬件置 "1" TF0，向 CPU 申请中断，CPU 响应 TF0 中断时，硬件自动清 "0" TF0，TF0 也可由软件清 0。

6）TF1(TCON.7)：定时器/计数器 T/C1 溢出中断请求标志位，功能和 TF0 类似。T1 计数后，溢出时，由硬件置 "1" TF1，向 CPU 申请中断，CPU 响应 TF1 中断时，硬件自动清 "0" TF1，TF1 也可由软件清 0。

7）TR0(TCON.4)、TR1(TCON.6)：这 2 个位与中断无关，是用于定时器/计数器 T/C0、T/C1 的计数启动，后面将介绍。

（2）特殊功能寄存器 SCON 中的中断请求标志位。SCON 为串行口控制寄存器，字节地址为 98H，可位寻址。它锁存串行口的发送中断标志 TI 和接收中断标志 RI。SCON 中的中断请求标志位如表 5-2 所示。

表 5-2   **SCON 中的中断请求标志位**

TCON	D7	D6	D5	D4	D3	D2	D1	D0
位名称	—	—	—	—	—	—	TI	RI
位地址	—	—	—	—	—	—	99H	98H
功能	—	—	—	—	—	—	串行发送中断标志	串行接收中断标志

1）TI(SCON.1)：串行口发送中断标志位。当 CPU 将一个 8 位数据写入串行口发送缓冲区 SBUF 时，就启动发送。每发送完一个串行帧，由硬件自动置位 TI。必须在中断服务程序中用软件对 TI 标志清 "0"。

2）RI(SCON.0)：串行口接收中断标志位。当允许串行口接收数据时，每接收完一个串行帧，由硬件自动置位 RI。必须在中断服务程序中用软件对 RI 标志清 "0"。

3）其他各位：与中断无关，而与串行口控制有关，将在后面相关章节介绍。

当 MCS-51 复位后，TCON、SCON 被清 0，所有中断请求标志为 0。

CPU 在每个机器周期的 S5P2 期间，会自动查询上面各个中断申请标志位，若查到某标志位被置位，将启动中断机制，中断请求完成后，中断请求标志位一般可被自动复位。

（3）外部中断的触发方式选择。前面已述，外部中断有电平、跳沿两种触发方式。其中：

1）电平触发方式（低电平）。CPU 在每个机器周期采样到的外部中断输入线 $\overline{INT0}$/$\overline{INT1}$ 的电平，若为低电平时，则置"1"中断请求标志 IE0/IE1，若为高电平时，将中断请求标志 IE0/IE1 清零。在电平触发方式下，CPU 响应中断时不能自动清除中断请求标志 IE0/IE1，中断请求标志由外部中断线 $\overline{INT0}$/$\overline{INT1}$ 的状态决定，所以，在中断服务程序返回前，必须撤除外部中断请求输入 $\overline{INT0}$/$\overline{INT1}$ 引脚的低电平（即变为高电平），否则 CPU 返回主程序后会再次响应中断，这就出现了一次中断请求被多次中断响应的"中断重复响应"问题。此外，由于 CPU 在每个机器周期自动查询一次各个中断申请标志位，因此，$\overline{INT0}$/$\overline{INT1}$ 引脚输入的负脉冲宽度至少保持 1 个机器周期。

电平触发方式适于外中断以低电平输入且中断服务程序能清除外部中断请求（即外部中断输入电平又变为高电平）的情况。

2）跳沿触发方式（下降沿）。当连续两个机器周期采样外部中断输入线 $\overline{INT0}$/$\overline{INT1}$ 的电平，若一个机器周期采样到外部中断输入为高，而下一个机器周期采样为低，也就是出现从高电平变为低电平的下降沿，则置"1"中断请求标志 IE0/IE1，当 CPU 响应此中断请求时，该 IE0/IE1 标志能自动清除（清 0）。这样不会丢失中断，但 $\overline{INT0}$/$\overline{INT1}$ 引脚的高、低电平应各自保持 1 个机器周期以上。

一般情况，定义边沿触发方式为宜。若外中断信号无法适用边沿触发方式，必须采用电平触发方式时，应在硬件电路上和中断服务程序中采取撤除中断请求信号的措施，后面将介绍具体办法。

3. 中断允许控制

MCS-51 系列单片机中断允许控制分成总开关、分开关两个层次来实施控制。只有总开关允许（开放）且对应于某个中断源的相应分开关也允许，此中断申请也处于中断允许（开放）状态，否则总开关关闭（屏蔽）或者对应于某个中断源的相应分开关关闭（屏蔽），那么，此中断申请也处于中断禁止（关闭、屏蔽）状态。如果这些控制功能主要是通过特殊功能寄存器 IE 相关位的软件设定来实现的。

CPU 通过 SFR 中的中断允许寄存器（IE）来控制中断源的开放或屏蔽。IE 的字节地址为 A8H，可位寻址。IE 的各位功能如表 5-3 所示。

表 5-3 中断允许寄存器 IE

IE	D7	D6	D5	D4	D3	D2	D1	D0
位名称	EA	—	—	ES	ET1	EX1	ET0	EX0
位地址	AFH	—	—	ACH	ABH	AAH	A9H	A8H
中断源	CPU	—	—	串行口	T/C1	外中 1	T/C0	外中 0

（1）EA（IE.7）：总的开关中断控制位。如果 EA=0，则所有中断请求均被禁止（屏蔽）；如果 EA=1，则 CPU 开放（允许）中断，但 5 个中断源的中断请求是否允许，还要由 IE 中的 5 个中断请求允许控制位决定。

（2）EX0（IE.0）：外部中断 0 控制位。如果 EX0=1，则允许外部中断 0 申请中断；如果 EX0＝0，则禁止外部中断 0 申请中断。

（3）ET0（IE.1）：定时器/计数器 0 中断控制位。如果 ET0＝1，则允许定时器/计数器 0 申请中断；如果 ET0＝0，则禁止定时器/计数器 0 申请中断。

（4）EX1（IE.2）：外部中断 1 控制位，意义与 EX0 类似。如果 EX1＝1，则允许外部中断 1 申请中断；如果 EX1＝0，则禁止外部中断 1 申请中断。

（5）ET1（IE.3）：定时器/计数器 1 中断控制位，意义与 ET0 类似。如果 ET1＝1，则允许定时器/计数器 1 申请中断；如果 ET1＝0，则禁止定时器/计数器 1 申请中断。

（6）ES（IE.4）：串行口中断控制位。如果 ES＝1，则允许串行口申请中断；如果 ES＝0，则禁止串行口申请中断。

MCS-51 复位后，IE 清 0，所有中断请求被禁止。若使某一个中断源被允许中断，除了 IE 相应的位被置"1"，还必须使 EA 位＝1。改变 IE 的内容，可由位操作指令或字节操作指令来实现。

【例 5-2】 若允许片内 2 个定时器/计数器中断，禁止其他中断源的中断请求，请在主程序中编写设置 IE 的相应程序段。

1）采用位操作指令。

```
CLR    ES      ;禁止串行口中断
CLR    EX1     ;禁止外部中断 1 中断
CLR    EX0     ;禁止外部中断 0 中断
SETB   ET0     ;允许定时器/计数器 T0 中断
SETB   ET1     ;允许定时器/计数器 T1 中断
SETB   EA      ;CPU 开中断
```

2）采用字节操作指令。

```
MOV IE,#8AH 或者  MOV 0A8H,#8AH  ;A8H 为 IE 寄存器字节地址,8AH＝10001010B
```

5.3.2.2　中断排队（中断优先级）

MCS-51 单片机采用外部可设定的两级优先级和内部已设定好的 5 级优先级串行的优先级排队方式。其中外部可设定的两级中断优先级通过 SFR 中的中断优先级寄存器 IP 来编程每一中断请求源为高优先级中断或低优先级中断。

1. 中断优先级的控制原则

MCS-51 单片机对中断优先级的控制原则如下：

（1）CPU 同时接收到多个中断请求时，首先按照外部设定的两级优先级，把多个中断请求分成高、低两个优先队列，并准备响应高优先级队列中的中断请求。

（2）CPU 同时接收到同一优先级的请求中断时，则优先响应哪一个中断，取决于内部已设定好的 5 级优先级，这相当于在同一个优先级内，还存在另一个辅助优先级结构。此时 CPU 通过内部硬件顺序查询，按自然优先级（即内部已确定的优先级）确定应该响应哪一个中断请求。自然优先级顺序由高至低为如表 5-4 所示。由表可见，同一个优先级的条件下，外部中断 0 的中断优先权最高，串行口中断优先权最低。

（3）CPU 不同时接收到中断请求时，正在进行的中断过程不能被新的同级或低优先级中断请求所中断。

表 5 - 4　　　　　　　　　　　　　　同级中断的自然优先级顺序

中　断　源	同 一 级 中 的 优 先 级
外部中断源 1（$\overline{\text{INT0}}$）	高
定时器/计数器 T0 溢出中断	
外部中断源 0（$\overline{\text{INT1}}$）	↓
定时器/计数器 T1 溢出中断	
串行口中断	低

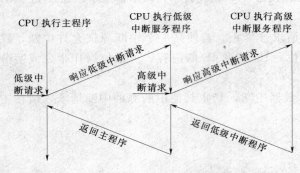

图 5 - 27　两级中断优先级嵌套

（4）CPU 不同时接收到中断请求时，正在进行的低优先级中断服务程序只能被高优先级中断请求所中断，从而实现低、高两级中断嵌套。如图 5 - 27 所示。

上面 4 条原则中，（1）（2）两条、（3）（4）两条分别针对同时来多个中断请求、不同时来多个中断请求的。为了实现以上优先原则，MCS - 51 的中断系统内部有两个对用户不透明的、不可寻址的"中断优先级状态触发器"。其中：一个用于指明某高优先级中断正在得到服务，所有后来的中断都被阻断。另一个用于指明已进入低优先级服务，所有同级的中断均被阻断，但不能阻断高优先级的中断。

2. 中断优先级寄存器 IP

MCS - 51 单片机有外部可设定的两级中断优先级，它可由软件编程设置中断优先级寄存器 IP 中的相应位的状态来控制。

IP 在片内 RAM 中的字节地址为 B8H，可位寻址。可位寻址。IP 的各位功能如表 5 - 5 所示。

表 5 - 5　　　　　　　　　　　　　中断优先级寄存器 IP

IP	D7	D6	D5	D4	D3	D2	D1	D0
位名称	—	—	—	PS	PT1	PX1	PT0	PX0
位地址	—	—	—	BCH	BBH	BAH	B9H	B8H
中断源	—	—	—	串行口	T/C1	$\overline{\text{INT1}}$	T/C0	$\overline{\text{INT0}}$

（1）PX0（IP.0）：外部中断 0 优先级控制位。若 PX0＝1，则外部中断 0 被设定为高优先级中断；若 PX0＝0，则外部中断 0 被设定为低优先级中断。

（2）PT0（IP.1）：定时器/计数器 0 中断优先级控制位。若 PT0＝1，则定时器/计数器 0 被设定为高优先级中断；若 PT0＝0，则定时器/计数器 0 被设定为低优先级中断。

（3）PX1（IP.2）：外部中断 1 优先级控制位，意义与 PX0 类似。若 PX1＝1，则外部中断 1 被设定为高优先级中断；若 PX1＝0，则外部中断 1 被设定为低优先级中断。

（4）PT1（IP.3）：定时器/计数器 1 中断优先级控制位，意义与 PT0 类似。若 PT1＝1，则定时器/计数器 1 被设定为高优先级中断；若 PT1＝0，则定时器/计数器 1 被设定为低优先级中断。

（5）PS(IP.4)：串行口中断优先级控制位。若 PS＝1，则串行口中断被设定为高优先级中断；若 PS＝0，则串行口中断被设定为低优先级中断。

当系统复位时后，IP 的低 5 位全部清零，即将所有的中断源设置为低优先级中断。

【例 5-3】 设置 IP 寄存器的初始值，使 2 个外中断请求为高优先级，其他中断请求为低优先级。

（1）采用位操作指令。

```
SETB    PX0    ;2 个外中断为高优先级
SETB    PX1
CLR     PS     ;串口为低优先级中断
CLR     PT0    ;2 个定时器/计数器低优先级中断
CLR     PT1
```

（2）采用字节操作指令。

```
MOV  IP,#05H  或者  MOV  0B8H,#05H  ;B8H 为 IP 寄存器的字节地址,05H=00000101B
```

5.3.2.3 中断响应

中断响应是对中断源提出的中断请求的接受。CPU 在中断查询（检测）中，当查询到有效的中断请求（中断标志为"1"）时，在满足中断响应条件下，紧接着进行中断响应。

1. 中断响应的条件

一个中断请求被响应，需满足以下 6 个必要条件：

（1）IE 寄存器中的中断总允许位 EA＝1，相当于 CPU 开放中断。

（2）该中断源发出中断请求，即该中断源对应的中断请求标志为"1"。

（3）该中断源的中断允许位＝1，对应的中断源允许中断，也即该中断没有被屏蔽。

（4）无同级或更高级中断正在被 CPU 响应并服务。

（5）当前正处于所执行指令的最后一个机器周期，也即当前的指令周期将结束。

（6）正在执行的指令不是 RETI 或者是访问 IE、IP 的指令，否则除了需要执行这些指令外，还必须再另外执行这些指令后面的一条指令后才能响应。

当 CPU 查询到有效的中断请求时，在满足上述条件时，紧接着就进行中断响应。

2. 中断响应的阻断

中断响应是有条件的，遇到下列 3 种情况之一时，中断响应被封锁（阻断）：

（1）当前 CPU 正在处理同级的或更高级的中断。

（2）当前的机器周期不是执行指令的最后一个机器周期，也就是正在执行的那条指令没有执行完。只有在当前指令执行完毕后，才能进行中断响应。

（3）正在执行的指令是 RETI 或对 IE、IP 的写操作指令。此时，只有在执行这些指令后，至少再执行一条指令后才会响应新的中断请求。

如果存在上述 3 种情况之一，CPU 将丢弃中断查询结果，不对中断进行响应。

程序调试时的单步执行就是利用上面（3）的阻断原理，借助单片机的外部中断功能来实现的。所谓单步工作方式就是按一次键，CPU 执行一条主程序的指令。

【例 5-4】 下面就介绍一下实现单步执行的硬件与软件。

（1）首先，建立单步执行的外部控制电路。假设利用外部中断 0（$\overline{\text{INT0}}$）实现，以按键产生脉冲作为外部中断 0 的中断请求信号，经 $\overline{\text{INT0}}$ 端输入，并把电路设计成不按键为低电平，按键时产生高电平，这样按一次键就产生一个正脉冲。如图 5 - 28 所示。

（2）然后，编写外部中断的中断服务程序。设置$\overline{INT0}$为电平触发方式（低电平有效）。图 5 - 29 单步执行的流程框图。

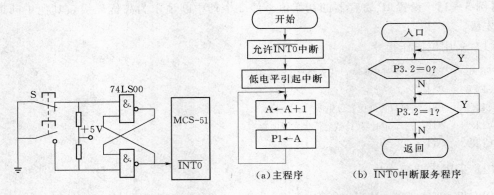

图 5 - 28　单步执行的外部控制电路　　　　图 5 - 29　单步执行的流程框图

汇编语言参考程序为：

```
        ORG    0000H
        AJMP   START       ;主程序入口地址
        ORG    0003H       ;中断程序入口地址
        JNB    P3.2,$      ;若 P3.2(即INT0引脚)为低电平,则原地踏步
        JB     P3.2,$      ;若 P3.2(即INT0引脚)为高电平,则原地踏步
        RETI               ;返回主程序执行下一条指令
START:  SETB   EA          ;主程序
        SETB   EX0
        CR     IT0
LOOP：  INC A
        MOV P1,A
        SJMP   LOOP
        END
```

这样在没有按键的时候，$\overline{INT0}=0$，中断请求有效，单片机响应中断，但转入中断服务程序后，只能在它的 JNB P3.2，$ 指令上"原地踏步"。只有按一次单步按键，产生下脉冲使$\overline{INT0}=1$，才能通过此指令而到下一条 JB P3.2，$ 指令上去"原地踏步"。当正脉冲结束后，再结束 JB P3.2，$ 指令通过 RETI 指令返回主程序。而根据上面的阻断原理（3）的中断机制，即从中断服务程序返回主程序后，至少要执行一条指令，然后才能再响应新的中断。为此单片机从上述中断 0 的中断服务程序返回主程序后，能且只能执行一条指令。这时$\overline{INT0}$已为低电平，外部中断 0 请求有效，单片机就再一次中断响应，并进入中断服务程序去踏步。从而实现了主程序的单步执行。

3. 中断响应的操作过程

图 5 - 30 为中断响应与中断处理过程的流程图。

（1）查询中断源。以确定有无中断请求以及是哪一个中断请求。首先，CPU 仅对外部中断请求信号（$\overline{INT0}$、$\overline{INT1}$）的引脚进行中断采样。接着，CPU 在每个机器周期的 S5P2

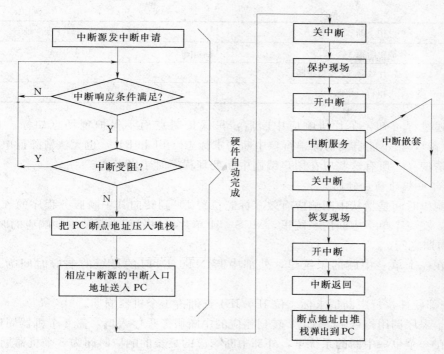

图 5-30　中断响应和中断处理过程的流程图

采样，按优先级顺序对 TCON 和 SCON 中的中断请求标志位进行查询，即先查询高级中断后再查询低级中断，同级中断按"外中 0→T0→外中 1→T1→串行口"的顺序查询。在 S6找到中断源，如果查询到有标志位为"1"，则表明有中断请求发生。由于中断请求是随机发生的，CPU 无法预先得知，因此在程序执行过程中，中断查询要在指令执行的每个机器周期中不停地重复进行。

（2）置位两个"优先级生效触发器"的中断处理标志。当查找出来的中断源满足中断申请条件且没有被中断阻断条件阻止的情况，则将在下一个机器周期的 S1 状态开始响应最高中断请求。单片机一旦响应中断，首先对不可编程的"高优先级生效触发器"或"低优先级生效触发器"置位，指明已进行高优先级或低优先级的中断服务以阻止其他的中断请求或阻止除高优先级以外的全部其他中断请求。

（3）转入中断服务程序。执行一条硬件子程序调用（相当于 LCALL addr16 指令），它要做两个工作：

1）保护断点：断点地址的 PC 值压入堆栈（先送低 8 位，再送高 8 位）。

2）转去执行中断服务程序：把被响应的中断服务程序的入口地址装入 PC 并执行。单片机的各中断源服务程序的入口地址是固定的，如表 5-6 所示。由于 5 入口之间间隔仅 8 个字节，存放不下中断程序，所以一般加一条跳转指令 AJMP 或 LJMP，跳转到真正的中断程序。

表 5-6　　　　　　　　　　　　中断入口地址表

中　断　源	中　断　入　口　地　址
外部中断源 0（$\overline{INT0}$）	0003H
定时器/计数器 T0 溢出中断	000BH

中　断　源	中　断　入　口　地　址
外部中断源 1(INT1)	0013H
定时器/计数器 T1 溢出中断	001BH
串行口中断	0023H

由上述过程可知，单片机响应中断后，只保护断点而不保护现场（如标志位寄存器 PSW 的内容），且不能自动清除串行口中断请求标志（TI 和 RI），也无法清除低电平触发的外中断申请信号，所有这些应在用户编制中断处理程序时予以考虑。

4. 外部中断的响应时间

中断响应时间是指从中断响应有效（标志位置 1）到转向其中断服务程序的入口地址所需的时间。在一个单一中断的系统里，MCS - 51 单片机对外部中断请求的响应的时间在 3～8 个机器周期之间。

（1）在一个单一中断的系统里，外部中断 $\overline{INT0}/\overline{INT1}$ 的最短的响应时间为 3 个机器周期：

1）外部硬件执行中断请求标志位 IE0/IE1 查询占 1 个机器周期。

2）"子程序调用指令 LCALL" 转到相应的中断服务程序入口，需 2 个机器周期。

（2）在一个单一中断的系统里，外部中断响应的最长的响应时间为 8 个机器周期：

1）发生在 CPU 进行中断标志查询时，刚好是开始执行 RETI 或是访问 IE 或 IP 的指令，则需把当前指令执行完再继续执行一条指令后，才能响应中断，最长需 2 个机器周期。

2）接着再执行一条指令，按最长指令（乘法指令 MUL 和除法指令 DIV）来算，最长需 4 个机器周期。

3）加上硬件 "子程序调用指令 LCALL" 的执行，需要 2 个机器周期。

（3）如果已经在处理同级或更高级中断，外部中断请求的响应时间取决于正在执行的中断服务程序的处理时间，这种情况下，响应时间就无法计算了。

5. 中断请求的撤销

在 CPU 响应中断后，应撤销该中断请求，否则会引起再次中断，也即出现 "重复响应" 问题。

（1）定时器中断请求的撤销：在 CPU 响应中断后，由中断机构硬件自动撤销中断请求标志 TF0 和 TF1。

（2）边沿（跳沿）触发的外部中断请求撤销：脉冲信号过后就消失了，在响应中断后由中断机构硬件自动撤销中断请求标志 IE0 和 IE1。

（3）电平触发的外部中断请求撤销：CPU 响应中断后，必须立即撤除引脚上的低电平触发信号，才能由硬件自动撤销中断请求标志 IE0 和 IE1。

此方式除了标志位清 "0" 之外，还需设法在中断响应后把中断请求信号引脚从低电平强制改变为高电平，如图 5 - 31 所示。图中，采用 D 触发器锁存外来的中断请求低电平，并通过 D 触发器的输出端 Q 接到 $\overline{INT0}$（或 $\overline{INT1}$）。因此，增加的 D 触发器不影响中断请求。

中断响应后，利用 D 触发器的直接置位端（$\overline{SD}$ 端）接 MCS - 51 的 P1.0 端。因此，只要 P1.0 端输出一个负脉冲就可以使 D 触发器置 "1"，从而撤销了低电平的中断请求信号。所需的负脉冲可在中断服务程序中增加下面 3 条指令来得到：

ORL　P1,♯01H 或 SETB P1.0　;P1.0 为"1",即 P1.0
为高电平

ANL　P1,♯0FEH 或 CLR P1.0　;P1.0 为"0",即 P1.0
为低电平

ORL　P1,♯01H 或 SETB P1.0　;P1.0 为"1",即 P1.0
为高电平

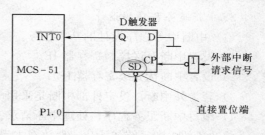

因此,电平方式的外部中断请求信号的完
全撤销,是通过软、硬件相结合的方法来实
现的。

图 5-31　电平触发外部中断请求的撤销电路

(4) 串行口中断请求的撤销:CPU 响中断后,CPU 无法知道是接收中断还是发送中
断,还需测试 RI 和 TI 两个中断标志位的状态,以判定是接收操作还是发送操作,然后才
能清除 RI 和 TI。因此,中断请求标志 RI 和 TI 不会被自动撤销,需要用软件来撤销,这在
编写串行中断服务程序时应加以注意。清除 TI 和 RI 的指令为:

CLR　TI　;清 TI 标志位,即 TI=0
CLR　RI　;清 RI 标志位,即 TI=0

5.3.2.4 中断处理

1. 中断服务的流程

中断处理应根据任务的具体要求,来编写中断处理部分的程序。中断服务程序的基本流
程如图 5-30 所示。图中,中断服务是中断服务程序的主体,它完成相应的中断服务操作,
在编写中断服务程序时,要注意保护现场/恢复现场、关中断/开中断两个问题。

(1) 现场保护和现场恢复。现场是指中断发生时单片机中某些工作寄存器 R0~R7、特
殊功能寄存器(如 A、B、PSW、DPTR 等)、存储器单元中的数据或状态标志。为使中断
服务子程序的执行不破坏这些数据或状态,因此要送入堆栈保存起来,这就是现场保护。现
场保护一定要位于中断处理程序的前面。

中断处理结束后,在返回主程序前,则需要把保存的现场内容从堆栈中弹出恢复原有内
容,这就是现场恢复。现场恢复一定要位于中断处理的后面。

堆栈操作指令供现场保护和现场恢复使用的。要保护哪些内容,应根据具体情况来定。

(2) 关中断和开中断。现场保护前和现场恢复前关中断,是为防止此时有高一级的中断
进入,避免现场被破坏。在保护和恢复现场时可关闭 CPU 中断,以免造成混乱。

在现场保护和现场恢复之后的开中断是为下一次的中断做好准备,也为了允许有更高级
的中断进入。这样,中断处理可以被打断,但原来的现场保护和现场恢复不允许更改,除了
现场保护和现场恢复的片刻外,仍然保持着中断嵌套的功能。

但有时候,一个重要的中断,必须执行完毕,不允许被其他的中断嵌套。可在现场保护
前先关闭总中断开关位,待中断处理完毕后再开总中断开关位。这样,需把图中的"中断处
理"步骤前后的"开中断"和"关中断"去掉。

在保护和恢复现场时,为了不使现场数据遭到破坏或造成混乱,一般规定此时 CPU 不
再响应新的中断请求。因此,在编写中断服务程序时,要注意在保护现场前关中断,在保护
现场后若允许高优先级中断,则应开中断。同样,在恢复现场前也应先关中断,恢复之后再
开中断。

2. 中断服务程序的设计

(1) 中断服务程序设计的基本任务。

1) 设置中断允许控制寄存器 IE。

2) 设置中断优先级寄存器 IP。

3) 若为外中断，设定外部中断是采用电平触发还是跳沿触发。

4) 编写中断服务程序，处理中断请求。

前 3 条的中断系统初始化一般放在主程序的初始化程序段中。

(2) 采用中断时的主程序结构。常用的主程序结构为：

```
      ORG   0000 H
      LJMP   MAIN
      ORG   中断入口地址(5 个中断源就有 5 个不同的中断入口地址)
      LJMP   INT
      ORG   xxxx H
MAIN：主 程 序
INT  ：中断服务程序
```

【例 5-5】　根据图 5-30 的中断服务程序流程，编出中断服务程序。假设保护现场只需将 PSW 和 A 的内容压入堆栈中保护。典型的中断服务程序为：

```
INT:CLR  EA    ;CPU 关中断
    PUSH  PSW   ;现场保护
    PUSH  ACC   ;
    SETB  EA    ;CPU 开中断
    中断处理程序段
    CLR   EA    ;CPU 关中断
    POP   ACC   ;现场恢复
    POP   PSW
    SETB  EA    ;CPU 开中断
    RETI        ;中断返回,恢复断点
```

几点说明：

(1) 各中断源的中断入口地址之间只相隔 8 个字节，容纳不下普通的中断服务程序，因此，在中断入口地址单元通常存放一条 LJMP 或 AJMP 无条件转移指令，可将中断服务程序转至存储器的其他任何空间。

(2) 现场保护仅涉及 PSW 和 A 的内容，如还有其他需保护的内容，只需要在相应的位置再加几条 PUSH 和 POP 指令即可。

(3) "中断处理程序段"，应根据任务的具体要求来编写。

(4) 如果本中断服务程序不允许被其他的中断所中断。可将"中断处理程序段"前后的"SETB EA"和"CLR EA"两条指令去掉。

(5) 若要在执行当前中断程序时禁止其他更高优先级中断，需先用软件关闭 CPU 中断，或用软件禁止相应高优先级的中断，在中断返回前再开放中断。

(6) 中断服务程序的最后一条指令必须是返回指令 RETI。

5.3.2.5 中断返回

中断服务子程序最后一条指令必须是中断返回指令 RETI。RETI 指令表示中断服务程序的结束。RETI 指令完成下面两个操作。

1. 清除中断服务标志

清除中断响应时所置位的不可寻址的"优先级生效触发器",从而开放同级中断,以便允许同级中断源请求中断。

2. 恢复断点地址

由栈顶弹出断点地址送程序计数器 PC,从而实现从子程序返回主程序的断点处,并重新执行主程序。

实际上,子程序返回主程序的指令 RET 只做第 2 项操作,因此,中断返回指令 RETI 不能用 RET 代替。

5.3.3 MCS-51单片机外部中断的应用与扩展

5.3.3.1 外部中断的应用

MCS-51 为用户提供了两个外部中断请求输入线 $\overline{INT0}$ 和 $\overline{INT1}$。下面将通过实例介绍如何使用外部中断源的实际应用。

【例 5-6】 利用 $\overline{INT1}$ 引入单脉冲,每来一个负脉冲,将 P1 口的发光二极管循环点亮。

汇编语言参考程序为:

```
            ORG   0000H
            LJMP  MAIN       ;指向主程序
            ORG   0013H
            LJMP  INT_X1     ;指向外部中断1的服务程序
            ORG   0100H      ;主程序的入口地址
MAIN:       MOV   SP,#60H
            MOV   A,#01H     ;01H=00000001B,准备使连接到P1.0上的发光二极管先亮
            MOV   P1,#00H    ;先使 P1 口上发光二极管全灭
            SETB  IT1        ;设置INT1为下降沿触发方式
            SETB  EX1        ;INT1的中断分开关允许
            SETB  EA         ;中断总开关允许
            SJMP  $          ;暂停指令,等待单脉冲引起的INT1中断
INT_X1:     MOV   P1,A       ;INT1中断服务程序的入口地址,先使P1.0脚上的发光二极管亮
            RL    A          ;A中的1个"1"循环左移,准备使P1口上的发光二极管循环点亮
            RETI
            END
```

C 语言参考程序为:

```
#include "reg51.h"
unsigned char i=0x01;
void INT1_ISR () interrupt 2
{
        i<<=1;
        if (i==0) i=1;
```

```
        P1=i;
}
void main(void)
{
        P1=0x00;
        IT1=1;
        EX1=1;
        EA=1;
        while(1);        //for(;;);
}
```

【例 5-7】　用 S1 键（外部中断 0）控制 D0～D5 发光，用 S2 键（外部中断 1）控制 D0～D5 熄灭。按一次 S1 键，D0～D5 发光；按一次 S2 键，D0～D5 熄灭；再按一次 S1 键，D0～D5 又发光，如此重复。

图 5-32 为电路图。除了基本的时钟电路、复位电路外，在外部中断 0 信号输入引脚 P3.2 上接有按键 S1，在外部中断 1 信号输入引脚 P3.3 上接有按键 S2，在 P1 口上接有 6 个红色的发光二极管 D0～D5。当按下 S1 或 S2 键时，在 P3.2 或 P3.3 引脚会产生高到低的电平变化。从图可见，外部中断请求输入端为下降沿有效，即 P3.2、P3.3 未产生中断请求时，为高电平；有中断请求时，会产生一个低电平，从而使 IE0=1 或 IE1=1，表示外部中断 0 或外部中断 1 向 CPU 申请中断。在外部中断 0 中断函数中设置相应的发光二极管发光，在外部中断 1 中断函数中设置相应的发光二极管熄灭。

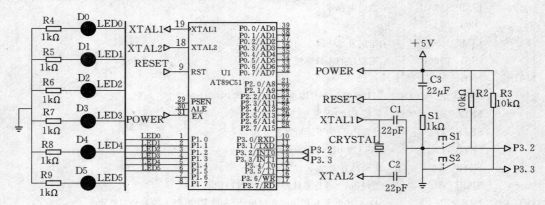

图 5-32　外部中断应用电路图

C 语言参考程序为：

```
# include <reg51.h>
sbit S1 = P3^2;                        //定义外部中断按键 S1、S2
sbit S2 = P3^3;
sbit D0 = P1^0;                        // 定义 6 个发光二极管 D0～D5
sbit D1 = P1^1;
sbit D2 = P1^2;
sbit D3 = P1^3;
sbit D4 = P1^4;
```

```
sbit D5 = P1^5;
void Led_On( );                              // 发光二极管发光函数声明
void Led_Off( );                             // 发光二极管熄灭函数声明
void Xint0( void );                          // 外部中断 0 中断函数声明
void Xint1( void );                          // 外部中断 1 中断函数声明
void main( void )
{
    Pl = 0x00;                               // 发光二极管熄灭
    EA = 1;                                  // 打开总中断
    EX0 = 1;                                 // 允许外部中断 0 中断
    EX1 = 1;                                 // 允许外部中断 1 中断
    IT0 = 0;                                 // INT0 为边沿触发方式
    IT1 = 0;                                 // INT1 为边沿触发方式
    for( ; ; ){ ; }
}
void Xint0( void ) interrupt 0 using 3       // 外部中断 0 中断函数
{
  Led_On( );
}
void Xint1( void ) interrupt 2 using 2       //外部中断 1 中断函数
{
  Led_Off( );
}
void Led_On( )                               // 使 D0～D5 发光
    {D0 = 1;                                 //将 D0～D5 置位,即点亮 D0～D5
    D1 = 1;
    D2 = 1;
    D3 = 1;
    D4 = 1;
    D5 = 1;
}
void Led_Off( )                              // 使 D0～D5 熄灭
{   D0 = 0;                                  // 将 D0～D5 清零,即熄灭 D0～D5
    D1 = 0;
    D2 = 0;
    D3 = 0;
    D4 = 0;
    D5 = 0;
}
```

5.3.3.2　外部中断源的扩展

　　MCS-51 单片机只有两个外部中断输入端$\overline{INT0}$、$\overline{INT1}$，并且也只有两个相应的中断服务程序的入口（0003H 和 0013H），若是直接使用，意味着只能为两个外设服务，这在许多场合是不够用的。对于有的微处理器（如 8086），尽管外部中断输入端也不多，但它的中断控制系统可以控制多个中断服务程序的入口，因而可以为多个外设服务，并不受中断输入端数目的限制。但 MCS-51 不属于这种情况，一个中断输入只对应一个中断入口，因此，两个外部中断请求源往往不够用。为了能服务于多个外设，就要设法扩展外部中断源。下面介绍 5 种扩展外部中断源的方法。

1. 采用定时/计数器溢出中断作为外部中断

若是两个内部定时/计数器溢出中断没有使用或者有一个没有使用，就可以用来作为外部中断，以扩展一个（或两个）外部中断源。

当把定时器/计数器选为计数器工作模式，T0 或 T1 的引脚上发生负跳变时，T0 或 T1 的计数器加 1，利用该特性，可以把 T0 或 T1 的引脚作为外部中断请求输入引脚，计数器初值设为最大计数值 FFH（方式 2 为 8 位计数器）或 FFFFH（方式 1 为 16 位计数器），TF0（或 TF1）作为外部中断请求标志。在允许中断的情况下，当计数值从最大的全 1 值（FFH 或 FFFFH）进入全 0（00H 或 0000H）时，就产生溢出中断。因此，只要计数输入端加一个脉冲就可以产生溢出中断申请。若把外部中断输入加到计数输入端 T0 或 T1，就可以利用外中断申请的负脉冲产生定时器溢出中断申请 TF0 或 TF1 而转到相应的中断入口 000BH 或 001BH，只要在那里跳转到为外中断服务的中断子程序，就可以最后实现用定时/计数器溢出中断为外部中断（边沿触发型）的目的。具体方法如下：

（1）置定时/计数器为工作方式 2，这是一种具有重装初值的 8 位计数器的工作方式，计数器低 8 位用做计数，高 8 位用做存放计数器的初值。当低 8 位计数器溢出时，高 8 位内容自动重新装入低 8 位，从而使计数可以重新按原规定的模值进行。

（2）定时/计数器的高 8 位和低 8 位都预置为 0FFH。

（3）将定时/计数器的计数输入端 T0 或 T1 作为扩展的外部中断输入。

（4）在相应的中断服务程序入口开始存放为外中断服务的中断服务程序。

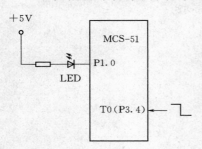

图 5-33　例 5-8 的电路

上面选择方式 2 的原因是此方式很适用于需要循环定时或循环计数的应用系统，它便于响应一次中断后马上又能自动重载初值，为接受下一次中断申请作好准备。当然，选择方式 0、1 也可以，但它们需要用户编程实现重载初值 FFFFH。

【例 5-8】　如图 5-33 所示，检测一个外部告警信号，将其接到单片机的 T0 引脚，当该信号发生一个从"1"到"0"电平的跳变时，使接于 P1.0 引脚的发光极管亮。

参考程序为：

```
        ORG   0000H
        AJMP   MAIN              ;跳到主程序的入口地址
        ORG   000BH
        AJMP   T0_EX             ;L1 跳到 T0 中断的入口地址
        ORG   0060H
MAIN:   MOV   SP,#60H
        MOV   P1,#0FFH           ;L1 使接于 P1 口的 LED 灭
IINI:   MOV   TMOD,#06H          ;置 T0 为工作方式 2
```

```
        MOV   TL0 ,#0FFH          ;置低 8 位初值 0FFH
        MOV   TH0 ,#0FFH          ;置高 8 位初值 0FFH
        SETB  EA                  ;开放中断总开关,即 CPU 开中断
        SETB  ET0                 ;允许定时器 T0 中断
        SETB  TR0                 ;启动计数器 T0,开始计数
        SJMP  $                   ;L1 等待
T0_EX:  PUSH PSW                  ;保护现场
        PUSH  ACC
        SETB  RS0                 ;改变工作寄存器组
        CLR   P1.0                ;使接于 P1.0 的 LED 亮
        CLR   RS0                 ;回到原工作寄存器组
        POP   ACC                 ;恢复现场
        POP   PSW
        RETI
        END
```

2. 采用串行中断扩展外部中断源

当不需要处理串行接收的数据,可利用串行口方式 0 的串行接收功能来扩展一个外部中断源。串行口串行接收端为 RXD (P3.0),当单片机启动串行接收后,RXD 开始逐位接收数据。当接收完 8 位数时,串行口向 CPU 发出中断申请,RI=1,CPU 响应中断,并执行中断服务程序。串行口中断入口地址为 0023H。

采用 8 位并入串出移位寄存器 74LS165 实现外部中断源的扩展。管脚 2 为移位脉冲输入端,与单片机串行口同步脉冲输出端 TXD 相连;管脚 15 为串行移位控制端 (时钟禁止端),高电平禁止串行输出,低电平允许串行输出;外部中断信号线 $\overline{\text{EXINT}}$ 接管脚 15,低电平申请中断。硬件电路原理图如图 5-34 所示。

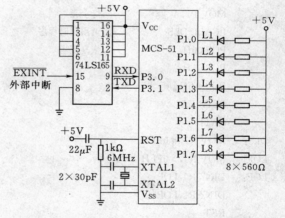

图 5-34 串行口方式 0 扩展外部中断的电路图

图中,P1 口用于控制发光二极管 L1~L8 的交替亮灭。无 $\overline{\text{EXINT}}$ 中断时,8 位发光二极管按固定时间间隔交替亮灭;有 $\overline{\text{EXINT}}$ 中断时,8 位二极管全部点亮。

汇编语言参考程序为:

```
        ORG 0000H                 ;CPU 起始地址
        AJMP MAIN                 ;转主程序。
        ORG 0023H                 ;串行口中断入口地址
        AJMP JSBUF                ;转串行口中断处理程序
MAIN:   NOP                       ;主程序段
        MOV SP,#40H               ;设定堆栈
        MOV A,#0FFH
```

```
            MOV P1,A              ;初始化 P1 口
            MOV SCON,#10H         ;设定串行口工作方式 0,允许接收
            SETB ES               ;允许串行口中断
            SETB EA               ;开总中断
    LOOP:   MOV A,#0AAH           ;0AAH=10101010B
            MOV P1,A              ;点亮 L1、L3、L5、L7
            LCALL DLS             ;调用延时程序
            MOV A,#55H            ;55H=01010101B
            MOV P1,A              ;点亮 L2、L4、L6、L8
            LCALL DLS             ;调用延时程序
            AJMP LOOP             ;主程序循环执行,若有中断,则转中断处理程序
    JSBUF:  NOP
            CLR EA
            PUSH ACC              ;保护现场
            PUSH 00H              ;保护 R0
            PUSH 01H              ;保护 R1
            CLR RI                ;清串行中断标志
            MOV A,#0
            MOV P1,A              ;灯全亮
            LCALL DLS             ;调用延时程序
            POP 00H               ;恢复现场
            POP 01H
            POP ACC
            SETB EA
            RETI
    DLS:    MOV R1,#0FFH
    LOP1:   MOV R0,#0FFH
    LOP:    DJNZ R0,LOP
            DJNZ R1,LOP1
            RET
            END
```

　　注意,外部中断源$\overline{\text{EXINT}}$维持低电平的时间要大于 8 个 TXD 端输出的移位脉冲时间。

　　3. 采用查询方式扩展外部中断源

　　当外部中断源比较多对,用定时器溢出中断也不够使用,这时可用查询方式来扩展外部中断源。

　　图 5-35 是中断源查询的一种方案。设有 4 个外部中断源 EI_1、EI_2、EI_3 和 EI_4,这 4 个中断申请输入通过一个或非门电路产生对 8051 的中断申请信号 $\overline{\text{INT1}}$。只要 4 个中断申请 $EI_1 \sim EI_4$ 之中有一个或一个以上有效(高电平)就会产生一个负的 $\overline{\text{INT1}}$ 信号向 8051 申请中断。为了确定在 $\overline{\text{INT1}}$ 有效时究竟是哪一个中断源发出申请,就要通过对中断源的查询来解决。为此,4 个外部中断输入分别接到 P1.0~P1.3 这 4 条引线上,在响应中断以后,在中断服务程序中,CPU 通过对这 4 条输入线电位的检测来确定是哪一个中断源提出了申请。

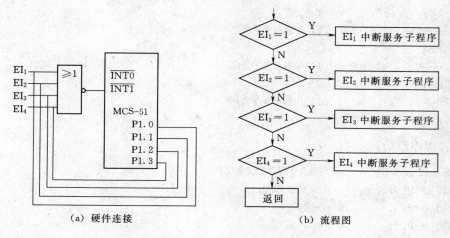

（a）硬件连接　　　　　　　（b）流程图

图 5-35　软件查询中断源的方式扩展外部中断源

如果 4 个外部中断源的优先级不同，则查询时就按照优先级由高到低的顺序进行。例如，当优先级由高到低的顺序是 $EI_1 \sim EI_4$ 时，则查询的顺序为 P1.0～P1.3，也即查询外部中断源的次序为 $EI_1 \sim EI_4$。在查到一个高级中断申请后，就转去为这个中断申请服务，服务结束后，就返回继续查询较低级的中断申请，直到查不到其他中断申请时返回，并再等待 $\overline{INT1}$ 上出现新的中断申请信号。CPU 响应 $\overline{INT1}$ 中断申请后，总是转到入口地址 0013H，进入中断服务程序，对中断源的查询就在这个服务程序中进行，并根据查询结果转向各自的服务子程序。这些子程序尽管是为各个中断源服务的，但不是中断服务子程序，而只是一般的子程序。子程序返回时要用 RET 指令而不是 RETI 指令。

汇编语言程序段为：

```
        ORG  0013H
        LJMP  ITROU
        ……
ITROU: PUSH  PSW
        PUSH  ACC
        ANL  P1,#0FH
        MOV A,P1
        JNB  P1.0,N1
        ACALL  BR0
N1:     JNB  P1.1,N2
        ACALL  BR1
N2:     JNB  P1.2,N3
        ACALL  BR2
N3:     JNB  P1.3,N4
        ACALL  BR3
N4:     POP  ACC
        POP  PSW
        RETI
```

```
BR0:    ……              ;EI₁ 中断服务子程序
        RET
BR1:    ……              ;EI₂ 中断服务子程序
        RET
BR2:    ……              ;EI₃ 中断服务子程序
        RET
BR3:    ……              ;EI₄ 中断服务子程序
        RET
```

C 语言程序段为：

```
#include <reg51.h>            //包含寄存器定义头文件
sbit   P1_0=P1^0;             //定义相关的位
sbit   P1_1=P1^1;
sbit   P1_2=P1^2;
sbit   P1_3=P1^3;
void main (void)              //主程序
{   P1=0xFF;
    EA=1;                     //允许总的中断
    IT1=1;                    //外部中断 1 为边沿触发方式
    EX1=1;                    //允许外部中断 1
    while(1)
}
void INT1_ISR ( ) interrupt 2 //外部中断函数
{   if (P1_0==1) {…;} ;       // EI₁ 中断处理
    elseif (P1_1==1) {…;} ;   // EI₂ 中断处理
    elseif (P1_2==1) {…;} ;   // EI₃ 中断处理
    else (P1_3==1) {…;} ;     // EI₄ 中断处理
}
```

　　这种中断源的查询与数据传送的查询方式是不同的。查询方式是 CPU 不断地查询外设的状态，以确定是否可以进行数据交换。而中断源的查询则是在收到中断申请以后，CPU 通过查询来认定中断源。这种查询只需进行一遍即可完成，不必反复进行。

　　4. 采用优先编码器的扩展外部中断源

　　当外部中断源较多而其响应速度又要求很高时，采用软件查询的方法进行中断优先权排队常常满足不了实时要求。为此，采用优先编码器来对外部中断源优先权排队。下面介绍用优先编码器扩展 MCS - 51 外部中断源的方法。

　　74LS148 是 8 线 - 3 线优先编码器。它有 8 个编码输入端 0～7，输入端 7 的优先级最高，输入端 0 的优先级最低。3 个编码输出为 A0～A2，EI 为使能输入端，低电平有效，EO 为使能输出端，GS 为片优先编码输出端。当 EI 为高电平时，74LS148 不工作；当 EI 为低电平时，74LS148 工作，其输出代码取决于 0～7 输入端的编码输入信号，总是在诸多个有效输入信号中按编号最大的（即优先级最高）进行编码输出，同时 GS=L（低电平），表示有编码输入信号。74LS148 的真值表如表 5 - 7 所示。

表 5-7　　　　　　　　　　　　　　　　　　　**74LS148 的真值表**

	输				入					输		出	
EI	0	1	2	3	4	5	6	7	A$_2$	A$_1$	A$_0$	GS	EO
H	×	×	×	×	×	×	×	×	H	H	H	H	H
L	H	H	H	H	H	H	H	H	H	H	H	H	L
L	×	×	×	×	×	×	×	L	L	L	L	L	H
L	×	×	×	×	×	×	L	H	L	L	H	L	H
L	×	×	×	×	×	L	H	H	L	H	L	L	H
L	×	×	×	×	L	H	H	H	L	H	H	L	H
L	×	×	×	L	H	H	H	H	H	L	L	L	H
L	×	×	L	H	H	H	H	H	H	L	H	L	H
L	×	L	H	H	H	H	H	H	H	H	L	L	H
L	L	H	H	H	H	H	H	H	H	H	H	L	H

图 5-36 为用 74LS148 扩展外部中断源的基本硬件电路。8 个外部中断源的输入端 0～7 分别接外部中断请求 $\overline{IR0}$～$\overline{IR7}$（低电平有效），编码输出端 A0、A1、A2 分别连到单片机 P1 口的 P1.1、P1.2、P1.3；编码器输出片优先编码输出端 GS 作为中断请求信号与单片机的 $\overline{INT1}$ 相连。当 $\overline{IR0}$～$\overline{IR7}$ 中有一个产生中断申请信号（低电平有效）时，与其对应的编码便输出到 P1.1～P1.3 线上，且通过 GS（连到单片机外部中断 1 输入 $\overline{INT1}$ 引脚）向 CPU 申请中断。此时，若

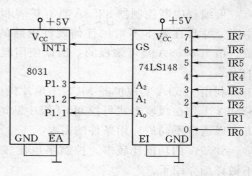

图 5-36　用 74LS148 扩展 8 个外中断的电路

CPU 开放中断，就可以响应外部中断源的中断申请，而由读入的 P1.1～P1.3 代码判断是哪个中断源发出申请的。根据 74LS148 的真值表可知，各外部中断源的优先级由低到高依次为 $\overline{IR0}$～$\overline{IR7}$。

为了使程序转向中断源的中断服务程序，可以编写汇编引导程序为：

```
        ORG   0013H        ;外部中断1的中断入口
        AJMP  LAB
        ORG   0040H
LAB:    ORL   P1,#00001110B ;设置 P1.1～P1.3 为输入线
        MOV   A,P1
        ANL   A,#00001110B
        MOV   DPL,A         ;中断向量低8位地址送 DPL
        MOV   DPH,#10H      ;中断向量高8位地址送 DPH
        CLR   A
        JMP   @A+DPTR
        ORG   1000H         ;中断服务程序转移表
JMPTBL: AJMP  IR7           ;转 IR7 中断服务程序
```

255

```
        AJMP   IR6              ;转 IR6 中断服务程序
        ......
        AJMP   IR0              ;转 IR0 中断服务程序
```

注意，74LS148 的编码输出没有锁存，所以 $\overline{IR0} \sim \overline{IR7}$ 的中断申请信号的低电平应一直保持到 CPU 将 74LS148 提供的编码取出为止，否则会出现错误。

上面给定的电路结构简单，但该电路无法实现中断嵌套，即当一个中断请求正在被执行时，单片机不能再响应 $\overline{IR0} \sim \overline{IR7}$ 中的中断请求。

5. 采用可编程中断控制器扩展外部中断源

对中断源的扩展，可以采用并行输入接口结合软件查询方式来实现，但这种方法需要在中断服务程序中通过并行输入接口将各个扩展外部中断源申请中断的状态读入内部寄存器，以便查询确定该次中断是由哪个扩展外部中断源申请而引起，从而转到为该中断源服务的相应程序执行。此方法虽然硬件简单，软件也易于编写，但对各扩展外部中断源的优先级高低也是由查询顺序确定的，不容易改变外部中断的优先级别。为了解决这个缺点，可以采用 8259A 可编程中断控制器接口实现对 MCS - 51 单片机外部中断源扩展的方法。

可编程中断控制器 8259A 具有扩展和管理外部中断功能，1 片 8259A 能管理 8 级硬件中断，并且在基本不增加任何硬件电路的情况下，用 9 片 8259A 组成 64 级主从式中断系统。由于 8259A 是可编程的，所以使用起来非常灵活，可以通过编程使 8259A 工作在不同的方式。

利用 8259A 实现扩展 MCS51 单片机中断接口的方法可以有效地增加中断请求源，而且 8259A 工作在级联方式可控制 64 级中断请求，用户可通过动态地选择或重置其不同的工作方式以适应不同的应用条件的需要。

8259A 的功能比较多，控制字也比较复杂，这给初学者学习带来了一定的难度，本书不做详细介绍了。

本 章 小 结

本章首先介绍了 I/O 的基本概念、接口的功能作用、CPU 与外设数据传送的方式，包括无条件方式、查询方式、中断方式和直接存储器存取方式。接着介绍了 MCS - 51 单片机的中断系统，详细阐述了中断概念和 MCS - 51 单片机外部中断的应用及扩展方法。

习 题 与 思 考 题

5 - 1　外部设备为什么要通过接口电路和主机系统相连？

5 - 2　简述 I/O 接口的基本功能。

5 - 3　CPU 和输入输出设备之间传送的信息有哪几类？

5 - 4　简述 I/O 端口的编址方式及优缺点。MCS - 51 单片机采用哪一种 I/O 编址方式？

5 - 5　什么是中断？什么是中断系统？中断系统的功能是什么？

5 - 6　CPU 在什么条件下可以响应中断？

5 - 7　什么是中断嵌套？使用中断嵌套有什么好处？对于可屏蔽中断，实现中断嵌套的条件是什么？

5-8　通常解决中断优先级的方法有哪几种？各有什么优缺点？

5-9　什么是保护断点和保护现场？它们有什么差别？

5-10　简述无条件、查询、中断和 DMA 4 种方式的优缺点。

5-11　MCS-51 有哪些中断源？各有什么特点？

5-12　MCS-51 外部中断有几种触发方式？如何选择？MCS-51 中断系统对外部请求信号有何要求？

5-13　MCS-51 的中断系统有几个中断优先级？中断优先级是如何控制的？

5-14　MCS-51 可否实现中断嵌套？可实现几级中断嵌套？

5-15　如果要允许 MCS-51 串行口中断，并将串行口中断设置为高级别的中断源，应该如何对有关的特殊功能寄存器的设置？

5-16　MCS-51 用软件模拟第 3 个中断优先级，采用哪种方法实现之？

5-17　MCS-51 中，子程序和中断服务程序有何异同？中断服务子程序返回指令 RETI 和普通子程序返回指令 RET 有什么区别？

5-18　MCS-51 单片机响应外部中断的典型时间是多少？在哪些情况下，CPU 将推迟对外部中断请求的响应？

5-19　MCS-51 中断响应的条件是什么？当某中断暂时受阻时，CPU 是否放弃该中断请求？

5-20　在一个 MCS-51 实际系统中，晶振主频为 12MHz，一个外部中断请求信号的宽度为 300ns 的负脉冲，应该采用哪些触发方式？如何实现之？

5-21　MCS-51 的中断处理程序能否放在 64KB 程序存储器的任意区域？如何实现？

5-22　MCS-51 有哪几种扩展外部中断源的方法？各有什么特点？

5-23　某 MCS-51 系统有 3 个外部中断源 1、2、3，当某一中断源变为低电平时，便要求 CPU 进行处理，它们的优先处理次序由高到低依次为 3、2、1，中断处理程序的入口地址分别为 1000H、1100H、1200H。试编写主程序及中断服务程序（转至相应的中断处理程序的入口即可）。

第 6 章　MCS - 51 系列单片机的内部 功能模块及其应用

MCS - 51 系列单片机典型产品的内部集成了一些常用的基本功能模块，在开发单片机应用系统时，一般首先应使用单片机内部集成的模块，只有在内部功能模块不够用时，才需考虑通过总线接口扩展外部功能模块。内部功能模块包括中断系统、P0、P1、P2、P3 4 个双向 8 位并行口，T0、T1 2 个 16 位定时/计数器（52 子系列还有第 3 个定时/计数器 T2）和 1 个 TTL 电平的全双工的串行口。MCS - 51 系列所有的产品一般都具有这些 I/O 部件，除此以外，一些增强功能的新型 51 系列单片机还有多功能定时器、A/D 转换器、实时时钟、I²C 串行 BUS 口、Watchdog 等一些功能模块。本章将讨论除中断系统以外的 MCS - 51 单片机内部所有的基本功能模块。本章的重点是这些内部功能模块的硬件结构及软件编程。本章的难点在于内部功能模块的中断编程技术。

6.1　MCS - 51 单片机内部的并行口

在本书的第 2 章已详细地介绍了 MCS - 51 单片机的并行 I/O 端口，下面给出 1 个并行接口应用的例子，以加深对并行接口使用的理解。

【例 6 - 1】　对例 6 - 1 的电路图，单片机的 P1.4～P1.7 接 4 个发光二极管，P1.0～P1.3 接 4 个开关，要求每按键中断一次，发光二极管显示开关状态。

要求对应的发光二极管亮或灭，只需把 P1 端口的内容读入，高、低 4 位互换，通过 P1 端口输出即可。

汇编语言参考程序为：

```
            ORG 0000H
            LJMP START
            ORG 0003H
            LJMP EXT0
            ORG 0030H
START:  SETB   EA；        ;开中断总开关
            SETB   EX0；       ;允许INT0中断
            SETB   IT0；       ;下降沿产生中断
            MOV    P1,#0FH    ;设定 P1 端口低 4 位为输入状态
            SJMP   $
            ORG 0100H
EXT0:   MOV    A,P1
            SWAP   A
            MOV    P1,A
            RETI
```

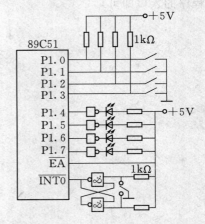

图 6 - 1　例 6 - 1 的电路图

258

C 语言参考程序为：

```
#include<reg51.h>
INT0 () interrupt 0          /* INT0中断函数 */
{
    P1=0x0f;                 /* 设定 P1 端口低 4 位为输入状态,输入端先置 1,灯灭 */
    P<<=4;                   /* 读入开关状态,并左移 4 位,使开关反映在发光二极管上 */
}
main()
{
    EA=1;                    /* 开中断总开关 */
    EX0=1;                   /* 允许INT0中断 */
    IT0=1;                   /* 下降沿产生中断 */
    while(1);                /* 等待中断 */
}
```

6.2 MCS-51 单片机内部的定时器/计数器

测量控制系统中，常常要求有一些实时时钟，以实现定时控制、定时测量或延时动作、产生音响等，也往往要求有计数功能对外部事件计数，如测电机转速、测频率、测工件个数等。单片机内部的定时/计数器可用于实现实时时钟和计数。

6.2.1 实现定时/计数器的办法

通常实现定时/计数有 3 种主要方法。

1. 软件定时

让机器执行一个程序段，这段程序本身没有具体的执行目的，只是为了消磨时间。执行这段程序所需要的时间就是延时时间。这种延时程序前面已设计过。这种软件定时不占用硬件资源，但占用了 CPU 时间，降低了 CPU 的利用率。

2. 时基电路硬件定时

采用小规模集成电路器件（如 555），外接必要的元器件（电阻和电容），即可构成硬件定时电路。这样的定时电路简单，但要改变定时范围，必须改变电阻和电容，这种定时电路在硬件连接好以后，修改不方便，即不可编程。

3. 可编程定时/计数器定时

它是为方便微机系统的设计和应用而研制的一种芯片，它采用硬件定时，且很容易通过软件来确定和修改定时值，通过初始化编程，能够满足各种不同的定时和计数要求，因而在单片机、嵌入式系统的设计和应用中得到广泛的应用。比如 Intel 8253。还有一些日历时钟芯片，如菲利浦公司的 PCF8583 等。此种芯片定时功能强，使用灵活。在单片机的定时/计数器不够用时，可以考虑进行扩展。

实际上，单片机内部的定时/计数器也属于上面的第 3 种采用可编程定时/计数器实现定时，只不过这种可编程定时/计数器的硬件模块被集成到单片机内部而已。下面将详细介绍单片机内部的定时/计数器及其应用。

6.2.2　MCS－51 单片机内部的定时/计数器

定时/计数器是 MCS－51 系列单片机的重要部件，其工作方式灵活，编程简单，它的使用大大减轻了 CPU 的负担并且简化了外围电路。

在 MCS－51 系列单片机中，51 子系列单片机有 2 个定时/计数器 T0 和 T1，52 子系列单片机除了有上述两个定时/计数器以外，还有一个定时/计数器 T2，后者的功能比前两者强。图 6－2 是 MCS－51 系列单片机内部定时/计数器结构框图。

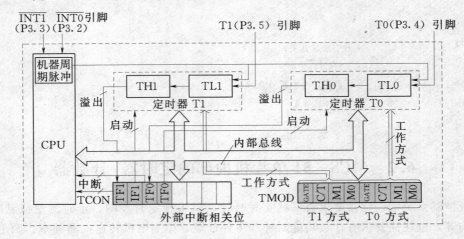

图 6－2　MCS－51 系列单片机内部定时/计数器结构框图

从图 6－2 可见，定时/计数器主要由几个特殊功能寄存器 TH0、TL0、TH1、TL1 以及 TMOD、TCON 组成。定时/计数器的实质是加 1 计数器（16 位），由高 8 位和低 8 位两个寄存器组成。其中：TH0（高 8 位）、TL0（低 8 位）构成 16 位加 1 计数器 T0，用来存放 T0 的计数初值；TH1（高 8 位）、TL1（低 8 位）构成加 116 位计数器 T1，用来存放 T1 的计数初值，这两个 16 位计数器都是 16 位的加 1 计数器。TMOD 用来控制两个定时/计数器的工作方式，TCON 用作中断溢出标志并控制定时器的启停。

加 1 计数器输入的计数脉冲有两个来源。其中：一个是由系统的时钟振荡器输出脉冲经 12 分频后送来；另一个是 T0 或 T1 引脚输入的外部脉冲源。每来一个脉冲计数器加 1，当加到计数器为全 1 时，再输入一个脉冲就使计数器回零，且计数器的溢出使 TCON 中 TF0 或 TF1 置 1，向 CPU 发出中断请求（定时/计数器中断允许时）。如果定时/计数器工作于定时模式，则表示定时时间已到；如果工作于计数模式，则表示计数值已满。因此，由溢出时计数器的值减去计数初值才是加 1 计数器的计数值。

（1）设置为定时器模式时，加 1 计数器是对内部机器周期计数（1 个机器周期等于 12 个振荡周期，即计数频率为晶振频率的 1/12）。计数值 N 乘以机器周期 T_{cy} 就是定时时间 t。

（2）设置为计数器模式时，外部事件计数脉冲由 T0 或 T1 引脚输入到计数器。在每个机器周期的 S5P2 期间采样 T0、T1 引脚电平。当某周期采样到一高电平输入，而下一周期又采样到一低电平时，则计数器加 1，更新的计数值在下一个机器周期的 S3P1 期间装入计数器。由于检测一个从 1 到 0 的下降沿需要 2 个机器周期，因此要求被采样的电平至少要维持一个机器周期。当晶振频率为 12MHz 时，最高计数频率不超过 1/2MHz，即计数脉冲的周期要大于 $2\mu s$。

两个定时/计数器都可由软件设置为定时或计数的工作方式，其中 T1 还可作为串行口的波特率发生器。不论 T0 或 T1 是工作于定时方式还是计数方式，它们在对内部时钟或外部事件进行计数时，都不占用 CPU 时间，直到定时/计数器产生溢出。如果满足条件，CPU 才会停下当前的操作，去处理"时间到"或者"计数溢出"这样的事件。因此，定时/计数器是与 CPU "并行"工作的，不会影响 CPU 的其他工作。

6.2.2.1 定时器/计数器的控制寄存器

单片机定时/计数器 T0、T1 的工作主要由 TMOD、TCON、IE 3 个特殊功能寄存器控制。其中：TMOD 用来设置各个定时/计数器的工作方式、选择定时或计数功能。TCON 用于控制启动运行以及作为运行状态的标志等。IE 用于对定时/计数器中断允许进行控制。

1. 工作方式控制寄存器 TMOD

TMOD 寄存器是一个用于设定定时/计数器工作方式的特殊功能寄存器，其低 4 位用于控制 T0，而高 4 位用于控制 T1。字节地址为 89H，不能位寻址，设置 TMOD 须用字节操作指令。复位时 TMOD 为 00H。它的各位定义见图 6-3。

位号	D7	D6	D5	D4	D3	D2	D1	D⊙
符号	GATE	C/$\overline{\text{T}}$	M1	M0	GATE	C/$\overline{\text{T}}$	M1	M0
TMOD 功能	门控位	计数/定时选择	工作方式选择		门控位	计数/定时选择	工作方式选择	
	高 4 位控制 T1				低 4 位控制 T0			

图 6-3 TMOD 各位定义

（1）M1、M0：工作方式选择位。M1、M0 用来选择工作方式，对应关系如表 6-1 所示。

表 6-1 定时/计数器的方式选择

M1 M0	工 作 方 式	功 能
0 0	工作方式 0	13 位计数器
0 1	工作方式 1	16 位计数器
1 0	工作方式 2	自动再装入 8 位计数器
1 1	工作方式 3	定时器 T0：分成两个 8 位计数器；定时器 T1：停止计数

（2）C/$\overline{\text{T}}$：定时/计数功能选择位。C/$\overline{\text{T}}$＝0 为定时方式。在定时方式中，以振荡输出时钟脉冲 f_{osc} 的 12 分频信号作为计数信号，如果单片机采用 12MHz 晶体，则计数频率为 1MHz，计数脉冲周期为 1μs，即每 1μs 计数器加 1 一次。

C/$\overline{\text{T}}$＝1 为计数方式，在计数方式中，单片机在每个机器周期对外部计数脉冲进行采样。如果前一个机器周期采样为高电平，后一个机器周期采样为低电平，即为一个有效的计数脉冲。在下一机器周期进行计数。因此，外部事件计数时最高计数频率是单片机晶振频率的 1/24。如果单片机采用 12MHz 晶体，则外部事件计数脉冲最短周期为 2μs，即最快可以做到每 2μs 计数器加 1。

（3）GATE：门控位。GATE＝1，定时/计数器的运行受外部引脚输入电平的控制，即 $\overline{\text{INT0}}$ 控制 T0 运行，$\overline{\text{INT1}}$ 控制 T1 运行；GATE＝0，定时/计数器的运行不受外部输入引脚的控制。

2. 定时器控制寄存器 TCON

TCON 寄存器是一个用于控制启动运行以及作为运行状态的标志的特殊功能寄存器。TCON 寄存器既参与定时控制又参与中断控制，其高 4 位用于控制 T0、T1，而低 4 位用于控制外部中断 $\overline{INT0}$、$\overline{INT1}$。TCON 的字节地址为 88H，它可位寻址。复位时 TCON 为00H。它的各位定义见图 6-4。

位号	D7	D6	D5	D4	D3	D2	D1	D⊙
位名称	TF1	TR1	TF0	TR0	IE1	IT1	IE0	IT0
位地址	8FH	8EH	8DH	8CH	8BH	8AH	89H	88H
TCON	T1 中断标志	T1 运行标志	T0 中断标志	T0 运行标志	INT1中断标志	INT1触发方式	INT0中断标志	INT0触发方式
	高 2 位控制 T1		低 2 位控制 T0					

图 6-4　TCON 各位定义

TCON 低 4 位与外中断 $\overline{INT0}$、$\overline{INT1}$有关，已在本书的前面中断系统部分叙述过，下面对与定时控制有关高 4 位功能加以说明。

（1）TF0 和 TF1：计数溢出标志位。当计数器计数溢出（计满）时，该位置 1。使用查询方式时，此位作状态位供查询，但应注意查询有效后应用软件方法及时将该位清 0；使用中断方式时，此位作中断标志位，在转向中断服务程序时由硬件自动清 0。

（2）TR0 和 R1：定时器运行控制位。TR0（TR1）=0，停止定时/计数器工作；TR0（TR1）=1，启动定时/计数器工作。该位根据需要靠软件来置 1 或清 0，以控制定时器的启动或停止。

3. 中断允许控制寄存器 IE

IE 寄存器与定时/计数器有关的位为 ET0 和 ET1，它们分别是定时/计数器 0、1 的中断允许控制位。当 ET0（或 ET1）=0 时，禁止定时/计数器 0（或 1）中断；而当 ET0（或 ET1）=1 时，允许定时/计数器 0（或 1）中断。

6.2.2.2　定时器/计数器的工作方式

1. 方式 0

方式 0 是 13 位计数结构的工作方式，定时/计数器 T0、T1 都可以设置工作方式 0，T0（或 T1）的计数器由 TH0（或 TH1）高 8 位和 TL0（或 TL1）的低 5 位构成，TL0（或TL1）的高 3 位未用。下面以定时/计数器 0 为例来介绍一下这种方式，图 6-5、图 6-6 分别为工作方式 0 的逻辑电路结构、工作原理框图。当 TL0 的低 5 位溢出时向 TH0 进位，TH0 溢出时，置位 TCON 中的 TF0 标志，向 CPU 发出中断请求。

当 $C/\overline{T}=0$ 时，多路开关接通振荡脉冲的 12 分频输出，13 位计数器以此进行计数，这就是定时方式。

当 $C/\overline{T}=1$ 时，多路开关接通计数引脚 P3.4（T0），外部计数脉冲由引脚 P3.4 输入。当计数脉冲发生负跳变时，计数器加 1，这就是计数方式。

不管是定时方式还是计数方式，当 TL0 的低 5 位计数溢出时，向 TH0 进位，而全部 13位计数溢出时，则向计数溢出标志位 TF0 进位。在满足中断条件时，向 CPU 申请中断，若需继续进行定时或计数，则应用指令对 TL0、TH0 重新置数，否则，下一次计数将会从 0

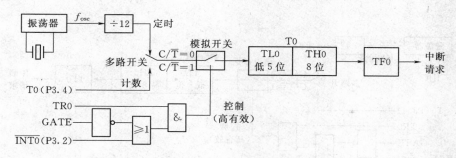

图 6-5　工作方式 0 的逻辑电路结构

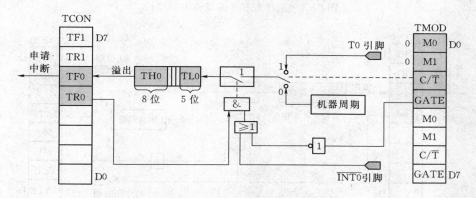

图 6-6　工作方式 0 的工作原理框图

开始，造成计数或定时时间不准确。

这里要特别说明的是：T0 能否启动，取决于 TR0、GATE 和引脚 $\overline{INT0}$ 的状态。

当 GATE＝0 时，GATE 信号封锁了或门，使引脚 $\overline{INT0}$ 信号无效。而或门输出端的高电平状态却打开了与门。这时如果 TR0＝1，则与门输出为 1，模拟开关接通，定时/计数器 0 工作。如果 TR0＝0，则断开模拟开关，定时/计数器 0 不能工作。

当 GATE＝1，同时 TR0＝1 时，模拟开关是否接通由 $\overline{INT0}$ 控制。当 $\overline{INT0}$＝1 时，与门输出高电平，模拟开关接通，定时/计数器 0 工作；当 $\overline{INT0}$＝0 时，与门输出低电平，模拟开关断开，定时/计数器 0 停止工作。这种情况可用于测量外信号 $\overline{INT0}$ 的脉冲宽度。

方式 0 是 13 位的定时/计数方式，因而最大计数值（满值）为 $M=2^{13}=8192$。若计数值为 N，则置入的初值 X 为

$$X=8192-N$$

例如，定时/计数器 T0 的计数值为 1000，则初值为 7192，转换成二进制数为 1110000011000B，则 TH0＝11100000B＝E0H，TL0＝xxx11000B＝18H（把 xxx 当作 000 时）。

2. 方式 1

方式 1 是 16 位计数结构的工作方式，定时/计数器 T0、T1 都可以设置工作方式 1，T0（或 T1）的计数器由 TH0（或 TH1）高 8 位和 TL0（或 TL1）的低 8 位构成，其逻辑电路和工作情况与工作方式 0 基本相同。下面以定时/计数器 0 为例来介绍一下这种方式，图 6-7、图 6-8 分别为工作方式 0 的逻辑电路结构、工作原理框图。所不同的只是组成计数器的位数，它比工作方式 0 有更宽的计数范围，因此，在实际应用中，工作方式 1 可以代替工作

方式 0。

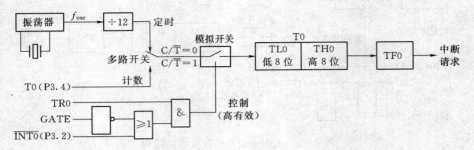

图 6-7　工作方式 1 的逻辑电路结构

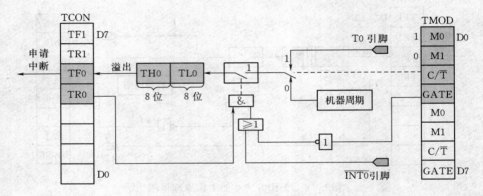

图 6-8　工作方式 1 的工作原理框图

由于是 16 位的定时/计数方式，因而最大计数值（满值）为 $M = 2^{16} = 65536$。若计数值为 N，则置入的初值 X 为

$$X = 65536 - N$$

例如，定时/计数器 T0 的计数值为 1000，则初值为 $65536 - 1000 = 64536$，转换成二进制数为 1111110000011000B，则 TH0 = 11111100B = FCH，TL0 = 00011000B = 18H。

3. 方式 2

方式 0、方式 1 若用于循环重复定时或计数时，每次计满溢出后，计数器回到 0，要进行新一轮的计数，就得重新装入计数初值。因此，循环定时或循环计数应用时就存在反复设置计数初值的问题，这项工作是由软件完成的，需要花费一定时间，造成每次计数或定时产生误差，这对用于一般的定时，可能无关紧要，但是有些工作，对时间的要求非常严格，不允许定时时间不断变化，用方式 0、方式 1 就不行了，所以就引入了方式 2，因为工作方式 2 的计数初值是自动装入的。

方式 2 为具有自动重装初值的、8 位计数结构的工作方式，定时/计数器 T0、T1 都可以设置工作方式 2。在方式 2 下，16 位计数器被分为两部分，即以 TL0（或 TL1）作计数器，而以 TH0（或 TH1）作预置寄存器（即保存计数初值），初始化时把 8 位的计数初值分别装入 TL0（或 TL1）和 TH0（或 TH1）中。当 TL0（或 TL1）计数溢出后，不是像前两种工作方式那样通过软件方法，而是由预置寄存器 TH0（或 TH1）以硬件方法自动给计数器 TL0（或 TL1）重新加载。也就是溢出信号一方面使 TF0（或 TF1）置位，另一方面溢出信号又会触发上图中的三态门，使三态门导通，TH0（或 TH1）的值就自动装入 TL0

（或 TL1）。从而变方式 0、方式 1 的软件加载为硬件加载。这样不但省去了用户程序中的重装指令，而且也有利于提高定时精度。因此，方式 2 特别适合于用作较精确的脉冲信号发生器。下面以定时/计数器 0 为例来介绍一下这种方式，图 6-9、图 6-10 分别为工作方式 2 的逻辑电路结构、工作原理框图。

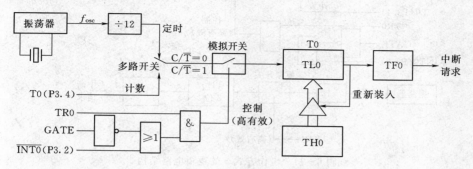

图 6-9　工作方式 2 的逻辑电路结构

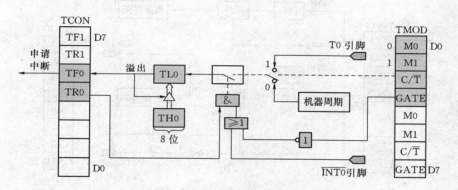

图 6-10　工作方式 2 的工作原理框图

由于是 8 位的定时/计数方式，因而最大计数值（满值）为 $M = 2^8 = 256$。若计数值为 N，则置入的初值 X 为

$$X = 256 - N$$

例如，定时/计数器 T0 的计数值为 100，则初值为 256-100=156，转换成二进制数为 10011100B，则 TH0=TL0=10011100B。

注意：由于方式 2 计满后，溢出信号会触发三态门自动地把 TH0（或 TH1）的值装入 TL0（或 TL1）中，因而如果要重新实现 N 个单位的计数，不用重新置入初值。

4. 工作方式 3

工作方式 3 的作用比较特殊，只适用于定时器 T0。如果企图将定时器 T1 置为方式 3，则它将停止计数，其效果与置 TR1=0 相同，即关闭定时器 T1。

当 T0 工作在方式 3 时，它被拆成两个独立的 8 位计数器 TL0 和 TH。图 6-11、图 6-12 分别为工作方式 3 的逻辑电路结构、工作原理框图。

图 6-12 中，下方的 8 位计数器 TL0 使用原定时器 T0 的控制位 C/$\overline{T}$、GATE、TR0 和 $\overline{INT0}$，TL0 既可以计数使用，又可以定时使用，其功能和操作与前面介绍的工作方式 0 或工作方式 1 完全相同。上方的 TH0 只能作为简单的定时器使用。而且由于定时/计数器 0 的控制位已被 TL0 独占，因此只好借用定时/计数器 1 的控制位 TR1 和 TF1。即以计数溢出

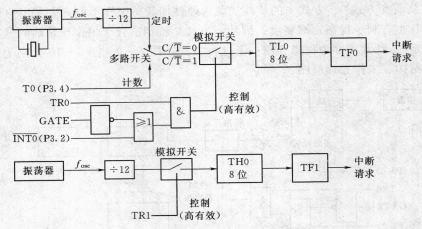

图 6-11 工作方式 3 的逻辑电路结构

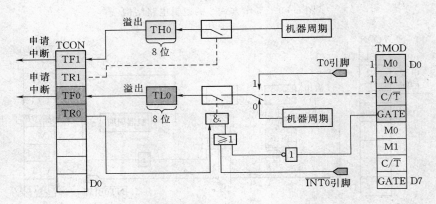

图 6-12 工作方式 3 的工作原理框图

去置位 TF1，而定时的启动和停止则受 TR1 的状态控制。

由于 TL0 既能作定时器使用也能作计数器使用，而 TH0 只能作定时器使用却不能作计数器使用，因此在工作方式 3 下，定时/计数器 0 可以构成两个定时器或一个定时器和一个计数器。注意：在方式 3 下，T0 和 T1 的工作有很大的不同。其差别如下：

（1）若把 T1 置于方式 3，则 T1 停止计数，其效果与置 TR1＝0 相同，即关闭定时器 T1。此时，定时器 T1 保持其内容不变。因此，一般不会把 T1 置于方式 3。

（2）若把 T0 置于方式 3，则 16 位计数器拆开为两个独立工作的 8 位计数器 TL0 和 TH0。但这两个 8 位计数器的工作是有差别的。首先，它们的工作方式不同：①对 TL0 来说它既可以按计数方式工作，也可以按定时方式工作；②而 TH0 则只能按定时方式工作。另外，它们的控制方式也不同。

（3）当 T0 处于方式 3 时，此时 T1 可工作为方式 0、1、2，但由于此时 T1 已没有控制通断 TR1 和溢出中断 TF1 的功能，T1 只能作为串行口的波特率发生器使用，或不需要中断的场合。

6.2.2.3 定时器/计数器的计数初值计算

MCS - 51 的定时器/计数器采用增量计数。根据定时/计数器的计数结构，其最大计数为 2^m，其中 m 为计数器的位数，对于工作方式 0，$m＝13$，其最大计数为 $2^{13}＝8192$；对于工作方式 1，$m=16$，其最大计数为 $2^{16}=65536$；对于工作方式 2 和工作方式 3，$m=8$，其最大计数为 $2^8=256$。

在实际应用中，经常会有少于 2^m 个计数值的要求，例如，要求计数到 1000 就产生溢出，这时可在计数时，不从 0 开始，而是从一个固定值开始，这个固定值的大小，取决于被计数的大小。如要计数 1000，预先在计数器里放进（2^m-1000）的数，再来 1000 个脉冲，就到了 2^m，就会产生溢出，置位 TF0。这个（2^m-1000）的数称作计数初值，也称作预置值。

定时也有同样的问题，并且也可采用同样的方法来解决。当定时/计数器为工作方式 0，并假设单片机的晶振是 12MHz，那么每个计时脉冲是 $1\mu s$，计满 $2^{13}=8192$ 个脉冲需要 8.192ms，如果只需定时 1ms，可以作这样的处理：1ms 即 $1000\mu s$，也就是计数 1000 时满。因此，计数之前预先在计数器里放进 $2^{13}-1000=8192-1000=7192$，开始计数后，计满 1000 个脉冲到 8192 即产生溢出。如果计数初值为 X，则计算定时时间 t 为

$$t=(2^N-X)\times T_{cy}=(2^N-X)\times 12/f_{osc}$$

式中：T_{cy} 为机器周期，f_{osc} 为晶振周期。

例如，如果定时/计数器为工作方式 0，需要定时 3ms（$3000\mu s$），f_{osc} 为 12MHz。设计数初值为 X，则根据上述公式可得：

$$3000=(2^m-X)\times 12/f_{osc}=(2^{13}-X)\times 12/12$$

由此可得，$X=5192$。

需要说明的是，单片机中的定时器通常要求不断重复定时，一次定时时间到之后，紧接着进行第二次的定时操作。一旦产生溢出，计数器中的值就回到 0，下一次计数从 0 开始，定时时间将不正确，为使下一次的定时时间不变，需要在定时溢出后马上把计数初值送到计数器。

6.2.2.4 定时/计数器的初始化编程及应用

定时器/计数器的功能是由软件编程确定的，在使用定时器，计数器前都要对其进行初始化。MCS-51 单片机定时/计数器的初始化编程步骤为：

（1）根据要求选择方式，确定方式控制字，写入方式控制寄存器 TMOD。例如，MOV TMOD，♯10H，表明定时器 1 工作在方式 1，且工作在定时器方式。而定时器 0 工作在方式 0，且工作在定时器方式。

（2）根据定时时间要求或计数要求，计算定时/计数器的计数值，再由计数值求得初值，送计数初值的高 8 位和低 8 位到 TH0（或 TH1）和 TL0（或 TL1）寄存器中。

定时/计数器的初值因工作方式的不同而不同。设最大计数值为 M，则各种工作方式下的 M 值为：方式 0 时 $M=2^{13}=8192$；方式 1 时 $M=2^{16}=65536$；方式 2 时 $M=2^8=256$；方式 3 时，T0 分成两个 8 位计数器，所以两个定时器的 M 值均为 $M=256$。由于定时器计数器工作的实质是做"加 1"计数，所以，当最大计数值 M 值为已知且计数值为 N 时，初值 X 可计算为

$$X=M-N$$

（3）如果工作于中断方式，则根据需要开放定时/计数器的中断，即对 IE 寄存器赋值（后面还需编写中断服务程序）。

（4）设置定时/计数器控制寄存器 TCON 的值（即将其 TR0 或 TR1 置位），启动定时/计数器开始工作。

（5）等待定时/计数时间到，定时/计数到则执行中断服务程序。若用查询处理，则需编写查询程序判断溢出标志，溢出标志等于 1，则进行相应处理。

【例 6-2】　T0 运行于定时器状态，时钟振荡周期为 12MHz，要求定时 $100\mu s$。试求不同工作方式时的定时初值 X。

当 $f_{osc}=12MHz$，时，$T_{cy}=1\mu s$，$N=100\mu s/1\mu s=100=64H$

方式 0（13 位方式）：$X=2^{13}-64H=1F9CH$

方式 1（16 位方式）：$X=2^{16}-64H=FF9CH$

方式 2、3（8 位方式）：$X=2^8-64H=9CH$

注意：工作方式 0 的初值装入方法：

　　1F9CH= 1 1111 100　　　1 1100 B　=　　11111100　　　　×××111008

　　　　　　　TH0 的 8 位　　TL0 的低 5 位　　TH0 高 8 位　　　　TL0 低 8 位

可见，TH0=0FCH，TL0=1CH（若×××当作 000）

　　　　MOV　TH0,＃0FCH

　　　　MOV　TL0,＃1CH

6.2.2.5　定时器/计数器的应用举例

【例 6-3】　设系统时钟频率为 12MHz，利用定时器/计数器 T0 编程实现从 P1.0 输出周期为 20ms 的方波。

从 P1.0 输出周期为 20ms 的方波，只需 P1.0 每隔 10ms 取反一次。当系统时钟为 12MHz，定时器/计数器 T0 工作于方式 1 时，最大的定时时间为 65536us，满足 10ms 的定时要求。系统时钟为 12MHz，计数值为 10000，初值 $X=65536-10000=D8F0H$，则 TH0=D8H、TL0=F0H。

1. 采用查询方式编程

汇编语言参考程序为：

```
        ORG   0000H
        AJMP  MAIN
        ORG   0300H
MAIN:   MOV   TMOD,＃01H    ;定时器,计数器 T0 工作于方式 1
HH1:    MOV   TH0,＃0D8H
        MOV   TL0,＃0F0H
        SETB  TR0
LOOP:   JBC   TF0,NEXT      ;查询计数溢出
        SJMP  LOOP
NEXT:   CPL   P1.0
        SJMP  HH1
        SJMP  $
```

C 语言参考程序为：

```
# include  <reg51>
  sbit  P_1=P·0;
  void  main()
  {
```

```
char i;
TMOD=0x01;
TR0=1;
For(; ;) {
TH0=0xD8; TL0=0xF0;
do { } while (! TF0)
{  P1_0=! P1_0; TF0=0;}        //查询计数溢出
}
}
```

2. 采用中断方式编程

汇编语言参考程序为：

```
        ORG   0000H
        LJMP   MAIN
        ORG   000BH              ;中断处理程序
        CPL   P1. 0
        MOV   TH0,#0D8H
        MOV   TL0,#0F0H
        RETI
        ORG   0200H              ;主程序
MAIN:   MOV   TMOD,#01H
        MOV   TH0,#0D8H
        MOV   TL0,#0F0H
        SETB   EA
        SETB   ET0
        SETB   TR0
        SJMP   $
```

C 语言参考程序为：

```
# include   <reg51..h>          //包含特殊功能寄存器库
sbit   P1_0=P1^0;
void   main ( )
  {
    TMOD=0x01;
    TH0=0xD8; TL0=0xF0;
    EA=1; ET0=1;
    TR0=1;
    while (1);
  }
void time0_int (void) interrupt 1    //中断服务程序
{
    P1_0=! P1_0;
    TH0=0xD8; TL0=0xF0;
}
```

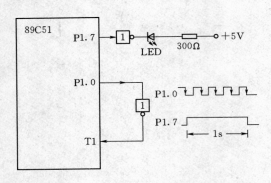

图 6-13 例 6-4 的电路图

如果定时时间大于 $65536\mu s$，这时用一个定时/计数器直接处理不能实现，这时可用：①1个定时/计数器配合软件计数方式处理；②2个定时/计数器共同处理。

【例 6-4】 如图 6-13 所示，在 P1.7 端接一个发光二极管 LED，要求利用定时控制使 LED 亮 1s 灭 1s 周而复始地闪烁，设时钟频率 $f_{osc}=6MHz$。

当 $f_{osc}=6MHz$ 时，工作方式 0、1、2 均不能满足定时 1s 的要求。如 16 位定时最大为 $2^{16}\times 2\mu s=131.072ms$，显然不能满足要求，可用以下两种方法解决。

方法 1：采用 T0 产生周期为 200ms 脉冲，即 P1.0 每 100ms 取反一次作为 T1 的计数脉冲，T1 对下降沿计数，因此 T1 计 5 个脉冲正好 1s。通过 P1.7 反相，改变 LED 的状态。

T0 采用方式 1，定时 100ms。计数初值为：$X=2^{16}-100\times 10^3/2=3CB0H$。

T1 采用方式 2，计 5 个脉冲，计数初值：$X=2^8-5=FBH$。

均采用查询方式，其流程图如图 6-14 所示。

汇编参考程序为：

```
        ORG   0000H
MAIN:   CLR   P1.7
        SETB  P1.0
        MOV   TMOD,#61H
        MOV   TH1,#0FBH
        MOV   TL1,#0FBH
        SETB  TR1
LOOP1:  CPL   P1.7
LOOP2:  MOV   TH0,#3CH
        MOV   TL0,#0B0H
        SETB  TR0
LOOP3:  JBC   TF0,LOOP4
        SJMP  LOOP3
LOOP4:  CPL   P1.0
        JBC   TF1,LOOP1
        AJMP  LOOP2
        END
```

C 语言参考程序为：

```
#include<reg51.h>
sbit P1_0=P1^0;
sbit P1_7=P1^7;
timer0 interrupt 1 using 1
{                        /*T0中断服务程序*/
```

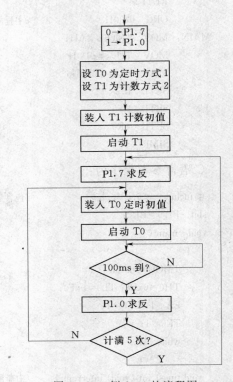

图 6-14 例 6-4 的流程图

```
        P1_0=! P1_0;                /* 10ms定时时间到,P1.0反相 */
        TH0=(65536-50000)/256;      /* 计数初值重装载 */
        TL0=(65536-50000)%256;
    }
timer1 interrupt 3 using 2
    {                               /* T1中断服务程序入口 */
        P1_7=! P1_7;                /* 1s定时时间到,灯改变状态 */
    }
main( )
    {
        P1_7=0;                     /* 置灯初始灭 */
        P1_0=1;                     /* 保证第1次反相便开始计数 */
        TMOD=0x61;                  /* T0工作在方式1定时,T1工作在方式2计数 */
        TH0=(65536-50000)/256;      /* 预置计数初值 */
        TL0=(65536-50000)%256;
        TH1=256-5;
        TL1=256-5;
        IP=0x08;                    /* 置优先级寄存器 */
        EA=1;                       /* CPU开中断 */
        ET0=1;                      /* 开T0中断 */
        ET1=1;                      /* 开T1中断 */
        TR0=1;                      /* 启动T0 */
        TR1=1;                      /* 启动T1 */
        for (;;){   }
    }
```

方法2：T0每隔100ms中断一次,利用软件对T0的中断次数进行计数,中断10次即实现了1s的定时。

```
        ORG   0000H
        AJMP  MAIN
        ORG   000BH                 ;T0中断服务程序入口
        AJMP  IP0
        ORG   0030H                 ;主程序开始
MAIN: CLR   P1.7
        MOV TMOD,#01H               ;T0定时100ms
        MOV TH0,#3CH
        MOV TL0,#0B0H
        SETB  ET0
        SETB  EA
        MOV R4,#0AH                 ;中断10次计数
        SETB TR0
        SJMP  $                     ;等待中断
IP0:   DJNZ R4,RET0                 ;未到10次转重新定时
        MOV R4,#0AH                 ;到10次
```

271

```
        CPL  P1.7              ;P1.7 的灯变反
RET0: MOV THO,#3CH             ;重新定时 100ms
        MOV TL0,#0B0H
        SETB TR0
        RETI
```

采用 C 语言完成本例的方式 1。T0 定时 100ms 初值＝100×1000/2＝50000，即初值为－50000。T1 计数 5 个脉冲工作于方式 2，计数初值为－5，T0 和 T1 均采用中断方式。

C 语言参考程序为：

```
#include<reg51.h>
    sbit  P1_0=P1^0;
    sbit  P1_7=P1^7;
timer0() interrupt 1 using 1      /* T0 中断服务程序 */
  { P1_0=! P1_0;                  /* 100ms 到 P1.0 取反 */
    TH0=-50000/256;               /* 重载计数初值高 8 位 */
    TL0=-50000%256;               /* 重载计数初值低 8 位 */
  }
timer1()interrupt 3 using 2       /* T1 中断服务 */
  { P1_7=! P1_7; }                /* 1s 到,灯变状态 */
main()
  {
    P1_7=0;                       /* 置灯初始灭 */
    P1_0=1;                       /* 保证第 1 次反向便开始计数 */
    TMOD=0x61;                    /* T0 方式 1 定时,T1 方式 2 计数 */
    TH0=-50000/256;               /* 预置 T0 计数初值 */
    TL0=-50000%256;
    TH1=-5; TL1=-5;               /* 预置 T1 计数初值 */
    IP=0x08;                      /* 置优先级寄存器 */
    EA=1;ET0=1; ET1=1             /* 开中断 */
    TR0=1;TR1=1;                  /* 启动定时计数器 */
    for(;;){}                     /* 等待中断 */
  }
```

【例 6-5】　利用定时器 T0 测量某正脉冲信号宽度，脉冲从 P3.2（即 $\overline{INT0}$）输入。已知此脉冲宽度小于 10ms，系统时钟频率为 12MHz。要求测量此脉冲宽度，并把结果顺序存放在以片内 30H 单元为首地址的数据存储单元中。

利用门控位的功能，当 GATE 为 1 时，只有 $\overline{INT0}$＝1 且软件使 TR0 置 1，才能启动定时器。利用这个特性，便可测量输入脉冲的宽度（系统时钟周期数）。

汇编参考程序为：

```
        ORG  0000H
        AJMP  MAIN
        ORG  0300H
MAIN: MOV  TMOD,#09H  ;定时器,计数器 T0 工作于计数方式,GATE=1
```

```
        MOV   TH0,#00H      ;装入计数初值
        MOV   TL0,#00H
LP:     JB    P3.2,LP       ;等待INT0变低
        SETB  TR0           ;开始计数
LOOP:   JNB   P3.2,LOOP     ;等待INT0变高,即脉冲上升沿
HERE:   JB    P3.2,HERE     ;等待INT0变低,即脉冲下降沿
        CLR   TR0           ;停止计数
        MOV   30H,TL0
        MOV   31H,TH0
        SJMP  $
```

C 语言参考程序为：

```
#include <reg51.h>
sbit P3_2=p3^2;
void main ( )
{
    unsigned char *P;
    P=0x30;                 //指针指向片内30H单元
    TMOD=0x09;              //GATE=1,工作方式为计数器
    TL0=0x00;
    TH0=0x00;               //装入初位
    do{ } while (P3_2==1);  //等待INT0变低
    TR0=1;
    while (P3_2==0);        //等待INT0变高,即脉冲上升沿
    while (P3_2==1);        //等待INT0变低,即脉冲下降沿
    TR0=0;                  //停止计数
    *P=TL0;                 //读入TL0值(十六进制),存放在30H单元
    P++
    *P=TH0;                 //读入TH0值(十六进制),存放在31H单元
}
```

6.3　MCS-51单片机内部的串行接口

6.3.1　计算机串行通信基础

随着微机系统的广泛应用和计算机网络技术的普及，计算机的通信功能越来越显得重要。计算机通信是将计算机技术和通信技术的相结合，完成计算机与外部设备或计算机与计算机之间的信息交换。

1. 通信的基本方式

计算机与外界的通信有并行通信和串行通信两种基本方式。其中：并行通信通常是将数据字节的各位用多条数据线同时进行传送。串行通信是将数据字节分成一位一位的形式在一条传输线上逐个地传送。图 6-15 为计算机与外界的通信方式。

并行通信的传送控制简单、传输速度快，但由于传输线较多，长距离传送时成本高，且

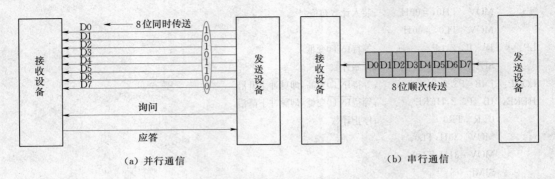

图6-15 计算机与外界的通信方式

接收方的各位同时接收存在困难。串行通信的传输线少，长距离传送时成本低，且可以利用电话网等现成的设备，但数据的传送控制比并行通信复杂、传输速度慢。它们的特点可归纳为表6-2。

表6-2 两种通信方式的特点

	并行数据传送	串行数据传送
原理	各数据位同时传送	数据位按位顺序进行
优点	传送速度快、效率高	最少只需一根传输线即可完成：成本低
缺点	数据位数→传输线根数：成本高	速度慢
应用	传送距离<30m，用于计算机内部	几米至几千公里，用于计算机与外设之间

2. 串行通信的方式

串行通信按信息的格式又可分为异步通信和同步通信两种方式。

(1) 异步通信。异步通信是指通信的发送与接收设备使用各自的时钟控制数据的发送和接收过程。为使双方的收发协调，要求发送和接收设备的时钟尽可能一致。此方式的数据在线路上传送时是以一个字符（字节）为单位，未传送时线路处于空闲状态，空闲线路约定为高电平"1"，见图6-16。

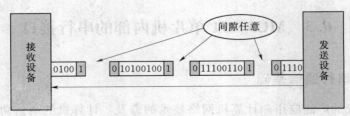

图6-16 异步通信的示意图

异步通信是以字符为单位进行传输，传送一个字符又称为一帧信息，字符与字符之间的间隙（时间间隔）是任意的，但每个字符中的各位是以固定的时间传送的，即字符之间是异步的（字符之间不一定有"位间隔"的整数倍的关系），但同一字符内的各位是同步的（各位之间的距离均为"位间隔"的整数倍）。传送时每一个字符前加一个低电平的起始位，然后是数据位，数据位可以是5~8位，低位在前，高位在后，数据位后可以带一个奇偶校验位，最后是停止位，停止位用高电平表示，它可以是1位、1位半或2位。异步通信的数据格式如图6-17所示。

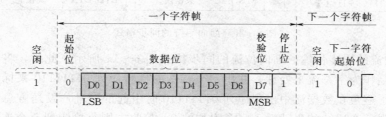

图6-17　异步通信数据格式

异步通信的特点：不要求收发双方时钟的严格一致，对发送时钟和接收时钟的要求相对不高，实现容易，设备开销较小。但由于一次只传送一个字符，因而一次传送的位数比较少，每个字符还要附加2~3位用于起止位，各帧之间还有间隔，因此传输效率不高。

（2）同步通信。同步通信时要建立发送方时钟对接收方时钟的直接控制，使双方达到完全同步。此时，传输数据的位之间的距离均为"位间隔"的整数倍，同时传送的字符间不留间隙，即保持位同步关系，也保持字符同步关系。发送方对接收方的同步可以通过外同步法、自同步法两种方法实现。其中：外同步法是发送端发送数据之前先发送同步时钟信号，接收方用这一同步信号来锁定自己的时钟脉冲频率，以此来达到收发双方位同步的目的。而自同步法是接收方利用包含有同步信号的特殊编码（如曼彻斯特编码）从信号自身提取同步信号来锁定自己的时钟脉冲频率，达到同步目的。图6-18为两种同步方法的示意图。

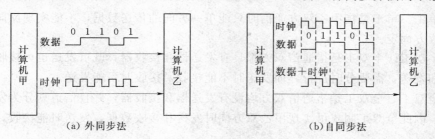

图6-18　两种同步方法的示意图

同步通信是以数据块为传输单位，每个数据块的头部和尾部都要附加一个特殊的字符或比特序列，标记一个数据块的开始和结束，一般还要附加一个校验序列，以便对数据块进行差错控制。其格式如图6-19所示。

块开始标志	数据块（二进制位流）	块校验序列	块结束标志

图6-19　同步通信数据格式

根据同步通信规程，同步传输又分为面向字符的同步传输和面向位流的同步传输。

1）面向字符的同步传输。面向字符的同步格式图6-20所示。传送的数据和控制信息都必须由规定的字符集（如ASCII码）中的字符所组成。图中帧头为1个或2个同步字符SYN(ASCII码为16H)。SOH为序始字符（ASCII码为01H），表示标题的开始，标题中包含源地址、目标地址和路由指示等信息。STX为文始字符（ASCII码为02H），表示传送的数据块开始。数据块是传送的正文内容，由多个字符组成。数据块后面是组终字符ETB(ASCII码为17H)或文终字符ETX(ASCII码为03H)。然后是校验码。典型的面向字符的同步规程如 IBM 的二进制同步规程 BISYNC(BSC)。

SYN	SYN	SOH	标题	STX	数据块	ETB/ETX	块校验

图 6－20　面向字符的同步格式

2）面向位流的同步传输。面向位流的同步格式图 6－21 所示。此时，将数据块看作数据位流，而不是作为字符流来处理，并用一个特殊的比特序列 01111110 来标记数据块的开始和结束。为了避免在数据流中出现序列 01111110 时引起的混乱，发送方总是在其发送的数据流中每出现 5 个连续的 1 就插入一个附加的 0；接收方则每检测到 5 个连续的 1 并且其后有一个 0 时，就删除该 0。典型的面向位的同步协议如 ISO 的高级数据链路控制规程 HDLC 和 IBM 的同步数据链路控制规程 SDLC。

8 位	8 位	8 位	≥0 位	16 位	8 位
01111110	地址场	控制场	信息场	校验场	01111110

图 6－21　面向位的同步格式

同步通信的特点是一次连续传送任意多个字符或数据位，传输的效率高；但对发送时钟和接收时钟要求较高，往往用同一个时钟源控制，控制线路复杂。

3. **串行通信的传输方向**

按照数据传送的方向，串行通信可分为单工、半双工和全双工 3 种制式，如图 6－22 所示。

（1）单工。单工是指甲乙双方通信时只能单一方向的传送数据，不能实现反向传输，发送方和接收方固定。

（2）半双工。半双工是指通信双方都具有发送器和接收器，既可发送也可接收，但不能同时接收和发送，需要分时进行，即发送时不能接收，接收时不能发送。

（3）全双工。全双工是指通信双方均设有发送器和接收器，并且信道划分为发送信道和接收信道，因此全双工制式可实现甲乙双方同时发送和接收数据，发送时能接收，接收时也能发送。

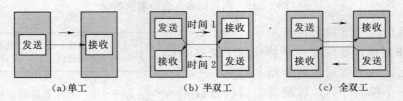

图 6－22　串行通信制式

4. **串行信号的调制与解调**

计算机的信号是数字信号，不便于远距离通信，若远距离直接传输数字信号，信号会发生畸变。因此，在远距离通信中，一般需要利用电话线（或光缆、专用通信电缆）连接两台计算机。由于计算机内的信息是由"0"和"1"组成数字信号，而在电话线上传递的却只能是模拟电信号。于是，当两台计算机要通过电话线进行数据传输时，就需要一个设备负责数模的转换，这个包括调制器和解调器的数模转换器就是调制解调器（Modem，简称"猫"）。计算机在发送数据时，先由 Modem 把数字信号转换为相应的模拟信号，这个过程称为"调制"，其调制方法主要有频率调制法、幅度调制法和相位调制法。经过调制的信号通过电话线载波传送到另一台计算机之前，也要经由接收方的 Modem 负责把模拟信号还原为计算机能识别的数字信号，这个过程称为"解调"。正是通过这样一个"调制"与"解调"的数模转换过程，从而实现了两台计算机之间的远程通信。图 6-23 为 Modem 的工作原理图。

图 6-23　Modem 工作原理

5. 串行通信的错误校验

（1）奇偶校验。在发送数据时，数据位尾随的 1 位为奇偶校验位（1 或 0）。奇校验时，数据中"1"的个数与校验位"1"的个数之和应为奇数。偶校验时，数据中"1"的个数与校验位"1"的个数之和应为偶数。接收字符时，对"1"的个数进行校验，若发现不一致，则说明传输数据过程中出现了差错。这种校验方法比较简单，目前广泛应用于异步通信中，但它只能检测出数据中奇数个位数出错，不能检查出偶数个位数出错。

（2）代码和校验（也称累加和校验）。代码和校验是发送方将所发数据块求和（或各字节异或），产生一个字节的校验字符（校验和）附加到数据块末尾。接收方接收数据同时对数据块（除校验字节外）求和（或各字节异或），将所得的结果与发送方的"校验和"进行比较，相符则无差错，否则即认为传送过程中出现了差错。这种校验方法无法检验出字节位序（或 1、0 位序不同）的错误。

（3）循环冗余校验。循环冗余码校验的基本原理是将一个数据块看成一个位数很长的二进制数，然后用一个特定的数去除它，将余数作校验码附在数据块后一起发送。接收端收到该数据块和校验码后，进行同样的运算来校验传送是否出错。这种校验方法纠错能力强，目前 CRC 已广泛用于数据存储和同步数据通信中，并在国际上形成规范，已有不少现成的 CRC 软件算法。

6. 串行的传输速率与传输距离

（1）传输速率。比特率是每秒钟传输二进制代码的位数，单位是：位/秒（bit/s）。如每秒钟传送 240 个字符，而每个字符格式包含 10 位（1 个起始位、1 个停止位、8 个数据位），这时的比特率为：10 位×240 个/s=2400bit/s。

波特率表示每秒钟调制信号变化的次数，单位是：波特（Baud）。

在异步通信中，传输速度往往又可用每秒传送多少个字节来表示（bit/s）。它与波特率的关系为

$$波特率（Baud）=1 个字符的二进制位数×字符/秒（bit/s）$$

例如：每秒传送 200 个字符，每个字符 1 位起始位、8 个数据位、1 个校验位和 1 个停止位。则波特率为 2200bit/s。

波特率和比特率不总是相同的，对于将数字信号 1 或 0 直接用两种不同电压表示的所谓基带传输，比特率和波特率是相同的。所以，我们也经常用波特率表示数据的传输速率。

（2）传输距离与传输速率的关系。串行接口或终端直接传送串行信息位流的最大距离与传输速率及传输线的电气特性有关。当传输线使用每 0.3m（约 1 英尺）有 50pF 电容的非平衡屏蔽双绞线时，传输距离随传输速率的增加而减小。当比特率超过 1000bit/s 时，最大传输距离迅速下降，如 9600bit/s 时最大距离下降到只有 76m（约 250 英尺）。

7. 串行接口的基本任务

（1）实现数据格式化。因为 CPU 发出的数据是并行数据，接口电路应实现不同串行通信方式下的数据格式化任务，如自动生成起止方式的帧数据格式（异步方式）或在待传送的数据块前加上同步字符等。

（2）进行串、并转换。在发送端，接口将 CPU 送来的并行信号转换成串行数据进行传送。而在接收端，接口要将接收到串行数据变成并行数据送往 CPU，由 CPU 进行处理。

（3）控制数据的传输速率。接口应具备对数据传输率—波特率的控制选择能力，即具有波特率发生器。

（4）进行传送错误检测。在发送时，对传送的数据自动生成校验位或校验码，在接收端能检查校验位或校验码，以确定传送中是否有误码。

MCS-51 系列单片机内有一个全双工的异步通信接口，通过对串行接口写控制字可以选择其数据格式，同时内部有波特率发生器，提供可选的波特率，可完成双机通信或多机通信。

8. 串行通信总线的接口标准及其接口

在串行传输中，通信的双方都按通信协议进行，所谓通信协议就是通信双方必须共同遵守的一种约定，约定包括数据的格式、同步的方式、传送的步骤、检纠错方式及控制字符的定义等。

串行接口通常分为两种类型：串行通信接口和串行扩展接口。其中：串行通信接口是指设备之间的互连接口，它们互相之间距离比较长，根据通信距离和抗干扰性要求，可选TTL 电平传输、RS-232C/RS-422A/RS-485 等串行通信总线接口标准进行串行数据传输。串行扩展接口是设备内部器件之间的互连接口。常用的串行扩展总线接口标准有 SPI、I^2C 等，串行接口扩展的芯片很多，可以根据需要选择。

（1）TTL 电平通信接口。微机串行口的输入、输出一般均为 TTL 电平。如果两个微机相距在 1.5m 之内，它们的串行口可直接交叉相连，即甲机的接收端 RXD 与乙机发送端TXD 相连，而乙机接收端 RXD 与甲机发送端 TXD 端相连。

TTL 电平传输的抗干扰性差、传输距离短、传输速率低。为提高串行通信的可靠性，增大串行通信的距离和提高传输速率，通常都采用 RS-232、RS-422A、RS-485 等标准串行接口进行串行数据传输。

（2）RS-232C 串行接口标准。RS-232C 是美国电子工业协会（EIA）1969 年修订的一种国际通用的串行接口标准。它最初是为远程通信连接数据终端设备（DTE）和数据通信设备（DCE）制定的标准，目前已广泛用做计算机与终端或外部设备的串行通信接口标准。该标准规定了通信设备之间信号传送的机械特性、信号功能、电气特性及连接方式等。

1）机械特性。RS-232C 接口规定使用 25 针和 9 针连接器，连接器的尺寸及每个插针的排列位置都有明确的定义，如图 6-24 所示。PC 上配置有 COM1 和 COM2 两个串行接口，它们都采用了 RS-232C 标准。完整的 RS-232C 总线由 25 根信号线组成，DB-25 是RS-232C 总线的标准连接器，其上有 25 根插针。

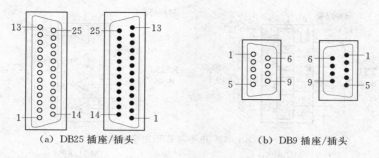

(a) DB25 插座/插头　　　　　(b) DB9 插座/插头

图 6-24　DB25 和 DB9 插座/插头

2）电气特性。因通信时（有干扰）信号要衰减，因此 RS232 采用电平负逻辑，拉开"0"和"1"的电压档次，以免信息出错。RS232 负逻辑（EIA 电平）："0"为＋3～＋25V（典型值＋5～＋15V）；"1"为－3～－25V（典型值－5～－15V）。其最大传输信息的长度为 15m。而 TTL 电平采用正逻辑："0"为 0～2.4V；"1"为 3.6～5V；高阻为 2.4～3.6V。TTL 电平的直接传输距离一般不超过 1.5m。

3）功能特性。表 6-3 列出了 RS-232C 信号线名称、符号以及对应在 DB-25 和 DB-9 上的针脚号。

表 6-3　　　　　　　　　　　RS-232C 标准接口的主要引脚定义

引　脚		信号 名称	方向	功　能	传送方向 DTE-DCE	说　明
25 脚	9 脚					
1				保护地		设备屏蔽地，为了完全，一般和地相连
2	3	TXD	输出	发送数据	→	输出数据至 MODEM
3	2	RXD	输入	接收数据	←	由 MODEM 输入数据
4	7	RTS	输出	请求发送	→	低有效，请求发送数据
5	8	CTS	输入	允许发送		低有效，表明 MODEM 同意发送
6	6	DSR	输入	数据设备就绪	←	低有效，表明 MODEM 已经准备就绪
7	5	GND		信号地		通信双方的信号地，应连接在一起
8	1	DCD	输入	载波检测		有效时表明已接收到来自远程 MODEM 的正确载波信号
20	4	DTR	输出	数据终端就绪	→	有效时通知 MODEMDTE 已经准备就绪，MODEM 可以接通电话线
22	9	RI	输入	振铃指示	←	有效时表明 MODEM 已经收到电话交换机的拨号呼叫（使用公用电话线时要使用此信号）

4）RS-232C 电平与 TTL 电平转换驱动电路。由于 RS-232C 总线上传输的信号的逻辑电平与 TTL 逻辑电平差异很大，所以就存在这两种电平的转换问题，常用的 RS-232 电平转换器芯片有 MC1488/1489、MAX232 等。这些专用接口芯片称为收发器。图 6-25 为采用 MC1488/MC1489 芯片实现 RS-232C 与 TTL 之间电平转换电路。

MAX232 只需单一的＋5V 供电，由内部电压变换器产生±10V。芯片内有 2 个发送器（TTL 电平转换成 RS-232 电平），2 个接收器（RS-232 电平转换为 TTL 电平）。MAX232 的内部结构及引脚信号如图 6-26 所示。

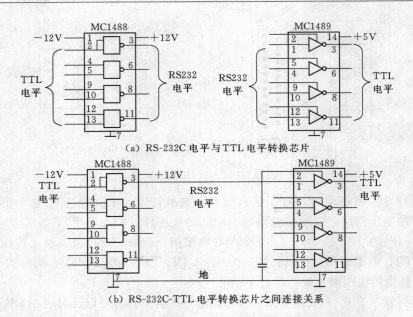

（a）RS-232C 电平与TTL电平转换芯片

（b）RS-232C-TTL 电平转换芯片之间连接关系

图 6－25　RS－232C 与 TTL 之间电平转换芯片 MC1488/MC1489

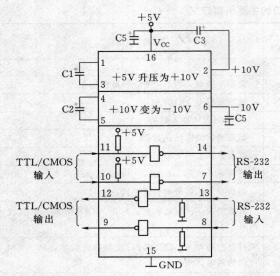

图 6－26　MAX232 的内部结构及引脚信号

5）过程特性。过程特性规定了信号之间的时序关系，以便正确地接收和发送数据。如果通信距离在 1.5～15m 之间时，可采用 RS－232C 标准接口直接把它们连接起来；如果通信距离超过 15m，还需把信号通过 MODEN 和电话线后再把它们连接起来。图 6－27 为 RS－232C 的两种连接形式。

6）采用 RS－232C 接口存在的问题。

a. 传输距离短、传输速率低。RS－232C 总线标准受电容允许值的约束，使用时传输距离一般不要超过 15m，最高传送速率为 20kbit/s。

b. 有电平偏移。RS－232C 总线标准要求收发双方共地。通信距离较大时，收发双方的地电位差别较大，在信号地上将有比较大的地电流并产生压降。

c. 抗干扰能力差。RS－232C 在电平转换时采用单端驱动、单端接收方式进行数据的输入输出，在传输过程中当干扰和噪声混在正常的信号中。为了提高信噪比，RS－232C 总线标准不得不采用比较大的电压摆幅。

（3）RS－422A 串行接口标准。RS－232C 有明显缺点：传输速率低、通信距离短、接口处信号容易产生串扰等。国际上又推出了 RS－422A 标准。与 RS－232C 的主要区别是，收发双方的信号地不再共地，RS－422A 采用了双端平衡驱动和差分接收的方法。用于数据传输的是两条平衡导线，这相当于两个单端驱动器。两条线上传输的信号电平，当一个表示

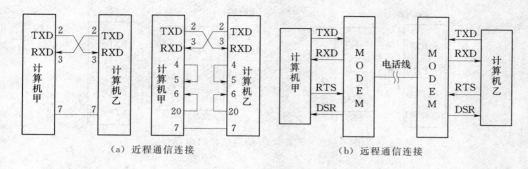

（a）近程通信连接　　　　　　　　　（b）远程通信连接

图 6-27 RS-232C 的两种连接形式

逻辑"1"时，另一条一定为逻辑"0"。若传输中信号中混入干扰和噪声（共模形式），由于差分接收器的作用，就能识别有用信号并正确接收传输的信息，并使干扰和噪声相互抵消。

RS-422 的干扰抑制性极好，又因为它的阻抗低，无接地问题，所以 RS-422A 能在长距离、高速率下传输数据。它的最大传输率为 10Mbit/s，电缆允许长度为 12m，如果采用较低传输速率时，最大传输距离可达 1219m。

图 6-28 为 RS-422 典型的 4 线接口电路。图 6-28 中的 SN75174、SN75175 是 TTL 电平到 RS-422A 电平与 RS-422A 电平到 TTL 电平的电平转换芯片。

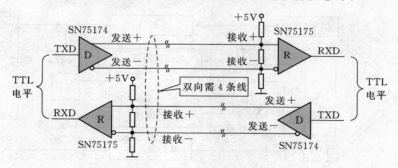

图 6-28 RS-422A 典型的 4 线接口电路

（4）RS-485 串行接口标准。RS-422A 双机通信需 4 芯传输线，这对长距离通信很不经济，故在工业现场，通常采用双绞线传输的 RS-485 串行通信接口，实现半双工的多机通信。

RS-485 是 RS-422A 的变型，它与 RS-422A 的区别：RS-422A 为全双工，采用两对平衡差分信号线；RS-485 为半双工，采用一对平衡差分信号线。RS-485 对于多站互连是十分方便的，很容易实现多机通信。RS-485 允许最多并联 32 台驱动器和 32 台接收器。如果在一个网络中连接的设备超过 32 个，还可以使用中继器。与 RS-422A 一样，最大传输距离约为 1219m，最大传输速率为 10Mbit/s。

芯片 SN75176 可用来实现 TTL/RS-485 的电平转换，与 SN75176 同类功能的芯片还有 MAX485 等，其芯片内集成了一个差分驱动器和一个差分接收器，兼有 TTL 电平到 RS-485 电平、RS-485 电平到 TTL 电平的转换功能，图 6-29 为 SN75176 的通信接口电路。图中，在 AT89S51 单片机系统发送或接收数据前，应先将 SN75176 的发送门或接收门打开，当 P1.0＝1 时，发送门打开，接收门关闭；当 P1.0＝0 时，接收门打开，发送门关闭。

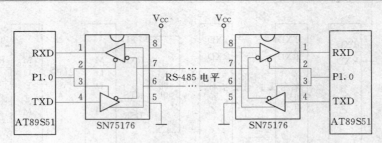

图 6-29　SN75176 的通信接口电路

6.3.2　MCS-51 单片机内部的串行接口

串行接口电路也称为通用异步收发器（UART）。从原理上说，一个 UART 应包括发送器电路、接收器电路和控制电路。MCS-51 系列单片机其中已集成了 UART，构成一个全双工串行接口，这个接口既可以用于网络通信，也可以实现串行异步通信，还可以作为同步移位寄存器使用。

MCS-51 系列单片机的串行口通过引脚 RXD（P3.0，串行口数据接收端）和引脚 TXD（P3.1，串行口数据发送端）与外部设备进行串行通信，图 6-30 为 MCS-51 系列单片机内部串行口结构示意图。

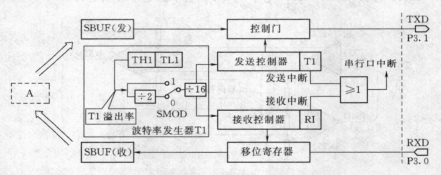

图 6-30　单片机内部串行口结构示意图

图中，共有两个物理上独立、逻辑上同名的接收、发送缓冲器 SBUF（属于特殊功能寄存器 SFR），可同时发送、接收数据，实现全双工方式串行通信。发送缓冲器只能写入不能读出；接收缓冲器只能读出不能写入。串行发送时，累加器 A 通过片内总线向发送 SBUF 写入数据；串行接收时，从接收 SBUF 通过片内总线把读入的数据存入 A。由于单片机的 CPU 对发送与接收寄存器不能同时进行操作，所以给这两个缓冲寄存器赋以同一个特殊功能寄存器字节地址 99H。

在接收方式下，串行数据通过引脚 RXD（P3.0）进入，由于在接收寄存器之前还有移位寄存器，从而构成了串行接收的双缓冲结构，以避免在数据接收过程中出现帧重叠错误，即在下一帧数据来时，前一帧数据还没有读走。

在发送方式下，串行数据通过引脚 TXD（P3.1）发出。与接收数据情况不同，发送数据时，由于 CPU 是主动的，不会发生帧重叠错误，因此发送电路就不需双重缓冲结构，这样可以提高数据发送速度。

串行接口的通信由 3 个特殊功能寄存器对数据的接收和发送进行控制。它们分别是串行口控制寄存器 SCON、电源控制寄存器 PCON 和中断允许控制寄存器 IE。

6.3.2.1 串行接口的控制寄存器

单片机串行接口的工作主要由 SCON、PCON、IE 共 3 个特殊功能寄存器控制。

1. 串行口控制寄存器 SCON

串行口控制寄存器 SCON 地址为 98H，位地址 9FH～98H，具体格式见图 6-31。

SCON	D7	D6	D5	D4	D3	D2	D1	D0
位名称	SM0	SM1	SM2	REN	TB8	RB8	TI	RI
位地址	9FH	9EH	9DH	9CH	9BH	9AH	99H	98H
功能	工作方式选择		多机通信控制	接收允许	发送第9位	接收第9位	发送中断	接收中断

图 6-31 SCON 具体格式

SCON 各位的控制功能如下：

（1）SM0、SM1：串行口工作方式选择位。SM0、SM1 对应的 4 种通信方式如表 6-4 所列（表中 f_{osc} 为晶振频率）。

表 6-4　　　　　　　　　　串 行 口 工 作 方 式

SM0	SM1	工 作 方 式	功　能	波 特 率
0	0	工作方式 0	8 位同步移位方式	$f_{osc}/12$
0	1	工作方式 1	10 位 UART	可变 TI 溢出率$/n$, $n=32$ 或 16
1	0	工作方式 2	11 位 UART	f_{osc}/n, $n=64$ 或 32
1	1	工作方式 3	11 位 UART	可变 T1 溢出率$/n$, $n=32$ 或 16

（2）SM2：多机通信控制位。该位为多机通信控制位，主要用于工作方式 2 和工作方式 3。

当 SM2 为 0 时，则接收到的第 9 位数据（RB8）无论是 0 还是 1，都将接收到的数据装入 SBUF 中，在接收完当前帧后，产生中断申请，RI 置位。

当 SM2 为 1 时，则只有当接收到的第 9 位数据 RB8 为 1，才将接收到的数据装入 SBUF 中，在接收完当前帧后，产生中断申请，RI 置位。若接收到的第 9 位数据 RB8 为 0，则接收到的前 8 位数据丢弃，且不产生中断申请。

在工作方式 0 时，SM2 必须为 0。

（3）REN：允许接收位。由软件置位或清 0，只有当 REN=1 时，才允许接收，它相当于串行接收的开关；若 REN=0 时，则禁止接收。

（4）TB8：发送数据位 8。在工作方式 2 和工作方式 3 时，TB8 的内容是要发送的第 9 位数据，其值由用户通过软件设置。在双机通信时，TB8 一般作为奇偶校验位使用；在多机通信中，常以 TB8 位的状态表示主机发送的是地址帧还是数据帧。

在工作方式 1 和工作方式 0 中，该位未用。

（5）RB8：接收数据位 8。RB8 是接收数据的第 9 位，在工作方式 2 和工作方式 3 中，接收数据的第 9 位数据放在 RB8 中，它可能是约定的奇偶校验位，也可能是地址/数据标志等。

在工作方式 1 中, RB8 存放的是接收的停止位; 在工作方式 0 中, 该位未用。

(6) TI: 发送中断标志。当工作方式 0 时, 发送完第 8 位数据后, 该位由硬件置 1, 在其他方式下, 于发送停止位之前, 由硬件置 1, 因此 TI=1, 表示帧发送结束, 其状态既可供软件查询使用, 也可请求中断。TI 位必须由软件清 0。

(7) RI: 接收中断标志。当方式 0 时, 接收完第 8 位数据后, 该位由硬件置 1, 在其他方式下, 当接收到停止位时, 该位由硬件置 1, 因此 RI=1, 表示帧接收结束。其状态既可供软件查询使用, 也可以请求中断。RI 位也必须由软件清 0。

无论接收/发送数据是否采用中断方式工作, 每接收/发送一个数据都必须用指令对 RI/TI 清 0, 以备下一次收/发。

2. 电源控制寄存器 PCON

PCON 主要是为 MCS - 51 系列 CHMOS 型单片机的电源控制而设置的专用寄存器, 单元地址为 87H, 不能位寻址。其格式见图 6 - 32。

PCON	D7	D6	D5	D4	D3	D2	D1	D0
位名称	SMOD	—	—	—	GF1	GF0	PD	IDL

图 6 - 32　PCON 格式

电源控制寄存器 PCON 中, 与串行口工作有关的仅有它的最高位 SMOD, SMOD 称为串行口的波特率倍增位。在串行口工作方式 1、2、3 中, 当 SMOD=1 时, 波特率加倍; 否则, 波特率不加倍。系统复位时, SMOD=0。

3. 中断允许控制寄存器 IE

在中断允许控制寄存器 IE 中, 与串行通信有关的位有 ES 位。ES 为串行中断允许位, ES=0, 禁止串行中断; ES=1, 允许串行中断。

6.3.2.2　串行接口的工作方式

MCS - 51 单片机串行接口有 4 种工作方式, 分别为方式 0、方式 1、方式 2 和方式 3, 由串行接口控制寄存器 SCON 中最高两位 SM0、SM1 的状态, 通过软件设置来决定选择何种工作方式。其中有 8 位、10 位和 11 位为一帧的数据传送格式。

1. 工作方式 0

工作方式 0 以 8 位数据为一帧进行传输, 不设起始位和停止位, 先发送或接收最低位。波特率固定, 为 $f_{osc}/12$。其一帧数据格式如图 6 - 33 所示。

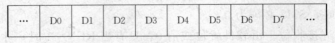

| … | D0 | D1 | D2 | D3 | D4 | D5 | D6 | D7 | … |

图 6 - 33　方式 0 的帧格式

方式 0 为同步移位寄存器输入/输出方式。该方式并不能用于两个单片机之间的异步串行通信, 而是用于串行口外接移位寄存器, 扩展并行 I/O 口。

(1) 方式 0 发送过程。当 CPU 执行一条将数据写入发送缓冲器 SBUF 的指令时, 产生一个正脉冲, 串行口开始把 SBUF 中的 8 位数据以 $f_{osc}/12$ 的固定波特率从 RXD 引脚串行输出, 低位在先, TXD 引脚输出同步移位脉冲, 发送完 8 位数据, 中断标志位 TI 置 "1"。发送时序如图 6 - 34 所示。

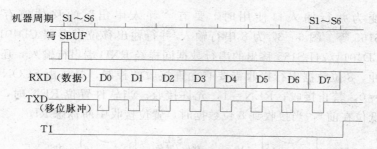

图 6-34 方式 0 发送时序

（2）方式 0 接收过程。方式 0 接收，REN 为串行口允许接收控制位，REN=0，禁止接收；REN=1，允许接收。当向 SCON 寄存器写入控制字（设置为方式 0，并使 REN 位置 1，同时 RI=0）时，产生一个正脉冲，串行口开始接收数据。引脚 RXD 为数据输入端，TXD 为移位脉冲信号输出端，接收器以 $f_{\rm osc}/12$ 的固定波特率采样 RXD 引脚的数据信息，当接收完 8 位数据时，中断标志 RI 置 1，表示一帧数据接收完毕，可进行下一帧数据的接收，时序如图 6-35 所示。

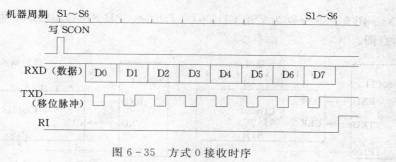

图 6-35 方式 0 接收时序

（3）方式 0 发送与接收应用举例。使用工作方式 0 实现数据的移位输入/输出时，实际上是把串行接口作为移位寄存器使用。

串行接口变为并行输出口使用时，要有"串入并出"的移位寄存器配合，例如 CD4094、74LS164 等。图 6-36 为 8 串行输入/并行输出移位寄存器 CD4094、74LS164 芯片的引脚图。数据预先写入串行接口数据缓冲寄存器 SBUF，然后从串行接口 RXD 端在移位时钟脉冲 TXD 的控制下逐位移入 CD4094/74LS164，当 8 位数据全部移出后，SCON 寄存器的发送中断标志 TI 被自动置 1。其后主程序就可用中断或查询的方法，通过设置 STB 状态的控制，把 CD4094 的内容并行输出。

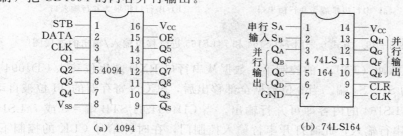

图 6-36 8 串行输入/并行输出移位寄存器芯片的引脚图

　　串行接口变为并行输入口使用时，要有"并入串出"的移位寄存器配合，例如 CD4014、74LS165 等。图 6-37 为 8 串行输入/并行输出移位寄存器 CD4014、74LS165 芯片的引脚图。CD4014/74LS165 移出的串行数据同样经 RXD 端串行输入，还是由 TXD 端提供移位时钟脉冲，8 位数据串行接收需要有允许接收的控制，具体由 SCON 寄存器的 REN 位实现。REN=0，禁止接收；REN=1，允许接收。当软件置位 REN 时，即开始从 RXD 端输入数据（低位在前），当接收到 8 位数据时，置位接收中断标志 RI。

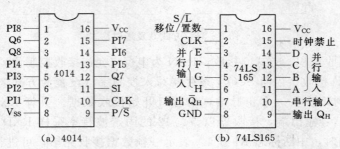

图 6-37　8 并行输入/串行输出移位寄存器芯片的引脚图

　　图 6-38、图 6-39 分别为采用 CD4094/CD4014、74LS164/74LS165 进行移位输入/输出的连接示意图。

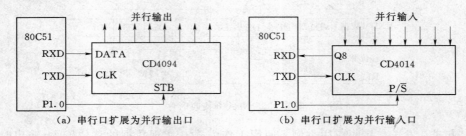

图 6-38　方式 0 采用 CD4094 和 CD4014 进行移位输入/输出的连接图

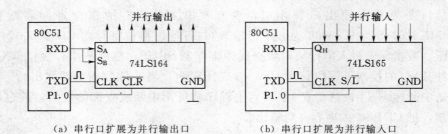

图 6-39　方式 0 采用 74LS164 和 74LS165 进行移位输入/输出的连接图

　　在移位时钟脉冲（TXD）的控制下，数据从串行口 RXD 端逐位移入 CD4094 的 DATA 端或 74LS164 的 S_A、S_B 端。当 8 位数据全部移出后，SCON 寄存器的 TI 位被自动置 1。其后 CD4094 或 74LS164 的内容即可并行输出。当 CD4094 的 STB 端=0 或 74LS164 的 $\overline{CLR}$ 端=0 时，数据串行输入，此时打开串行输入控制门，在时钟信号 CLK 的控制下，数据从串行输入端 DATA 或 Q8 一个时钟周期一位依次输入，而 CD4094 的 STB 端=1 或 74LS164 的 $\overline{CLR}$ 端=1 时，数据并行输出，此时打开并行输出控制门，CD4094 或 74LS164 中的 8 位数据并行输出。

CD4014 的 P/$\overline{S}$端或 74LS165 的 S/$\overline{L}$端为置入/移位端或移位/置入端，当 P/$\overline{S}$=1 或 S/$\overline{L}$=0 时，8 位数据从 Q0～Q7 并行置入到内部的寄存器；而当 P/$\overline{S}$=0 或 S/$\overline{L}$=1 时，在时钟信号 CLK 的控制下，内部寄存器的内容按低位在前从 Q_8 或 Q_H 端串行依次输出。在 80C51 串行控制寄存器 SCON 中的 REN=1 时，TXD 端发出移位时钟脉冲，从 RXD 端串行输入 8 位数据。当接收到第 8 位数据 D7 后，置位中断标志 RI，表示一帧数据接收完成。

从上可见，在工作方式 0 下，串行接口为 8 位同步移位寄存器输入/输出方式，这种方式不适合用于两个单片机芯片之间的直接数据通信，但可以通过外接移位寄存器来实现单片机的接口扩展。

（4）波特率的设定。工作方式 0 时，移位操作（串入或串出）的波特率是固定的。波特率为单片机晶振频率的 1/12，如晶振频率以 f_{osc} 表示，则波特率为 f_{osc}/12。按此波特率也就是一个机器周期进行一次移位，如 f_{osc}=12MHz，则波特率为 1Mbit/s，即 1μs 移位一次。

（5）其他。在方式 0，SCON 中的 TB8、RB8 位没有用到，发送或接收完 8 位数据由硬件使 TI 或 RI 中断标志位置"1"，CPU 响应 TI 或 RI 中断，在中断服务程序中向发送 SBUF 中送入下一个要发送的数据或从接收 SBUF 中把接收到的 1 个字节数据存入内部 RAM 中。

注意，TI 或 RI 标志位必须由软件清"0"，采用如下指令：

```
CLR    TI    ;TI 位清"0"
CLR    RI    ;RI 位清"0"
```

方式 0 时，SM2 位（多机通信控制位）必须为 0。

2. 工作方式 1

方式 1 是以 10 位数据为一帧的串行异步通信口。TXD 为数据发送引脚，RXD 为数据接收引脚，传送一帧数据的格式如图 6-40 所示。在一帧数据中，1 位起始位（0）、8 位数据位（数据位是先低位后高位）和 1 位停止位（1）。方式 1 可用于无奇偶校验的双机串行异步通信方式。方式 1 为波特率可变的 10 位异步通信接口。其波特率由下式确定

$$方式 1 波特率 = 2^{SMOD} \times 定时器 T1 的溢出率$$

式中：SMOD 为 PCON 寄存器的最高位的值（0 或 1）。

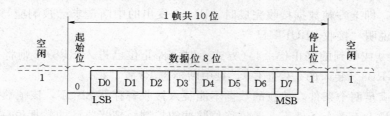

图 6-40 方式 1 的帧格式

（1）方式 1 发送过程。发送时序见图 6-41。图中 TX 时钟的频率就是发送的波特率。发送时，数据从 TXD（P3.1）端输出，当 TI=0，CPU 执行数据写入发送缓冲器 SBUF 指令时，就启动了串行接口数据的发送操作。启动发送后，内部发送控制信号 $\overline{SEND}$ 变为有效，串行接口自动把 1 位起始位清 0，而后是 8 位数据和 1 位停止位 1，一帧数据为 10 位。每经过一个 TX 时钟周期，便产生一个移位脉冲，并由 TXD 引脚输出一个数据位，数据依

次从 TXD 端发出，一帧数据发送完毕，使 TXD 输出线维持在 1 状态下，并将 SCON 寄存器的 TI 置 1，以便查询数据是否发送完毕或作为发送中断申请信号。TI 必须由软件清 0。

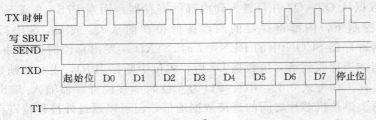

图 6-41 方式 1 发送时序

（2）方式 1 接收过程。接收时序见图 6-42。接收时，数据从 RXD（P3.0）端输入，SCON 的 REN 位应处于允许接收状态（REN＝1）。在此前提下，串行接口采样 RXD（P3.0）端，当采样到从 1 向 0 的状态负跳变时，就认定是接收到起始位。

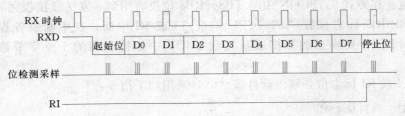

图 6-42 方式 1 接收时序

接收时，定时控制信号有两种：一种是接收移位时钟（RX 时钟），它的频率和传送的波特率相同；另一种是位检测器采样脉冲，频率是 RX 时钟的 16 倍。以波特率的 16 倍速率采样 RXD 脚状态。当采样到 RXD 端从 1 到 0 的负跳变时就启动检测器，接收的值是 3 次连续采样（第 7、8、9 个脉冲时采样）取两次相同的值，以确认起始位（负跳变）的开始，较好地消除干扰引起的影响。

当确认起始位有效时，开始接收一帧信息。每一位数据，也都进行 3 次连续采样（第 7、8、9 个脉冲采样），接收的值是 3 次采样中至少两次相同的值。当一帧数据接收完毕后，同时满足以下两个条件，接收才有效。

1）RI＝0，即上一帧数据接收完成时，RI＝1 发出的中断请求已被响应，SBUF 中的数据已被取走，说明"接收 SBUF"已空。

2）SM2＝0 或收到的停止位＝1（方式 1 时，停止位已进入 RB8），则将接收到的数据装入 SBUF 和 RB8（装入的是停止位），且中断标志 RI 置"1"。

若不同时满足两个条件，接收的数据不能装入接收寄存器 SBUF，该帧数据将丢弃。

在同时满足上面两个条件下，通过移位脉冲的控制，把接收到的数据位移入接收寄存器 SBUF 中。直到停止位到来之后把停止位送入 RB8 中，并置位中断标志位 RI，通知 CPU 从 SBUF 取走接收到的一个字符。

（3）波特率的设定。工作方式 1 的波特率则是可变的。它以定时器 T1 作波特率发生器使用，其值由定时器 1 的计数溢出率来决定，其公式为：

$$波特率＝(2^{SMOD}/32)×定时器 T1 溢出率$$

式中：T1 溢出率为一次定时时间的倒数，即为

$$定时器\ T1\ 溢出率 = 1/[(2^m - X) \times 12/f_{osc}] = f_{osc}/[(2^m - X) \times 12]$$

式中：X 为计数初值，m 由定时器 T1 的工作方式所决定，即 $m = 8$、13 或 16，当定时器 1 作波特率发生器使用时，一般选用工作方式 2。之所以选择工作方式 2，是因为它具有自动加载功能，可避免通过程序反复装入初值所引起的定时误差，使波特率更加稳定。因此，对于定时器 T1 的工作方式 2，定时器 T1 的溢出率又可简化为

$$定时器\ T1\ 溢出率 = f_{osc}/[(256 - X) \times 12]$$

此时，波特率为

$$波特率 = (2^{SMOD}/32) \times \{f_{osc}/[(256 - X) \times 12]\}$$
$$= (2^{SMOD} \times f_{osc})/[384 \times (256 - X)]$$

因此，计数初值 X 为

$$X = 256 - (2^{SMOD} \times f_{osc})/(384 \times 波特率)$$

例如，设两机通信的波特率为 2400 波特，若 $f_{osc} = 12MHz$，串行接口工作在方式 1，用定时器 T1 作波特率发生器，选定时器工作在方式 2（要禁止 T1 中断，以免产生不必要的中断带来频率误差）。

若 $SMOD = 1$，则计数初值 X 为

$$X = 256 - (2^{SMOD} \times f_{osc})/(384 \times 波特率)$$
$$= 256 - (2 \times 12 \times 10^6)/(384 \times 2400) \approx 230 = 0xe6$$

若 $SMOD = 0$，则计数初值 X 为

$$X = 256 - (2^{SMOD} \times f_{osc})/(384 \times 波特率)$$
$$= 256 - (1 \times 12 \times 10^6)/(384 \times 2400) \approx 243 = 0F3H$$

3. 工作方式 2 和 3

方式 2 和方式 3 都为以 11 位数据为一帧的串行异步通信接口，TXD 为数据发送引脚，RXD 为数据接收引脚。在每帧 11 位数据中，1 位起始位（0），8 位数据位（先低位），1 位可程控为 1 或 0 的附加第 9 位数据（发送时为 SCON 中的 TB8，接收时为 RB8）和 1 位停止位（1）。方式 2、方式 3 帧格式如图 6-43 所示。方式 2 与方式 3 的差别仅是波特率不同，其中，方式 2 的波特率固定为晶振频率的 1/64 或 1/32 两种，而方式 3 的波特率与方式 1 相同，是由定时器 T1 的溢出率决定。方式 2 和 3 可用于多机串行异步通信或带奇偶校验的双机串行异步通信。

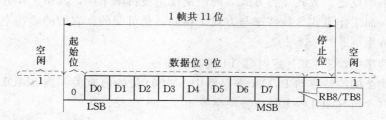

图 6-43 方式 2、方式 3 的帧格式

（1）方式 2 和 3 发送过程。在工作方式 2 和 3 下，字符还是 8 个数据位，只不过增加了一个第 9 个数据位（D8），而且其功能由用户确定，是一个可编程位。

串行口方式 2 和 3 发送时序如图 6-44 所示。发送前，先根据通信协议预先由软件设置 SCON 的 TB8（如奇偶校验位或多机通信的地址/数据标志位），把第 9 个数据位的内容准备

好。然后将要发送的数据（D0～D7）写入 SBUF，而 D8 位的内容由硬件电路从 TB8 中直接送到发送移位寄存器的第 9 位，并以此来启动串行发送，逐一发送。一个字符帧发送完毕，使 TI 位置"1"，其他过程与工作方式 1 相同。

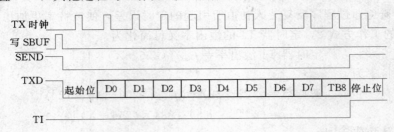

图 6-44　方式 2 和方式 3 发送时序

（2）方式 2 和 3 接收过程。串行口方式 2 和 3 接收时序如图 6-45 所示。其接收过程也与工作方式 1 基本类似，所不同的只在第 9 数据位上，串行口把接收到的前 8 个数据位送入 SBUF，而把第 9 数据位送入 RB8。

当 REN＝1 时，数据由 RXD 端输入，接收 11 位信息。当位检测逻辑采样到 RXD 的负跳变，判断起始位有效，便开始接收一帧信息。在接收完第 9 位数据后，需满足以下两个条件，才能将接收到的数据送入 SBUF（接收缓冲器）。

1）RI＝0，意味着接收缓冲器为空。

2）SM2＝0 或接收到的第 9 位数据位 RB8＝1。

当满足上述两个条件时，收到的数据送 SBUF（接收缓冲器），第 9 位数据送入 RB8，且 RI 置"1"。若不满足这两个条件，接收的信息将被丢弃。

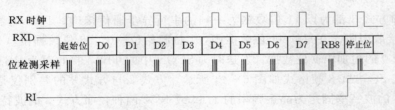

图 6-45　方式 2 和方式 3 接收时序

（3）波特率的设定。方式 2 与方式 3 的差别仅是波特率不同，其中工作方式 2 的波特率是固定的两种，而工作方式 3 波特率与方式 1 相同，是可变的。它们的波特率公式为

方式 2 波特率＝$2^{SMOD}/64 \times f_{osc}$

方式 3 波特率＝$2^{SMOD}/32 \times$ 定时器 T1 的溢出率

式中，工作方式 2 的波特率与 PCON 寄存器中 SMOD 位的值有关。当 SMOD＝0 时，波特率为 f_{osc} 的 1/64；当 SMOD＝1 时，波特率等于 f_{osc} 的 1/32。

4. 方式 2、3 的多机通信原理

多个单片机可利用串行口工作方式 2、方式 3 进行多机通信，经常采用如图 4-46 所示的主从式结构。系统中有 1 个主机（单片机或其他有串行接口的微机）和 1、2、…、N 多个单片机组成的从机系统。主机的 RXD 与所有从机的 TXD 端相连，TXD 与所有从机的 RXD 端相连。从机地址分别为 01H，02H，…，（N-1）H。

主从式是指多机系统中，只有一个主机，其余全是从机。主机发送的信息可以被所有从

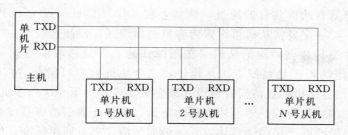

图 6-46 多机通信系统示意图

机接收，任何一个从机发送的信息，只能由主机接收。从机和从机之间不能进行直接通信，只能经主机才能实现。

（1）多机通信的工作原理。要保证主机与所选择的从机通信，须保证串口有识别功能。SCON 中的 SM2 位就是为满足这一条件设置的多机通信控制位。其工作原理是在串行口以方式 2 或方式 3 接收时，若 SM2＝1，则表示进行多机通信，可能出现以下两种情况：

1）从机接收到的主机发来的第 9 位数据 RB8＝1 时，前 8 位数据才装入 SBUF，并置中断标志 RI＝1，向 CPU 发出中断请求。在中断服务程序中，从机把接收到的 SBUF 中的数据存入数据缓冲区中。

2）如果从机接收到的第 9 位数据 RB8＝0 时，则不产生中断标志 RI＝1，不引起中断，从机不接收主机发来的数据。

若 SM2＝0，则接收的第 9 位数据不论是 0 还是 1，从机都将产生 RI＝1 中断标志，接收到的数据装入 SBUF 中。

利用这一特性，便可实现主机与多个从机之间的串行通信。

（2）单片机多机通信的工作过程。

1）各从机初始化程序允许从机的串行口中断，将串行口编程为方式 2 或方式 3 接收，即 9 位异步通信方式，且 SM2 和 REN 位置 "1"，使从机处于多机通信且只接收地址帧的状态。

2）在主机和某个从机通信之前，先将从机地址（即准备接收数据的从机）发送给各个从机，接着才传送数据（或命令），主机发出的地址帧信息的第 9 位为 1，数据（或命令）帧的第 9 位为 0。当主机向各从机发送地址帧时，各从机的串行口接收到的第 9 位信息 RB8 为 1，且由于各从机的 SM2＝1，则 RI 置 "1"，各从机响应中断，在中断服务子程序中，判断主机送来的地址是否和本机地址相符合，若为本机地址，则该从机 SM2 位清 "0"，准备接收主机的数据或命令；若地址不相符，则保持 SM2＝1。

3）接着主机发送数据（或命令）帧，数据帧的第 9 位为 0。此时各从机接收到的 RB8＝0。只有与前面地址相符合的从机（即 SM2 位已清 "0" 的从机）才能激活中断标志位 RI，从而进入中断服务程序，接收主机发来的数据（或命令）；与主机发来的地址不相符的从机，由于 SM2 保持为 1，又 RB8＝0，因此不能激活中断标志 RI，就不能接受主机发来的数据帧。从而保证主机与从机间通信的正确性。此时主机与建立联系的从机已经设置为单机通信模式，即在整个通信中，通信的双方都要保持发送数据的第 9 位（即 TB8 位）为 0，防止其他的从机误接收数据。

4）结束数据通信并为下一次的多机通信做好准备。在多机系统，每个从机都被赋予唯一的地址。例如，多个从机的地址可设为：01H、02H、…、(N－1)H。还要预留 1～2 个

"广播地址"，它是所有从机共有的地址，例如，将"广播地址"设为 00H。当主机与从机的数据通信结束后，一定要将从机再设置为多机通信模式，以便进行下一次的多机通信。这时要求与主机正在进行数据传输的从机必须随时注意，一旦接收的数据第 9 位（RB8）为"1"，说明主机传送的不再是数据，而是地址，这个地址就有可能是"广播地址"。当收到"广播地址"后，便将从机的通信模式再设置成多机模式，为下一次的多机通信做好准备。

（3）多机通信的通信协议。通信协议的约定为：要保证通信的可靠和有条不紊，主、从机相互通信时，必须要有严格的通信协议。一般通信协议都有通用标准，协议较完善，但很复杂。这里为了说明 MCS-51 单片机多机通信程序设计的基本原理，仅讲述几条最基本的条款。

1）设置主、从机工作于方式 2 或方式 3，收、发双方发送或接收的波特率必须相同，并且接收方允许接收。

2）规定主机用第 9 数据位 TB8 进行地址/数据帧辨别。若 TB8＝0，表示发送的是数据帧；若 TB8＝1，表示发送的是地址帧。

3）规定系统中从机容量数及地址编号。

4）规定对所有从机都起作用的控制命令，即复位命令，命令所有从机恢复到 SM2＝1 的状态。

5）设定主、从机数据通信的长度和校验方式。

6）设定主机发送的有效控制命令代码，其余即为非法代码。从机接收到命令代码后必须先进行命令代码的合法性检查，检查合法后才执行主机发出的命令。

7）设置从机工作状态字，说明从机目前状态。如从机是否准备好、从机接收数据是否正常等。

5. 波特率的制定方法

4 种工作方式的波特率总结如下：

（1）方式 0 时，波特率固定，不受 SMOD 位值的影响。

$$方式 0 的波特率＝f_{osc}/12$$

若 $f_{osc}＝12MHz$，波特率为 1Mbit/s。

（2）方式 2 时，波特率仅与 SMOD 位的值有关。

$$方式 2 波特率＝2^{SMOD}/64×f_{osc}$$

若 $f_{osc}＝12MHz$：SMOD＝0，波特率＝187.5kbit/s；SMOD＝1，波特率为 375kbit/s。

（3）方式 1 或方式 3 定时，常用 T1 作为波特率发生器，其关系式为：

$$波特率＝2^{SMOD}/32×定时器 T1 的溢出率$$

因此，波特率由 T1 溢出率和 SMOD 的值共同决定。

在实际设定波特率时，T1 常设置为方式 2 定时（自动装初值），即 TL1 作为 8 位计数器，TH1 存放备用初值。这种方式操作方便，也避免因软件重装初值带来的定时误差。

设定时器 T1 方式 2 的初值为 X，则有：

$$定时器 T1 溢出率＝f_{osc}/\{12×[256－X]\}$$

由此可得，

$$波特率＝2^{SMOD}/32×f_{osc}/\{12×[256－X]\}$$

因此，波特率随 f_{osc}、SMOD 和初值 X 而变化。

实际使用时，经常根据已知波特率和时钟频率 f_{osc} 来计算 T1 的初值 X。为避免繁杂的初值计算，常用的波特率和初值 X 间的关系常列成表 6-5 的形式，以供查用。

表 6-5   **常用定时器 T1 产生的常用波特率**

波特率	f_{osc}	SMOD 位	方式	初值 X
62.5kbit/s	12MHz	1	2	FFH
19.2kbit/s	11.0592MHz	1	2	FDH
9.6kbit/s	11.0592MHz	0	2	FDH
4.8kbit/s	11.0592MHz	0	2	FAH
2.4kbit/s	11.0592MHz	0	2	F4H
1.2kbit/s	11.0592MHz	0	2	E8H

对表 6-5 有两点需要注意：

1) 在使用的时钟振荡频率 f_{osc} 为 12MHz 或 6MHz 时，将初值 X 和 f_{osc} 带入公式计算出的波特率有一定误差。消除误差可采用时钟频率 11.0592MHz。

2) 如果选用很低的波特率，如波特率选为 55，可将定时器 T1 设置为方式 1 定时。但在这种情况下，T1 溢出时，需在中断服务程序中重新装入初值。中断响应时间和执行指令时间会使波特率产生一定的误差，可用改变初值的方法加以调整。

【**例 6-6**】 若时钟频率为 11.0592MHz，选用 T1 的方式 2 定时作为波特率发生器，波特率为 2400bit/s，求初值。

设 T1 为方式 2 定时，选 SMOD=0。

将已知条件代入下式中

$$波特率 = 2^{SMOD}/32 \times f_{osc}/\{12 \times [256 - X]\} = 2400$$

解得 $X = 244 = F4H$。

只要把 F4H 装入 TH1 和 TL1，则 T1 产生的波特率为 2400bit/s。该结果也可直接从表 6-5 中查到。这里时钟振荡频率选为 11.0592MHz，就可使初值为整数，从而产生精确的波特率。

6.3.2.3 MCS-51 单片机内部串行口的应用

1. 串行口的初始化

串行口工作之前，应对其进行初始化，主要是设置产生波特率的定时器 1、串行口控制和中断控制。一般步骤如下：

（1）设定串行口的工作方式，设定 SCON 寄存器。

（2）设置波特率。对于方式 0，不需要设置波特率；对于方式 2，设置波特率仅需对 PCON 中的 SMOD 位编程；对于方式 1 和方式 3，设置波特率不仅需对 PCON 中的 SMOD 位编程，还需开启定时器 1 信号发生器，对 T1 编程。

（3）串行工作方式 1、3 需对 T1 编程。确定 T1 的工作方式（编程 TMOD 寄存器）；计算 T1 的初值，装载 TH1、TL1；启动 T1（编程 TCON 中的 TR1 位）。

（4）选择查询方式或中断方式，在中断工作方式时，需要进行中断设置（编程 IE、IP 寄存器）。

2. 串行通信设计需要考虑的问题

单片机的串行通信接口设计时，需考虑如下问题：

（1）首先确定通信双方的数据传输速率。

（2）由数据传输速率确定采用的串行通信接口标准。

（3）在通信接口标准允许的范围内确定通信的波特率。为减小波特率的误差，通常选用 11.0592MHz 的晶振频率。

（4）根据任务需要，确定收发双方使用的通信协议。

（5）通信线的选择，这是要考虑的一个很重要的因素。通信线一般选用双绞线较好，并根据传输的距离选择纤芯的直径。如果空间的干扰较多，还要选择带有屏蔽层的双绞线。

（6）通信协议确定后，进行通信软件编程。利用串行口可实现单片机间的点对点串行通信、多机通信以及单片机与 PC 机间的单机或多机通信。

3. 串行口的应用

利用串行口可实现单片机并行接口扩展、单片机间的点对点串行通信、多机通信以及单片机与 PC 机间的单机或多机通信。

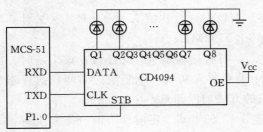

图 6-47　例 6-7 的电路图

【例 6-7】　如图 6-47 所示，用 MCS-51 单片机的串行口外接串入并出的芯片 CD4094 扩展并行输出口控制一组发光二极管，使发光二极管从左到右依次点亮，并反复循环。

由硬件连接可知，要使某一个发光二极管点亮，必须使驱动该发光二极管的 CD4094 并行输出端输出高电平。因此，要点亮 Q1 对应的发光二极管，串行口应送出 80H，要实现将发光二极管由左到右依次循环点亮，只需使串行口依次循环送出 80H→40H→20H→10H→08H→04H→02H→01H 即可。串行口数据传送时，为避免 CD4094 并行输出端 Q1～Q8 的不断变化而使发光二极管闪烁，在传送时，使 P1.0=0（即 STB=0），每次串行口数据传送完毕，即 SCON 的 TI 位为 1 时，使 P1.0=1（即 STB=1），Q1～Q8 输出控制相应发光二极管点亮。

使用时，8051 串行口工作于方式 0，8051 的 TXD 接 CD4094 的 CLK，RXD 接 DATA，STB 用 P1.0 控制，8 位并行输出端接 8 个发光二极管。

设串行口采用查询方式，显示的延时依靠调用延时子程序来实现。

汇编参考程序为：

```
        MOV   SCON,#00H    ;设置串行口工作于方式0
        MOV   A,#80H       ;点亮最左边的发光二极管的数据
LOOP:   CLR   P1.0         ;串行传送时,切断与并行输出口的连接
        MOV   SBUF,A       ;串行传送
        JNB   TI,$         ;等待串行传送完毕
        CLR   TI           ;清发送标志位
        SETB  P1.0         ;串行传送完毕,选通并行输出
        ACALL DELAY        ;状态维持
        RR    A            ;选择点亮下一发光二极管的数据
        LJMP  LOOP         ;继续串行传送
DELAY:  MOV   R7,#05H
```

```
LOOP1: MOV   R6,#0FFH
       DJNZ  R6,$
       DJNZ  R7,LOOP1
       RET
```

C 语言参考程序为:

```
# include <reg51.h>
sbit  P1_0=P1^0;
void main ()
{
  unsigned char i; j;
  SCON=0x00;
  j=0x80;
  for (; ;)
   {
    P1_0=0;
    SBUF=j;
    while (! TI);
    P1_0=1; TI=0;
    for (i=0;i<=245;i++);
    j=j/2;
    if (j= =0x00) j=0x80;
   }
}
```

在上述程序中,有几点要特别注意:① SCON 的 SM2 位一定要为 0;②使用中断方法编写上面功能的程序,也不能忘记软件清 TI 位;③ DELAY 是一个延时子程序,若没有延时,程序执行后,由于人眼的视觉惯性,8 只发光二极管看起来像同时被点亮一样。

【例 6-8】 如图 6-48 所示,用 8051 单片机的串行口外接并入串出的芯片 CD4014 扩展并行输入口,输入一组开关的信息。

使用时,8051 串行口工作于方式 0,8051 的 TXD 接 CD4094 的 CLK,RXD 接 Q_B,P/$\overline{S}$用 P1.0 控制,另外,用 P1.1 控制 8 并行数据的置入。

串行口方式 0 数据的接收,用 SCON 寄存器中的 REN 位来控制,采用查询 RI 的方式来判断数据是否输入。

汇编参考程序为:

```
       ORG   0000H
       LJMP  MAIN
       ORG   0100H
MAIN:  SETB P1.1
START: JB   P1.1,START
       SETB  P1.0
       CLR   P1.0
       MOV   SCON,#10H
```

```
LOOP： JNB  RI,LOOP
       CLR  RI
       MOV  A,SBUF
       ……
```

C 语言参考程序为：

```
#include <reg51.h>
sbit P1_0=P1^0;
sbit P1_1=P1^1;
void main( )
{
unsigned char i;
P1_1=1;
while (P1_1= =1) {;}
P1_0=1;
P1_0=0;
SCON=0x10;
while (! RI) {;}
RI=0;
i=SBUF;
……
}
```

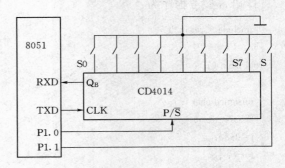

图 6-48　例 6-8 的电路图

【**例 6-9**】　串行通信实现将甲机的片内 RAM 中 30H～3FH 单元的内容传送到乙机的片内 RAM 中 40H～4FH 单元中。

如果两个单片机相距在 1.5m 之内，它们的串行口可直接采用 TTL 电平相连；若在 1.5～15m 之间时它们的串行口可通过 RS-232C 标准接口相连接口，如图 6-49 所示。甲机 RXD 与乙机 TXD 端相连，乙机 RXD 与甲机 TXD 端相连，地线与地线相连。

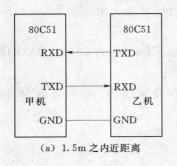

（a）1.5m 之内近距离

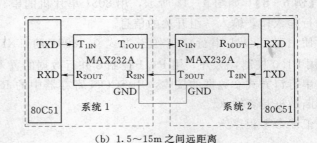

（b）1.5～15m 之间远距离

图 6-49　双机 TTL 电平和 RS-232C 电平的通信接口

甲乙两机都选择方式 1，即 8 位异步通信方式，最高位用作奇偶校验，波特率为 1200bps，甲机发送，乙机接收，因此甲机、乙机的串口控制字分别为 40H、50H。

由于选择串口方式 1，波特率由 T1 的流出率和 SMOD 位决定，需对 T1 进行初始化。设 SMOD=0，甲机、乙机的 f_{osc}=12MHz，T1 选择为方式 2，则 T1 的初值为：

$$初值 \ x = 256 - f_{osc} \times 2^{SMOD}/(12 \times 波特率 \times 32) \approx 230 = E6H$$

根据要求，T1 的方式控制字为 20H。下面采用查询方式编写程序。

甲机的汇编语言发送程序：

```
TSTART: MOV TMOD, #20H
        MOV TL1, #0E6H
        MOV TH1, #0E6H
        MOV PCON, #00H
        MOV SCON, #40H
        MOV R0, #30H
        MOV R7, #10H
        SETB TR1
LOOP:   MOV A, @R0
        MOV C, P
        MOV ACC.7, C
        MOV SBUF, A
WAIT:   JNB TI, WAIT
        CLR TI
        INC R0
        DJNZ R7, LOOP
        RET
```

乙机的汇编语言接收程序：

```
RSTART: MOV TMOD, #20H
        MOV TL1, #0E6H
        MOV TH1, #0E6H
        MOV PCON, #00H
        MOV R0, #40H
        MOV R7, #10H
        SETB TR1
LOOP:   MOV SCON, #50H
WAIT:   JNB RI, WAIT
        MOV A, SBUF
        MOV C, P
        JC ERROR
        ANL A, #7FH
        MOV @R0, A
        CLR RI
        INC R0
        DJNZ R7, LOOP
        RET
```

甲机的 C 语言发送程序：

```
#include<reg51.h>
main( )
```

```
{
  unsingned char i;
  char * p;
  TMOD=0x20;
  TH1=0xe6;TL1=0xe6;
  TR1=1;
  PCON=0x00; SCON=0x40;
  p=0x30;
  for (i=0;i<=15;i++)
    {
      SBUF=* p
      p++
      while (! TI);
      TI=0;
    }
}
```

乙机的 C 语言接收程序：

```
#include <reg51.h>
main( )
{
  unsingned char i;
  char * p;
  TMOD=0x20;
  TH1=0xe6;TL1=0xe6;
  TR1=1;
  PCON=0x00; SCON=0x50;
  p=0x40;
  for (i=0;i<=15;i++)
    {
      while (! RI);
      RI=0;
* p=SBUF;
      p++
    }
}
```

【例 6-10】　现用简单实例说明单片机多机串行通信中从机的基本工作过程。而实际应用中还需要考虑通信的规范协议。有些协议很复杂，在此不加以考虑。假设系统晶振频率为 11.0592MHz。设多机单工通信如图 6-50 所示。试编程实现如下功能：

（1）主机先向从机发送一帧地址信息，然后再向从机发送 10 个数据信息。

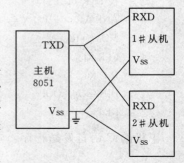

图 6-50　多机单工通信的连接图

（2）从机接收主机发来的地址帧信息，并与本机的地址号相比较，若不符合，仍保持 SM2＝1 不变；若相等，则使 SM2 清零，准备接收后续的数据信息，直至接收完 10 个数据信息。图 6－51 为多机单工通信的流程图。具体的汇编及 C 语言程序请读者自己完成。

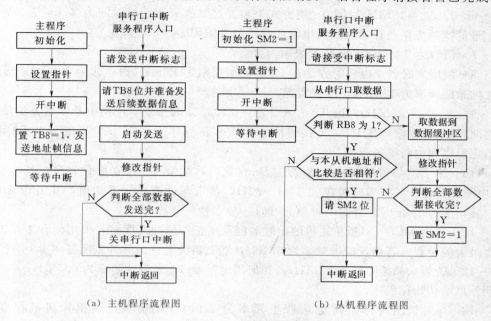

（a）主机程序流程图　　　　　　　　　（b）从机程序流程图

图 6－51　多机单工通信的流程图

本 章 小 结

本章讲述了 MCS－51 单片机典型产品的内部集成了一些常用的基本功能模块，主要介绍了 T0、T1 两个 16 位定时/计数器和 1 个 TTL 电平的全双工的串行口，内部的中断系统、P0～P3 并行口等其他功能模块前面章节已介绍。通过本章的学习，读者应弄清这些内部功能模块的硬件结构，并学会内部功能模块的软件编程技术。

习 题 与 思 考 题

6-1　请分别编写实现下列功能的子程序：

（1）$(P1.0) \wedge (P1.1) \rightarrow (20H).0$

（2）$(P1.2) \wedge (P1.3) \rightarrow (20H).7$

（3）$\overline{(P1.0)} \rightarrow P1.4$

（4）$\overline{(P1.1)} \rightarrow P1.5$

（5）$\overline{(P1.2)} \rightarrow P1.6$

（6）$\overline{(P1.3)} \rightarrow P1.7$

6-2　MCS－51 型单片机内部设有几个定时器/计数器？它们是由哪些特殊功能寄存器组成的？

6-3　根据计数器结构不同，T0、T1 分别有哪几种工作方式？

6-4　MCS-51 定时器方式和计数器方式的区别是什么?

6-5　定时器/计数器用作定时器时,其定时时间与哪些因素有关? 作计数器时,对外界计数频率有何限制?

6-6　若 f_{osc}=12MHz,则 T0 的方式 1 和方式 2 的最大定时时间为多少? 若要求定时 1min,最简捷的方法是什么? 试画出硬件连线图并编程。

6-7　请叙述 TMOD=A6H 所表示的含义。

6-8　使用定时器 0 以定时方法在 P1.0 输出周期为 $400\mu s$、占空比为 20% 的矩形脉冲,设单片机晶振频率为 12MHz,编程实现。

6-9　若 f_{osc}=12MHz,用 T0 方式 2 产生 $250\mu s$ 定时中断,使用中断控制方法使 P3.4 输出周期为 1s 的方波（使 P3.4 上接的指示灯以 0.5s 速率闪亮）。试分别编写出 T0 和中断的初始化程序和中断服务程序。

6-10　若 f_{osc}=12MHz,用 T0 产生 50ms 定时,试编写一个初始化程序,其功能为对 T0 和中断初始化,并清零时钟单元 30H～32H,秒定时计数单元置初值,并编写 T0 中断程序,其功能为 1s 定时,并对时钟单元（时、分、秒）计数。

6-11　利用 MCS-51 型单片机的定时器测量某正单脉冲宽度时,采用何种工作方式可以获得最大的量程? 若系统时钟频率为 6MHz,那么最大允许的脉冲宽度是多少?

6-12　若要求晶振主频为 12MHz,如何用定时器 T0 来测试频率为 0.5MHz 左右的方波周期? 试编初始化程序。

6-13　单片机用内部定时方法产生频率为 200kHz 的方波,设单片机晶振频率为 12MHz,请编程实现。

6-14　在晶振主频为 12MHz 时,要求 P1.0 输出周期为 1ms 对称方波;要求 P1.1 输出周期为 2ms 不对称方波,占空比为 1:3（高电平短,低电平长）,试用定时器方式 0,方式 1 编程。

6-15　片外 RAM 以 30H 开始的数据区中有 100 个数,要求每隔 100ms 向片内 RAM 以 10H 开始的数据区传送 20 个数据,通过 5 次传送把数据全部传送完。以定时器 1 作为定时,编写有关的程序。设 f_{osc}=6MHz。

6-16　每隔 1s 读一次 P1.0,如果所读的状态为"1",内部 RAM 10H 单元加 1,如果所读的状态为"0",则内部 RAM 11H 单元加 1,假定单片机晶振频率为 12MHz,请以软硬件结合方法定时实现之。

6-17　何谓单工行口,半双工串行口,全双工串行口?

6-18　串行口异步通信为什么必须按规定的字符格式发送与接收?

6-19　MCS-51 单片机串行口由哪些面向用户的特殊功能寄存器组成? 它们各有什么作用?

6-20　MCS-51 单片机串行口有几种工作方式? 各自的功能是什么? 如何应用?

6-21　试述串行口方式 0 和方式 1 发送与接收的工作过程。

6-22　MCS-51 单片机串行口控制寄存器 SCON 中的 SM2,TB8 和 RB8 有什么作用? 其适用场合是怎样的?

6-23　请编程实现串行口在方式 2 下的发送程序。设发送数据缓冲区在外部 RAM,起始地址是 1500H,发送数据长度为 60H,采用奇校验,放在发送数据第 9 位上。

6-24　利用单片机的串行口扩展并行 I/O 接口,控制 16 个发光二极管依次发光,请画出电路图,编写相应的程序。

第 7 章 MCS - 51 单片机的
外部扩展技术 (一)

单片机中虽然已经集成了 CPU、I/O 口、定时器、中断系统、存储器等计算机的基本部件（即系统资源），但是对一些较复杂应用系统来说有时感到以上资源中的一种或几种不够用，这就需要在单片机芯片外加相应的芯片、电路，使得有关功能得以扩充，我们称为系统扩展。

MCS - 51 单片机系统扩展主要包括外部并行系统总线、外部存储器、外部 I/O 接口、外部中断系统、管理功能部件（如定时/计数器、键盘/显示器/打印机等）、模拟通道（A/D 和 D/A）等的扩展技术。系统扩展方法有并行扩展法和串行扩展法两种，并行扩展法是利用单片机三总线（AB、DB、CB）的系统扩展，其特点是速度快，但相对成本高。串行扩展法是利用 I²C、SPI 等串行标准总线（或 MCS - 51 单片机的串行口或虚拟串行口）的系统扩展，其特点是器件小、口线少、成本低、可靠性高，但速度较慢。本章将介绍并行的外部总线、外部程序存储器、外部数据存储器和外部 I/O 接口的扩展技术。本章的重点是并行扩展方法中常用的存储器芯片、I/O 接口芯片与 MCS - 51 单片机的接口设计和编程，特别是高位地址线的几种译码连接方式以及芯片的地址计算，本章的难点是外部扩展芯片如何与 MCS - 51 单片机正确连接、地址译码方式选择及地址计算、可编程 I/O 接口 8255/8155 的初始化及其编程等。

7.1 并行扩展方法的概述

1. MCS - 51 单片机的最小应用系统

MCS - 51 单片机的特点就是体积小，功能全，系统结构紧凑，硬件设计灵活。对于简单的应用，最小应用系统（简称最小系统）即能满足要求。所谓最小系统是指在最少的外部电路条件下，形成一个可独立工作的单片机应用系统。无 ROM 的单片机芯片（如 8031）至少必须扩展 ROM，复位、晶振电路才能构成最小系统，外接 ROM 后，P0 口、P2 口被占用，剩下 P1、P3 口作 I/O 口用，其功能不变；而带 ROM 单片机芯片（如 8051、8751 等）可能不必扩展 ROM 和 RAM，只要有复位、晶振电路等就能构成最小系统。图 7 - 1 为 MCS - 51 单片机最小系统示意图。

2. MCS - 51 单片机并行扩展的三总线结构

图 7 - 2 为 MCS - 51 单片机的三总线结构形式。并行扩展三总线分别为地址总线 AB、数据总线 DB 和控制总线 CB。其中：

（1）地址总线 AB 由 P0 口提供低 8 位 A7～A0、P2 口提供高 8 位 A15～A8，共 16 位，可寻址范围达 $2^{16}=64K$。由于 P0 口是数据、地址分时复用，所以 P0 口输出的低 8 位地址必须采用地址锁存器进行锁存，地址锁存器一般选用带三态缓冲器输出的 8D 锁存器 74LS373。

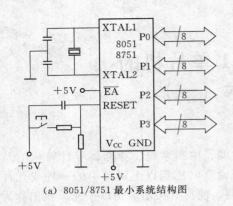

（a）8051/8751 最小系统结构图

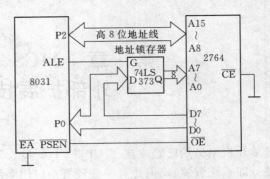

（b）8031 最小系统结构图

图 7-1　MCS-51 单片机最小系统

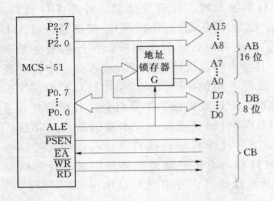

图 7-2　MCS - 51 单片机的三总线结构形式

（2）数据总线 DB，P0 口提供 8 位的 D7～D0，共 8 位。

（3）控制总线 CB 包括 $\overline{PSEN}$、$\overline{WR}$、$\overline{RD}$、ALE、$\overline{EA}$ 等信号组成，它们用于读/写控制、地址锁存控制和片内、片外 ROM 选择。

3. 三总线结构中的地址锁存器

在单片机扩展三总线结构中需要采用地址锁存器，常用的地址锁存器有 74LS273、Intel 8282 和 74LS373，它们的引脚如图 7 - 3 所示。

（1）74LS273 是具有异步清零的 TTL 上升沿锁存器。每一位都是一个 D 触发器，8 个 D 触发器的控制端连接在一起。由于此芯片内部无三态锁存器，因此其输出只有高、低两种状态。

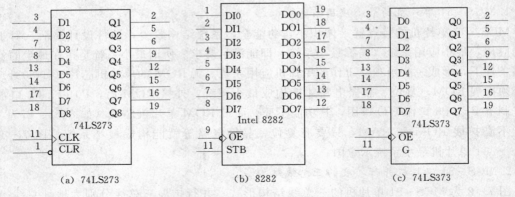

（a）74LS273　　　　（b）8282　　　　（c）74LS373

图 7-3　常用 3 种地址锁存器的引脚结构

（2）Intel 8282 是带有三态输出的 TTL 电平锁存器。它的内部除了具有类似 74LS273 的 8 个 D 触发器外，还集成了 8 位的三态门，$\overline{OE}$ 为三态门的输出允许引脚，当 $\overline{OE}=0$ 时三态门打开，允许输出，否则三态门禁止输出，因此其每一位都是一个三态锁存器。8 个三态锁存器的控制端 STB 连在一起，当电平锁存引脚 STB＝1 时，锁存器的数据输出端 Q 的状态与数据输入端 D 相同；而当 STB＝0 时，输入端的数据就被锁存在锁存器中，数据输入端 D 的变化不再影响 Q 端输出。

（3）74LS373 也是带有三态输出的 TTL 电平锁存器。74LS373 与 Intel 8282 功能完全一样，它们仅是引脚分布位置不同而已。G 为电平锁存引脚，$\overline{OE}$ 为输出允许引脚。当 G 为高电平时，锁存器的数据输出端 Q 的状态与数据输入端 D 相同。当 G 端从高电平返回到低电平时（下降沿后），输入端的数据就被锁存在锁存器中，数据输入端 D 的变化不再影响 Q 端输出。图 7-4 为地址锁存器 74LS373 的内部结构及与 MCS-51 单片机的连接引脚示意图。

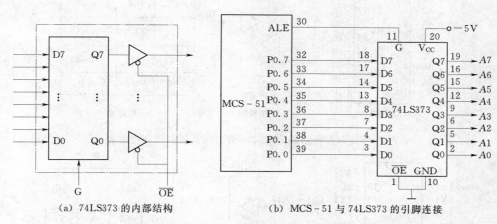

（a）74LS373 的内部结构　　　　（b）MCS-51 与 74LS373 的引脚连接

图 7-4　地址锁存器 74LS373 的内部结构及与 MCS-51 单片机的连接引脚示意图

4. 并行扩展三总线的驱动

在单片机应用系统中，扩展的三总线上挂接很多负载，如存储器、并行接口、A/D 接口、显示接口等，但总线接口的负载能力有限，因此常常需要通过连接总线驱动器进行总线驱动。总线驱动器对于单片机的 I/O 口只相当于增加了一个 TTL 或 CMOS 负载，因此驱动器除了对后级电路驱动外，还能对负载的波动变化起隔离作用。

当 P0 口总线负载达到或超出 P0 口最大负载能力 8 个 TTL 门时，必须接入总线驱动器。因 P0 口传送数据是双向的，因此要扩展的数据总线驱动器也必须具有双向三态功能。除双向数据总线外，单片机有可能扩展的还有 $\overline{WR}$、$\overline{RD}$、$\overline{PSEN}$、ALE 等控制总线和 P2 口高 8 位地址总线，它们属于单向总线。当这些引脚的总线负载达到或超出它们的最大负载能力 3～4 个 TTL 门时，也必须接入总线驱动器。

在对 TTL 负载驱动时，只需考虑驱动电流的大小；在对 MOS 负载驱动时，MOS 负载的输入电流很小，更多地要考虑电平的兼容和分布电容的电流。一般 TTL 电平和 CMOS 电平是不兼容的，CMOS 电路能驱动 TTL 电路，而 TTL 电路一般不能驱动 CMOS 电路，在 TTL 电路和 CMOS 电路混用的系统中，应特别注意。

（1）常用的总线驱动器。系统中的数据总线是双向的，其驱动器也要选用双向的，如 74LS245。74LS245 74245 是 8 同相三态双向总线收发器，可双向传输，有一个方向控制端 DIR。当 $\overline{CE}$ 为 1 时，Y 为高阻；当 $\overline{CE}＝0$，DIR＝1 时，A→B；当 $\overline{CE}＝0$，DIR＝0 时，B→A。图 7-5 为 74LS245 引脚图、逻辑图和功能表。

系统总线中地址总线和控制总线是单向的，因此驱动器可以选用单向的，如 74LS244。

74244 是 8 同相三态缓冲/驱动器，片内有两组三态缓冲器，每组 4 个，分别由一个门控端控制。即第 1 组的输入 1A1～1A4，输出 1Y1～1Y4；门控端 1$\overline{\text{G}}$；第 2 组的输入 2A1～2A4，输出 2Y1～2Y4，门控端 2$\overline{\text{G}}$。门控端 1$\overline{\text{G}}$、2$\overline{\text{G}}$为低电平（有效）时，输入端信号 A 从输出端 Y 输出，即 Y＝A，而门控端 1$\overline{\text{G}}$、2$\overline{\text{G}}$高电平（无效）时，输出端 Y 呈高阻态。图 7-6 为 74LS244 引脚图、逻辑图和功能表。

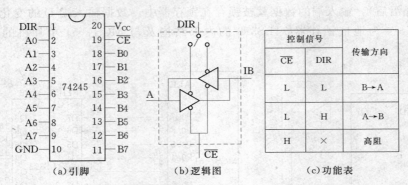

图 7-5　双向驱动器 74LS245 的引脚、逻辑图和功能表

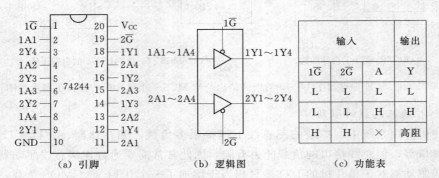

图 7-6　单向驱动器 74LS244 的引脚图、逻辑图和功能表

（2）典型的三总线驱动电路。图 7-7 为 74LS245 与 MCS-51 单片机连接的典型应用电路。控制 DIR 可用$\overline{\text{PSEN}}$或$\overline{\text{RD}}$或$\overline{\text{WR}}$，片选端$\overline{\text{CE}}$直接接地，始终有效。图 7-7（a）用$\overline{\text{PSEN}}$或$\overline{\text{RD}}$控制 DIR，A0～A7 接 P0 口，B0～B7 接外 RAM 或外设。当$\overline{\text{PSEN}}$或$\overline{\text{RD}}$有效时，DIR＝0，数据从 B 到 A；$\overline{\text{PSEN}}$和$\overline{\text{RD}}$无效时，DIR＝1，数据从 A 到 B；图 7-7（b）用$\overline{\text{WR}}$控制 DIR，B0～B7 接 P0 口，A0～A7 接外 RAM 或外设。当$\overline{\text{WR}}$有效时，DIR＝0，数据从 B 到 A；$\overline{\text{WR}}$无效时，DIR＝1，数据从 A 到 B。

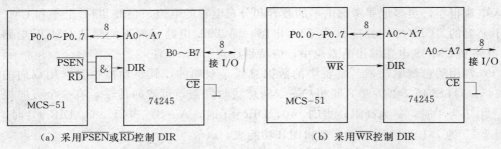

图 7-7　采用 74LS245 实现 P0 口双向总线的驱动电路

除扩展双向数据总线 P0 口外，若需扩展 P2 口（高 8 位地址总线，单向）或 $\overline{WR}$、$\overline{RD}$、$\overline{PSEN}$、ALE 等单向控制总线，就不必用 74LS245，可用 74LS244。图 7-8 为 74LS244 与 MCS-51 单片机连接的典型应用电路。因这些地址信号或控制信号是单向传输，且不允许锁存，$1\overline{G}$、$2\overline{G}$ 接地始终有效。

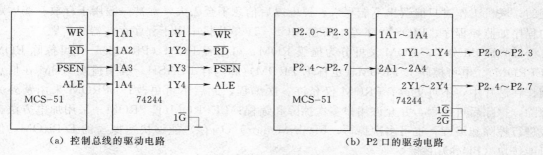

(a) 控制总线的驱动电路　　　　　　　　(b) P2 口的驱动电路

图 7-8　采用 74LS244 的单向总线驱动电路

7.2　MCS-51 单片机的外部存储器扩展

7.2.1　存储器扩展概述

1. MCS-51 单片机的扩展能力

根据 MCS-51 单片机的地址总线 AB 的宽度（16 位），片外可扩展的存储器最大容量为 $2^{16}=64KB$，地址范围为 0000H~FFFFH。

因为 MCS-51 单片机对片内、外程序存储器 ROM 和片外数据存储器 RAM 的操作使用不同的指令和控制信号，所以允许两者的地址空间重叠，故片内、外可扩展的程序存储器与片外数据存储器分别为 64KB。为了配置外部设备而需要扩展的 I/O 口与片外数据存储器 RAM 统一编址，即占据相同的地址空间。因此，片外数据存储器 RAM 连同 I/O 口一起总的扩展容量是 64KB。

如果系统需要用到的存储器超过了单片机本身具有的容量，就要进行片外程序存储器或者数据存储器的扩展。

2. 存储器的种类

计算机系统中的存储器根据存储元件的材料来分，可分为半导体存储器、磁存储器及光存储器。按工作时与 CPU 联系的密切程度分，存储器可分为主存和辅存，或称为内存和外存。主存存放当前运行的程序和数据，它和 CPU 直接交换信息，且按存储单元进行读写数据，其特点主要是存取速度快，容量相对要小；辅存则作为主存的后援，存放暂时不执行的程序和数据，它只是在需要时调入内存后 CPU 才能访问，因此辅存通常容量大，但存取速度慢。由于半导体存储器是以集成电路的形式出现，当今微型计算机系统中的主存几乎全部是使用的半导体存储器，而磁和光等存储器主要用作大容量辅存，如磁盘、磁带、光盘等。

（1）半导体存储器分类。大规模集成电路技术的发展使得半导体存储器的价格大大降低，现代单片机的主存储器已普遍采用半导体存储器。半导体存储器按存取方式可分为两大类：随机存取存储器 RAM(Random Access Memory) 和只读存储器 ROM(Read Only Memory)。

RAM 中任何存储单元都能随机读写，即存取操作与时间、存储单元的物理位置顺序无关，其存储的内容可随时写入和修改，但掉电后 RAM 中的内容会全部丢失，一般计算机系统中的 RAM 主要用来存放当前运行的程序、各种输入/输出数据、中间结果及堆栈等，而在 MCS－51 单片机中用于数据存储器的扩展。而 ROM 在计算机中的存储的内容是固定不变的，联机工作时只能读出不能写入，掉电以后信息不会丢失，常被一般用于存放一些固定的程序如监控程序、BIOS 程序等，而在 MCS－51 单片机中用于程序存储器的扩展。

（2）ROM 分类。ROM 又可分为掩膜 ROM、可编程 ROM（PROM）、光可擦除 ROM（EPROM）、电可擦除 E²PROM（也称 E²PROM）和闪存 FLASH。其中掩膜 ROM 在信息制作在芯片中，不可更改；PROM 仅允许一次编程，此后不可更改；EPROM 采用紫外光擦除，擦除后可编程，并允许用户多次擦除和编程；EEPROM(E²PROM) 采用加电方法在线进行擦除和编程，也可多次擦写；Flash Memory（闪存）能够快速擦写的 E²PROM，但只能按块（Block）擦除。

由于用户编写的单片机程序都需要反复多次进行修改与调试，因此，单片机外部扩展的程序存储器只用 EPROM、E²PROM 和 FLASH 等可多次擦除的 ROM。

（3）RAM 分类。RAM 按采用器件可分为双极性存储器和 MOS 型存储器，而 MOS 型存储器按存储原理又可分为静态读写存储器（SRAM）和动态读写存储器（DRAM）两种。其中 SRAM 的基本存储电路（存储元）通常是由 6 个 MOS 管组成的双稳态触发器电路，在没有信号触发的情况下，只要电路不掉电，双稳态触发器电路的状态就不会变化，也就是说存储的内容不丢失。SRAM 读写速度高，使用方便，但成本高，功耗大；而 DRAM 是靠 MOS 电路中的栅极电容来存储信息的。由于电容上的电荷会逐渐泄漏，在没有信号触发的情况下，一段时间后电路的状态就会变化，也就是说存储的内容要丢失，所以需要定时充电以维持存储内容不丢失（称为动态刷新），因此 DRAM 需要设置刷新电路，相应外围电路就较为复杂（也有刷新电路做在芯片内的），DRAM 的刷新定时间隔一般为几 ms。DRAM 特点为集成度高（存储容量大，可达 1Gbit/片以上）、功耗低、价格低，但速度慢（10ns 左右），需要刷新电路，附加另外的成本。DRAM 应用非常广泛，如微机中的内存条、显卡上的显存几乎都是用 DRAM 制造的。

由于 MCS－51 单片机内部没有集成刷新电路，采用 DRAM 需要外部连接相应的刷新电路，连接成本较高，因此，单片机外部扩展的数据存储器一般只用 SRAM。

3. 存储器的字、位扩展

由于任何存储芯片的存储容量都是有限的，故要构成一定容量的内存，单个存储芯片往往不能满足字长或者存储单元个数的要求，甚至字长、存储单元数都不能满足要求。这时就需要多个存储芯片进行组合，以满足对存储容量的要求。这种组合称为存储器的扩展，扩展时要解决的问题包括位扩展、字扩展和字位扩展。

（1）位扩展。位扩展是指增加存储的字长。一块实际的存储芯片，其每个单元的位数往往与实际内存单元字长并不相等。存储芯片可以是 1、4 位或 8 位，如 DRAM 芯片 Intel 2164 为 64K×1bit，SRAM 芯片 Intel 2114 为 1K×4bit，Intel 6264 为 8K×8bit，而计算机内存一般是按字节（如 MCS－单片机字长为 8 位）来进行组织的，若要使用 2164、2114 这样的存储芯片来构成内存，单个存储芯片字长（位数）就不能满足要求，这时就需要进行位扩展，以满足内存单元字长的要求。

一般位扩展构成的存储器系统中一个内存单元中的内容被分别存储在不同的芯片上。例如用 2 片 4K×4bit 的存储芯片经位扩展构成 4KB 的存储器中，每个单元中的 8 位二进制数被分别存在两个芯片上，即一个芯片存该单元内容的高 4 位，另一个芯片存该单元内容的低 4 位。

可以看出，位扩展保持总的地址单元数（存储单元个数）不变，但每个单元中的位数增加。

位扩展电路的连接方法是：将每个存储芯片的地址线和控制线（包括选片信号线、读写信号线等）全部并联在一起，而将它们的数据线分别引出至数据总线的不同位上。

（2）字扩展。字扩展是对存储器容量的扩展（或存储空间的扩展）。此时存储器芯片上每个存储单元的字长已满足要求（如字长已为 8 位），而只是存储单元的个数不够，需要的是增加存储单元的数量，这就是字扩展，即用多片字长为 8 位的存储芯片构成所需的存储空间。

例如，用 1K×8bit 的存储器芯片组成 2KB 的内存储器。在这里，字长已满足要求，只是容量不够，所以需要进行字扩展，显然需两片 1K×8bit 的存储器芯片来实现。

字扩展电路的连接方法是将每个芯片的地址信号、数据信号和读写信号等控制信号按信号名称全部并联在一起，只将片选端分别引出到地址译码器的不同输出端，即用片选信号来区别各个芯片的地址。

（3）字位扩展。在构成一个实际的存储器时，往往需同时进行位扩展和字扩展才能满足存储容量的要求。微机中内存的构成就是字位扩展的一个很好的例子。首先，存储器芯片生产厂制造出一个个单独的存储芯片，如 64M×1 位、128M×1 位等；然后，内存条生产厂将若干个芯片用位扩展的方法组装成内存模块（即内存条），如用 8 片 128M×1 位的芯片组成 128MB 的内存条；最后，用户根据实际需要购买若干个内存条插到主板上构成自己的内存系统，即字扩展。一般来讲，最终用户做的都是字扩展（即增加内存地址单元）的工作。

进行字位扩展时，一般先进行位扩展，构成字长满足要求的内存模块，然后再用若干个这样的模块进行字扩展，使总容量满足要求。

（4）扩展存储器所需芯片数目的确定。若所选存储器芯片字长与单片机字长一致，则只需扩展容量。此时，所需芯片数目按下式确定：

$$芯片数目＝系统扩展容量/存储器芯片容量$$

若所选存储器芯片字长与单片机字长不一致，则不仅需扩展容量，还需字扩展。若要构成一个容量为 $M×N$ 位的存储器，并采用 $L×K$ 位的芯片（$L<M$，$K<N$），则构成这个存储器需要这样的存储器芯片数量为：

$$芯片数目＝系统扩展容量 M/存储器芯片容量 L×系统字长 N/存储器芯片字长 K$$
$$＝M/L×N/K$$

由于 MCS-51 单片机应用系统一般需要扩展存储器的规模较小，因此，一般不会使用单片大容量存储芯片，而为使扩展电路简单，通常选用字长已满足要求的芯片，存储器扩展一般只进行字扩展，即作容量扩展。

4. 扩展存储器的一般连接方法

存储器芯片有多种。即使是同一种类的存储器芯片，容量的不同，其引脚数目也不同。尽管如此，存储器芯片与单片机扩展连接具有共同的规律。不论何种存储器芯片，其引脚也都呈三总线结构，而单片机扩展是采用三总线结构，一般两者的三总线时序要求是基本一致的，因此，只有把两者的三总线对接起来就可以了。当然，电源线也应接对应的电源线。因此，系统的扩展归结为三总线的连接，两者的三总线连接原则为：

（1）存储器芯片的控制线。对于程序存储器 ROM，一般来说，具有读操作控制线 $\overline{OE}$，它与单片机的 $\overline{PSEN}$ 信号线相连。除此之外，对于 EPROM 芯片还有编程脉冲输入线 $\overline{PGM}$、编程状态线（READY/$\overline{BUSY}$）。$\overline{PGM}$ 应与单片机在编程方式下的编程脉冲输出线相接；READY/$\overline{BUSY}$ 在单片机查询输入/输出方式下，与一根 I/O 口线相接；在单片机中断工作方式下，与一个外部中断信号输入线相接。对于数据存储器 RAM，一般来说，具有读操作控制线 $\overline{OE}$ 和写操作控制线 $\overline{WE}$，它与单片机的 $\overline{RD}$、$\overline{WR}$ 信号线相连。

（2）存储器芯片的数据线。数据线的数目由芯片的字长决定。1 位、4 位、8 位字长的芯片数据线分别有 1 根、4 根、8 根。由于单片机的数据总线为 8 位，若存储器芯片的数据线不足 8 根，还需进行位扩展；一般扩展的存储器芯片的数据线也应选为 8 位，此时它们只需与单片机的 8 位数据总线 DB（D0～D7）按由低位到高位的顺序顺次对接即可。

（3）存储器芯片的地址线。存储器芯片的地址线数目由芯片的存储容量决定，存储容量 Q 与地址线数目 N 满足关系式：$Q=2^N$。存储器芯片的地址线用于选择片内的存储单元或端口，称为字选或片内选择，它们与单片机的地址总线 AB（A0～A15）按由低位到高位的顺序顺次相接。一般来说，存储器芯片的地址线数目总是少于单片机地址总线的数目，如此相接后，单片机的高位地址线总有剩余。

剩余地址线一般作为译码线，译码输出与存储器芯片的片选信号线相接。存储器芯片一般都有 1 根（或几根）片选信号线 $\overline{CE}$（或 $\overline{CS}$）。对存储器芯片访问时，片选信号必须有效，即选中存储器芯片。片选信号线与单片机系统的译码输出相接后，就决定了存储器芯片的地址范围。

一个芯片的某个单元或某个端口的地址由片选的地址和片内字选择地址共同组成，因此字选和片选引脚均应接到单片机的地址线上。连线的方法是：①字选：外围芯片的字选（片内选择）地址线引脚直接接单片机的从 A0 开始的低位地址线；②片选：外围芯片的片选（芯片选择）采用剩余的高位地址线经译码后的输出来选择，一般作为译码线片选引脚的连接方法有线选译码、译码器译码、直接接地 3 种，在单片机中常采用线选译码法。

因此，单片机的剩余高位地址线的译码及译码输出与存储器芯片的片选信号线的连接，是存储器扩展连接的关键问题。

（4）其他注意问题。例如，单片机三总线的时序与存储器的读写时序的匹配问题，如果两者时序不一致，还需通过中间的接口电路使两者时序基本一致后，才能对接；再如，单片机三总线的负载能力问题等。单片机三总线一般只能带 3～8 个 TTL 负载。当扩展的芯片超过其负载能力时，系统三总线需驱动与隔离，此时数据总线 DB 要 74LS245 双向驱动，地址总线 AB 与控制总线 CB 则需 74LS244 单向驱动，驱动器的输出再连至外扩的存储器或 I/O 电路。

5. 存储器芯片的选片方式

前面已述，存储器芯片的字选（片内选择）地址线引脚直接接单片机的从 A0 开始的低位地址线；而片选引脚的连接方法主要有线选译码、译码器译码（包含部分译码和全译码）、直接接地 3 种。

（1）线选法（或称线译码）。高位地址线不经过译码，直接（或经反相器）分别接各存储器芯片的片选端来区别各芯片的地址。它的优点是电路最简单，但缺点是也会造成地址重叠，且各芯片地址不连续。此法适用于外围芯片不多的情况，它是一种最简单，最低廉的连接方法。图 7-9 为线选译码法的连接示意图。

（2）译码器译码。片选引脚接到高位地址线经译码器译码后的输出线，这种通过译码器的译码方式又可分为部分译码、全译码法两种。其中：部分译码用片内寻址外的高位地址的一部分（而不是全部）作为译码产生片选信号。部分译码优点是较全译码简单，但缺点是存在地址重叠区；而全译码法把全部高位地址线都作为译码信号来参加译码，

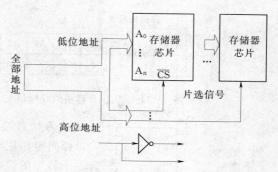

图 7-9 线选译码法的连接示意图

译码输出作为片选信号。全译码的优点是每个芯片的地址范围是唯一确定，而且各片之间是连续的。缺点是译码电路比较复杂。图 7-10 为译码器译码法的连接示意图。

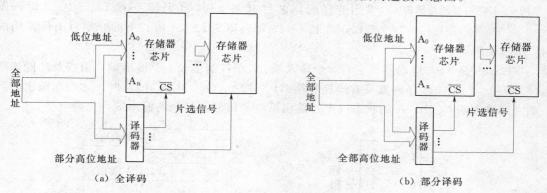

（a）全译码　　　　　　　　　　　　　　　（b）部分译码

图 7-10 译码器译码法的连接示意图

对于部分译码，参与译码的地址线对于选中某一存储器芯片有一个确定的状态，而与不参加译码的地址线无关，即只要参加译码的地址线处于对某一存储器芯片的选中状态，不参加译码的地址线的任意状态都可以选中该芯片。正因如此，部分译码使存储器芯片的地址空间有重叠，所谓重叠的地址就是同一存储单元有多个不同的地址，也就是说一个存储单元占据多个地址，因而会造成地址浪费，这是部分译码的缺点。

图 7-11 为某一 2KB 容量的存储器与 51 单片机的地址线连接关系图。由于 $2K=2^{11}$，存储器芯片需要 11 根地址线，图中与存储器芯片连接的低 11 位地址线的地址变化范围为全 "0" ～全 "1"。剩余的 5 根高位地址线仅 4 根地址线参加译码，只有这 4 根地址线状态为 0100 时译码器的输出信号才为 0，才能用于片选 $\overline{CE}$ 该芯片，也就是说它们是唯一确定的。但不参加译码的 A15 位地址线任何状态（有两种状态）都会选中该存储器芯片。当 A15＝0 时，占用的地址是 0010000000000000B ～ 0010011111111111B，即 2000H ～ 27FFH；当 A15＝1 时，占用的地址是 1010000000000000B ～ 1010011111111111B，即 A000H ～ A7FFH。同理，若有 N 条高位地址线不参加译码，则有 2^N 个重叠的地址范围。当然，部分译码的优点是译码电路比较简单。

（3）片选端可直接接地。当接入单片机的外部扩展 RAM 或 ROM 存储器芯片仅 1 片时，存储器的片选端 $\overline{CE}$ 可直接接地，使外扩的存储器始终处于选中状态。图 7-12 为直接接地法的连接示意图。

译码地址线					与存储器芯片连接的地址线										
A15	A14	A13	A12	A11	A10	A9	A8	A7	A6	A5	A4	A3	A2	A1	A0
·	0	1	0	0	×	×	×	×	×	×	×	×	×	×	×

图 7-11　某 2KB 容量的存储器与 MCS-51 单片机的地址线连接关系

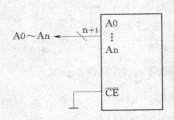

图 7-12　直接接地法的连接示意图

6. 存储器芯片的译码电路

译码电路用于地址译码，它将输入的一组二进制编码变换为一个特定的控制信号，即将输入的一组高位地址信号通过变换，产生一个有效的控制信号，用于选中某一个存储器芯片，从而确定该存储器芯片在内存中的地址范围。

译码电路可用普通的逻辑芯片或专门的译码器芯片实现。常用的译码器芯片有双 2-4 译码器 74LS139、3-8 译码器 74LS138 和 4-16 译码器 74LS154 等。下面介绍目前最常用的 74LS138 译码器。

74LS138 是 3-8 译码器，它有 3 个输入端、3 个控制端及 8 个输出端，引线及功能如图 7-13 所示。74LS138 译码器只有当控制端 G1、$\overline{G2A}$、$\overline{G2B}$ 为 1、0、0 时，才会在输出的某一端（由输入端 C、B、A 的状态决定）输出低电平信号，其余的输出端仍为高电平。

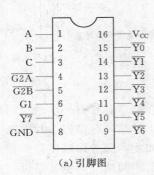

C	A	B	译码输出
0	0	0	$\overline{Y0}$
0	0	1	$\overline{Y1}$
0	1	0	$\overline{Y2}$
0	1	1	$\overline{Y3}$
1	0	0	$\overline{Y4}$
1	0	1	$\overline{Y5}$
1	1	0	$\overline{Y6}$
1	1	1	$\overline{Y7}$

(a) 引脚图　　　　　　(b) 真值表

图 7-13　74LS138 引脚图和译码逻辑关系

7. 单片机扩展系统的分类

根据 MCS-51 单片机系统所扩展的规模，可分为最小（Small）系统、紧凑（Compact）系统、大（Large）系统和海量（Vast）系统的 4 种。其中最小系统前面已述，需要指出的是最小系统一般不需扩展外部芯片，若需扩展的话，一般仅需扩展 1 片 RAM 或 ROM 或 I/O 接口芯片，此时译码方式一般都采用直接接地方式。下面仅介绍另外 3 种扩展系统。

（1）紧凑扩展系统。由于单片机内部资源种类和数量的增加，目前大多数的单片机应用系统不需要大规模扩展外部存储器，尤其是不需要扩展程序存储器 ROM，对于只扩展少量数据存储器 RAM 和 I/O 接口的系统，称之为紧凑系统。在紧凑系统中，只用 P0 口作为扩展总线口，P2 口可以作为第一功能的准双向口使用接 I/O 设备，也可以将部分口线作为地址线。这种系统中，为了不影响 P2 口所连的设备，CPU 访问外部数据存储器时，不能用

DPTR 作地址指针，只能用 R0、R1 作地址指针，即只使用（MOVX A，@ Ri）和（MOVX @Ri，A）指令操作。

紧凑系统扩展总线的地址总线宽度为 8 位，可扩展的单元的最大容量为 256B，地址为 00H～FFH。

在紧凑系统中，P0 口输出的地址信息也必须由 ALE 打入外部的地址锁存器，控制总线只有外部数据存储器的读信号线 $\overline{RD}$、写信号线 $\overline{WR}$。图 7-14 为紧凑系统的扩展总线图。

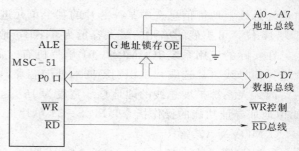

图 7-14 紧凑系统的扩展总线图

紧凑系统的地址译码方法同样有线选法和译码法两种，而译码法种又有全地址译码和部分地址译码。

1）线选法适用于只扩展少量 I/O 接口芯片的应用系统。对于 I/O 接口芯片，内部的寄存器一般不大于 8 个，可以用 A0～A2 作为芯片中寄存器的地址选择线，A3～A7 作为选片信号线，则可以外接 5 个 I/O 接口芯片。按线选法的地址分配方法，这 5 个芯片的地址分别为：01111 000B～01111 111B（即 78H～7FH）、10111 000B～10111 111B（即 B8H～BFH）、11011 000B～11011 111B（即 D8H～DFH）、11101 000B～11101 111B（即 E8H～EFH）、11110 000B～11110 111B（即 F0H～F7H）。

2）地址译码法。若 A0～A3 作为芯片中寄存器地址选择线，A4～A7 用 4～16 译码器产生选片信号线，则最多可以接 16 片 I/O 接口芯片，地址分别为 0000 0000B～0000 1111B（即 0～0FH）、0001 0000B～0001 1111B（即 10～1FH）、…、1111 0000B～1111 1111B（即 F0H～FFH）。

3）P2 口部分口线作为地址线的译码方法。对于扩展 256 字节 RAM 和 I/O 口的系统，可以用 P2 口的部分口线作为地址线，剩余的 P2 口线连 I/O 设备，这种系统也称为紧凑系统。在访问外部数据存储器时，先对作为地址线的 P2 口口线操作，选中外部数据存储器某一页，然后用 R0 或 R1 作为页内地址指针，对外部数据存储器进行读或写。

【例 7-1】 图 7-15 所示的是一种把 P2.0、P2.1 作为地址线的地址译码方法；图中采用了线选法和译码法相结合的方法。$\overline{CS0}$、$\overline{CS1}$ 用线选法产生，在 $\overline{CS0}$、$\overline{CS1}$ 都为高电平时，3-8 译码器输出的 $\overline{CS2}$、$\overline{CS3}$、$\overline{CS4}$、$\overline{CS5}$ 中有一个选片信号线有效，这样可外接 6 个芯片。

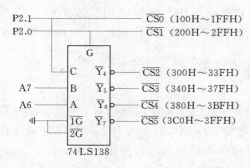

图 7-15 P2 口部分口线作为地址线的
一种译码方法

（2）大扩展系统。对于硬件需求量大，外部存储器空间被充分利用的应用系统，其系统结构规模大，我们称之为大系统。在大系统中，P0 口和 P2 口都作为总线口使用，不能作为第一功能的 I/O 接口连接外部设备。DPTR、R0、R1 都可以作为访问外部数据存储器的地址指针。

大系统扩展构成的片外总线结构参见前面的图 7-2。

大系统扩展总线中 P0 口、P2 口作为扩展总线的地址总线 AB 口时，P2 口输出高 8 位地址

A8～A15，P0 口通过地址锁存器输出低 8 位地址 A0～A7，P0 口同时作为双向数据总线 DB D0～D7，控制总线 CB 有外部程序存储器 ROM 读选通信号线 $\overline{PSEN}$，外部数据存储器 RAM 的读信号线 $\overline{RD}$、写信号线 $\overline{WR}$，以及低 8 位地址 A0～A7 的锁存信号线 ALE。

　　并行扩展的核心问题是的编址问题。单片机中 CPU 是根据地址访问外部存储器的，即由地址总线上地址信息选中某一芯片的某个单元进行读或写。大系统扩展总线的地址总线宽度为 16 位，可扩展的单元的最大容量为 64KB，地址为 0000H～FFFFH。

　　在实际的应用系统中，MCS－51 单片机有时需要扩展多片外围芯片，这时一般通过芯片选择信号线（片选线）来识别不同的外围芯片，通常片选方式还是线选法和译码法。

　　因为大系统扩展总线的地址总线宽度为 16 位，所以要使用 MCS－51 单片机指令中具有 16 位地址寻址功能的操作指令，MCS－51 单片机对外操作的指令有 6 条，它们是：

①MOVX A，@Ri。

②MOVX @Ri，A。

③MOVX A，@DPTR。

④MOVX A，@DPTR。

⑤MOVC A，@A＋DPTR。

⑥MOVC A，@A＋PC。

　　其中：①、②指令使用 P0 端口输出 8 位地址信号（P2 端口不用）；当使用③、④指令时，P0 端口输出 DPIR 提供的 DPL 低 8 位地址信号，P2 端口输出 DPIR 提供的 DPH 高 8 位地址信号；①、②、③、④指令操作外部数据存储器的读信号线 $\overline{RD}$(P3.7) 或写信号线 $\overline{WR}$(P3.6)。当使用⑤、⑥指令时，P0 端口输出 A＋DPTR 或 A＋PC 提供的低 8 位地址信号，P2 端口输出 A＋DPTR 或 A＋PC 提供的高 8 位地址信号，但指令操作外部程序存储器读选通信号线 $\overline{PSEN}$。

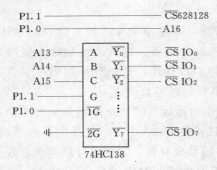

图 7-16　海量存储器的一种译码方法

　　（3）海量扩展系统。在报站器、屏幕显示等一些特殊应用中，需超过 64KB 的存储器，则可以用 P1 的口线作为区开关来实现。如扩展 1 片 128KB SRAM 628128 和 I/O 口的系统，可以采用图 7-16 的一种译码方法。图中，628128 占 0 区和 1 区的 64KB 存储空间，I/O 接口占 2 区存储空间，每个区为 64KB。在访问外部 RAM/IO 时，先对 P1.1、P1.0 操作选择一个区，然后用 DPTR 作指针，对所选中的区中的单元操作。也可以用扩展 I/O 口作为地线（如 3 个 8 位口产生 24 位地址），将地址写入扩展口以后再对存储器读写。

7.2.2　MCS－51 片外程序存储器的扩展

　　目前在单片机应用中，已很少扩展程序存储器。如 89C52 芯片内部已有 8K 的 Flash 程序存储器，只有在需要大量常数存储器（如字库）等特殊应用中，才在外面扩展 1 片只读存储器 ROM。这样的系统都是大系统，P0 口、P2 口都作为扩展总线口使用。

　　1. 常见的程序存储器 ROM 的芯片

　　前面已述，扩展片外程序存储器所用的芯片一般采用 ROM 存储器芯片，它们可以是

EPROM、E²PROM、FLASH 等类型的芯片。

（1）EPROM 存储器。图 7-17 为常用的 6 种 EPROM 存储器的引脚图。其中 2716（2K×8bit）、2732（4K×8bit）均为 24 脚，而 2764（8K×8bit）、27128（16K×8bit）、27256（32K×8bit）、27512（64K×8bit）均为 28 脚。

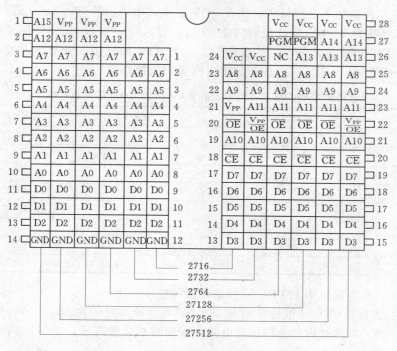

图 7-17 常用的 6 种 EPROM 芯片引脚

EPROM 是紫外线可擦除电可编程的只读存储器，掉电以后信息不会丢失。用 EPROM 作为单片机外部程序存储器是经典的程序存储器扩展方法，虽然目前已基本不用 EPROM，但目前使用的 E²ROM 和 Flash ROM 的储器扩展方法与 EPROM 的扩展方法是一样的。

EPROM 芯片上有一个玻璃窗口，在紫外线照射下，存储器中的各位信息均变为 1，即处于擦除干净的状态。擦除干净的 EPROM 可以通过编程器将应用程序固化到芯片中，称为"写入"或"烧"程序。固化的过程就是按要求把芯片的"1"便为"0"，信息是"1"的保持不变。

（2）E²PROM 存储器。常用的 E²PROM 芯片有 2816（2K×8bit）、2817（2K×8bit）、2864（8K×8bit）等，图 7-18 为常用的 3 种 E²PROM 芯片引脚图。在芯片的引脚设计上，2KB 的 E²PROM 2816 与 EPROM 2716 和 RAM 6116 兼容，8KB 的 E²PROM 2864A 与

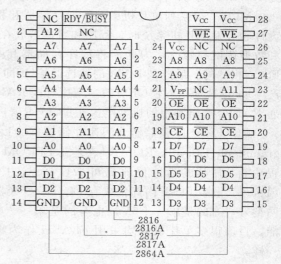

图 7-18 常用的 3 种 E²PROM 芯片引脚

313

EPROM 2764 和 RAM 6264 兼容，2816、2817 和 2864A 的读出时间均为 250ns，写入时间 10ms。电可擦除只读存储器 E^2PROM 可像 EPROM 那样长期非易失地保存信息，又可像 RAM 那样随时用电改写，近年来出现了快擦 FLASH ROM，它们被广泛用作单片机的程序存储器和数据存储器。

　　E^2PROM 芯片有如下共同特点：①单＋5V 供电，电可擦除可改写；②使用次数为 1 万次，信息保存时间为 10 年；③读出时间为 ns 级，写入时间为 ms 级；④芯片引脚信号与相应的 RAM 和 EPROM 芯片兼容，见表 7-1。E^2PROM 的使用非常简单方便。不用紫外线擦除，在单一的＋5V 电压下写入的新数据可覆盖旧数据。

表 7-1　　　　常用的 E^2PROM 芯片与相应的 RAM 和 EPROM 芯片兼容情况

型　　号	引脚数	容量/字节	引脚兼容的存储器
2816	24	2KB	2716，6116
2817	28	2KB	
2864	28	8KB	2764，6264
28C256	32	32KB	27C256
28F512	32	64KB	27C512
28F010	32	128KB	27C010
28F020	32	256KB	27C020
28F040	32	512KB	27C040

　　下面以 2817A 为例说明 E^2PROM 和单片机的连接方法。

　　2817A 为 2KB E^2PROM 维持电流为 60mA，典型读出时间为 200～350ns，字节编程写入时间为 10～20μs，芯片内有电压提升电路，编程时不必增高压，单一＋5V 供电。引脚和 6116，2716 兼容。

　　8031 单片机扩展 2817A 的硬件电路如图 7-19 所示。图中的 2817A 既可作为数据存储器 RAM，又可作为程序存储器 ROM。通过 P1.0 查询 2817A 的 RDY/$\overline{\text{BUSY}}$状态（RDY 即为 READY 缩写），来完成对 2817A 的写操作。片选信号由 P2.7 提供。

　　MCS-51 系列单片机中的数据存储器和程序存储器在逻辑上是严格分开的，但在实际设计和开发单片机系统时，程序和数据若放在 E^2PROM 或 FLASH 或 SRAM，可方便程序和数据调试和修改，为此需将程序存储器和数据存储器混合使用。在硬件上将$\overline{\text{RD}}$信号和$\overline{\text{PSEN}}$相"与"后连到 RAM 的读选通端$\overline{\text{OE}}$即可实现，见图 7-19。当执行 MOVX 指令时产生$\overline{\text{RD}}$读选通信号使$\overline{\text{OE}}$有效，当执行该 RAM 中的程序时，由$\overline{\text{PSEN}}$信号也使$\overline{\text{OE}}$有效，选通 RAM，读出其中的机器码。注意，$\overline{\text{WR}}$信号依然连接 RAM 的$\overline{\text{WE}}$端。

　　（3）FLASH 存储器（闪速存储器）。FLASH 存储器又称闪速存储器或 PEROM（Programmable Erasable ROM），它是在 EPROM 工艺的基础上增添了芯片整体电擦除和可再编程功能，使其成为性价比高可靠性高、快擦写、非易失的 E^2PROM 存储器（后面简称 Flash）。很多 Flash 内部集成有 DC/DC 变换器，使读、擦除、编程使用单一电压（根据不同型号，有的是单一＋5V，也有的是单一＋3V 低压），从而使在系统编程（ISP）成为可能，目前很多单片机内均采用 FLASH 作为程序存储器。FLASH 的扩展方法和 E^2PROM 一样。

　　2. 程序存储器 ROM 的操作时序

　　单片机的地址总线为 16 位，扩展的片外 ROM 的最大容量为 64KB，地址为 0000H～

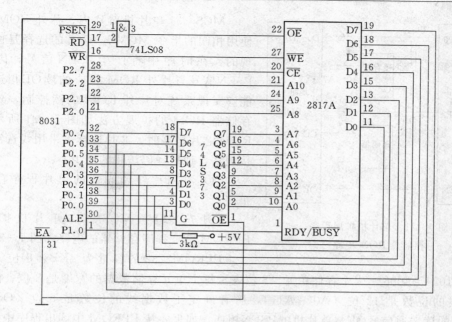

图 7-19 8031 单片机与 2817A E²PROM 的连接电路

FFFFH。扩展的片外 RAM 的最大容量也为 64KB，地址为 0000H～FFFFH。由于 MCS-51 单片机采用不同的控制信号和指令，尽管 ROM 与 RAM 共享数据总线和地址总线，ROM 与 RAM 的地址重叠，但由于两者的控制总线不同，因此不会发生混乱。

图 7-20 为 MCS-51 单片机访问 ROM 时序。单片机的 CPU 在访问或片外 ROM 的一个机器周期内，信号 ALE 出现两次正脉冲，ROM 选通信号 $\overline{\text{PSEN}}$ 也两次有效，这说明在一个机器周期内，CPU 两次访问片外 ROM，也即在一个机器周期内可以处理两个字节的指令代码，所以 MCS-51 单片机指令系统中有很多单周期、双字节的指令。

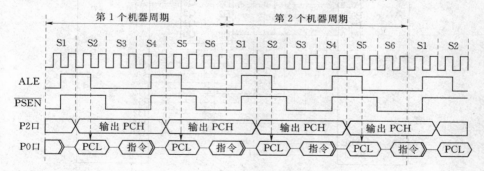

图 7-20 MCS-51 单片机访问 ROM 时序

程序存储器扩展电路的安排应满足单片机从外存取指令的时序要求。从时序图中，可分析 ALE、$\overline{\text{PSEN}}$、P0 和 P2 怎样配合使程序存储器完成取指操作，从而得出扩展程序存储器的方法。单片机一直处于不断的取指令码—执行—取指令码—执行的工作过程中，在取指令码时和执行 MOVC 指令时 $\overline{\text{PSEN}}$ 会变为有效，和其他信号配合完成从程序存储器读取数据。

3. 片外程序存储器 ROM 的扩展方法

程序存储器 ROM 的扩展是使用 P0、P2 端口作为地址总线、数据总线。

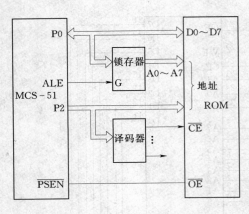

图 7-21 单片机扩展程序
存储器 ROM 电路

MCS-51 单片机对片内、片外 ROM 的访问使用相同的指令 MOVC，两者的选择是由硬件实现的。在时序中将产生 $\overline{PSEN}$ 信号，因此，将 $\overline{PSEN}$ 信号与片外 ROM 相应的读 $\overline{OE}$ 相连接，就能够实现系统对片外 ROM 的读控制。外部程序存储器 ROM 的扩展方法如图 7-21 所示。片外 ROM 芯片扩展时，芯片选择多采用线选法或直接接地法，地址译码法用的渐少。

（1）不用片外译码器的单片程序存储器的扩展。

【例 7-2】 MCS-51 单片机扩展 1 片 EPROM2732 程序存储器的电路如图 7-22 所示。

EPROM2732 的容量为 4KB×8 位。4KB 表示有 $4×1024＝4096＝2^{12}$ 个存储单元，8 位表示每个单元存储数据的宽度是 8 位。前者确定了地址线的位数是 12 位（A0～A11），后者确定了数据线的位数是 8 位（O0～O7）。EPROM 的读选通信号 $\overline{OE}$ 与单片机的 $\overline{PSEN}$ 相连，如果要从 EPROM 中读出程序中定义的数据，需使用指令：MOVC A，@A+DPTR 或 MOVC A，@A+PC。

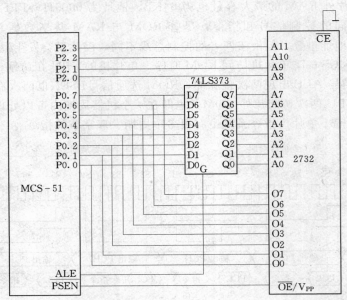

图 7-22 单片机扩展 2732 EPROM 电路

由于本电路也只扩展 1 片程序存储器，$\overline{CE}$ 可直接接地。由于剩余的高 4 位地址为任意值，因此本电路扩展存储器的地址有 $2^4＝16$ 个重叠的地址空间，它们分别是 0000H～0FFFH、1000H～1FFFH、2000H～2FFFH、3000H～3FFFH、4000H～4FFFH、5000H～5FFFH、6000H～6FFFH、7000H～7FFFH、8000H～8FFFH、9000H～9FFFH、A000H～AFFFH、B0000H～BFFFH、C000H～CFFFH、D000H～DFFFH、E000H～EFFFH、F000H～FFFFH。地址计算如表 7-2 所示。

若设没用到的高位地址 x 为 1，则扩展存储器的地址范围为 F000H～FFFFH。

表 7-2   **2732 EPROM 的地址范围计算**

片 选 线	字 选 线		有 效 地 址 范 围
P2.7～P2.4	P2.3～P2.0	P0.7～P0.0	
A15～A12	A11～A8	A7～A0	
xxxx	0000	00000000～	x000H～
xxxx	1111	11111111	xFFFH

（2）采用线选法的多片程序存储器的扩展。

【例 7-3】 使用两片 2764 扩展 16KB 的程序存储器，采用线选法选中芯片。扩展连接图如图 7-23 所示。以 P2.7 作为片选，当 P2.7＝0 时，选中 2764（1）；当 P2.7＝1 时，选中 2764（2）。因两根线（A13、A14）未用，故两个芯片各有 2^2＝4 个重叠的地址空间。

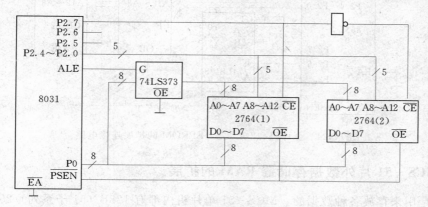

图 7-23　用两片 2764 EPROM 的扩展连接电路

两片 2764 的地址范围如下：

左片：0000000000000000～0001111111111111，即 0000H～1FFFH；
　　　0010000000000000～0011111111111111，即 2000H～3FFFH；
　　　0100000000000000～0101111111111111，即 4000H～5FFFH；
　　　0110000000000000～0111111111111111，即 6000H～7FFFH；

右片：1000000000000000～1001111111111111，即 8000H～9FFFH；
　　　1010000000000000～1011111111111111，即 A000H～BFFFH；
　　　1100000000000000～1101111111111111，即 C000H～DFFFH；
　　　1110000000000000～1111111111111111，即 E000H～FFFFH。

（3）采用地址译码器的多片程序存储器的扩展。

【例 7-4】 要求用 2764 芯片扩展 8031 的片外程序存储器，分配的地址范围为 0000H～3FFFH。

本例要求的地址空间是唯一确定的，所以要采用全译码方法。由分配的地址范围知：扩展的容量为 3FFFH－0000H＋1＝4000H＝16KB，2764 为 8K×8 位，故需要两片。第 1 片的地址范围应为 0000H～1FFFH；第 2 片的地址范围应为 2000H～3FFFH。由地址范围可确定译码器的连接方式，译码关系表见表 7-3。

表 7 - 3　　　　　　　　　　　　　　2764 的 地 址 范 围 计 算

P2.7~P2.5 （A15~A13）	74LS138 输出	选中的 EPROM	P2.4~P2.0 P0.7~P0.0 （A12~A8 A7~A0）	有效地址范围
000	$\overline{Y0}=0$	第 1 片	00000 00000000~11111 11111111	0000H~1FFFH
001	$\overline{Y1}=0$	第 2 片	00000 00000000~11111 11111111	2000H~3FFFH

图 7 - 24 为单片机扩展 2 片 EPROM 2764 程序存储器的电路图。2764 共有 13 根地址线和 8 根数据线，分别与单片机相连，单片机剩余的 3 根地址线通过译码器输出端，分别控制两个存储器的片选线，这就保证了每个存储单元只有唯一的地址。

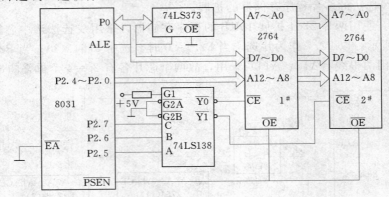

图 7 - 24　全译码、2 片 2764 EPROM 的扩展连接电路

7. 2. 3　MCS - 51 片外数据存储器 RAM 的扩展

RAM 是用来存放各种数据的，MCS - 51 单片机内部有 128B（51 子系列）/256B（52 子系列）的 RAM 存储器，CPU 对内部 RAM 具有丰富的操作指令。但当单片机用于实时数据采集或处理大批量数据时，仅靠片内提供的 RAM 是远远不够的。此时，可以采用外部的 RAM 来扩展单片机的数据存储器。由于单片机的引脚无动态刷新功能，因此，单片机一般仅采用静态 RAM（即 SRAM）来扩展数据存储器。

1. 常见的数据存储器 RAM 的芯片

常用的 SRAM 芯片有 2114（1K×4bit）、6116（2K×8bit）、6264（8K×8bit）、62256（32K×8bit）等。图 7 - 25 为常用 SRAM 芯片的引脚图。

2. 片外数据存储器 RAM 的操作时序

扩展 RAM 和扩展 ROM 类似，由 P2 口提供高 8 位地址，P0 口分时地作为低 8 位地址线和 8 位双向数据总线。

（1）外部 RAM 的读时序。图 7 - 26 为外部 RAM 读时序图。当执行指令 MOVX A，@Ri 或 MOVX A，@DPTR 时进入外部数据 RAM 是的读周期。在第一个机器周期的第一个ALE 的上升沿，把外部程序存储器的指令 MOVX 读入后就开始了对片外 RAM 的读过程。第一个机器周期的第一个 ALE 高电平期间，在 P0 处于高阻三态后，根据指令间址提供的地址，P2 口输出外部 RAM 的高 8 位地址 A15~A8，P0 端口输出低 8 位地址 A7~A0；在第一个机器周期的第一个 ALE 下跳沿，P0 输出的低 8 位地址被锁存在锁存器中，随后 P0又进入高阻三态，$\overline{RD}$ 信号有效后，被选中的 RAM 的数据在第二个机器周期出现在数据总

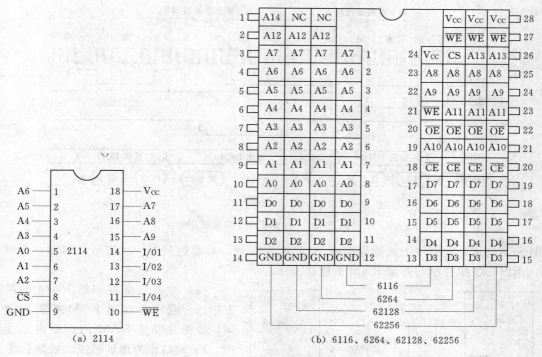

(a) 2114 (b) 6116、6264、62128、62256

图 7-25 常用 SRAM 芯片的引脚

线上，P0 处于输入状态，CPU 从 P0 读入外部 RAM 的数据。

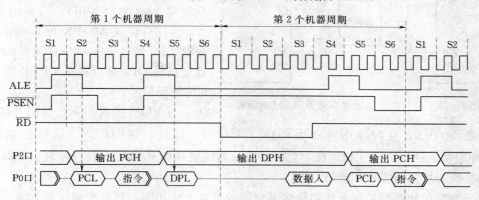

图 7-26 外部 RAM 的读时序

(2) 外部 RAM 的写时序。图 7-27 为外部 RAM 写时序图。当执行 MOVX @Ri, A 或 MOVX @DPTR, A 指令时进入外部数据存储器的写周期。写外部 RAM 的操作时序与读外部 RAM 的时序差别在于：①$\overline{WR}$ 有效代替 $\overline{RD}$ 有效，以表明这是写数据 RAM 的操作；②在 P0 输出低 8 位地址 A0~A7 后，P0 立即处于输出状态，提供要写入外部 RAM 的数据供外部 RAM 取走。

由以上时序分析可见，访问外部数据 RAM 的操作与从外部程序存储器 ROM 取指令的过程基本相同，只是前者有读有写，而后者只有读而无写；前者用 $\overline{RD}$ 或 $\overline{WR}$ 选通，而后者

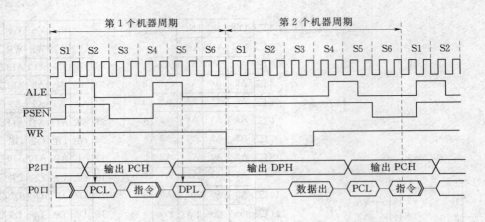

图 7-27　外部 RAM 的写时序

用 PSEN 选通；前者一个机器周期中 ALE 两次有效，后者则只有一次有效。因此，不难得出 MCS-51 单片机与外部 RAM 的连接方法。

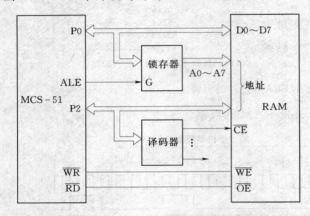

图 7-28　单片机扩展数据存储器 RAM 电路

（3）片外数据存储器 RAM 的扩展方法。与程序存储器 ROM 扩展原理相同，数据存储器 RAM 的扩展也是使用 P0、P2 端口作为地址总线、数据总线。

当使用 MOVX A，@Ri 或 MOVX @Ri，A 指令时，系统使用 P0 端口输出地址信号（P2 端口不用）；当使用 MOVX A，@DPTR 或 MOVX @DPTR，A 指令时，P0 端口输出 DPTR 提供的低 8 位地址信号，P2 端口输出 DPTR 提供的高 8 位地址信号。

与 ROM 扩展不同，访问外部 RAM 的指令是 MOVX，在时序中将产生 $\overline{RD}$ 或 $\overline{WR}$ 信号，因此，将 $\overline{RD}$、$\overline{WR}$ 信号分别与片外 RAM 相应的读 $\overline{OE}$、写 $\overline{WE}$ 相连，就能够实现系统对片外 RAM 的读/写控制。外部数据存储器的扩展方法如图 7-28 所示。

由于数据存储器的扩展方法和程序存储器的扩展方法相同，只是控制信号不同，在此就不多举例了，读者可根据选用芯片数据手册连接电路，然后根据连接好的电路，确定地址范围。下面仅举例说明当存储器 RAM 芯片不足 8 位时，它们如何与单片机相连接。

【例 7-5】　采用 2114（1K×4bit）芯片在 8031 片外扩展 1KB 数据存储器。

由于 2114 芯片的容量为 1K×4bit，每片 2114 共有 1K 个存储单元，但每个单元仅有 4 位，而 8031 的数据总线为 8 位，因此，需要进行位扩展。两片 2114 并联连接起来后每个单元正好为 8 位，此时两片的第 1 片数据线作为低 4 位数据，而第 2 片数据线作为高 4 位数据，而两片的其他引脚只需对应连接在一起即可，这样两片并接后就可得到 1K×8bit＝1KB 的数据存储器。图 7-29 为采用两片 2114SRAM 的扩展连接电路图。另外，2114 芯片的 $\overline{WE}$ 为读、写复用引脚，当 $\overline{WE}$＝0、1 时分别处于写、读状态。

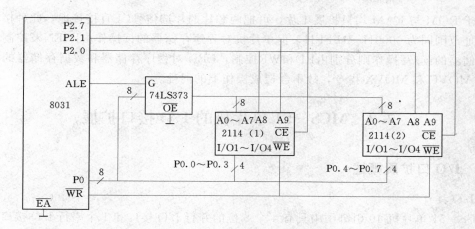

图 7-29　两片 2114 SRAM 的扩展连接电路

7.2.4　兼有片外程序存储器和片外数据存储器的扩展

前面分别讨论了 MCS-51 型单片机扩展外部程序存储器和数据存储器的方法，但在实际的应用系统设计中，往往既需要扩展程序存储器，又需要扩展数据存储器，同时还需要扩展 I/O 接口芯片，而且有时需要扩展多片。适当地把外部 64KB 的数据存储器空间和 64KB 的程序存储器空间分配给各个芯片，使程序存储器的各芯片之间、数据存储器的各芯片之间的地址不发生重叠，从而避免单片机在读/写外部存储器时发生数据冲突。

MCS-51 型单片机的地址总线由 P2 端口送出高 8 位地址，P0 端口送出低 8 位地址，为了唯一地选择片外某一存储单元或 I/O 端口，一般需要进行二次选择。①必须先找到该存储单元或 I/O 端口所在的芯片，一般称为"片选"；②通过对芯片本身所具有的地址线进行译码，然后确定唯一的存储单元或 I/O 端口，称为"字选"。扩展时各片的地址线、数据线和控制线都并行挂接在系统的三总线上，各片的片选信号要分别处理。

【例 7-6】　MSC-51 单片机扩展 1 片程序存储器 2764 和 1 片数据存储器 6264 的电路如图 7-30。

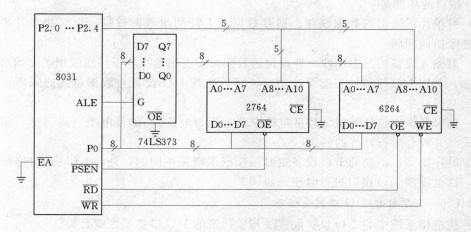

图 7-30　片外 RAM 和 ROM 连接电路

由于 ROM 与 RAM 均只扩展 1 片，可把两芯片的片选信号$\overline{CE}$直接接地，此种接法两芯片的地址范围同为 0000H～1FFFH，但单片机对程序存储器的读操作由$\overline{PSEN}$来控制，而对数据存储器的读/写操作则分别由$\overline{RD}$和$\overline{WR}$控制，CPU 对程序存储器和数据存储器的访问分别采用 MOVC 和 MOVX 指令，故不会造成操作上的混乱。

7.3　MCS - 51 单片机的 I/O 接口扩展

7.3.1　I/O 口扩展概述

1. I/O 接口

MCS - 51 单片机 40 引脚图中具有 4 个 8 位的并行 I/O 接口和 1 个串行 I/O 接口。对于简单的 I/O 设备可以直接连接。但当系统较为复杂时，往往要借助 I/O 接口电路（简称 I/O 接口）完成单片机与 I/O 设备的连接。现在，许多 I/O 接口已经系列化、标准化，并具有可编程功能。图 7 - 31 为单片机与 I/O 设备的连接关系图，此时，MCS - 51 单片机的 40 引脚转变为三总线结构。

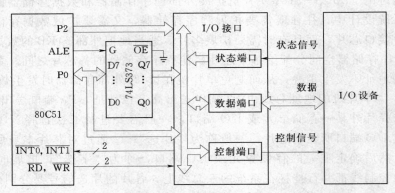

图 7 - 31　单片机与 I/O 设备连接原理图

I/O 接口的功能是：

（1）对单片机输出的数据锁存。锁存数据线上瞬间出现的数据，以解决单片机与 I/O 设备的速度协调问题。

（2）对输入设备的三态缓冲。外设传送数据时要占用总线，不传送数据时必须对总线呈高阻状态。利用 I/O 接口的三态缓冲功能，可以实现 I/O 设备与数据总线的隔离，便于其他设备的总线挂接。

（3）信号转换。信号类型（数字与模拟、电流与电压）、信号电平（高与低、正与负）、信号格式（并行与串行）等的转换。

（4）时序协调。不同的 I/O 设备定时与控制逻辑是不同的，并与 CPU 的时序往往是不一致的，这就需要 I/O 接口进行时序的协调。

2. MCS - 51 单片机 I/O 口扩展性能

单片机应用系统中的 I/O 口扩展方法与单片机的 I/O 口扩展性能有关。

（1）在 MCS - 51 单片机应用系统中，扩展的 I/O 口采取与数据存储器 RAM 相同的寻址方法。所有扩展的 I/O 口或通过扩展 I/O 口连接的外围设备均与片外数据存储器 RAM 统一编址。任何一个扩展 I/O 端口，根据地址线的选择方式不同，占用一个片外 RAM 地址，而与外部程序存储器无关。

（2）利用串行口的移位寄存器工作方式（方式 0），也可扩展 I/O 口，这时所扩展的 I/O 口不占用片外 RAM 地址。

（3）扩展 I/O 口的硬件相依性。在单片机应用系统中，I/O 口的扩展不是目的，而是为外部通道及设备提供一个输入、输出通道。因此，I/O 口的扩展总是为了实现某一测控及管理功能而进行的。例如连接键盘、显示器、驱动开关控制、开关量监测等。这样，在 I/O 口扩展时，必须考虑与之相连的外部硬件电路特性，如驱动功率、电平、干扰抑制及隔离等。

（4）扩展 I/O 口的软件相依性。根据选用不同的 I/O 口扩展芯片或外部设备时，扩展 I/O 口的操作方式不同，因而应用程序应有不同，如入口地址、初始化状态设置、工作方式选择等。

3. I/O 口扩展方法

根据扩展并行 I/O 口时数据线的连接方式，I/O 口扩展可分为总线扩展方法、串行口扩展方法和 I/O 口扩展方法。

（1）并行三总线扩展方法。与前面介绍的存储器并行三总线扩展类似，扩展的并行 I/O 芯片的并行数据线取自 MCS-51 单片机的 P0 口。这种扩展方法只分时占用 P0 口，并不影响 P0 口与其他扩展芯片的连接操作，不会造成单片机硬件的额外开销。因此，MCS-51 单片机的 I/O 扩展中广泛采用这种扩展方法。

（2）串行口扩展方法。这是 MCS-51 单片机串行口在方式 0 工作状态下所提供的 I/O 口扩展功能。串行口方式 0 为移位寄存器工作方式，因此接上串入并出的移位寄存器可以扩展并行输出口，而接上并入串出的移位寄存器则可扩展并行输入口。这种扩展方法只占用串行口，而且通过移位寄存器的级联方法可以扩展多数量的并行 I/O 口。对于不使用串行口的应用系统，可使用这种方法。但由于数据的输入输出采用串行移位的方法，传输速度较慢。

（3）通过单片机片内 I/O 口的扩展方法。这种扩展方法的特征是扩展芯片的输入/输出数据线不通过 P0 口，而是通过其他片内 I/O 口。即扩展片外 I/O 口的同时也占用片内 I/O 口，所以使用较少，但在 MCS-51 单片机扩展 8243 时，为了模拟 8243 的操作时序，不得不使用这种方法。

8243 为 24 脚的双列直插式芯片，它共有 P4、P5、P6 和 P7 共 4 个 4 位的并行 I/O 口，这 4 个端口均可独立设置为输入或输出口。由于各端口均为 4 位，因此很适用于 BCD 码的输入输出。

7.3.2 I/O 口扩展芯片及简单 I/O 接口扩展

7.3.2.1 I/O 口扩展芯片分类

MCS-51 单片机应用系统中 I/O 口扩展用芯片主要有采用 TTL/CMOS 锁存器、缓冲器电路芯片和采用可编程的 I/O 接口芯片两大类。其中：可编程的 I/O 口芯片选用 Intel 公司的芯片，其接口最为简捷可靠，如 8255、8155 等；采用 TTL 或 CMOS 锁存器、三态门电路作为 I/O 扩展芯片是单片机应用系统中经常采用的方法；这些 I/O 口扩展用芯片具有体积小、成本低、配置灵活的特点。一般在扩展 8 位输入或输出口时十分方便。在实际应用中，根据芯片特点及输入、输出量的特征，应选择合适的扩展芯片。

7.3.2.2　简单的 I/O 接口扩展

在 MCS-51 单片机应用系统中，采用 TTL 或 CMOS 锁存器、三态门芯片，通过 P0 口可以扩展各种类型的简单输入/输出口。P0 口是系统的数据总线口，通过 P0 口扩展 I/O 口时，P0 口只能分时使用，故输出时接口应有锁存功能；输入时，视数据是常态还是暂态的不同，接口应能三态缓冲，或锁存选通。不论是锁存器，还是三态门芯片，都只具有数据线和锁存允许及输出允许控制线，而无地址线和片选信号线。而扩展一个 I/O 口，相当于一个片外存储单元。CPU 对 I/O 口的访问，要以确定的地址，用 MOVX 指令来进行。

1. 采用锁存器扩展输出接口

在单片机扩展中常用的锁存器有 74LS273、Intel 8282、74LS373 和 74LS377 等，其中前 3 种前面已介绍。

图 7-32 为 74LS377 的引脚、功能表和扩展输出口电路。74LS377 为带有输出允许控制的 8D 触发器。D0～D7 为 8 个 D 触发器的 D 输入端；Q0～Q7 是 8 个 D 触发器的 Q 输出端；时钟脉冲输入端 CLK，上升沿触发，8D 共用；$\overline{OE}$ 为输出允许端，低电平有效。当 $\overline{OE}$ 端为低电平，且 CLK 端有正脉冲时，在正脉冲的上升沿，D 端信号被锁存，从相应的 Q 端输出。

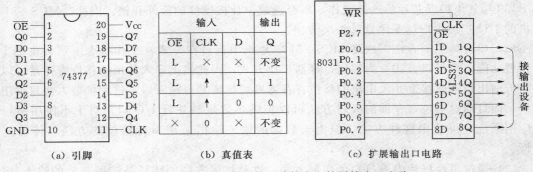

（a）引脚　　　　　　（b）真值表　　　　　（c）扩展输出口电路

图 7-32　74LS377 的引脚、功能表和扩展输出口电路

【例 7-7】 在图 7-32（c）中，74LS377 的 CLK 与 $\overline{WR}$ 相连，作为写（输出）控制端；$\overline{OE}$ 与单片机的地址选择线 P2.7 相连，作为寻址端。如此连接的输出口地址是 P2.7＝0 的任何 16 位地址。7FFFH 可作为该口地址。对该口的输出操作如下：

```
MOV   DPTR,#7FFFH    ;使 DPTR 指向 74LS377 输出口
MOV   A,#data        ;输出的数据要通过累加器 A 传送
MOVX  @DPTR,A        ;向 74LS377 扩展口输出数据
```

2. 采用带三态缓冲门的锁存器扩展输入接口

下面介绍采用带三态缓冲门的锁存器 74LS373 扩展输入口。

【例 7-8】 图 7-33 为采用 74LS373 扩展的输入口电路。图中，74LS373 的 G 来锁存外部暂态数据，并与单片机的外部中断 $\overline{INT0}$ 相连，而单片机的地址选择线 P2.7 与 $\overline{RD}$ 相或后与 74LS373 的 $\overline{OE}$ 相连，作为寻址端。如此连接的输出口地址是 P2.6＝0 的任何 16 位地址，BFFFH 可作为该口地址。

下面采用中断方式编程实现把从 74LS373 输入的数据存入单片机的内部 RAM 从 60H 开始的单元中。

中断系统初始化程序：

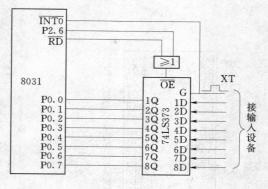

PINT:	SETB IT0	;外部中断 0 选择为下降沿触发方式
	SETB EA	;开系统中断
	MOV R0,♯60H	;R0 作地址指针,指向数据区首址
	SETB EX0	;外部中断 0 中断允许

图 7-33　采用 74LS373 扩展输入口电路

中断服务程序：

```
        ORG    0003H
PINT0: AJMP   INT0
INT0:   MOV    DPTR,♯0BFFFH ;使 DPTR 指向 74LS373 扩展输入口
        MOVX   A,@DPTR      ;从 74LS373 扩展输入口输入数据
        MOV    @R0,A        ;输入数据送数据区
        INC    R0
        RETI
```

7.3.3　可编程的并行 I/O 接口 8255A 扩展

8255A 可编程序并行输入/输出接口芯片，它是 Intel 公司 MCS-80/85 微处理器扩展系统所用的标准外围接口电路，它采用单一＋5V 电源供电，具有 40 条引脚，采用双列直插式封装。它有 A、B、C 3 个端口，24 条 I/O 线。它可以通过编程的方法来设定端口具有 3 种不同的 I/O 功能。

7.3.3.1　8255A 可编程并行 I/O 接口内部结构及引脚功能

图 7-34 所示为 8255A 的内部结构和引脚图。

1. 8255A 芯片的引脚

8255A 是一种有 40 个引脚的双列直插式标准芯片，其引脚排列如图 7-34 所示。除电源（Vcc）和地（GND）以外，其他信号可以分为两组。

（1）与外设相连接的有以下 3 个：

PA7～PA0：A 端口数据线。

PB7～PB0：B 端口数据线。

PC7～PC0：C 端口数据线。

（2）与系统总线连接的有：

D7～D0：8255A 的数据线和系统数据总线相连。

RESET：复位信号，高电平有效。当 RESET 有效时，所有内部寄存器都被清零。

$\overline{CS}$：片选信号，低电平有效。只有当 $\overline{CS}$ 有效时，芯片才被选中。

$\overline{RD}$：读信号，低电平有效。当 $\overline{RD}$ 有效时，CPU 可以从 8255A 中读取输入数据。

$\overline{WR}$：写信号，低电平有效。当 $\overline{WR}$ 有效时，CPU 可以往 8255A 中写入控制字或数据。

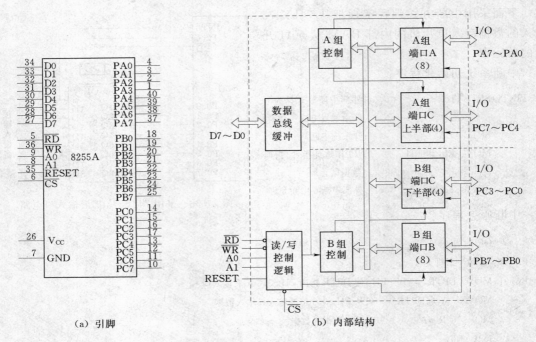

（a）引脚　　　　　　　　　　　　　（b）内部结构

图 7–34　8255A 的引脚和内部结构

2. 内部寄存器及其操作

A1、A0：端口选择信号。8255A 内部有 3 个数据端口和 1 个控制端口，由 A1、A0 编程选择。A1、A0 和 $\overline{RD}$、$\overline{WR}$ 及 $\overline{CS}$ 组合所实现的各种功能见表 7–4。

表 7–4　　　　　　　　　　　**8255A 端口及工作状态选择表**

$\overline{CS}$	A1	A0	$\overline{RD}$	$\overline{WR}$	I/O 操作
0	0	0	0	1	读 PA 端口寄存器内容到数据总线
0	0	1	0	1	读 PB 端口寄存器内容到数据总线
0	1	0	0	1	读 PC 端口寄存器内容到数据总线
0	0	0	1	0	数据总线上内容写到 PA 端口寄存器
0	0	1	1	0	数据总线上内容写到 PB 端口寄存器
0	1	0	1	0	数据总线上内容写到 PC 端口寄存器
0	1	1	1	0	数据总线上内容写到控制端口寄存器

3. 8255A 的内部结构

8255A 的内部结构由以下几部分组成：

（1）A 组、B 组控制电路。这是两组根据 CPU 的命令字控制 8255A 工作方式的电路。A 组控制 PA、PC 端口的高 4 位，B 组控制 PB、PC 端口的低 4 位。8255A 有 3 个 8 位数据端口，即端口 PA、PB 和 PC，编程人员可以通过软件将它们分别作为输入或输出端口，3 个端口在不同的工作方式下有不同的功能及特点，见表 7–4。

（2）数据缓冲器。这是一个双向三态 8 位的驱动端口，用于和单片机的数据总线相连，传送数据或控制信息。

（3）读/写控制逻辑。这部分电路接收 MCS-51 送来的读，写命令和选口地址，用于控制对 8255A 的读/写。

7.3.3.2 8255A 的控制字

8255A 的 3 个端口具体的工作方式，是通过 CPU 对控制端口的写入控制字来决定的。8255A 有两个控制字：方式选择控制字和 PC 端口置/复位控制字。用户通过编程把这两个控制字送到 8255A 的控制寄存器，这两个控制字以 D7 来作为标志。

1. 方式选择控制字

方式选择控制字的格式和定义如图 7-35（a）所示。D7 位为特征位。D7＝1 表示为工作方式控制字。D6、D5 用于设定 A 组的工作方式。D4、D3 用于设定 PA 端口和 PC 端口的高 4 位是输入还是输出。D2 用于设定 B 组的工作方式。D1、D0 用于设定 PB 端口和 PC 端口的低 4 位是输入还是输出。

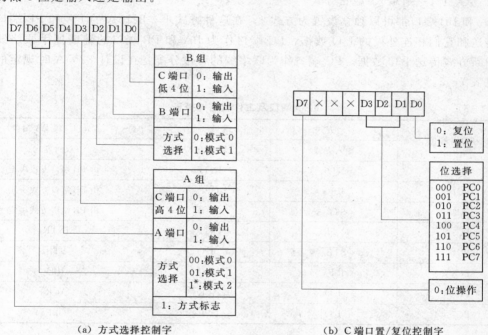

(a) 方式选择控制字   (b) C 端口置/复位控制字

图 7-35   8255A 控制字的格式和定义

2. PC 端口置/复位控制字

PC 端口置/复位控制字的格式和定义如图 7-35（b）所示。D7 位为特征位，D7＝0 表示为 C 端口按位置位/复位控制字。PC 端口具有位操作功能，把一个置/复位控制字送入 8255A 的控制寄存器，就能将 PC 端口的某一位置 1 或清 0 而不影响其他位的状态。

7.3.3.3 8255A 的工作方式

8255A 有 3 种工作方式：方式 0、方式 1 和方式 2。方式的选择是通过写 8255 的控制字的方法来完成的。

1. 方式 0（基本输入/输出方式）

PA、PB 和 PC 端口高 4 位、低 4 位都可以设置为方式 0 的输入或输出，不需要选通信号。单片机可以对 8255A 进行 I/O 数据的无条件传送，外设的 I/O 数据在 8255A 的各端口能得到锁存和缓冲。

（1）A 口、C 口的高 4 位、B 口以及 C 口的低 4 位可以分别定义为输入或输出，各端口互相独立，故共有 16 种不同的组合。

（2）在方式 0 下，C 口有按位进行置位和复位的能力。

方式 0 最适合用于无条件传送方式，由于传送数据的双方互相了解对方，所以既不需要发控制信号给对方，也不需要查询对方状态，故 CPU 只需直接执行输入/输出指令便可将数据读入或写出。

方式 0 也能用于查询工作方式，由于没有规定的应答信号，这时常将 C 口的高 4 位或低 4 位定义为输入口，用来接收外设的状态信号。而将 C 口的另外 4 位定义为输出口，输出控制信息。此时的 A、B 口可用来传送数据。

2. 方式 1（选通输入/输出方式）

PA 和 PB 端口都可以独立设置为方式 1，在这种方式下，8255A 的 PA 和 PB 端口通常用于传送和它们相连外设的 I/O 数据，PC 端口作为 PA 和 PB 端口的辅助握手联络线，以实现中断方式传送 I/O 数据。PC 端口作为联络线的各位分配是在设计 8255A 时规定的，分配表见表 7－5。

表 7－5　　　　　　　　　　　8255 端口及工作状态选择表

PC 端口各端位	方式 1（PA 端口、PB 端口）		方式 2（仅 PA 端口）
	输入方式	输出方式	双向方式
PC0	$INTR_B$	$INTR_B$	由 PB 端口方式决定
PC1	IBF_B	$\overline{OBF_B}$	由 PB 端口方式决定
PC2	$\overline{STB_B}$	$\overline{ACK_B}$	由 PB 端口方式决定
PC3	$INTR_A$	$INTR_A$	$INTR_A$
PC4	$\overline{STB_A}$	I/O	$\overline{STB_A}$
PC5	IBF_A	I/O	IBF_A
PC6	I/O	$\overline{ACK_A}$	$\overline{ACK_A}$
PC7	I/O	$\overline{OBF_A}$	$\overline{OBF_A}$

无论是 PA 端口还是 PB 端口输入，都用 PC 端口的 3 位作应答信号，1 位作中断允许控制位。各应答信号含义如下：

$\overline{STB}$：外设送给 8255A 的"输入选通"信号，低电平有效。

IBF：8255A 送给外设的"输入缓冲器满"信号，高电平有效。

INTR：8255A 送给 CPU 的"中断请求"信号，高电平有效。

INTE：8255A 内部为控制中断而设置的"中断允许"信号。INTE 由软件通过对 PC4（PA 端口）和 PC2（PB 端口）的置位/复位来允许或禁止。

$\overline{OBF}$：8255A 送给外设的"输出缓冲器满"信号，低电平有效。

$\overline{ACK}$：外设送给 8255A 的"应答"信号，低电平有效。

就 8255A 方式 1 的输入或输出工作方式的具体分析如下：

（1）方式 1 输入。当任一端口工作于方式 1 输入时，如图 7－36 所示，其中各个控制信号的意义介绍如下：

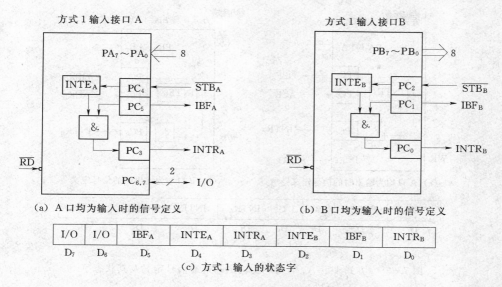

（a）A 口均为输入时的信号定义　　　　（b）B 口均为输入时的信号定义

I/O	I/O	IBF_A	$INTE_A$	$INTR_A$	$INTE_B$	IBF_B	$INTR_B$
D_7	D_6	D_5	D_4	D_3	D_2	D_1	D_0

（c）方式 1 输入的状态字

图 7-36　方式 1 下 A、B 口均为输入时的信号定义及其状态字

1）$\overline{STB}$——选通信号，低电平有效，这是由外设提供的输入信号，当其有效时，将输入设备送来的数据锁存至 8255 的输入锁存器。

2）IBF——输入缓冲器满信号，高电平有效，这是 8255 输出的一个联络信号。当其有效时，表示数据已输入至输入锁存器。它由 $\overline{STB}$ 信号置位（高电平），而 $\overline{RD}$ 信号的上升沿使其复位。

3）INTR——中断请求信号，高电平有效，这是 8255 的一个输出信号，可用于向 CPU 提出中断请求，要求 CPU 读取外设数据。它在当 $\overline{STB}$ 为高电平，IBF 为高电平和 INTE（中断允许）为高电平时被置为高，而由 $\overline{RD}$ 信号的下降沿清除。

4）$INTE_A$——中断允许信号，高电平有效，端口 A 中断允许信号，可由用户通过对 PC_4 的按位置位/复位来控制（$PC_4 = 1$，允许中断）。而 $INTE_B$ 由 PC_2 的置位/复位控制。上述过程可用图 7-37 的简单时序图进一步说明。

在方式 1 之下，8255 的 A 口和 B 口既可以同时为输入或输出，也可以一个为输入，另一个为输出。还可以使这两个端口一个工作于方式 1，而另一个工作于方式 0。这种灵活的工作特点是由其可编程的功能决定的。

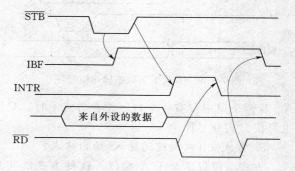

图 7-37　方式 1 下数据输入时序图

（2）方式 1 输出。在方式 1 输出时，如图 7-38 所示，主要控制信号意义如下：

1）$\overline{OBF}$——输出缓冲器满信号，低电平有效。这是 8255 输出给外设的一个控制信号。当其有效时，表示 CPU 已经把数据输出给指定的端口，外设可以把数据输出。它由 CPU 输出命令 $\overline{WR}$ 的上升沿设置为有效，由 $\overline{ACK}$ 的有效信号使其恢复为高。

2）$\overline{ACK}$——低电平有效。这是一个外设的响应信号，指示 CPU 输出给 8255 的数据已

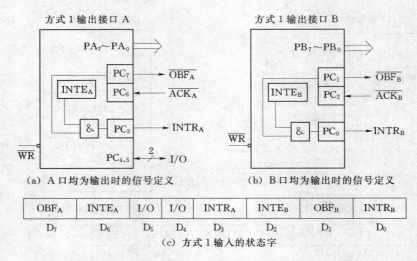

图 7-38　方式 1 下 A、B 口均为输出的选通信号定义及其状态字

经由外设接收。

3）INTR——中断请求信号，高电平有效。当输出装置已经接收了 CPU 输出的数据后，它用来作为向 CPU 提出新的中断请求，要求 CPU 继续输出数据。当 $\overline{ACK}$ 为"1"（高电平），$\overline{OBF}$ 为"1"（高电平）和 INTE 为"1"（高电平）时，使其置位（高电平），而 $\overline{WR}$ 信号的下降沿使其复位（低电平）。

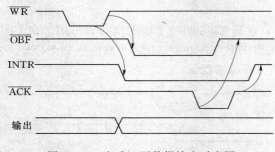

图 7-39　方式 1 下数据输出时序图

4）INTE_A 和 INTE_B——INTE_A 由 PC_6 的置位/复位控制，而 INTE_B 由 PC_2 的置位复位控制。方式 1 下的整个输出过程可以参考图 7-39 所示的简单时序。

当 A 口和 B 口同时工作于方式 1 输出时，仅使用了 C 口的 6 条线，剩余的两位可以工作于方式 0，实现数据的输入或输出，其数据的传送方向可用程序指定。也可通过位操作方式对它们进行置位或复位。当 A、B 两个口中仅有一个口工作在方式 1 时，只用去 PC 口的 3 条线，则 PC 口剩下的 5 条线也可按方式 0 工作。

3. 方式 2（双向选通输入/输出方式）

方式 2 仅仅适合于 A 端口。这种方式能实现外设与 8255A 的 PA 端口双向数据传送，并且输入和输出都是锁存的。它使用 PC 端口的 5 位作应答信号，2 位作中断允许控制位。

方式 2 又称为双向 I/O 方式。只有 A 口可以工作在这种方式下。双向方式使外设能利用 8 位数据线与 CPU 进行双向通信，既能发送数据，也能接受数据。方式 2 要利用 C 口的 5 条线来提供双向传输所需的控制信号。当 A 口工作于方式 2 时，B 口可以工作在方式 0 或方式 1，而 C 口剩下的 3 条线可以作为输入/输出线使用，也可以用作 B 口方式 1 之下的控制线。当端口 A 工作于方式 2 时，如图 7-40 所示，各个信号的意义为：

（1）INTR——中断请求信号，高电平有效，在输入和输出方式时，都可用作向 CPU 发出的中断请求信号。

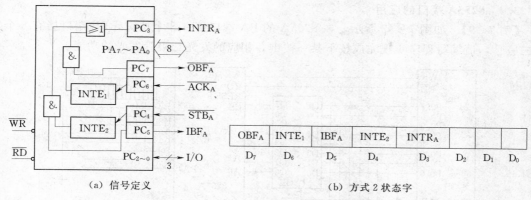

（a）信号定义　　　　　　　　（b）方式 2 状态字

图 7-40　方式 2 下的信号定义及其状态字

（2）$\overline{OBF}$——输出缓冲器满信号，低电平有效，是对外设的一种命令信号，表示 CPU 已把数据输至端口 A。

（3）$\overline{ACK}$——响应信号，低电平有效，$\overline{ACK}$ 的下降沿启动端口 A 的三态输出缓冲器，送出数据，否则输出缓冲器处在高阻状态。$\overline{ACK}$ 的上升沿是数据已输出的回答信号。

（4）$INTE_1$ 和 $INTE_2$——$INTE_1$ 是与输出缓冲器相关的中断屏蔽触发器，由 PC_6 的置位/复位控制。$INTE_2$ 是与输入缓冲器相关的中断屏蔽触发器，由 PC_4 的置位/复位控制。

（5）$\overline{STB}$——选通输入，低电平有效，这是外设供给 8255 的选通信号，它把输入数据选通至输入锁存器。

（6）IBF——输入缓冲器满，高电平有效，它是一个控制信号，指示数据已进入输入锁存器。在 CPU 未把数据读走前，IBF 始终为高点平，阻止输入设备送来新的数据。

A 口工作于方式 2 的时序如图 7-41 所示。此时的 A 口可以认为是前面方式 1 的输入和输出相结合而分时工作。实际传输过程中，输入和输出的顺序以及各自操作的次数是任意的，只要 $\overline{WR}$ 在 $\overline{ACK}$ 之前发出，$\overline{STB}$ 在 $\overline{RD}$ 之前发出就可以了。

在输出时，CPU 发出写脉冲 $\overline{WR}$，向 A 口写入数据。$\overline{WR}$ 信号使 INTR 变低电平，同时使 $\overline{OBF}$ 有效。外设接到 $\overline{OBF}$ 信号后发出 $\overline{ACK}$ 信号，从 A 口读出数据，$\overline{ACK}$ 信号使 $\overline{OBF}$ 无效，并使 INTR 变高，产生中断请求，准备输出下一个数据。

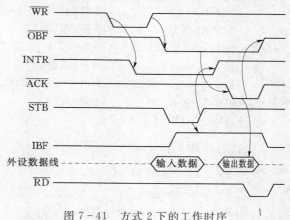

图 7-41　方式 2 下的工作时序

输入时，外设向 8255 送来数据，同时发 $\overline{STB}$ 信号给 8255，该信号将数据锁存到 8255 的 A 口，从而使 IBF 有效。$\overline{STB}$ 信号结束使 INTR 有效，向 CPU 请求中断。CPU 响应中断后，发出读信号 $\overline{RD}$，从 A 口中将数据读走。$\overline{RD}$ 信号会使 INTR 和 IBF 信号无效，从而开始下个数据的读入过程。

在方式 2 下，8255 的 PA0～PA7 引线上，随时可能出现输出到外设的数据，也可能出现外设输入给 8255 的数据，这需要防止 CPU 和外设同时竞争 PA_0～PA_7 数据线。

7.3.3.4　8255A 接口的应用

【例 7-9】　如图 7-42 所示，在 8255A 的 PA 端口接有 8 个按键，PB 端口接有 8 个发光二极管，请编写程序实现完成按下某一按键，相应的发光二极管发光的功能。

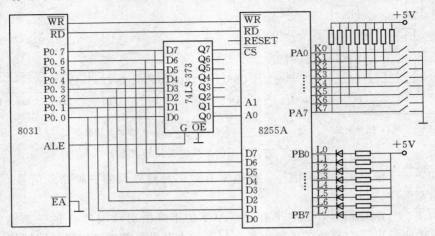

图 7-42　8255 A 口的 8 个键控制 B 口的 8 盏灯

由图可知，P0.7=0 方选中该 8255，当 A1 A0（P0.1 P0.0）为 00、01 对应 PA 口和 PB 口，当 A1 A0 为 11 时对应控制口，其余地址写 1。这样 A 口、B 口、控制口地址分别为 xx7CH、xx7DH、xx7FH。设定 PA 口方式 0 输入，B 口方式 0 输出，控制字 10010000B=90H。

汇编程序如下：

```
        MOV   R0,♯7FH       ;指向 8255 的控制端口
        MOV   A,♯90H        ;控制字;PA 端口输入,PB 端口输出
        MOVX  @ R0,A        ;向控制端口写控制字
LOOP:   MOV   R0,♯7CH       ;指向 8255 的 PA 端口
        MOVX  A,@R0         ;取开关信息
        INC   R0            ;指向 8255 的 PB 端口
        MOVX  @ R0,A        ;驱动 LED 发光
        SJMP  LOOP
```

C 语言程序如下：

```
#include  <reg51..h>
#include  <absacc..h>
#define  uchar  unsigned  char
uchar i;
void main (void)
{
    i= 0x90.
    PBYTE[0x7F]= i.
    i= PBYTE[0x7C];
    PBYTE[0x7D]= i;
}
```

7.3.4 可编程的 RAM/IO/CTC 接口 8155 扩展

Intel 8155 是具有 40 条引脚的双列直插式 RAM（静态随机存储器）/IO（并行输入输出口）/CTC（定时器/计数器）的扩展器件。它含有：256 个字节的 RAM 存储器，两个 8 位可编程的输入/输出并行接口 PA 和 PB，一个 6 位可编程的输入/输出并行接口 PC，和一个 14 位可编程的计数器/定时器（CTC）。8155 可以直接和 MCS-51 系列单片机接口，不需要增加任何硬件逻辑电路，是 MCS-51 系列单片机系统紧凑系统常用的一种外围扩展器。

7.3.4.1 8155 可编程 RAM/IO/CTC 接口的内部结构及引脚功能

图 7-43 所示为 8155 的内部结构和引脚图。

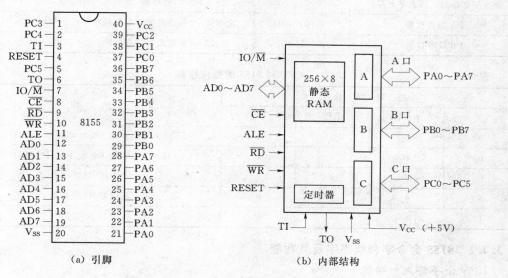

图 7-43 8155 的引脚与内部结构

1. 8155 芯片的引脚

8155 是一种有 40 个引脚的双列直插式标准芯片，除电源（V_{CC}）和地信号（V_{SS}）以外，其他信号可以分为两组：

（1）与外部连接的有：

PA0~PA7：8 位并行 I/O 口线。

PB0~PB7：8 位并行 I/O 口线。

PC0~PC5：6 位并行 I/O 口线。

TI：定时器的计数脉冲输入线。

TO：定时器的输出信号线。

（2）与系统总线连接的有：

AD0~AD7：地址/数据总线。

IO/$\overline{M}$：IO 和 RAM 选择信号输入线，高电平选择 IO 口，低电平选择 RAM。

$\overline{CE}$：选片信号输入线，低电平有效；

ALE：地址允许锁存信号输入线，ALE 端电平负跳变时把总线 AD0~AD7 的地址以及

$\overline{CE}$、IO/$\overline{M}$ 的状态锁入片内锁存器。

　　$\overline{RD}$：读选通信号输入线，低电平有效。

　　$\overline{WR}$：写选通信号输入线，低电平有效。

　　RESET：复位控制信号输入线，高电平有效。

　　2．内部寄存器及其操作

　　8155 内部有 6 个 I/O 寄存器，IO/$\overline{M}$ 为高电平时．A0～A7 为 I/O 寄存器地址，寄存器编址见表 7-6。CPU 对 8155 的 I/O 寄存器的读写操作如表 7-7 所示。

表 7-6　　　　　　　　　　8155 内部 IO 寄存器编址

名　称	地　址	名　称	地　址
命令字寄存器、状态字寄存器	×××××000	PC 口寄存器	×××××011
PA 口寄存器	×××××001	定时器/计数器低字节寄存器	×××××100
PB 口寄存器	×××××010	定时器/计数器高字节寄存器	×××××101

表 7-7　　　　　　　　　　CPU 对 8155 的操作控制

控　制　信　号				操　作
$\overline{CE}$	IO/$\overline{M}$	$\overline{RD}$	$\overline{WR}$	
0	0	0	1	读 RAM 单元（地址为 00H～FFH）
0	0	1	0	写 RAM 单元（地址为 00H～FFH）
0	1	0	1	读内部 IO 寄存器
0	1	1	0	写内部 IO 寄存器
1	—	—	—	无操作

7.3.4.2　8155 命令字和状态字及其功能

　　1．命令字格式和功能

　　8155 的并行口和定时器的逻辑结构是可编程的，即 CPU 通过把命令字写入命令寄存器来控制它们的逻辑功能。命令寄存器只能写不能读。图 7-44 为 8155 命令字的格式和定义。

　　8155 的 PA 口、PB 口可编程为无条件的基本输入/输出方式和应答式的选通输入/输出方式，图 7-45 给出了 PC2、PC1 和 I/O 口逻辑组态的对应关系。

　　2．状态字

　　状态字寄存器存放 8155 并行口、定时器的当前方式和状态供 CPU 查询，状态字只能读不能写，它和命令字寄存器共用一个地址。图 7-46 为 8155 状态字的格式和定义。

　　3．定时器控制字

　　8155 的定时器/计数器是一个 14 位的减法计数器。它的计数初值可设在 0002～3FFFH 之间。它的计数速率取决于输入 TI 的脉冲频率，最高可达 4MHz。它有 4 种操作方式，不同的方式下引脚 TO 输出不同的波形。8155 内有两个寄存器存放操作方式码和计数初值，图 7-47 为 8155 定时器控制字的格式和定义。

　　表 7-8 给出了 4 种操作方式的选择及相应输出波形。初始化时，应先对定时器的高、低字节寄存器编程，设置方式和计数初值 n。然后对命令寄存器编程（命令字最高两位为 1），启动定时器/计数器计数。注意硬件复位并不能初始化定时器/计数器为某种操作方式或者启动计数。

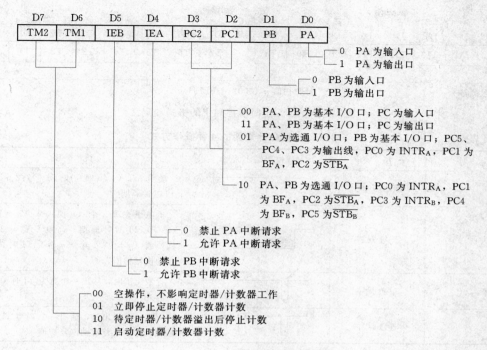

图 7-44 8155 命令字的格式和定义

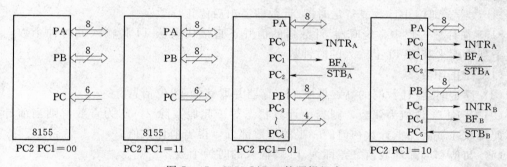

图 7-45 8155 I/O 口的逻辑组态

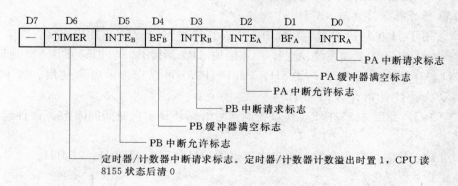

图 7-46 8155 状态字的格式和定义

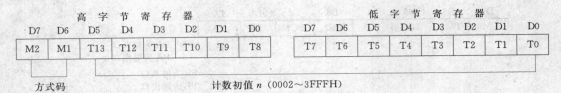

图 7-47　8155 定时器控制字的格式和定义

表 7-8　　　　　　　　　　**8155 定时器/计数器的 4 种操作方式**

M_2	M_1	方式	TO 脚输出波形	说　　明
0	0	单负方波		宽为 $n/2$ 个（n 偶）或（$n-1$）/2 个（n 奇）TI 时钟周期
0	1	连续方波		低电平宽 $n/2$ 个（n 偶）或（$n-1$）/2 个（n 奇）TI 时钟周期；高电平宽 $n/2$ 个（n 偶）或（$n+1$）/2 个（n 奇）TI 时钟周期，自动恢复初值
1	0	单负脉冲		计数溢出时，输出一个宽为 TI 时钟周期的负脉冲
1	1	连续脉冲		每次计数溢出时，输出一个宽为 TI 时钟周期的负脉冲，并自动恢复初值

若要停止定时器/计数器计数，需通过对命令寄存器编程（最高两位为 01 或 10），使定时器/计数器立即停止计数或待定时器/计数器溢出后停止计数。

8155 在计数过程中，定时器/计数器的值并不直接代表从 TI 脚输入的时钟个数，必须通过下列步骤来获得 TI 上输入的时钟数：

（1）停止计数。

（2）读定时器/计数器的高、低字节寄存器并取其低 14 位信息。

（3）若这 14 位值为偶数，则当前计数状态等于此偶数除 2；若为奇数，则当前计数值等于此奇数除 2 后加上计数初值的一半的整数部分，得当前计数值。

（4）初值和当前计数值之差即为 TI 脚输入的时钟个数。

7.3.4.3　8155 接口的应用

1. 8155 作为并行接口与 MCS-51 相连

8155 常用于 51 单片机的紧凑系统中，可以直接和 MCS-51 单片机连接。图 7-48 为单片机只扩展一片 8155 的紧凑系统。选片端 $\overline{CE}$ 接地，IO/$\overline{M}$ 接 P2.0，8155 的 RAM 地址为 00～FFH，I/O 寄存器地址为 100H～105H。P2.1～P2.7 可以作为 I/O 口使用。置 P2.0 状态后，再用 R0 或 R1 作指针对 8155 读写。

【例 7-10】　利用 8155 的 PA 接口控制信号灯循环显示，时间间隔 1s。硬件连接如图 7-49 所示。

由图可知，控制接口寄存器、A 口寄存器的地址分别为 7F00H、7F01H。

C 语言参考程序为：

```
# include <reg51.h>
# include <absacc.h>        //绝对地址访问宏定义头文件
# define uchar unsigned char   // 宏定义后便于书写
```

```
out ( uchar Oupput_Data )
  {
  XBYTE [0x7f01] = Oupput_Data;// 变量 Oupput_Data 传到 PA 输出
  }
delay ( )                      // 延时
  {
  unsigned long d=10000;
  while ( d-- );
  }
main ( )                       // 主函数
  {
  uchar Count, PortA_Data
  XBYTE[0x7f00] = 0x01;        // 8155 初始化:PA 基本输出,PB、PC 输入
    while (1)
      {
      Count=8;
      PortA_Data=0xfe;
      while (Count--)
        { out (PortA_Data);     // PA 口输出
          PortA_Data<<=1;
          delay ( );
        }
      }
  }
```

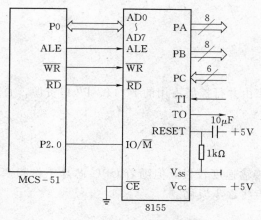

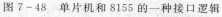

图 7-48 单片机和 8155 的一种接口逻辑

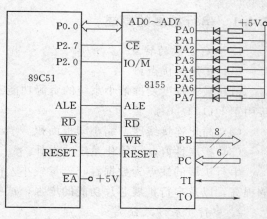

图 7-49 8155 的 PA 接口控制信号灯硬件连接

2. 8155 作为定时器接口与 MCS-51 相连

【例 7-11】 如果使 8155 的定时器/计数器作为方波发生器,TO 输出方波,频率是 TI 输入时钟的 24 分频,PA 和 PB 为输出口,PC 口为输入口。计数器的初值应为 0018H,计数器最高两位 M2M1=01,置 8155 定时器为方式 1,计数常数为 4018H。

初始化汇编程序段为:

```
INI8155:   SETB  P2.0        ;选 8155 的 I/O 口
           MOV R0,♯04H       ;定时寄存器 CTC 低 8 位地址
           MOV  A,♯18H       ;低 8 位常数
           MOVX @R0,A
           INC  R0           ;定时寄存器 CTC 高 8 位地址
           MOV  A,♯40H       ;高 8 位常数
           MOVX @R0,A
           MOV  R0,♯00H      ;8155 控制字地址
           MOV  A,♯0C3H      ;命令字。启动定时器,并置 PA、PB 口为输出口,PC 口为输入口
           MOVX  @R0,A
```

对应的 C 语言程序为：

```
unsigned char i;
i=0x18;
PBYTE[0x04]= i;
i=0x40;
PBYTE[0x05]=i;
i=0xc3;
PBYTE[0x00]=i;
```

7.4　MCS-51 单片机的串行扩展方法

串行通信是 MCU 与其他计算机设备通信的重要手段之一，本节就介绍 MCS-51 自带的串行通信扩展、I²C 总线、SPI 以及 USB 等串行通信方式的扩展。

7.4.1　串行扩展的概述

1. 串行扩展的特点

串行扩展的优点：

(1) 最大程度发挥最小系统的资源功能。原来由并行扩展占用的 P0 口、P2 口资源，直接用于 I/O 口。

(2) 简化连接线路，缩小印板面积。

(3) 扩展性好，可简化系统的设计。

串行扩展的缺点为数据吞吐容量较小，信号传输速度较慢，但随着 CPU 芯片工作频率的提高，以及串行扩展芯片功能的增强，这些缺点将逐步淡化。

2. 串行扩展方式分类

串行扩展方式可分为一线制、二线制、三线制、移位寄存器串行扩展、USB 和 CAN 6 种。

(1) 一线制。一线制的典型代表为 Dallas 公司推出的单总线 (1-wire)，用于便携式仪表和现场监控系统。1-wire 总线是利用一根线实现双向通信，由一个总线主节点、一个或多个从节点组成系统，通过一根信号线对从芯片进行数据的读取。每一个符合 1-wire 协议的从芯片都有一个唯一的地址，包括 8 位分类码、48 位的序列号和 8 位 CRC 代码。主芯片

对各个从芯片的寻找依据这64位的不同来进行。单总线节省I/O引脚资源、结构简单、成本低廉、便于总线扩展和维护。图7-50为单总线构成的分布式温度系统示意图。

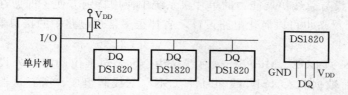

图7-50　单总线构成的分布式温度系统示意图

（2）二线制。二线制的典型代表为philips公司推出的I^2C总线（Intel Integrated Circuit BUS）。它用两根线实现数据传送，可以极为方便地构成多机系统和外围器件扩展系统。I^2C总线是二线制，采用器件地址的硬件设置方法，通过软件寻址完全避免了器件的片选线寻址方法，从而使硬件系统具有简单灵活的扩展方法。I^2C总线简单，结构紧凑，易于实现模块化和标准化。I^2C总线传送速率主要标准S模式（100kbit/s）和快速F模式（400kbit/s）两种。

具有I^2C总线结构的器件，不论SRAM、E^2PROM、ADC/DAC、I/O口或单片机，均可通过SDA、SCL连接（同名端相连）。无I^2C总线结构的器件，如LED/LCD显示器、键盘、码盘、打印机等也可通过具有I^2C总线结构的I/O接口电路成为串行扩展器件。图7-51为I^2C总线扩展示意图。

80C51只能采用虚拟I^2C总线方式，并且只能用于单主系统，虚拟I^2C总线接口可用通用I/O口中任一端线担任。

在C8051F中的SMBus串行总线与I^2C完全兼容。SMBus总线采用了器件地址硬件设置的方法，通过软件寻址，完全避免了用片选线对器件的寻址方法，从而使硬件系统扩展简单灵活。SMBus总线传输中的所有状态都生成相应的状态码，主机依照状态码自动地进行总线管理，用户只要在程序中装入这些标准处理模块，根据数据操作要求完成总线的初始化，启动总线就能自动完成规定的数据传送操作。SMBus也只用串行数据线SDA、串行时钟线SCL两根线就可以实现同步串行接收和发送。SMBus发送和接收只能分时进行；SDA和SCL必须接上拉电阻；工作电压3.0～5.0V。

（3）三线制。三线制（不包括片选线）主要有SPI和Micro wire /PLUS两种。图7-52为两种三线制串行扩展示意图。

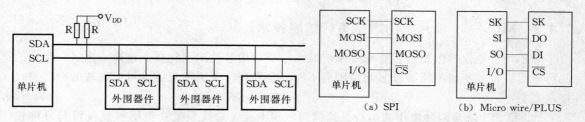

图7-51　I^2C总线扩展示意图　　　　图7-52　两种三线制串行扩展示意图

1）SPI(Serial Peripheral Interface)。SPI总线是Motorola公司提出的一种同步串行外设接口。允许单片机与各种外围设备以同步串行方式进行通信。其外围设备种类繁多：最简单的TTL移位寄存器到复杂的LCD显示驱动器、网络控制器等。

SPI 总线是三线制，SPI 的时钟线是 SCK，数据线 MOSI（主发从收）、MOSO（主收从发），主从器件的 MOSI 和 MOSO 是同名端相连。可直接与多种标准外围器件直接接口，在 SPI 从设备较少而没有总线扩展能力的单片机系统中使用特别方便。即使在有总线扩展能力的系统中采用 SPI 设备也可以简化电路设计，省掉很多常规电路中的接口器件，从而提高了设计的可靠性。

2）Micro wire /PLUS。Microware 总线是由 NS 公司推出的串行外设接口，它是由数据输出（SO）线、数据输入（SI）线和时钟（SK）三线制组成。所有从器件的时钟线连接到同一根 SK 线上，主器件向 SK 线发送时钟脉冲信号，从器件在时钟信号的同步沿输出/输入数据。主器件的数据输出线 SO 和所有从器件的数据输入线相接，从器件的数据输出线都接到主器件的数据输入线 SI 上。

由于该两类三线制器件无法通过数据传输线寻址，因此，必须由单片机 I/O 线单独寻址，连到扩展器件的片选端 $\overline{CE}$（若只扩展一片，可将扩展芯片 $\overline{CE}$ 接地）。

（4）MCS - 51 单片机的移位寄存器串行扩展。MCS - 51 的内部串行口有 4 种工作方式，其中方式 0 为同步移位寄存器工作方式。通过该移位寄存方式，可将串行数据并行输出，也可以将并行数据串行输入。

MCS - 51 的串行方式 0 时，串行口作为同步移位寄存器使用。TXD 端（P3.1）发出移位脉冲，频率为 $f_{osc}/12$，RXD 端（P3.0）输入、输出数据。

（5）USB（Universal Serial Bus）。USB 总线是 Compaq、Intel、Microsoft、NEC 等公司联合制定的一种计算机串行通信协议。USB 比较于其他传统接口的一个优势是即插即用的实现，即插即用（Plug - and - Play）也称为热插拔（Hot Plugging）。数据传输速度快，USB1.1 接口的最高传输率可达 12Mbit/s；USB2.0 接口的最高传输率可达 480Mbit/s。扩展方便，使用 USB Hub 扩展，可以连接 127 个 USB 设备，连接的方式十分灵活。

（6）CAN（Controller Area Network）。CAN 总线是德国 Bosch 公司最先提出的多主机局域网，是国际上应用最广泛的现场总线之一。最初，CAN 被设计作为汽车环境中的微控制器通信，在车载各电子控制装置（ECU）之间交换信息，形成汽车电子控制网络。比如：发动机管理系统、变速箱控制器、仪表装备。

在由 CAN 总线构成的单一网络中，理论上可以挂接无数个节点。实际应用中，节点数目受网络硬件的电气特性所限制。CAN 可提供高达 1Mbit/s 的数据传输速率，这使实时控制变得非常容易。另外，硬件的错误检定特性也增强了 CAN 的抗电磁干扰能力。当信号传输距离达到 10km 时，CAN 仍可提供高达 50kbit/s 的数据传输速率。

7.4.2　MCS - 51 单片机的虚拟串行扩展技术

为了使智能仪器微型化，首先要设法减少仪器所用芯片的引脚数。这样一来过去常用的并行总线接口方案由于需要较多的引脚而不得不舍弃，转而采用只需少量引脚数的串行总线接口方案。

I^2C 和 SPI 就是两种常用的串行总线接口。SPI 三线总线只需 3 根引脚线就可与外部设备相连；而 I^2C 双总线则只需 2 根引脚线就可与外部设备相连。采用 I^2C 或 SPI 总线接口的器件相当丰富，如存储器、A/D、D/A、日历时钟、键盘显示等，采用串行总线扩展单片机外围器件正成为一种理想的选择。

C8051F 单片机内部集成有与 I^2C 公用双总线完全兼容的 SMBus 总线和 SPI 总线接口。

I^2C 和 SPI 是最常见的串行扩展接口，而对于无这种接口的 MCS-51 系列单片机中（如 89C52 等型号）的单片机，可以用软件模拟串行通信时序，用于扩展 E^2PROM、RAM、LCD 驱动器、A/D 等串行接口的外围器件，特别适用于 MCS-51 系列的最小系统。

采用通用 I/O 口来模拟串行接口就构成虚拟的串行扩展接口。只要严格控制模拟同步信号，并满足串行同步数据传送的时序要求，就可满足串行数据传送的可靠性要求。利用 MCS-51 单片机的通用 I/O 口虚拟移位寄存器工作方式实现串行扩展，只需用任一通用 I/O 口代替 RXD 和 TXD。

因篇幅限制，I^2C 和 SPI 的模拟程序略去。

本 章 小 结

本章主要介绍并行的外部总线、外部程序存储器、外部数据存储器、外部 I/O 接口的扩展技术以及简单的串行扩展方法。讲述了并行扩展的一般方法（包括几种地址译码方法）、常见的外部存储器（包括 RAM 和 ROM）与单片机的连接技术、常用的 I/O 芯片（包括不可编程的锁存器与缓冲器、可编程的 8255/8155）与单片机的接口技术，通过本章学习，读者应掌握常用的外部存储器、I/O 接口与单片机的连接方法、外部芯片的地址计算以及接口编程等内容。

习 题 与 思 考 题

7-1 MCS-51 应用系统扩展时，采用三总线结构有何优越性？

7-2 MCS-51 单片机系统工作时，何时产生 ALE 和 $\overline{PSEN}$ 控制信号？何时产生 $\overline{WR}$（P3.6）和 $\overline{RD}$（P3.7）控制信号？

7-3 MCS-51 单片机与外部扩展的存储器相接时，P0 口输出的低 8 位地址为何必须通过地址锁存器？而 P2 口输出的高 8 位地址则不必锁存？

7-4 当 8031 应用系统中有外扩存储器时，空余的 P2 口能否再作 I/O 线用，为什么？

7-5 简述全地址译码、部分地址译码、线选法、直接接地法的特点及应用场合。

7-6 什么是大系统、紧凑系统和小系统？

7-7 MCS-51 单片机的最大寻址范围是多少字节？如果一个 8031 应用袭用的外部数据存储器 RAM 需扩展 256K 字节，你将采用什么措施扩展之？

7-8 在 MCS-51 单片机系统中，外接程序存储器和数据存储器共用 16 位地址线和 8 位数据线，为什么不会发生冲突？在存储器扩展中，片外数据存储器和程序存储器的地址空间可以重叠，为什么访问这两个存储空间不会发生冲突。

7-9 以两 2716 给 80C51 单片机扩展一个 4KB 的外部程序存储器，要求地址空间与 8051 的内部 ROM 相衔接，请画出逻辑连接图。

7-10 试用译码器 74LS138 设计一个译码电路，分别选中 4 片 2732，画出电路图并写出各个 2732 所占的地址空间。

7-11 试画出 51 系列单片机扩展两片 2817A 兼作程序存储器和数据存储器的接口电路。

7-12 在访问外部数据存储器的系统中，在外部 RAM 读写周期内，P0 口上的信息变化过程是什么？P0 口和 P2 口上的地址信息来源于哪些专用寄存器？

7-13　利用全地址译码为 MCS-51 扩展 16KB 的外部数据存储器，存储器芯片选用 SRAM 6264。要求 6264 占用从 A000H 开始的连续地址空间，画出电路图。

7-14　试以一片 2716 和 1 片 6116 组成一个既有程序存储器又有数据存储器的存储器扩展系统，请画出逻辑连接图，并说明各芯片的地址范围。

7-15　试设计以 8031 为主机，采用一片 27332 作 ROM，地址为 0000H～0FFFH；采用两片 6116 作 RAM，地址为 1000H～1FFH 的扩展系统，画出电路图；如图 RAM 地址为 2000H～2FFFH 或 3000H～3FFFH，两片 6116 的片选与译码应如何连接？

7-16　用 RAM 芯片可否作外部程序存储器？控制线如何接？

7-17　使用 74LS244 和 74LS273，采用全地址译码方法为 MCS-51 扩展一个输入口和一个输出口，口地址分别为 FF00H 和 FF01H，画出电路图。编写程序，从输入口输入一个字节的数据存入片内 RAM 60H 单元，同时把输入的数据送往输出口。

7-18　8255 有几种工作方式？试说明其每种工作方式的意义？适用场合？

7-19　8255A 芯片如何辨认方式控制字和 C 端口置/复位控制字？方式控制字各位定义如何？

7-20　将 8255A 的 PA 端口设为方式 0（基本输出方式），8255A 的 PB 端口设为方式 1（选通输入方式），并在数据输入后会向 CPU 发出中断请求，不作控制用的 C 端口数位全部输出，设 PA 端口地址为 4000H，PB 端口地址为 4001H，PC 端口地址为 4002H，控制寄存器地址为 4003H，编写初始化程序。

7-21　8155 扩展器有几部分组成？试说明其作用？试比较 8155 和 8255A 的功能，指出各自的优点。

7-22　一个 8051 应用系统扩展了 1 片 8155，晶振为 12MHz，具有上电复位功能，P2.1～P2.7 作为 I/O 口线使用，8155 的 PA 口、PB 口为输入口，PC 口为输出口。试画出该系统的逻辑图，并编写初始化程序。

7-23　8155 TI 端输入脉冲频率为 1MHz，请编写能在 TO 引脚输出周期为 8ms 方波的程序。

7-24　试编制对 8155 的初始化程序，使 A 口为选通输出，B 口为基本输入，C 口为控制联络信号端，并启动定时/计数器，按工作方式 1 定时工作，定时时间为 1ms。

7-25　常用的串行总线有哪些？它们各有什么特点？

第8章 MCS－51单片机的外部扩展技术（二）

MCS－51单片机内部的接口功能相对比较简单，在单片机的应用系统中除了对其系统资源的扩展（如 ROM、RAM 和并行 I/O 接口等扩展）外，还需要做一些专用接口的扩展以满足应用系统的要求。本章将介绍一些专用接口的扩展。

在单片机应用系统中，通常应具有人机对话功能，通过配置的输入设备和输出设备，才能随时发出各种控制命令和数据输入等。此外，在单片机应用系统中，还经常需要通过输入/输出通道对模拟量进行输入检测与输出控制，这就需要采用 A/D 转换和 D/A 转换器实现模拟量与数字量之间转换。本章将介绍 MCS－51单片机与键盘和显示器等交互通道接口技术，以及 MCS－51单片机与 A/D、D/A 转换器的接口技术。本章的重点在于常用的交互设备、A/D、D/A 芯片与 MCS－51单片机的接口设计和编程。本章的难点在于使用动态方法进行键盘和显示的硬件及软件设计，以及 A/D 多通道转换、D/A 双缓冲方式的编程等。

8.1 MCS－51单片机的外部设备接口技术

单片机应用系统一般都要配置一些外部输入设备外设和输出设备，通过这些人机对话接口，人们可实现对单片机的管理和控制。常用的输入外设有键盘、BCD 码拨盘等。常用的输出外设有 LED 数码管、LCD 显示器和打印机等。

8.1.1 MCS－51单片机与键盘的接口技术

键盘是单片机系统中完成控制参数输入及修改的最常用输入设备，是人工干预系统的重要手段。常用键盘编码键盘和非编码键盘两种，它们之间的主要区别在于识别键符及给出相应键码的方法不同。其中：编码键盘主要是用硬件来实现键的识别；而非编码键盘主要由用户用软件来实现键盘的定义和识别。尽管非编码键盘的系统功能通常比较简单，需要处理的任务较少，但是可以降低成本、简化电路设计，这种键盘通常使用在按键数量较少的场合，单片机中一般都使用之。

8.1.1.1 键盘的工作原理与去抖动方法

1. 按键的电路原理

常见键盘有触摸式键盘、薄膜键盘和按键式键盘，最常用的是按键式键盘。按键式键盘实际上是一组按键开关的集合，平时按键开关总是处于断开状态，当按下键时它才闭合。通常按键开关为机械开关，由于机械触电的弹性作用，按键开关在闭合和释放（断开）时不会马上稳定地接通或断开，因而在闭合和释放的瞬间会伴随着一串的抖动，其抖动现象的持续时间大约在 5～10ms。按键的电路结构如图 8－1 所示，其产生的波形如图 8－2 所示。

按键的抖动人眼是察觉不到的，但会对高速运行的 CPU 产生干扰，进而产生误处理。为了保证按键闭合一次，仅作一次键输入处理，必须采取措施消除抖动。

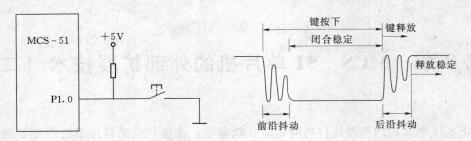

図 8-1　单按键的电路结构　　　　図 8-2　键闭合和断开时的电压波动

2. 抖动的消除方法

消除抖动的方法有硬件消抖法和软件消抖法两种。

（1）硬件消除抖动方法。它采用简单的基本 R-S 触发器或单稳态电路或 RC 积分滤波电路构成去抖动按键电路。

基本 R-S 触发器构成的硬件去抖动按键电路如图 8-3 所示。分析图 8-3（a）可知，当按键 S 按下，即接 B 时，输出 Q 为 0，无论按键是否有弹跳，输出仍为 0；当按键 S 释放，即接 A 时，输出为 1，无论按键是否有弹跳，输出仍为 1。键闭合、断开时的电压波动如图 8-3（b）所示。

图 8-4 所示的是一个利用 RC 积分电路构成去抖动电路。RC 积分电路具有吸收干扰脉冲的滤波作用，只要适当选择 RC 电路的时间常数，就可消除抖动的不良后果。当按键未按下时，电容 C 两端的电压为零，经非门后输出为高电平。当按键按下后，电容 C 两端的电压不能突变，CPU 不会立即接受信号，电源经 R_1 向 C 充电，若此时按键按下的过程中出现抖动，只要 C 两端的电压波动不超过门的开启电压（TTL 为 0.8V），非门的输出就不会改变。一般 R_1C 应大于 10ms，且 $VccR_2/(R_1+R_2)$ 的值应大于非门的高电平阈值，R_2C 应大于抖动波形周期。图 8-4 的电路简单，若要求不严，可取消非门直接与 CPU 相连。

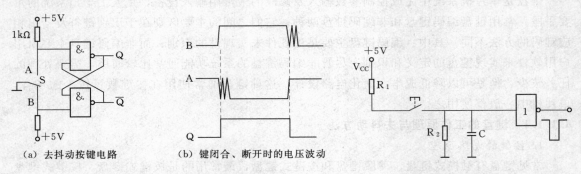

（a）去抖动按键电路　　　（b）键闭合、断开时的电压波动

図 8-3　R-S 触发器消抖动电路　　　　図 8-4　滤波消抖动电路

（2）软件去抖动方法。此法在首次检测到有键按下时，该键所对应线的电压为低电平，执行一段延时 10ms 的子程序后，避开抖动，待电平稳定后再读入按键的状态信息，确认该线电平是否仍为低电平，如果仍为低电平，则确认确实有键按下。当按键松开时，该线的低电平变为高电平，执行一段延时 10ms 的子程序后，检测该线为高电平，说明按键确实已经松开。采取本措施，可消除前沿和后沿两个抖动期的影响。

8.1.1.2　非编码键盘与 CPU 的连接方式

非编码键盘与 CPU 的连接方式可分为独立式按键和矩阵式键盘。

1. 独立式按键及接口

独立式按键是指每个按键独占一根 I/O 接口线,各按键之间相互独立,每根 I/O 接口线上的按键工作状态都不会影响其他 I/O 接口线的工作状态。8 个按键电路如图 8-5 所示。每一个按键独立地占用一条数据线,当某键闭合时,其对应的 I/O 接口线就被置为低电平。

独立式按键的软件常采用查询式结构。先逐位查询每根 I/O 口线的输入状态,如某一根 I/O 口线输入为低电平,则可确认该 I/O 口线所对应的按键已按下,然后,再转向该键的功能处理程序。

独立式按键的优点是各按键相互独立,电路配置简单灵活,识别按下按键的软件编写简单。但按键数量较多时,I/O 接口线占用较多,电路结构繁杂。因此它适合于按键数量较少的场合。

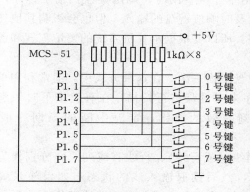

图 8-5　独立式按键电路

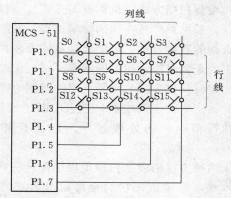

图 8-6　矩阵式键盘的结构

2. 矩阵式键盘及接口

矩阵式(也称行列式)键盘由行线和列线组成,按键位于行、列的交叉点上。图 8-6 给出了 4×4 键盘的结构和一种接口方法。图中 4 根 I/O 接口线(P1.0~P1.3)作为行线,另外 4 根 I/O 接口线(P1.4~P1.7)作为列线,按键跨接在行线和列线上。当键盘上没有键闭合时,行线由 P1.0~P1.3 内部拉高电路拉成高电平,当行线 P1.x 上有键闭合时,则行线 P1.x 和闭合键所在列线 P1.y 短路,P1.x 状态取决于列线 P1.y 的状态。例如,键 6 按下,P1.1 和 P1.6 被接通,P1.1 的状态由 P1.6 的输出状态决定。

从图 8-6 可见,矩阵式键盘中,行、列线分别连接到按键开关的两端,行线通过上拉电阻接到 +5V 上。当无键按下时,行线处于高电平状态;当有键按下时,行、列线将导通,此时,行线电平将由与此行线相连的列线电平决定。这是识别按键是否按下的关键。然而,矩阵键盘中的行线、列线和多个键相连,各按键按下与否均影响该键所在行线和列线的电平,各按键间将相互影响,因此,必须将行线、列线信号配合起来作适当处理,才能确定闭合键的位置。

行列式键盘的优点是占用 I/O 接口线较少,但由于矩阵式键盘中行、列线为多键共用,各按键彼此将相互发生影响,所以必须将行、列线信号配合,才能确定闭合键位置。因此,它的软件结构较为复杂。它适用于按键较多的场合。

8.1.1.3   键盘的任务

非编码矩阵式键盘所完成的工作分为 3 个层次。

（1）键盘状态的判断。单片机如何来监视键盘的输入，也即如何判断是否有键按下（即键盘状态的判断），体现在键盘的工作方式上就是编程扫描、定时扫描和中断扫描 3 种。

（2）闭合键的识别。若有键按下，需识别是哪一个键按下（即闭合键的识别），并确定按下键的键号（键值）。体现在按键的识别方法上就是扫描法和线反转法 2 种。

（3）键盘的编号。根据按下键的键号，实现按键的功能，即跳向对应的键处理程序。

下面再详细讨论上面 3 个层次工作。

1. 键盘状态的判断（也称为键盘扫描控制方式）

单片机在忙于其他各项工作任务时，如何兼顾键盘的输入，这取决于键盘的工作方式。工作方式选取原则是，既要保证及时响应按键操作，又不过多占用单片机工作时间。键盘状态的判断常用方式有编程扫描、定时扫描和中断扫描 3 种。

（1）编程扫描方式（也称查询方式）。利用单片机空闲时，调用键盘扫描子程序，反复扫描键盘。如果单片机查询的频率过高，虽能及时响应键的输入，但也会影响其他任务的进行。查询的频率过低，可能会键盘输入漏判。所以要根据单片机系统的繁忙程度和键盘的操作频率，来调整键盘扫描的频率。

（2）定时扫描方式。每隔一定的时间对键盘扫描一次。在这种方式中，通常利用单片机内的定时器产生的定时中断，进入中断子程序来对键盘进行扫描，在有键按下时识别出该键，并执行相应键的处理程序。为了不漏判有效的按键，定时中断的周期一般应小于 100ms。

上面两种方法的键盘扫描子程序都是将列线（或行线）、行线（或列线）分别作为输出线、输入线，将输出线它们全部输出为"0"，然后读取输入线的状态，如果输入线全为"1"，则表示此时没有任何按键按下；如果输入线不全为"1"，表示有按键按下。再进行按键消去抖动处理后，确认不是抖动干扰后，再进入下一步判别哪个键被按下。

（3）中断扫描方式。上面两种方法即使按键没有按下，单片机 CPU 总是不断的扫描键盘，占用了很多 CPU 处理时间。而中断扫描法则只有按键按下时，才触发中断，单片机响应中断，在中断服务程序中再判断哪个键被按下，进而扫描键值。如无键按下，单片机将不理睬键盘。此方式克服了前两种控制方式可能产生的空扫描和不能及时响应键输入的缺点，既能及时处理键输入，又能提高 CPU 运行效率，但要占用一个的中断资源。

中断扫描方式的硬件接口电路连接方法如图 8-7 所示，其工作原理如下：有按键闭合时，产生中断请求信号 $\overline{INT0}=0$（4 输入端的与门有 0 则值为 0）；若无按键闭合时，不会产生中断请求信号 $\overline{INT0}=1$（与门全 1 则值为 1）；若有中断请求，由硬件将中断请求信号送入 $\overline{INT0}$ 端口，CPU 响应中断后，转向中断服务程序。消抖、扫描求键号等工

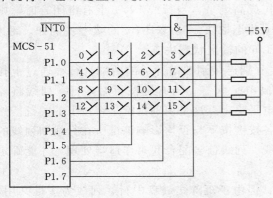

图 8-7   中断方式的矩阵式键盘接口电路

作均由中断服务子程序完成。

2. 闭合键的识别

当判断到键盘上有键闭合时，则要进一步识别闭合键的位置。由于矩阵式键盘中行、列线为多键共用，各按键彼此将相互发生影响，所以必须将行、列线信号配合，才能确定闭合键位置。矩阵式键盘按键的识别方法常用逐行扫描法（简称扫描法）和线翻转法（简称反转法）两种，其中最常见的方法是扫描法。

（1）逐行扫描法。它分为两步，首先识别键盘有无键按下；接着，如有键被按下，再采用逐列扫描法识别出具体的键位。第 2 步具体步骤如下：

1）首先 P1.4～P1.7 输出 1110，即 P1.7 为 0 其余列线为 1，读行线 P1.0～P1.3 状态，若不全为 1，则为 0 的行线 P1.x 和输出 0 的列线 P1.7 相交的键处于闭合状态。若行线为全"1"，则 P1.7 这一列上无键闭合；

2）接着 P1.4～P1.7 输出 1101，即 P1.6 为 0 其余列线为 1，读行线 P1.0～P1.3 状态，判断 P1.6 这一列上有无键闭合；

3）依此类推，最后使 P1.4～P1.7 输出 0111，即 P1.4 为 0 其余列线为 1，读行线 P1.0～P1.3 状态，判断 P1.4 这一列上有无键闭合。这种逐行逐列检查键盘上闭合键的位置，称为逐行扫描法（简称扫描法）。

综上所述，逐行扫描法的思想是先把某一列置为低电平，其余各列置为高电平，检查各行线电平的变化，如果某行线电平为低电平，则可确定此行此列交叉点处的按键被按下。

逐行扫描法的优点是不需要双向接口，连接行线的接口为输入接口，连接列线的接口为输出接口。

（2）线翻转法。逐行扫描法要逐列扫描查询，有时则要多次扫描。而线翻转法则很简练，无论被按键是处于第一列或最后一列，均只需经过两步便能获得此按键所在的行列值。具体步骤如下：

1）让行线编程为输入线，列线编程为输出线，并使输出线输出为全低电平，则行线中电平由高变低的所在行为按键所在行。P1.0～P1.3 为输入线，P1.4～P1.7 为输出线，P1.4～P1.7 输出全"0"，读行线 P1.0～P1.3 状态，得到为 0 的行 P1.x 即为闭合键所在的行；

2）再把行线编程为输出线，列线编程为输入线，并使输出线输出为全低电平，则列线中电平由高变低所在列为按键所在列。将 P1.0～P1.3 改为输出线，P1.4～P1.7 改为输入线，P1.0～P1.3 输出上一步读到的行线状态，读 P1.4～P1.7，得到为 0 的列线 P1.y，则行线 P1.x 和列线 P1.y 相交的键处于闭合状态。

3）两步即可确定按键所在的行和列，从而识别出所按的键。把上两步得到的输入数据拼成一个字节数据作为键值。

线翻转法的优点是识别快，但要求用于连接行线和列线的接口具有双向数据传送的功能。

3. 键盘的编码

对于独立式按键键盘，因按键数量少，可根据实际需要灵活编码。对于矩阵式键盘，按键的位置由行号和列号唯一确定，因此可分别对行号和列号进行二进制编码，然后将两值合成一个字节，低 4 位是行号，高 4 位是列号。以图 8-6 中的 4×4 键盘为例，4×4 键盘的编码为：

0 号键按下时，必在行线输出 1110B，列线读得 1110B 时，其键值为 11101110B ＝EEH；

1 号键按下时，必在行线输出 1110B，列线读得 1101B 时，其键值为 11011110B ＝DEH；

2 号键按下时，必在行线输出 1110B，列线读得 1011B 时，其键值为 10111110B ＝BEH；

⋮

15 号键按下时，必在行线输出 0111B，列线读得 0111B 时，其键值为 01110111B ＝77H。

键盘查询程序设计时，可将这 16 个按键对应的键值按照键号 0～15 连续存放，构成一个数据表，通过查表即可确定键值。表 8-1 为键值和键值的对应关系表。采用上述编码对于不同行的键离散性较大，不利于散转指令对按键进行处理。因此，可采用依次排列键号的方式进行编码，可将键号编码为：01H、02H、03H、…、0EH、0FH、10H 等 16 个键号。编码相互转换可通过计算或查表的方法实现。

表 8-1　　　　　　　　　　键 值 表

键　号	键　值	键　　号	键　值
0	EEH	8	EBH
1	DEH	9	DBH
2	BEH	10	BBH
3	7EH	11	7BH
4	EDH	12	E7H
5	DDH	13	D7H
6	BDH	14	B7H
7	7DH	15	77H

4. 闭合的键是否释放判别

按键闭合一次只能进行一次功能操作，因此，等按键释放后才能根据键号执行相应的功能键操作。

8.1.1.4　键盘接口编程举例

【例 8-1】　设计一个独立式按键的键盘接口，并编写键扫描程序，电路原理图参见前面的图 8-5，键号从上到下分别为 0～7。

下面采用查询方式对实现独立式键盘的扫描并读取键值。

汇编语言参考程序为：

```
KEY:  MOV P1,＃0FFH      ;P1 口为输入口
      MOV A,P1          ;读取按键状态
      CPL A             ;取正逻辑
      JZ  EKEY          ;无键按下,返回
      LCALL DELAY20MS   ;有键按下,去抖
      MOV A,P1
      CPL A
```

```
        JZ  EKEY                    ;抖动引起,返回
        MOV B,A                     ;存键值
KEY1:  MOV A,P1                    ;以下等待键释放
        CPL A
        JNZ  KEY1                   ;未释放,等待
        MOV A,B                     ;取键值送 A
        JB ACC.0,PKEY0              ;K0 按下转 PKEY0
        JB ACC.1,PKEY1              ;K1 按下转 PKEY1
         …
        JB ACC.7,PKEY7              ;K7 按下转 PKEY7
EKEY: RET
PKEY1:LCALL K0                     ;K0 命令处理程序
        RET
PKEY2:LCALL K1                     ;K1 命令处理程序
        RET
         …
PKEY6:LCALL K7                     ;K7 命令处理程序
        RET
```

C 语言参考程序为:

```
#include<reg51.h>
void ScanKey()
{  unsigned char k;
   P1=0xff;                    //输入时 P1 口置全 1
   k=P1;                       //读取按键状态
   if(k==0xff)                 //无键按下,返回
      return;
   delay20ms();                //有键按下,延时去抖
   k=P1;
   if(k==0xff)                 //确认键按下
   return;                     //抖动引起,返回
   while(P1!=0xff);            //等待键释放
   switch(k)
   {
     case:0xfe                 //0 号键的键值为 FEH
      …                        //0 号键按下时执行程序段
        break;
     case:0xfd                 //1 号键的键值为 FDH
      …                        //1 号键按下时执行程序段
        break;
      …
                               //2~6 号键程序省略
     case:0x7f                 //7 号键的键值为 7FH
      …                        //7 号键按下时执行程序段
```

break;

}

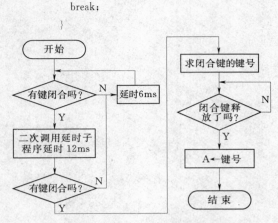

图 8-8　程序扫描方式程序流程图

}

【例 8-2】　设计一个矩阵式按键的键盘接口，并编写键扫描程序，电路原理图参见前面的图 8-6。

图 8-8 所示为采用查询工作方式的键扫描子程序的流程图。为了防止一次按键多次输入键码的现象出现，在查出键号后，等到确定按下的按键释放后的瞬间再将对应的键号送入 CPU 的累加器 A 中。

汇编键盘扫描参考程序为：

```
KEY1:   ACALL  KS1          ;调用判断有无键按下子程序
        JNZ    LK1          ;有键按下时,(A)≠0转消除抖动延时
        AJMP   KEY1         ;无键按下,返回
LK1:    ACALL  TM12ms       ;调12ms延时子程序
        ACALL  KS1          ;查有无键按下,若有则真有键按下
        JNZ    LK2          ;键(A)≠0逐列扫描
        AJMP   KEY1         ;若无键按下,则返回
LK2:    MOV    R2,#0EFH     ;初始列扫描字(0列)送入R2
        MOV    R4,#00H      ;初始列(0列)号送入R4
LK4:    MOV    A,R2         ;列扫描字送至P1端口
        MOV    P1,A
        MOV    A,P1         ;从P1端口读入行状态
        JB     ACC.0,LONE   ;若第0行无键按下,则转查第1行
        MOV    A,#00H       ;若第0行有键按下,则行首键码#00H→A
        AJMP   LKP          ;转求键码
LONE:   JB     ACC.1,LTW0   ;若第1行无键按下,则转查第2行
        MOV    A,#04H       ;若第1行有键按下,则行首键码#04H→A
        AJMP   LKP          ;转求键码
LTW0:   JB     ACC.2,LTHR   ;若第2行无键按下,则转查第3行
        MOV    A,#08H       ;若第2行有键按下,则行首键码#08H→A
        AJMP   LKP          ;转求键码
LTHR:   JB     ACC.3,NEXT   ;若第3行无键按下,则转该查下一列
        MOV    A,#0CH       ;若第3行有键按下,则行首键码#0CH→A
LKP:    ADD    A,R4         ;求键码,键码=行首键码+列号
        PUSH   ACC          ;键码进栈保护
LK3:    ACALL  KS1          ;等待键释放
        JNZ    LK3          ;键未释放,等待
        POP    ACC          ;键释放,键码→A
        RET                 ;键扫描结束,出口状态(A)=键码
NEXT:   INC    R4           ;准备扫描下一列,列号加1
```

```
        MOV   A,R2          ;取列号送入累加器 A
        JNB   ACC.7,KEND    ;判断 8 列扫描完成否？若完成,则返回
        RL    A             ;扫描字左移一位,变为下一列扫描字
        MOV   R2,A          ;扫描字送入 R2
        AJMP  LK4           ;转下一列扫描
KEND：  AJMP  KEY1
;******************** 判键是否按下 ********************
KS1：   MOV P1,#0FH         ;P1 口高 4 位(列线)置 0,低 4 位(行线)置 1,作输入准备
        MOV A,P1            ;读入 P1 端口行状态
        CPL A               ;变正逻辑,以高电平表示有键按下
        ANL A,#0FH          ;屏蔽高 4 位,只保留低 4 位行线值
        RET                 ;出口状态:(A)≠0 时有键按下
;***************** 延时 12ms 子程序 *****************
TM12ms：MOV   R7,#18H
TM：    MOV   R6,#0FFH
TM6：   DJNZ  R6,TM6
        DJNZ  R7,TM
        RET
```

C 语言键盘扫描参考程序为：

```
#include  <reg51.h>
#define uchar unsigned char
#define uint unsigned int
void delay (void);                 //声明延时函数
uchar KeyScan (void);
void main (void)
{
 uchar key;
 while (1)
    { key= KeyScan ( );
      delay( );
    }
}
void delay(void)                   //延时函数
{ uchar i;
  for{i=200; i>0; i——} { }
}
uchar KeyScan (void)               //键扫描函数(采用扫描法)
{ uchar scode;                     //定义列扫描变量
  uchar rcode;                     //定义返回的编码变量
  uchar m;                         //定义行首编码变量
  uchar k;                         //定义行检测码
  uchar i,j;
  P1=0x0F;                         //发全列为 0 扫描码,行线输入
```

```
    if ((P1&0x0F)! =0x0F)                    //若有键按下
{   delay( );                                //延时去抖动
    if ((P1&0x0F)! =0x0F)
    { scode=0xEF; m=0x00;                    //逐列扫描初值,行首码赋值
      for (i=0;i<4;i++)
      { k=0x01;
        P1= scode;                           //输出列线码
        for (j=0;j<4;j++)
        if ((P1&k)= =0x0F)                   //本行有键按下
        { rcode=m+j;                         //求键码,行码+列值=键编码
          while ((P1&0x0F)= =0x0F)           //等待键位释放
          return (rcode) ;                   //返回编码
          }
          else k=k<<1;                       //行检测码左移一位
        }
        m=m+4;                               //计算下一行的行首编码
        scode= scode<<1;                     //列扫描码左移一位
      }
    }
    return (0);                              //无键按下,返回值为 0
}
```

8.1.2   MCS - 51 单片机与 LED 数码管显示器的接口技术

在单片机应用系统中，为了便于观察和监视单片机系统的运行情况，常需要用显示器显示运行的中间结果及状态等信息。单片机系统中常用的显示器有发光二极管（单个 LED）、8 段发光数码管（LED）显示器、LED 点阵显示器、液晶（LCD）显示器等。其中：①发光二极管组成的显示器是单片机应用产品中最常用的廉价输出显示设备；②LED 数码管显示器因具有使用电压低、耐振动、寿命长、显示清晰、亮度高、配置灵活、与单片机接口方便等特点，而被单片机应用系统广泛使用；③发光二极管或 8 段数码管都不能显示字符（含汉字）及更为复杂的图形信息，LED 点阵显示是把很多的 LED 按矩阵方式排列在一起，通过对各 LED 发光与不发光的控制来完成各种字符或图形的显示，常见的 LED 点阵显示模块有5×7，7×9，8×8 等结构；④LCD 显示器是以电流刺激液晶分子产生点、线、面配合背部灯管构成平面画面，它由一定数量的彩色或黑白像素组成，放置于光源或者反射面前方。由于 LCD 显示器功耗很低，因此备受工程师青睐。

下面先介绍目前最常用的 8 段 LED 数码管显示器（简称 LED 显示器）。

8.1.2.1   LED 显示器的结构与原理

1. LED 显示器的外形及两种结构

LED 显示器是由发光二极管按一定结构组合起来显示字段的显示器件，也称为数码管。在单片机应用系统中通常使用的是 "8" 字形的 8 段式 LED 数码显示器，其外形结构和引脚如图 8 - 9 （a）所示，它由 8 个发光二极管构成，通过不同的组合可显示 0～9、A～F 及小数点 "." 等字符，其中 7 段发光二极管构成 7 笔的 "8" 字形，1 段组成小数点。数码管按

其外形尺寸有多种形式,使用较多的是 0.5″ 和 0.8″,显示的颜色也有多种形式,主要有红色和绿色,亮度强弱可分为超亮、高亮和普亮。数码管的正向压降一般为 1.4~2.3V,额定电流一般为 10mA,最大电流约为 40mA。

LED 数码管有共阴极和共阳极两种结构,图 8-9(b)所示为共阴极结构,8 段发光二极管的阴极端连接在一起作为公共端 COM,阳极端分开控制。使用时公共端接地,此时当某个发光二极管的阳极为高电平时,则此发光二极管点

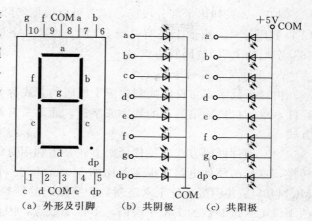

(a) 外形及引脚　(b) 共阴极　(c) 共阳极

图 8-9　LED 数码管

亮;图 8-9(c)所示为共阳极结构,8 段发光二极管的阳极端连接在一起作为公共端 COM,阴极端分开控制。使用时公共端接电源,此时当某个发光二极管的阴极为低电平(通常接地)时,则此发光二极管点亮。

显然,要显示某种字形就应使此字形的相应字段点亮,即从图 8-9(a)中 a~g 和 dp (或称 h)引脚输入不同的 8 位二进制编码,可显示不同的数值或字符。例如,a、b、c、d、e、f 导通,g 和 dp 截止时显示"0"。这种控制发光二极管使显示器显示字符的字形数据常称为段数据或称为"字段码"。LED 数码管共计 8 段。正好是一个字节。习惯上是以"a"段对应段码字节的最低位。各段与字节中各位对应关系如表 8-2 所示。

表 8-2　　　　　　　　　　　码段与字节中各位的对应关系表

代码位	D7	D6	D5	D4	D3	D2	D1	D0
显示段	dp	g	f	e	d	c	b	a

不同字符字形的字段码不一样,而对于同一个数字或字符,共阴极连接和共阳极连接的字段码也不一样,共阴极和共阳极的字段码互为反码,表 8-3 所示为 0~9 数字的共阴极和共阳极的字段码。

表 8-3　　　　　　　　　　　数字的共阴极和共阳极的字段码

显示字符	共阴极段码	共阳极段码	显示字符	共阴极段码	共阳极段码
0	3FH	C0H	C	39H	C6H
1	06H	F9H	d	5EH	A1H
2	5BH	A4H	E	79H	86H
3	4FH	B0H	F	71H	8EH
4	66H	99H	P	73H	8CH
5	6DH	92H	U	3EH	C1H
6	7DH	82H	T	31H	CEH
7	07H	F8H	y	6EH	91H
8	7FH	80H	H	76H	89H
9	6FH	90H	L	38H	C7H
A	77H	88H	"灭"	00H	FFH
b	7CH	83H	...	...	...

表 8-3 只列出了部分段码，读者可以根据实际情况选用，或重新定义。除"8"字形的 LED 数码管外，市面上还有"±1"形、"米"字形和"点阵"形 LED 显示器。本章均以"8"字形的 LED 数码管为例。

2. LED 显示器的译码方式

由显示数字或字符转换到相应字段码的方式称为译码方式。数码管是单片机的输出显示器件，单片机要输出显示的数字或字符，通常采有两种译码方式：硬件译码方式和软件译码方式。

(1) 硬件译码方式。硬件译码方式是指利用专门的硬件电路来实现显示字符到字段码的转换，这样的硬件电路有很多，比如 Motorola 公司生产的 MC14495 芯片就是其中的一种，MC14495 是共阴极 1 位十六进制数—字段码的转换芯片，能够输出用 4 位二进制表示形式的 1 位十六进制数的 7 位字段码，不带小数点，因此，它只能外接无小数点的 7 段 LED 数码管或小数点不连接的 8 段 LED 数码管。

MC14495 的内部结构和外部连接如图 8-10 所示。它由内部锁存器和译码驱动电路两部分组成，在译码驱动电路部分还包含一个字段码 ROM 阵列。内部锁存器用于锁存输入的 4 位二进制数，以便提供给译码电路译码。译码驱动电路对锁存器的 4 位二进制进行译码，产生送往 LED 数码管的 7 位字段码。硬件译码时，要显示一个数字，单片机只需送出这个数字的 4 位二进制编码，经 I/O 接口电路并锁存，然后通过显示译码器，就可以驱动 LED 显示器中的相应字段发光。

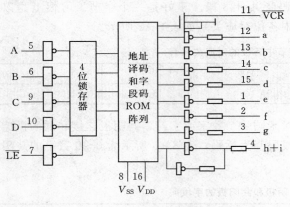
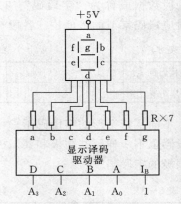

(a) MC14495 的内部结构　　　　(b) MC14495 与七段显示器的连接

图 8-10　MC14495 硬件译码电路

硬件译码由于使用的硬件较多，显示器的段数和位数越多，电路越复杂，因此缺乏灵活性，且只能显示十六进制数，硬件电路也较为复杂。

(2) 软件译码方式。软件译码方式就是通过编写软件译码程序（通常为查表程序）来得到要显示字符的字段码。由于软件译码不需外接显示译码芯片，则硬件电路简单，并且能显示更多的字符，因此在实际应用系统中经常采用。

3. LED 显示器的显示方式

图 8-11 所示为显示 4 位字符的 LED 数码管的结构原理图。N 位位选线和 8×N 条段码线。段码线控制显示字型，而位选线控制着该显示位的 LED 数码管的亮或暗。

LED 数码管的显示方式有静态显示方式和动态显示方式两种。

（1）静态显示方式。静态显示方式是指当显示器显示某个字符时，相应的字段（发光二极管）一直导通或截止，直到显示另一个字符为止。数码管工作在静态显示方式时，其公共端直接接地（共阴极）或接电源（共阳极）。每位的字段选线（a～g，dp）与一个 8 位的并行接口相连，要显示字符，直接在 I/O 接口发送相应的字段码。这里的并行接口可以采用并行 I/O 接口，也可以采用串入/并出的移位寄存器或其他具有三态功能的锁存器等。

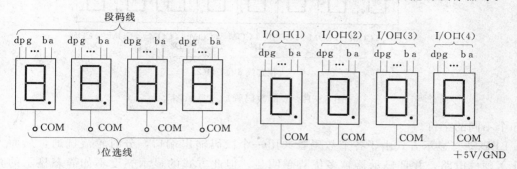

图 8-11　4 位 LED 数码管的结构原理图　　图 8-12　4 位数码管静态显示图

图 8-12 为 4 位数码管静态显示图。图中数码管为共阴极，公共端接地，若要显示一组 4 位的数字，则需通过 4 个 8 位的输出口分别控制每个数码管的字段码，因此在同一时刻 4 个数码管可以显示不同的字符。

静态显示的优点是显示稳定，显示无闪烁，显示器的亮度大，软件编程容易，且仅在需要更新显示内容时 CPU 才执行一次显示更新子程序，节省了 CPU 的时间。其缺点占用 I/O 接口线较多，显示位数较多时所需的电流比较大，对电源的要求也就随之增高，成本也较高。如 N 位静态显示器要求有 N×8 根 I/O 接口线，对图 8-11 电路，要占用 4 个 8 位 I/O 口。实际应用中，为了节省 I/O 口线，一般都采用动态显示方式。

（2）动态显示方式。LED 动态显示是指各位显示器一位一位地轮流点亮（扫描），对于每一位显示器来说，每隔一段时间点亮一次。显示器的亮度既与导通电流有关，也与点亮时间和间隔时间的比例有关。调整电流和时间参数，可实现亮度较高较稳定的显示。若显示器的位数不大于 8 位，则控制显示器公共极电位只需一个 8 位口（称为扫描口），控制各位显示器所显示的字形也需一个 8 位口（称为段数据口）。数码管工作在动态显示方式时，将所有数码管的字段选线（a～g，dp）都并接在一起，接到一个 8 位的 I/O 接口上，每个数码管的公共端（称为位线）分别由相应的 I/O 接口线控制，图 8-13 是一个 8 位数码管动态显示图。

在图 8-12 中，由于每一位数码管的段选线都接在一个 I/O 接口上，所以每送一个字段码，8 位数码管就显示同一个字符。为了能得到在 8 个数码管上显示不同字符的显示效果，利用人眼的视觉惰性，采用分时轮流点亮各个数码管的动态显示方式。具体方法是从段选线 I/O 接口上按位分别送显示字符的字段码，再位选控制端口按相应次序分别选通相应的显示位（共阴极送低电平，共阳极送高电平），被选通位就显示相应字符（保持几个 ms 的延时），没选通的位不显示字符（灯熄灭），依此不断循环。从单片机工作的角度看，在一个瞬间只有一位数码管显示字符，其他位都是熄灭的，但由于余晖和人眼的“视觉暂留”作用，只要循环扫描的速度在一定频率以上，这种动态变化人眼是察觉不到的，可以造成“多位同时亮”的假象，达到同时显示的效果。从效果上看，就像 8 个数码管能连续和稳定地同时显

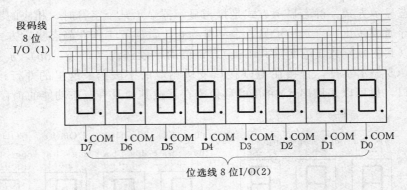

图 8 - 13　8 位数码管动态显示图

示 8 个不同的字符。

　　LED 动态显示方式由于各个数码管共用一个段码输出端口，分时轮流选通，从而大大简化了硬件电路，并且显示器越多优势越明显。但此方式的显示亮度不如静态显示的亮度高，数码管也不宜太多，一般在 8 个以内，否则每个数码管所分配到的实际导通时间会太少，显得亮度更加不足。此外，如果"扫描"速率较低，还会出现闪烁现象。

8.1.2.2　LED 显示接口典型应用电路

　　1. LED 静态显示接口电路

　　如图 8 - 14 所示为一种 LED 数码管静态显示与单片机的接口电路。设数码管为共阳极，故其公共端都接高电平。考虑到若采用并行 I/O 接口占用 I/O 资源较多，因此静态显示器接口中常采用图 8 - 14 所示的串行口扩展并行口方式，外接 74LS64 移位寄存器构成显示器静态接口电路。

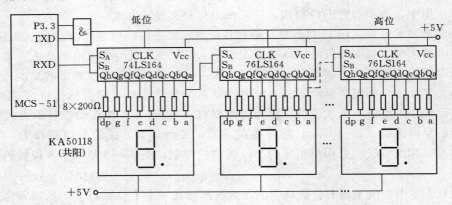

图 8 - 14　静态显示接口电路

　　2. LED 动态显示接口电路

　　如图 8 - 15 所示为 8 位软件译码动态显示电路，8 位数码管的段选线并接，经 8 位集成驱动芯片 BIC8718 与 MCS - 51 单片机的 P1 端口相连，8 位数码管的公共端（即各数码管的位选线）经 BIC8718 分别与 MCS - 51 单片机的 P2 端口相连。

　　动态扫描显示子程序用延时方法控制一位的显示时间，CPU 效率很低，并且仅当 CPU 能循环调用显示子程序时，显示器才能稳定地显示数据，若 CPU 忙于处理其他事务，显示器会抖动，甚至只显示某一位而其他位发黑。使用定时中断扫描显示器，就可以解决这个问

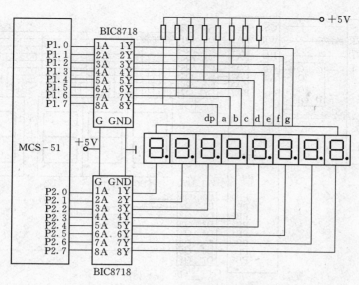

图 8-15 动态显示接口电路

题。其方法如下：

（1）设定 MCS-51 单片机的定时器/计数器使其产生 1ms 定时中断，由定时器/计数器的中断程序调用显示 1 位子程序，使 CPU 每隔 1ms 对显示器扫描 1 位。

（2）设置 8 个字节显示缓冲器 DIRBUF～DIRBUF+7，和显示缓冲器指针 DIRBFP，其初值指向 DIRBUF。

（3）设计一个显示 1 位子程序，其功能为将 DIRBFP 指出的内容显示在显示器对应位上，修改 DIRBFP。

这样即可使显示器显示稳定，而且 CPU 可以处理其他事务。

8.1.2.3 显示接口编程举例

【例 8-3】 图 8-16 是一个 8 位软件译码动态显示的接口电路图。图中采用 8255A 扩展并行 I/O 口接数码管，数码管采用动态显示方式，8 位数码管的段选线并联与 8255A 的 A 口通过 74LS373 相连，8 位数码管的公共端通过 74LS373 分别与 8255A 的 B 口相连。也即 8255A 的 B 口输出位选码选择要显示的数码管，8255A 的 A 口输出字段码使数码管显示相应的字符，8255A 的 A 口和 B 口都工作于方式 0 输出。A 口、B 口、C 口和控制口的地址分别为 7F00H、7F01H、7F02H 和 7F03H。

设 8 个数码管的显示缓冲区为片内 RAM 的 57H～50H 单元，软件译码动态显示汇编语言程序为：

```
DISPLAY:MOV  A,#10000000B          ;8255 初始化
        MOV  DPTR,#7F03H           ;使 DPTR 指向 8155 控制寄存器端口
        MOVX @DPTR,A
        MOV  R0,#57H               ;动态显示初始化,使 R0 指向缓冲区首址
        MOV  R3,#7FH               ;首位位选字送 R3
        MOV  A,R3
   LD0: MOV  DPTR,#7F00H           ;使 DPTR 指向 PA 口
        MOVX @DPTR,A               ;选通显示器低位(最右端一位)
```

357

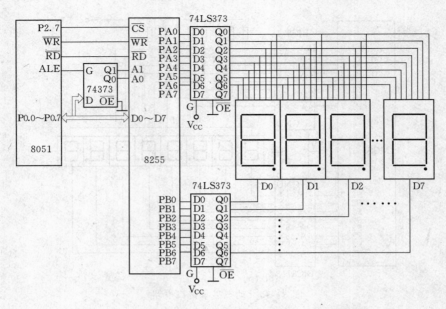

图 8-16　采用 8255 的 8 位软件译码动态显示接口电路

```
        INC   DPTR                      ;使 DPTR 指向 PB 口
        MOV   A,@R0                     ;读要显示数
        ADD   A,#0DH                    ;调整距段选码表首的偏移量
        MOVC  A,@A+PC                   ;查表取得段选码
        MOVX  @DPTR,A                   ;段选码从 PB 口输出
        ACALL DL1                       ;调用 1ms 延时子程序
        DEC   R0                        ;指向缓冲区下一单元
        MOV   A,R3                      ;位选码送累加器 A
        JNB   ACC.0,LD1                 ;判断 8 位是否显示完毕,显示完返回
        RR    A                         ;未显示完,把位选字变为下一位选字
        MOV   R3,A                      ;修改后的位选字送 R3
        AJMP  LD0                       ;循环实现按位序依次显示
LD1:    RET
TAB:DB  3FH,06H,5BH,4FH,66H,6DH,7DH,07H ;字段码表
    DB  7FH,6FH,77H,7CH,39H,5EH,79H,71H
DL1:    MOV   R7,#02H                   ;延时子程序
DL:     MOV   R6,#0FFH
DL0:    DJNZ  R6,DL0
        DJNZ  R7,DL
        RET
```

软件译码动态显示 C 语言程序为：

```
#include  <reg51.h>
#include  <absacc.h>                //定义绝对地址访问
#define  uchar  unsigned char
#define  uint   unsigned int
```

358

```
void    delay(uint);                        //声明延时函数
void    display(void);                      //声明显示函数
uchar   disbuffer[8]={0,1,2,3,4,5,6,7};     //定义显示缓冲区
void    main( )
{
    XBYTE[0x7f03]=0x80;                     //8255 初始化
    while(1)
    {
        display( );                         //设显示函数
    }
}
void delay(uint  i)                         //延时函数
{ uint  j;
    for  (j=0;j<i;j++) {   }
}
void    display(void)                       //定义显示函数
{
uchar   codevalue[16]={0x3f,0x06,0x5b,0x4f,0x66,0x6d,0x7d,0x07, 0x7f,0x6f,
                       0x77,0x7c,0x39,0x5e,0x79,0x71};   //0~F 的字段码表
uchar   chocode[8]={0xfe,0xfd,0xfb,0xf7,0xef,0xdf,0xbf,0x7f}; //位选码表
uchar   i,p,temp;
for  (i=0;i<8;i++)
    {
    p=disbuffer[i];                         //取当前显示的字符
    temp=codevalue[p];                      //查得显示字符的字段码
    XBYTE[0x7f00]=temp;                     //送出字段码
    temp=chocode[i];                        //取当前的位选码
    XBYTE[0x7f01]=temp;                     //送出位选码
    delay(20);                              //延时 1ms
    }
}
```

8.1.3 MCS-51 单片机与 LCD 液晶显示器的接口技术

液晶显示器（LCD）是一种功耗极低且抗干扰能力强的显示器件，它能够显示大量的信息，如文字、曲线、图形等，其显示界面较之数码管有了质的提高，它已广泛应用在智能仪器仪表和单片机测控系统中。

LCD 是一种被动式的显示器，即液晶本身并不发光，而是经液晶经过处理后能改变光线通过方向的特性，而达到白底黑字或黑底白字显示的目的。

8.1.3.1 LCD 显示器的分类

市场上液晶显示器种类繁多，按排列形状可分为字段型（也称笔段型）、点阵字符型和点阵图形型。

（1）字段型。它以长条状显示像素组成组成字符显示。主要用于显示数字、西文字母或

某些字符，已广泛用于电子表、计算器、数字仪表中。

（2）点阵字符型。它专门用于显示字母、数字、符号等的点阵型液晶显示模块。它由若干 5×7 或 5×10 的点阵组成字符块集，每一点阵显示一字符，广泛应用在各类单片机应用系统中。

（3）点阵图形型。它是在一平板上排列多行或多列，形成矩阵式的晶格点，点的大小可根据显示的清晰度来设计。前两种只可显示数字、字符和符号等，而图形点阵型还可以显示汉字和任意图形，达到图文并茂的效果。广泛应用于笔记本电脑、彩色电视和游戏机等图形显示。

下面仅介绍单片机中最常用的点阵字符型 LCD 显示器。

8.1.3.2　点阵字符型 LCD 液晶显示模块 RT - 1602C

点阵字符型 LCD 显示器要有相应的 LCD 控制器、驱动器来对 LCD 显示器进行扫描、驱动，还要 RAM 和 ROM 来存储单片机写入的命令和显示字符的点阵。由于 LCD 的面板较为脆弱，制造商已将 LCD 控制器、驱动器、RAM、ROM 和 LCD 显示器用 PCB 连接到一起，称为液晶显示模块（LCM）。用户只需购买现成的液晶显示模块即可。单片机控制 LCM 时，只要向 LCM 送入相应的命令和数据就可显示需要的内容；

从规格上，点阵字符型 LCM 可分为每行 8、16、20、24、32、40 位，有 1 行、2 行及 4 行等，目前常用的 LCM 有 16 字×1 行、16 字×2 行、20 字×2 行和 40 字×2 行等。这些 LCM 虽然显示字数各不相同，但是都具有相同的输入/输出界面，用户应根据需要选择购买。下面将以字符型液晶显示模块 RT - 1602C（16 字×2 行，即两行，每行 16 个字符）为例，详细介绍字符型液晶显示模块的应用。

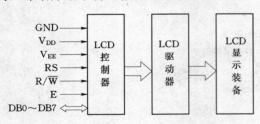

图 8 - 17　RT - 1602C 的内部结构框图

1. RT - 1602C 的基本结构与特性

图 8 - 17 为液晶显示模块 RT - 1602C 的内部结构框图，它可以分成 LCD 控制器、LCD 驱动器和 LCD 显示装置 3 个部分。图中，控制器采用 HD44780，驱动器采用 HD44100。

图 8 - 18 为 RT - 1602C 的内部电路图，它由日立公司生产的控制器 HD44780、驱动器 HD44100 及几个电阻和电容组成。HD44780 是集控制器，驱动器于一体，专用于字符显示控制驱动集成电路；HD44100 是作扩展显示字符位的，例如，16 字符×1 行模块就可不用 HD44100，16 字符×2 行模块就要用 1 片 HD44100。

HD44780 集成电路的特点：

（1）可选择 5×7 或 5×10 点字符。

（2）不仅作为控制器而且还具有驱动 40×16 点阵液晶像素的能力，并且驱动能力可通过外接驱动器扩展 360 列驱动。

（3）可控制的字符高达每行 80 个字，也就是 5×80＝400 点，它内藏有 16 路行驱动器和 40 路列驱动器，所以其本身就具驱动有 16×40 点阵 LCD 的能力（即单行 16 个字符或两行 8 个字符）。如果在外部加一片 HD44100 外扩展多 40 路/列驱动，则可驱动 16×2LCD。

（4）它内藏 80 字节的数据显示缓冲区 DDRAM、字符发生存储器（ROM，即字符库）及 64 字节的自定义字符发生器 CGRAM。

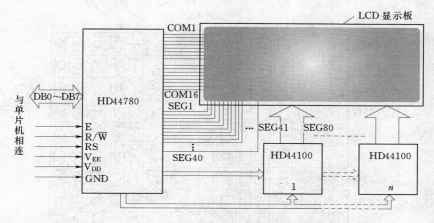

图 8-18 RT-1602C 的内部电路图

1）DDRAM。80 个字节的显示缓冲区，分两行，地址分别 00H～27H，40H～67H，它实际显示位置的排列顺序跟 LCD 的型号有关。RT-1602C 的显示地址与实际显示位置的关系如图 8-19 所示。

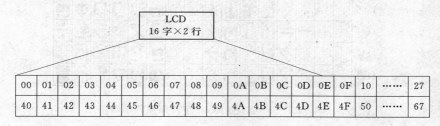

图 8-19 RT-1602C 的显示地址与实际显示位置的关系

2）ROM 字符库。已经存储了 192 个 5×7 点不同的点阵字符图形，如图 8-20 所示。这些字符有数字、英文字母、常用的符号和日文假名等，每一个字符都有一个固定的代码。可以看出数字、字母的代码与 ASCII 编码相同。所以在显示数字和字母时，只需向 LCM 送入对应的 ASCII 码即可。

3）CGRAM。模块内有 64 字节的自定义字符 RAM，用户可自行定义 8 个 5×7 点阵字符。DDRAM、CGRAM 地址与自定义点阵数据（CGRAM 数据）之间的关系如表 8-4 所示。

表 8-4　　　　　　　　　　　　　　字条"￥"的点阵数据

DDRAM 数据								GGRAM 地址						GGRAM 数据（字符"￥"的点阵数据）							
7	6	5	4	3	2	1	0	5	4	3	2	1	0	7	6	5	4	3	2	1	0
											0	0	0	×	×	×	1	0	0	0	1
											0	0	1	×	×	×	0	1	0	1	0
											0	1	0	×	×	×	1	1	1	1	1
0	0	0	0	×	a	a	a		a	a	a	1	1	×	×	×	0	0	1	0	0
											1	0	0	×	×	×	1	1	1	1	1
											1	0	1	×	×	×	0	0	1	0	0
											1	1	0	×	×	×	0	0	1	0	0
											1	1	1	×	×	×	0	0	0	0	0

高 4 位

图 8－20　RT－1602C 的 ROM 字符库点阵字符图形

（5）具有 8 位数据和 4 位数据传输两种方式，可与 4/8 位 CPU 相连。

（6）具有简单而功能较强的指令集，可实现字符移动，闪烁等显示功能。

2.RT－1602C 的引脚

RT－1602C 采用标准的 16 脚接口，各引脚情况如下：

第 1 脚：V_{EE}，电源地

第 2 脚：V_{DD}，＋5V 电源

第 3 脚：VL，液晶显示偏压信号

第 4 脚：RS，数据/命令选择端，高电平时选择数据寄存器、低电平时选择指令寄存器。

第 5 脚：R/$\overline{W}$，读/写选择端，高电平时进行读操作，低电平时进行写操作。当 RS 和 R/$\overline{W}$共同为低电平时可以写入指令或者显示地址，当 RS 为低电平 R/$\overline{W}$为高电平时可以读忙信号，当 RS 为高电平 R/$\overline{W}$为低电平时可以写入数据。

第 6 脚：E，为使能端，当 E 端由高电平跳变成低电平时，液晶模块执行命令。

第 7～14 脚：D0～D7，为 8 位双向数据线。

第 15 脚：BLA，背光源正极

第 16 脚：BLK，背光源负极

3.RT－1602C 的命令格式及功能说明

LCD 控制器 HD44780 内有多个寄存器，通过 RS 和 R/$\overline{W}$引脚共同决定选择哪一个寄存

器，选择情况见表8-5。

表8-5 寄 存 器 选 择 表

RS	R/$\overline{\text{W}}$	寄存器及操作
0	0	指令寄存器写入
0	1	忙标志和地址计数器读出
1	0	数据寄存器写入
1	1	数据寄存器读出

总共有11条指令，它们的格式和功能如下。

（1）清屏命令。其格式见表8-6。

功能：清除屏幕，将显示缓冲区DDRAM的内容全部写入空格。光标复位，回到显示器的左上角，地址计数器AC清零。

（2）光标复位命令。其格式见表8-6。

功能：设定当写入一个字节后，光标的移动方向以及后面的内容是否移动。

当I/D=1时，光标从左向右移动；I/D=0时，光标从右向左移动。

当S=1时，内容移动，S=0时，内容不移动。

（3）输入方式设置命令。其格式见表8-6。

功能：设定当写入一个字节后，光标的移动方向以及后面的内容是否移动。当I/D=1时，光标从左向右移动；I/D=0时，光标从右向左移动。当S=1时，内容移动，S=0时，内容不移动。

（4）显示开关控制命令。其格式见表8-6。

功能：控制显示的开关，当D=1时显示，D=0时不显示。控制光标开关，当C=1时光标显示，C=0时光标不显示。控制字符是否闪烁，当B=1时字符闪烁，B=0时字符不闪烁。

（5）光标字符移位设置命令。其格式见表8-6。

功能：移动光标或整个显示字幕移位。当S/C=1时整个显示字幕移位，当S/C=0时只光标移位。当R/L=1时光标右移，R/L=0时光标左移。

（6）功能设置命令。其格式见表8-6。

功能：设置数据位数，当DL=1时数据位为8位，DL=0时数据位为4位。设置显示行数，当N=1时双行显示，N=0时单行显示。设置字形大小，当F=1时5×10点阵，F=0时为5×7点阵。

（7）设置字符发生器地址命令。其格式见表8-6。

功能：设置用户自定义CGRAM的地址，对用户自定义CGRAM访问时，要先设定CGRAM的地址，地址范畴0～63。

（8）设置显示缓冲区DDRAM地址命令。其格式见表8-6。

功能：设置当前显示缓冲区DDRAM的地址，对DDRAM访问时，要先设定DDRAM的地址，地址范畴0～127。

（9）读忙标志及地址计数器AC命令。其格式见表8-6。

功能：读忙标志及地址计数器AC，当BF=1时则表示忙，这时不能接收命令和数据；

BF＝0 时表示不忙。低 7 位为读出的 AC 的地址，值为 0～127。

（10）写字符发生器 DDRAM 或显示缓冲区 CGRAM 命令。其格式见表 8-6。

功能：向 DDRAM 或 CGRAM 当前位置中写入数据。对 DDRAM 或 CGRAM 写入数据之前须设定 DDRAM 或 CGRAM 的地址。

（11）读字符发生器或显示缓冲区命令。其格式见表 8-6。

功能：从 DDRAM 或 CGRAM 当前位置中读邮数据。当 DDRAM 或 CGRAM 读出数据时，先须设定 DDRAM 或 CGRAM 的地址。

LCD1602 字符液晶命令集总结于表 8-6 中。

表 8-6　　　　　　　　　　　　　　　　LCD1602 字符液晶命令集

编号	指　令	RS	R/$\overline{W}$	D7	D6	D5	D4	D3	D2	D1	D0
1	清屏	0	0	0	0	0	0	0	0	0	1
2	光标复位	0	0	0	0	0	0	0	0	1	*
3	输入方式设置	0	0	0	0	0	0	0	1	I/D	S
4	显示开关控制	0	0	0	0	0	0	1	D	C	B
5	光标/字符移位设置	0	0	0	0	0	1	S/C	R/L	*	*
6	功能设置	0	0	0	0	1	DL	N	F	*	*
7	设置字符发生器地址	0	0	0	1	字符发生存储器地址					
8	设置显示缓冲区地址	0	0	1	显示缓冲区地址						
9	读忙标志和地址计数器	0	1	BF	计数器地址						
10	写数据到指令 7 或 8 所设地址	1	0	要写的数据							
11	从指令 7 或 8 所设的地址读数据	1	1	读出的数据							

4. LCD 显示器的初始化

LCD 使用之前须对它进行初始化，否则模块无法正常显示。初始化可通过复位完成，也可在复位后通过软件完成。两种初始化方法为：

（1）利用模块内部的复位电路进行初始化。LCM 有内部复位电路，能进行上电复位。复位期间 BF＝1，在电源电压 V_{DD} 达 4.5V 以后，此状态可维持 10ms，复位时执行下列命令：①清除显示；②功能设置，DL＝1 为 8 位数据长度接口，N＝0 单行显示，F＝0 为 5×7 点阵字符；③开/关设置，D＝0 关显示；C＝0 关光标；B＝0 关闪烁功能；④进入方式设置，I/D＝1 地址采用递增方式，S＝0 关显示移位功能。

（2）软件初始化。①清屏；②功能设置；③开/关显示设置；④输入方式设置。

5. LCD 显示器与单片机的接口与应用

【例 8-4】　图 8-21 是 LCD 显示器与 8051 单片机的接口图，图中 RT-1602C 的数据线与 8051 的 P1 口相连，RS 与 8051 的 P2.0 相连，R/$\overline{W}$ 与 8051 的 P2.1 相连，E 端与 8051 的 P2.7 相连。编程在 LCD 显示器的第 1 行、第 1 列开始显示

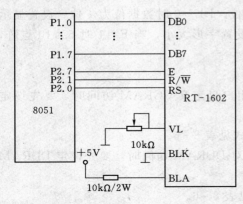

图 8-21　单片机与 LCD 模块的接口电路

"GOOD"，第 2 行、第 6 列开始显示 "BYE"。

汇编语言参考程序为：

```
        RS   BIT  P2.0
        RW   BIT  P2.1
        E    BIT  P2.7
        ORG  0000H
        AJMP START
        ORG  0050H              ;主程序入口
START:  MOV  SP,♯50H
        ACALL INIT
        MOV  A,♯10000000B       ;写入显示缓冲区起始地址为第1行第1列
        ACALL WC51R
        MOV  A,"G"              ;第1行第1列显示字母"G"
        ACALL WC51DDR
        MOV  A,"O"              ;第1行第2列显示字母"O"
        ACALL WC51DDR
        MOV  A,"O"              ;第1行第3列显示字母"O"
        ACALL WC51DDR
        MOV  A,"D"              ;第1行第4列显示字母"D"
        ACALL WC51DDR
        MOV  A,♯11000101B       ;写入显示缓冲区起始地址为第2行第6列
        ACALL WC51R
        MOV  A,"B"              ;第2行第6列显示字母"B"
        ACALL WC51DDR
        MOV  A,"Y"              ;第2行第7列显示字母"Y"
        ACALL WC51DDR
        MOV  A,"E"              ;第2行第8列显示字母"E"
        ACALL WC51DDR
LOOP:   AJMP LOOP

                                ;初始化子程序
INIT:   MOV  A,♯00000001H       ;清屏
        ACALL WC51R
        MOV  A,♯00111000B       ;使用8位数据,显示两行,使用5*7的字型
        LCALL WC51R
        MOV  A,♯00001110B       ;显示器开,光标开,字符不闪烁
        LCALL WC51R
        MOV  A,♯00000110B       ;字符不动,光标自动右移一格
        LCALL WC51R
        RET

                                ;检查忙子程序
F_BUSY: PUSH ACC               ;保护现场
        PUSH DPH
        PUSH DPL
```

```
            PUSH  PSW
WAIT:       CLR  RS
            SETB  RW
            CLR  E
            SETB  E
            MOV  A,P1
            CLR  E
            JB  ACC.7,WAIT          ;忙,等待
            POP  PSW                ;不忙,恢复现场
            POP  DPL
            POP  DPH
            POP  ACC
            ACALL  DELAY
            RET
                                    ;写入命令子程序
WC51R:      ACALL  F_BUSY
            CLR  E
            CLR  RS
            CLR  RW
            SETB  E
            MOV  P1,ACC
            CLR  E
            ACALL  DELAY
            RET
                                    ;写入数据子程序
WC51DDR:    ACALL  F_BUSY
            CLR  E
            SETB  RS
            CLR  RW
            SETB  E
            MOV  P1,ACC
            CLR  E
            ACALL  DELAY
            RET
                                    ;延时子程序
DELAY:      MOV  R6,#5
D1:         MOV  R7,#248
            DJNZ  R7,$
            DJNZ  R6,D1
            RET
            END
```

　　由于 LCD 是一慢速显示器件，所以在执行每条指令之前一定要确认 LCM 的忙标志为 0，即非忙状态，否则该命令将失效。

C 语言编程：

```
#include  <reg51.h>
#define  uchar  unsigned  char
sbit   RS=P2^0;
sbit   RW=P2^1;
sbit   E=P2^7;
void   delay(void);
void   init(void);
void   wc5r(uchar i);
void   wc51ddr(uchar i);
void   fbusy(void);
void   main()            //主函数
{
    SP=0x50;
    init( );
    wc51r(0x80);         //写入显示缓冲区起始地址为第 1 行第 1 列
    wc51ddr(0x44);       //第 1 行第 1 列显示字母"G"
    wc51ddr(0x4f);       //第 1 行第 2 列显示字母"O"
    wc51ddr(0x4f);       //第 1 行第 3 列显示字母"O"
    wc51ddr(0x47);       //第 1 行第 4 列显示字母"D"
    wc51r(0xc5);         //写入显示缓冲区起始地址为第 2 行第 6 列
    wc51ddr(0x42);       //第 2 行第 6 列显示字母"B"
    wc51ddr(0x59);       //第 2 行第 7 列显示字母"Y"
    wc51ddr(0x45);       //第 2 行第 8 列显示字母"E"
    while(1);
}
//初始化函数
void init( )
{
    wc51r(0x01);         //清屏
    wc51r(0x38);         //使用 8 位数据,显示两行,使用 5*7 的字型
    wc51r(0x0e);         //显示器开,光标开,字符不闪烁
    wc51r(0x06);         //字符不动,光标自动右移一格
}
void fbusy( )            //检查忙函数
{
    RS=0;RW=1;
    E=1;E=0;
    while (P1&0x80);     //忙,等待
    delay( );
}
void wc51r(uchar j)      //写命令函数
{
    fbusy( );
    E=0;RS=0;RW=0;
```

```
        E=1;
        P1=j;
        E=0;
        delay( );
    }
    void  wc51ddr(uchar j)  //写数据函数
    {
        fbusy( );
        E=0;RS=1;RW=0;
        E=1;
        P1=j;
        E=0;
        delay( );
    }
    void delay( )            //延时函数
    {
        uchar y;
        for (y=0;y<0xff;y++){ ;}
    }
```

8.1.4　MCS－51 单片机键盘/显示器的接口设计技术

在单片机应用系统中，键盘和显示器往往需同时使用，为节省 I/O 口线，可将键盘和显示电路做在一起，构成实用的键盘、显示电路。

8.1.4.1　利用并行 I/O 芯片实现键盘/显示器接口

图 8－22 为 8031 用扩展 I/O 接口芯片 8155 实现的 6 位 LED 显示和 32 键的键盘/显示器接口电路。图中 8155 也可用 8255 来替代。图 8－22 中，8031 外扩 1 片 8155H。8155 内

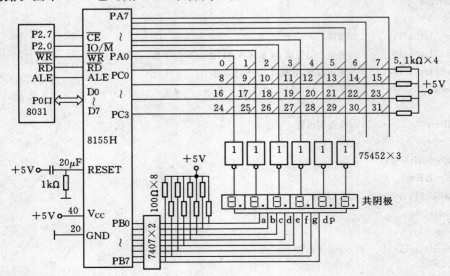

图 8－22　8155 并行扩展 I/O 口构成的键盘/显示接口电路

部的 RAM 地址为 7E00H～7EFFH；8155 的 I/O 口地址为 7F00H～7F05H，其中 PA 口为输出口，控制键盘列线的扫描，同时又是 6 位共阴极显示器的位扫描口，PB 口作为显示器段码输出口，PC 口作为键盘的行线状态的输入口。75452 为反相驱动器，7407 为同相驱动器。

8031 内部 RAM 6 个显示缓冲单元为 79H～7EH，存放要显示的 6 位数据。8155H 的 PB 口输出相应位的段码，依次改变 PA 口输出为高的位使某一位显示某一字符，其他位为暗。动态地显示出由缓冲区中显示数据所确定的字符。程序流程见图 8-23。具体程序略去。

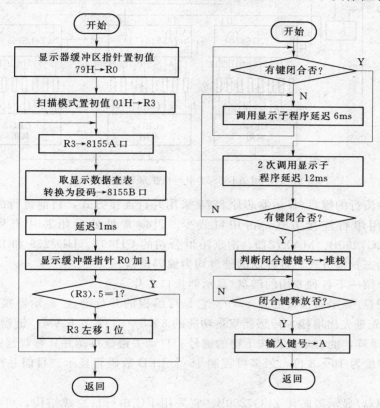

图 8-23 8155 键盘/显示的程序流程

8.1.4.2 利用 MCS-51 单片机串行口实现的键盘/显示器接口

当 MCS-51 单片机的串行口未作他用时，可使用 MCS-51 的串行口的方式 0 的输出方式，构成键盘/显示器接口，如图 8-24 所示。8 个 74LS164（0）～74LS164（7）作为 8 位 LED 数码管的段码输出口，单片机的 P3.4、P3.5 作为两行键的行状态输入线，P3.3 作为 TXD 引脚同步移位脉冲输出控制线，P3.3＝0 时，与门封死，禁止同步移位脉冲输出。由于显示器采用静态方式，因此这种方案主程序可不必扫描显示器，软件设计简单，使单片机有更多的时间处理其他事务。

8.1.4.3 利用专用键盘/显示器接口芯片实现的键盘/显示器接口

采用专用的键盘/显示器接口芯片可省去编写键盘/显示器动态扫描程序以及键盘去抖动程序编写的繁琐工作。目前各种专用接口芯片种类繁多，各有特点，总体趋势是并行接口芯片逐渐退出，串行接口芯片越来越多的得到应用。

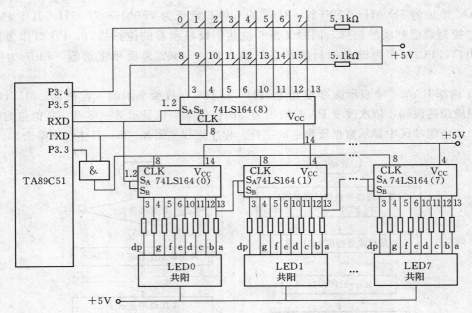

图 8-24　用 AT89S51 串行口扩展键盘/显示器

　　早期的较为流行的键盘/显示器芯片 8279 采用并行连接方式，目前流行的键盘/显示器接口芯片均采用串行连接方式，占用口线少。目前常见的专用芯片有周立功公司的 ZLG7289A、ZLG7290B、MAX7219、南京沁恒公司的 CH451、HD7279 和 BC7281 等。这些芯片全采用动态扫描方式，且控制的键盘均为编码键盘。

　　下面简单介绍一下各种专用的键盘/显示器接口芯片。

　　(1) 专用键盘/显示器接口芯片 8279。它是可编程的并行键盘/显示器接口芯片。内部有键盘 FIFO（先进先出堆栈）/传感器双重功能的 8×8＝64 字节 RAM。键盘控制部分可控制 8×8 的键盘矩阵，能自动获得按下键的键号。自动去键盘抖动并具有双键锁定保护功能。显示 RAM 的容量为 16×8 位，最多可控制 16 个 LED 数码管显示。目前并行的 8279 已经逐渐淡出市场。

　　(2) 专用键盘/显示器芯片 ZLG7290B。它采用 I²C 串行口总线结构，可实现 8 位 LED 显示和 64 键的键盘管理，需外接晶振，使用按键功能时要接 8 个二极管，电路稍显复杂，且每次 I²C 通信间隔稍长（10ms）。它具有闪烁、段点亮、段熄灭、功能键、连击键计数等功能。其中，功能键实现了组合按键，这在此类芯片中极具特点；连击键计数实现了识别长按键的功能，也是独有的。

　　(3) 专用显示器芯片 MAX7219。它是 MAXIM（美信）公司的产品。该芯片采用串行 SPI 接口，仅是单纯驱动共阴极 LED 数码管，没有键盘管理功能。

　　(4) 专用显示器芯片 BC7281。它可驱动 16 位 LED 数码管显示和实现 64 键的键盘管理，可实现闪烁、段点亮、段熄灭等功能。最大特点是通过外接移位寄存器驱动 16 位 LED 数码管。但所需外围电路较多，占 PCB 空间较大，且在驱动 16 位 LED 数码管时，由于采用动态扫描方式工作，电流噪声过大。

　　(5) 专用键盘/显示器芯片 HD7279。它与单片机间采用串行通信，可控制并驱动 8 位 LED 数码管和实现 64（8×8）键的键盘管理。外围电路简单，价格低廉。由于具有上述优点，目前得到较为广泛的应用。

（6）专用键盘/显示器芯片 CH451。它可动态驱动 8 位 LED 数码管显示，具有 BCD 码译码、闪烁、移位等功能。内置大电流驱动级，段电流不小于 30mA，位电流不小于 160mA。内置 64（8×8）键键盘控制器，可对 8×8 矩阵键盘自动扫描，且有去抖动电路，并提供键盘中断和按键释放标志位，可供查询按键按下与释放状态。片内内置上电复位和看门狗定时器。芯片性价比较高，是目前使用较为广泛的专用的键盘/显示器接口芯片之一。但抗干扰能力不是很强，不支持组合键识别。

上述串行各种专用芯片中，CH451 和 HD7279 使用较多，而早期常采用并行专用芯片 8279。有关这些芯片的详细介绍请读者查阅相关资料。

8.2 MCS-51 单片机输入/输出通道的接口技术

8.2.1 输入/输出通道概述

在实际工业控制和参数测量时，经常遇到的是一些连续变化的物理量，例如：温度、压力、流量、速度、水位、电流、电压等，这些参数都是非电的、连续变化的物理信号（即模拟量）；微型计算机中处理的都是数字量，无法识别和处理工业上的物理信号；一般先利用传感器（例如光电元件、压敏元件等）把物理信号转换成连续的模拟电压（或模拟电流），这种代表某种物理量的模拟电压（或模拟电流）称为模拟量；然后再把模拟量转换成数字量送到计算机进行处理，这个过程称为模/数（A/D）转换，实现这个过程的器件称为模/数转换器（A/D 转换器或 ADC）。

反过来，微型计算机输出结果是数字量，不能直接控制执行部件，需要将数字量转换成模拟电压或模拟电流，这个过程称为数/模（D/A）转换，实现这个过程的器件称为数/模转换器（D/A 转换器或 DAC）。D/A 转换是 A/D 转换的逆过程，这两个互逆的转换过程通常会出现在一个控制系统中。

图 8-25 为含有 A/D 与 D/A 转换的典型闭环实时控制系统结构。它由模拟量输入通道（也称前向通道）和模拟量输出通道（也称后向通道）两部分组成。其中：模拟量输入通道由下面几部分组成：①传感器——把非电量转变为电压或电流电信号模拟量；②变送器——

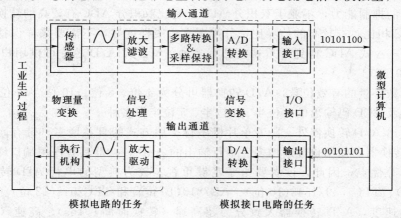

图 8-25 含有 A/D 与 D/A 转换的典型闭环实时控制系统结构

转换成标准的电信号；③信号处理——放大、整形、滤波；④多路转换开关——多选一；⑤采样保持电路（S/H）——保证变换时信号恒定不变；⑥A/D 变换器——模拟量转换为数字量。而模拟量输出通道由下面几部分组成：①D/A 变换器——数字量转换为模拟量；②低通滤波——平滑输出波形；③放大驱动——提供足够的驱动电压和电流。本节介绍典型的 ADC、DAC 集成电路芯片，以及与单片机的硬件接口设计及软件设计。

8.2.2　MCS – 51 单片机与 A/D 转换器芯片的接口技术

模/数（A/D）转换技术在数字测量和数字控制技术中非常重要。单片机用于实时控制和智能仪表等应用系统时，数据采集的被检测信号常常是连续变化的模拟量（如温度、压力、速度流量等物理量），这些模拟量必须经过 A/D 转换器转换成数字量才能送给单片机处理。A/D 转换器实现将模拟量转换成数字量。本节就介绍 A/D 转换器与单片机的接口问题。

8.2.2.1　A/D 转换器概述

目前 A/D 转换芯片种类繁多，对设计者来说，只需合理的选择芯片即可。现在部分的单片机片内也集成了 A/D 转换器，在片内 A/D 转换器不能满足需要，还是需外扩 A/D 转换器。

根据内部原理的不同，A/D 转换器可分为下面 4 种：

（1）逐次比较型 A/D 转换器是逐次逼近式的，它是一种速度较快，精度较高的转换器，其转换时间大约在几微秒到几百微秒之间，在精度、速度和价格上都适中，它是最常用的 A/D 转换器。常见的逐次比较型 A/D 转换器为 ADC0809、AD1674 等。

（2）双积分型 A/D 转换器，具有精度高、抗干扰性好、价格低廉等优点，与逐次比较型 A/D 转换器相比，转换速度较慢，近年来在单片机应用领域中也得到广泛应用。常见的双积分型 A/D 转换器为 MC14433、ICL7135 等。

（3）V/F 型 A/D 转换器在某些要求数据长距离传输，精确度要求较高的场合，采用一般的 A/D 转换技术有多不便，可使用 V/F 转换器代替 A/D 器件。V/F 转换器是把电压信号转变为频率信号的器件，有良好的精度、线性和积分输入特点，此外，它的应用电路简单，外围元件性能要求不高，适应环境能力强，转换速度不低于一般的双积分型 A/D 器件，且价格低，因此 V/F 转换技术广泛用于非快速而需进行远距离信号传输的 A/D 转换过程中。常用的通用型的 V/F 转换器为 LM331 等。

（4）Σ—Δ 式 ADC 具有积分式与逐次比较型 ADC 的双重优点。它对工业现场的串模干扰具有较强的抑制能力，不亚于双积分 ADC，它比双积分 ADC 有较高的转换速度，与逐次比较型 ADC 相比，有较高的信噪比，分辨率高，线性度好，不需要采样保持电路。由于上述优点，Σ—Δ 式 ADC 得到了重视，已有多种 Σ—Δ 式 A/D 芯片可供用户选用，如 24 位的 ADS1210/1211 等。

按照输出数字量的有效位数，A/D 转换器可分为 4 位、8 位、10 位、12 位、14 位、16 位并行输出以及 BCD 码输出的 3 位半、4 位半、5 位半等多种。

除并行输出 A/D 转换器外，随着单片机串行扩展方式的日益增多，带有同步 SPI 串行接口的 A/D 转换器的使用也逐渐增多。串行输出的 A/D 转换器具有占用端口线少、使用方便、接口简单等优点，因此，读者要给予足够重视。较为典型的串行 A/D 转换器为美国 TLC549(8 位)、TLC1549/1543(10 位)、AD7810(10 位) 和 TLC2543(12 位) 等。

按照转换速度，A/D 转换器大致分为超高速（转换时间$\leqslant$1ns）、高速（转换时间$\leqslant$1μs）、中速（转换时间$\leqslant$1ms）、低速（转换时间$\leqslant$1s）等几种不同转换速度的芯片。

为适应系统集成的需要,有些转换器还将多路转换开关、时钟电路、基准电压源、二—十进制译码器和转换电路集成在一个芯片内,为用户提供很多方便。

8.2.2.2 A/D 转换器的主要技术指标

1. 转换时间和转换速率

A/D 完成一次转换所需要的时间。转换时间的倒数为转换速率。

2. 分辨率

分辨率是衡量 A/D 转换器能够分辨出输入模拟量最小变化程度的技术指标。分辨率取决于 A/D 转换器的位数,所以习惯上用输出的二进制位数或 BCD 码位数表示。

例如,A/D 转换器 AD1674 的满量程输入电压为 5V,可输出 12 位二进制数,即用 2^{12} 个数进行量化,其分辨率为 1LSB,也即 $5/2^{12} = 1.22(\mathrm{mV})$,其分辨率为 12 位,或 A/D 转换器能分辨出输入电压 1.22mV 的变化。又如,输出 BCD 码的 A/D 转换器 MC14433,其满量程输入电压为 2V,其输出最大的十进制数为 1999,分辨率为 3 位半(BCD 码),如果换算成二进制位数表示,其分辨率约为 11 位,因为 1999 最接近于 $2^{11} = 2048$。

量化过程引起的误差称为量化误差。它是由于有限位数字量对模拟量进行量化而引起的误差。理论上规定为一个单位分辨率的 $-1/2 \sim +1/2$LSB,提高 A/D 位数既可以提高分辨率,又能够减少量化误差。

3. 转换精度

A/D 转换器的转换精度定义为一个实际 A/D 转换器与一个理想 A/D 转换器在量化值上的差值,可用绝对误差或相对误差表示。

8.2.2.3 MCS-51 与 ADC0809 的接口

1. A/D 转换芯片 ADC0809 简介

ADC0809 是 CMOS 单片型逐次逼近型 8 位 A/D 转换器,共有 28 个引脚,采用双列直插式封装,片内除 8 位 A/D 转换部分外,还具有 8 路模拟量输入通道,带有通道地址译码锁存器,输出带有三态数据锁存器,有转换启动控制和转换结束标志。8 位 A/D 转换器是逐次逼近式,由控制与时序电路、逐次逼近寄存器、树状开关以及 256R 电阻阶梯网络等组成。模拟输入电压范围为 $0 \sim +5$V,转换时间为 $100\mu s$,ADC0809 的外部引脚和内部结构如图 8-26 所示。

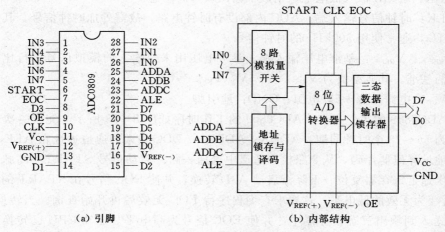

(a) 引脚　　　　　　　　(b) 内部结构

图 8-26　ADC0809 的外部引脚和内部结构图

（1）引脚说明。共 28 引脚，双列直插式封装。引脚功能如下：

1）IN0～IN7：8 路模拟量输入端；

2）D0～D7：8 位数字量输出端；

3）ADDA、ADDB、ADDC：3 位地址输入线，用于选择 8 路模拟通道中的一路，选择情况见图 8 - 27。

ADDC	ADDB	ADDA	选择通道
0	0	0	IN0
0	0	1	IN1
0	1	0	IN2
0	1	1	IN3
1	0	0	IN4
1	0	1	IN5
1	1	0	IN6
1	1	1	IN7

图 8 - 27　地址输入线选择情况

4）ALE：地址锁存信号输入端。高电平时把 3 个地址信号 A、B、C 送入地址锁存器，并经过译码器得到地址输出，以选择相应的模拟输入通道。

5）START：转换的启动信号输入端。加上正脉冲后，A/D 转换才开始进行。在正脉冲的上升沿，所有内部寄存器清零。在正脉冲的下降沿，开始进行 A/D 转换。在此期间 START 应保持为低电平。

6）EOC：转换结束信号输出端。在 START 下降沿后 $10\mu s$ 左右，EOC 为低电平，表示正在进行转换；转换结束时，EOC 返回高电平，表示转换结束。EOC 常用于 A/D 转换状态的查询或作中断请求信号。

7）OE：输出允许控制输入端。OE 直接控制三态输出锁存器输出数字信息，高电平有效。当转换结束后，如果从该引脚输入高电平，则打开输出三态门，允许转换后的结果从 D0～D7 送出。若 OE 输入低电平，则数字输出口为高阻态。

8）CLK：时钟信号输入端。ADC 内部没有时钟电路，故需外加时钟信号。其最大允许值为 640kHz，通常使用 500kHz 的时钟信号。

9）V_{REF+}、V_{REF-}：基准电压输入端。参考电压用来与输入的模拟信号进行比较，作为逐次逼近的基准。其典型值为 $V_{REF+}=+5V$，$V_{REF-}=0V$。

10）V_{cc}：电源，接 +5V 电源；GND：地引脚。

（2）ADC0809 的工作过程。ADC0809 的工作时序如图 8 - 28 所示。完成一次转换所需要的时间为 66～73 个时钟周期。ADDA、ADDB、ADDC 输入的通道地址在 ALE 有效时被锁存，经地址译码器译码，从 8 路模拟通道中选通一路。启动信号 START（高脉冲）的上升沿使逐次逼近寄存器复位，下降沿启动 A/D 转换，并使 EOC 信号在 START 的下降沿到来 $10\mu s$ 后变为无效的低电平，这要求查询程序待 EOC 无效后再开始查询。当转换结束时，转换结果送入到输出三态锁存器中，并使 EOC 信号为高电平。通知 CPU 已转换结束。当 CPU 执行一条读数据指令后，使 OE 为高电平，则从输出端 D0～D7 读出数据。

ADC0809 采用逐次比较法完成 A/D 转换，单一的＋5V 电源供电。片内带有锁存功能的 8 选 1 模拟开关，由 C、B、A 的编码来决定所选的通道。完成一次转换需 100μs 左右（转换时间与 CLK 脚的时钟频率有关），具有输出 TTL 三态锁存缓冲器，可直接连到单片机数据总线上。通过适当的外接电路，ADC0809 可对 0～5V 的模拟信号进行转换。

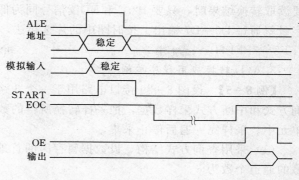

图 8 - 28　ADC0809 的工作时序

2. ADC0809 与 MCS-51 单片机的接口

硬件连接。如图 8 - 29 所示的是一个 ADC0809 与 MCS-51 单片机的典型接口电路图。图 8 - 29 中，由于 ADC0809 片内无时钟，可利用单片机提供的地址锁存允许信号 ALE 经 74LS74 D 触发器 2 分频后获得，ALE 引脚的频率是单片机时钟频率的 1/6（但要注意，每当访问外部数据存储器时，将少一个 ALE 脉冲）。如果单片机时钟频率采用 6MHz，则 ALE 引脚的输出频率为 1MHz，再二分频后为 500kHz，符合 ADC0809 对时钟频率的要求。当然，也可采用独立的时钟源输出，直接加到 ADC 的 CLK 脚。图中的基准电压是提供给 A/D 转换器在转换时所需要的基准电压，这是保证转换精度的基本条件。基准电压要单独用高精度稳压电源供给，其电压的变化要小于 1LSB。否则当被变换的输入电压不变，而基准电压的变化大于 1LSB，也会引起 A/D 转换器输出的数字量变化。

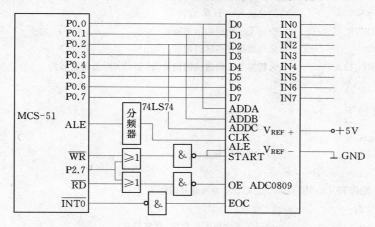

图 8 - 29　ADC0809 与 MCS-51 单片机的接口电路图

通道地址由 MCS-51 单片机的 P0 端口的低 3 位直接提供。由于 ADC0809 的地址锁存器具有锁存功能，所以 P0.0、P0.1 和 P0.2 可以不需要锁存器而直接与 ADC0809 的 AD-DA、ADDB、ADDC 连接。

MCS-51 单片机通过地址线 P2.7 和 $\overline{RD}$、$\overline{WR}$ 信号线来控制 ADC0809 的锁存信号 ALE、启动信号 START、输出允许信号 OE。锁存信号 ALE 和启动信号 START 连接在一起，锁存的同时启动。当 P2.7 和 $\overline{WR}$ 写信号同时为地电平时，锁存信号 ALE 和启动信号 START 有效，通道地址送地址锁存器锁存，同时启动 ADC0809 开始转换。当转换结束，要读取转换结果时，只要 P2.7 和 $\overline{RD}$ 读信号同为低电平，输出允许信号 OE 有效，转换的数字量就通过 D0～D7 输出。按时图中的片选接法，ADC0809 的模拟通道 IN0～IN7 的地址为 7FF8～7FFFH。

3. A/D 转换应用程序举例

【例 8‑5】　设图 8‑29 接口电路用于一个 8 路模拟量输入的巡回检测系统，分别采用查询方式和中断方式采样数据，把采样转换所得的数字量按序存储于片内 RAM 的 30H～37H 单元中。采样完一遍后停止采集。

（1）采用查询方式结构。设数据暂存区的首地址为 30H，需要进行 A/D 转换的模拟信号的通道个数为 8。

```
        ORG 0000H
        LJMP ADST
ADST:   MOV R1, #30H        ;设置数据存储区的首地址
        MOV DPTR, #7FF8H    ;设置第一个模拟信号通道 IN0 的地址指针
        MOV R2, #08H        ;设置待转换的通道个数
LOOP:   MOVX @DPTR, A       ;启动 A/D 转换器
        MOV R6, #0AH        ;软件延时，等待转换结束
DELAY:  NOP
        NOP
        NOP
        DJNZ R6, DELAY      ;延时至 A/D 转换完毕(约 100μs)
        MOVX A, @DPTR       ;CPU 读取转换结果
        MOV @R1, A          ;结果送入 30H 单元中
        INC DPTR            ;指向下一个模拟信号通道
        INC R1              ;修改数据存储区的地址
        DJNZ R2, LOOP       ;未转换完 8 路通道的信号,转至 LOOP 处继续转换
        END
```

C 语言编程如下：

```
#include  <reg51. h>
#include  <absacc. h>          //定义绝对地址访问
#define   uchar  unsigned char
#define   IN0    XBYTE [0x7ff8]  //定义 IN0 为通道 0 的地址
Sbit as_busy=P3-2;
static  uchar  data  x[8];       //定义 8 个单元的数组,存放结果
void   main (void)
{
 static uchar idata ad[10];
 ad0809(ad);                     //采用 ADC0809 通道的值
}
void ad0809(uchar idata * x)      //A/D 转换函数
{  uchar i;
   uchar  xdata  * ad_adr;        //定义指向通道的指针
   for (i=0; i<8; i++ )           //处理 8 个通道
```

```
{ * ad_adr=0;                    //启动转换
  i=i;                           //延时等待 EOC 变低
  i=i;
  while (ad_busy==0)             // 查询等待转换结果
  x [i] = * ad_adr;              //存放当前通道转换结果
  i++ ;
  ad_adr++;                      //指向下一个通道
}
```

以上程序仅对 8 路通道的模拟量进行了一次 A/D 转换，实际中则需要反复多次的或者定时的循环检测转换。

(2) 采用中断方式结构。在图 8-29 中，转换结束信号 EOC 与 MCS-51 单片机的外中断 $\overline{INT0}$ 相连。由于逻辑关系相反，电路中通过非门连接，当转换结束时 EOC 为高电平，经反向后，向 MCS-51 单片机发出中断请求，CPU 相应中断后，在中断服务程序中通过读操作来取得转换的结果。中断方式结构的程序由主程序和中断服务程序合成，中断源设为 $\overline{INT0}$。

汇编语言编程如下：

```
        ORG     0000H
        AJMP    ADST
        ORG     0003H
        AJMP    ZDFW
        ORG     0100H           ;主程序(初始化程序)入口
ADST:   MOV     R1,#30H         ;设置数据存储区的首地址
        MOV     R2,#08H         ;设置待转换的通道个数
        SETB    IT0             ;将中断源INT0设为下降沿触发
        SETB    EA              ;设为允许中断
        SETB    EX0             ;设中断源INT0为允许中断
        MOV     DPTR,#7FF8H     ;设置第一个模拟信号通道 IN0 的地址指针
        MOVX    @DPTR,A         ;启动 A/D 转换器,A 的值无意义
LOOP:   SJMP    LOOP            ;等待中断
        ORG     1000H           ;中断服务子程序入口
ZDFW:   MOVX    A,@DPTR         ;CPU 读取转换结果
        MOVX    @R1,A           ;结果送入数据存储区的单元中
        INC     DPTR            ;指向下一个模拟信号通道
        INC     R1              ;修改数据存储区的地址
        DJNZ    R2,INT0         ;8 路未转完,则转 INT0 继续
        CLR     EA              ;已转完,关中断
        CLR     EX0
INT0:   MOVX    @DPTR,A         ;启动 A/D 转换器的下一个通道
        RETI                    ;中断返回
```

C 语言编程如下：

```
#include  <reg51. h>
```

```c
#include  <absacc.h>              //定义绝对地址访问
#define  uchar unsigned  char
#define  IN0  XBYTE[0x7ff8]       //定义 IN0 为通道 0 的地址
static  uchar  data  x[8];        //定义 8 个单元的数组,存放结果
uchar  xdata  *ad_adr;            //定义指向通道的指针
uchar  i=0;
void  main(void)
{
  IT0=1;                          //初始化
  EX0=1;
  EA=1;
  i=0;
  ad_adr=&IN0;                    //指针指向通道 0
  *ad_adr=i;                      //启动通道 0 转换
  for  (;;)  {;}                  //等待中断
}
void  int_adc(void)  interrupt  0 //中断函数
{
  x[i]=*ad_adr;                   //接收当前通道转换结果
  i++;
  ad_adr++;                       //指向下一个通道
  if  (i<8)
  {
    *ad_adr=i;                    //8 个通道未转换完,启动下一个通道返回
  }
  else
  {
    EA=0; EX0=0;                  //8 个通道转换完,关中断返回
  }
}
```

8.2.3　MCS－51 单片机与 D/A 转换器芯片的接口技术

单片机应用系统中很多控制对象都是通过模拟量进行控制，而单片机直接输出的信号是数字信号，因此，输出的数字信号必须经过 D/A 转换器转换成模拟信号后，才能送给控制对象进行控制。D/A 转换器实现将数字量转换成模拟量。本节就介绍 D/A 转换器与单片机的接口问题。

8.2.3.1　D/A 转换器概述

目前 D/A 转换器芯片品种繁多、性能各异。按输入数字量的位数，可分为 8 位、10 位、12 位和 16 位等；按输入的数码，可分为二进制方式和 BCD 码方式；按传送数字量的方式，可分为并行和串行方式；按输出形式，可分为电流输出型和电压输出型，电压输出型又有分为单极性和双极性之分；按与单片机的接口，可分为带输入锁在器和不带输入锁存器。设计者只需要合理的选用合适的芯片，了解它们的功能、引脚外特性以及与单片机的接

口设计方法即可。由于现在部分的单片机芯片中集成了 D/A 转换器, 位数一般在 10 位左右, 且转换速度也很快, 所以单片的 D/A 开始向高的位数和高转换速度上转变。低端的产品, 如 8 位的 D/A 转换器, 开始面临被淘汰的危险, 但是在实验室或涉及某些工业控制方面的应用, 低端的 8 位 DAC 以其优异性价比还是具有相当大的应用空间的。目前常见的并行 8 位 D/A 转换器为 DAC0832。当 8 位分辨率不够时, 可以采用高于 8 位分辨率的 D/A, 例如, 并行 10 位、12 位、14 位、16 位的 D/A。为了节省成本, 也可采用 I^2C 或 SPI 串行口的 D/A 转换器, 如 AD7543。

8.2.3.2 主要技术指标

D/A 转换器的指标很多, 使用者最关心的几个指标如下。

1. 分辨率

指单片机输入给 D/A 转换器的单位数字量的变化, 所引起的模拟量输出的变化, 通常定义为输出满刻度值与 2^n 之比 (n 为 D/A 转换器的二进制位数)。习惯上用输入数字量的二进制位数表示。位数越多, 分辨率越高, 即 D/A 转换器对输入量变化的敏感程度越高。例如, 8 位的 D/A 转换器, 若满量程输出为 10V, 根据分辨率定义, 则分辨率为 $10V/2^n$, 分辨率为: $10V/256 = 39.1mV$, 即输入的二进制数最低位的变化可引起输出的模拟电压变化 39.1mV, 该值占满量程的 0.391%, 常用符号 1LSB 表示。同理, 10 位 D/A 转换 1LSB = 9.77mV = 0.1% 满量程, 12 位 D/A 转换 1LSB = 2.44mV = 0.024% 满量程, 16 位 D/A 转换 1LSB = 0.076mV = 0.00076% 满量程。实际使用时, 应根据对 D/A 转换器分辨率的需要来选定 D/A 转换器的位数。

2. 建立时间

描述 D/A 转换器转换快慢的一个参数, 用于表明转换时间或转换速度。其值为从输入数字量到输出达到终值误差 ±(1/2) LSB 时所需的时间。电流输出的转换时间较短, 而电压输出的转换器, 由于要加上完成 I-V 转换的运算放大器的延迟时间, 因此转换时间要长一些。快速 D/A 转换器的转换时间可控制在 $1\mu s$ 以下。

3. 转换精度

理想情况下, 转换精度与分辨率基本一致, 位数越多精度越高。但由于电源电压、基准电压、电阻、制造工艺等各种因素存在着误差。严格讲, 转换精度与分辨率并不完全一致。只要位数相同, 分辨率则相同, 但相同位数的不同转换器转换精度会有所不同。例如, 某种型号的 8 位 DAC 精度为 ±0.19%, 而另一种型号的 8 位 DAC 精度为 ±0.05%。

8.2.3.3 MCS-51 与 DAC0832 的接口

1. D/A 转换芯片 DAC0832 简介

DAC0832 是 CMOS 工艺制造的 8 位单片 D/A 转换器, 芯片采用的是双列直插封装结构, 是一种电流型 D/A 转换器, 数字输入端具有双重缓冲功能, 可以双缓冲、单缓冲或直通方式输入, 它的外部引脚和内部结构如图 8-30 所示。

(1) 引脚功能。DAC0832 有 20 个引脚及其功能分别如下:

1) DI0~DI7 (DI0 为最低位): 8 位数字量输入端。

2) ILE: 数据允许控制输入线, 高电平有效。

3) $\overline{CS}$: 片选信号。

4) $\overline{WR1}$ 和 WR2: $\overline{WR1}$ 为写信号线 1; $\overline{WR2}$ 为写信号线 2。

5) $\overline{XFER}$: 数据传送控制信号输入线, 低电平有效。

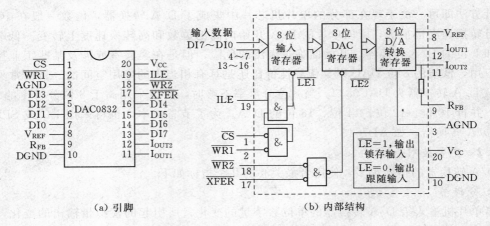

（a）引脚　　　　　　　　　　　（b）内部结构

图 8-30　DAC0832 外部引脚和内部结构图

6）I_{OUT1} 和 I_{OUT2}：I_{OUT1} 为模拟电流输出线 1，它是数字量输入为"1"的模拟电流输出端；I_{OUT2} 为模拟电流输出线 2，它是数字量输入为"0"的模拟电流输出端，采用单极性输出时，I_{OUT2} 常常接地。

7）R_{FB}：片内反馈电阻引出线，反馈电阻制作在芯片内部，用作外接运算放大器的反馈电阻。

8）V_{REF} 和 V_{CC}：V_{REF} 为基准电压输入线，电压范围为 $-10V \sim +10V$；V_{CC} 为工作电源输入端，可接 $+5V \sim +15V$ 电源。

9）AGND 和 DGND：AGND 为模拟地；DGND 为数字地。

在图 8-30（b）所示的内部结构图中，"8 位输入寄存器"用于存放单片机送来的数字量，使输入数字量得到缓冲和锁存，由 $\overline{LE1}$ 加以控制；"8 位 DAC 寄存器"用于存放待转换的数字量，由 $\overline{LE2}$ 控制；"8 位 D/A 转换电路"受"8 位 DAC 寄存器"输出的数字量控制，能输出和数字量成正比的模拟电流。因此，需外接 I-V 转换的运算放大器电路，才能得到模拟输出电压。$\overline{LE1}$、$\overline{LE2}$ 为内部两个寄存器的输入锁存端。其中 $\overline{LE1}$ 由 ILE、CS、$\overline{WR1}$ 确定，$\overline{LE2}$ 由 $\overline{WR2}$、$\overline{XFER}$ 确定：①当 $\overline{LE1}$＝ILE·$\overline{CS}$·$\overline{WR1}$＝0 时，8 位输入寄存器的输出跟随输入变化；当 $\overline{LE1}$＝ILE·$\overline{CS}$·$\overline{WR1}$＝1 时，数据锁存在输入寄存器中，不再变化。②当 $\overline{LE2}$＝$\overline{WR2}$·$\overline{XFER}$＝0 时，8 位 DAC 寄存器的输出跟随输入变化；当 $\overline{LE2}$＝$\overline{WR2}$·$\overline{XFER}$＝1 时，数据锁存在 DAC 寄存器中，不再变化。

DAC0832 可与所有的单片机或微处理器直接相连，也可单独使用。电流稳定时间为 $1\mu s$、20mW 低功耗，逻辑电平输入与 TTL 兼容。

2. DAC0832 的工作方式

DAC0832 有 3 种方式：直通方式、单缓冲方式和双缓冲方式。

（1）直通方式。当引脚 $\overline{CS}$、$\overline{WR1}$、$\overline{WR2}$、$\overline{XFER}$ 直接接地，ILE 接电源时，DAC0832 工作于直通方式。此时，8 位输入寄存器和 8 位 DAC 寄存器都直接处于导通状态，8 位数字量到达 DI0～DI7，就立即进行 D/A 转换，从输出端得到转换的模拟量。

（2）单缓冲方式。当连接引脚 $\overline{CS}$、$\overline{WR1}$、$\overline{WR2}$、$\overline{XFER}$ 时，使得两个锁存器的一个处于直通状态，另一个处于受控状态，或者两个被控同时导通，DAC0832 就工作于单缓冲方式，如图 8-31（a）所示的是一种单缓冲方式的连接图。DAC0832 是电流型 D/A 转换电路，输入数字量，输出模拟量，通过运算放大器将电流信号转换成单端电压信号输出。由于输出的模拟信号极易受到电源和数字信号的干扰而发生波动，因此为提高模拟信号的精度，一方面将"数字地"（DGND）和"模拟地"（AGND）分开（各自独立）；另一方面采用了高精度的 V_{REF} 基准电源与"模拟地"配合使用。

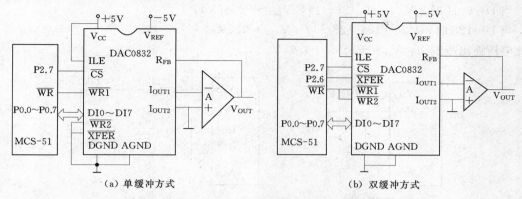

图 8-31　DAC0832 的两种工作方式连接图

（3）双缓冲方式。多路的 D/A 转换要求同步输出时，必须采用双缓冲同步方式。此方式工作时，数字量的输入锁存和 D/A 转换输出城分两步分开控制导通 8 位输入锁存器和 8 位 DAC 寄存器。单片机必须通过 $\overline{LE1}$ 来锁存待转换的数字量，通过 $\overline{LE2}$ 来启动 D/A 转换。第 1 步使 8 位输入锁存器导通，将 8 位数字量写入 8 位输入锁存器中；第 2 步使 8 位 DAC 寄存器导通，8 位数字量从 8 位输入锁存器送入 8 位 DAC 寄存器。第 2 步使 DAC 寄存器导通，在数据输入端写入的数据无意义。双缓冲方式下，DAC0832 应该为单片机提供两个 I/O 端口。图 8-31（b）为一种双缓冲方式的连接。

3. DAC0832 的输出方式

DAC0830 为电流输出型 D/A 转换器，要获得模拟电压输出时，需要外接一个运算放大器。DAC0832 的输出方式有单极性、双极性两种模拟电压输出。

（1）单极性模拟电压输出。如果参考电压为 +5V，则当数字量 D 从 00H 至 FFH 变化时，对应的模拟电压 V_O 的输出范围是 0～5V，典型的单极性电压输出电路如图 8-32（a）所示，由运算放大器进行电流—电压转换，使用芯片内部的反馈电阻。输出电压 V_O 与输入数字 D 的关系为：

$$V_O = D/256 \times V_{REF}$$

假设输入数字量 D=0～255，基准电压 V_{REF}=+5V。

当 D=FFH=255 时，最大输出电压 V_{max}=(255/256)×5=4.98（V）。

当 D=00H 时，最小输出电压 V_{min}=(0/255)×5=0（V）。

当 D=01H 时，一个最低有效位（LSB）的电压 V_{LSB}=(1/256)×5=0.0195（V）。

因此电压输出范围为：V_O=0～V_{REF}×255/256=0～4.98（V）。

（2）双极性模拟电压输出。如果要输出双极性电压，则需在输出端再加一级运算放大器作为偏移电路，如图 8-32（b）所示。当数字量 D 从 00H 至 FFH 变化时，对应的模拟电压 V_O 的输出范围是 -5～+5V。有时输入待转换的数字量有正有负，因而希望 D/A 转换输出也是双极性的；有些控制系统中，也要求控制电压应有极性变化。若取电阻 $R_2 = R_3 =$

$2R_1$，则输出电压 V_O 与输入数字 D 的关系为：

$$V_O = 2 \times V_{REF} \times D/256 - V_{REF} = (D/128 - 1)V_{REF}$$

假设输入数字量 D＝0～255，基准电压 V_{REF}＝＋5V

当 D＝FFH＝255 时，V_{max}＝(255/128－1)×V_{REF}＝4.96 （V）;

当 D＝00H 时，V_{min}＝(0/128－1)×V_{REF}＝－5 （V）;

当 D＝128 时，V_O＝(128/128－1)×V_{REF}＝0 （V）。

因此电压输出范围为：V_O＝－5V～＋4.96V。

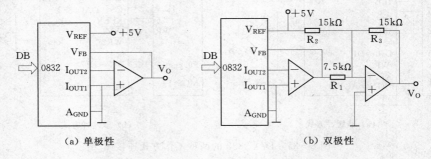

（a）单极性　　　　　　　　（b）双极性

图 8－32　DAC0832 的单极性和双极性两种接法

4. DAC0832 与 MCS－51 型单片机的接口

MCS－51 单片机与 DAC0832 的接口单缓冲连接电路如图 8－31 （a）所示。图中，$\overline{WR2}$、$\overline{XFER}$ 直接接地，ILE 接电源，$\overline{WR1}$ 接单片机的 $\overline{WR}$，$\overline{CS}$ 接单片机的 P2.7。只要数据写入 DAC0832 的 8 位输入锁存器，就立即开始转换，转换结果通过输出端输出。根据图 8－31 （a）的连接，DAC0832 的端口地址为 7FFFH(P2.7＝0)。执行下列 3 条指令就可以将一个数字量转换为模拟量。

```
MOV   DPTR,#7FFFH    ;端口地址送入 DPTR
MOV   A,#DATA        ;8 位数字量送入累加器
MOVX  @DPTR,A        ;向锁存器写入数字量,同时启动转换
```

D/A 转换芯片除了用于输出模拟量控制电压外，也常用于产生各种波形。

【例 8－6】　根据图 8－31 （a）的接口电路，分别编写从 DAC0832 输出端产生锯齿波、三角波、方波（矩形波）的程序段。

（1）锯齿波编程。汇编语言程序为：

```
      MOV  DPTR,#7FFFH
      CLR A
LOOP: MOVX @DPTR,A
      INC A
      SJMP  LOOP
```

当输入数字量从 0 开始，逐次加 1 进行 D/A 转换，模拟量与其成正比输出。当 A＝FFH 时，再加 1 则溢出清 0，模拟输出又为 0，然后又重新重复上述过程，如此循环，输出的波形就是锯齿波，如图 8－33 所示。实际上，每一上升斜边要分成 256 个小台

图 8－33　DAC0832 产生的锯齿波输出

阶，每个小台阶暂留时间为执行后三条指令所需要的时间。因此"INC A"指令后插入 NOP 指令或延时程序，则可改变锯齿波频率。

C 语言程序为：

```
#include   <reg51.h>
#include   <absacc.h>                //定义绝对地址访问
#define uchar unsigned char
#define   DAC0832   XBYTE[0x7FFF]
void   main()
{
uchar i;
while(1)
 {
  for (i=0; i<0xFF; i++)
    {DAC0832=i;}
 }
}
```

（2）三角波编程。汇编语言程序为：

```
          MOV   DPTR,#7FFFH
          CLR  A
LOOP1: MOVX   @DPTR,A          ;产生三角波的上升边
          INC  A
          CJNE   A,#0FFH,LOOP1
LOOP2: MOVX   @DPTR,A          ;产生三角波的下降边
          DEC  A
          JNZ  LOOP2
          SJMP  LOOP1          ;重复进行下一个周期
```

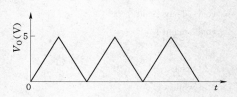

图 8-34 DAC0832 产生的三角波输出

输出的三角波如图 8-34 所示。

C 语言程序为：

```
#include   <reg51.h>
#include   <absacc.h>                //定义绝对地址访问
#define uchar unsigned char
#define   DAC0832   XBYTE[0x7FFF]
void   main ()
{
  uchar  i;
  while (1)
  {
    for  (i=0; i<0xFF; i++)
    { DAC0832=i; }
    for  (i=0xFF; i>0; i--)
      {DAC0832=i; }
```

383

```
        }
    }
```

（3）方波编程。汇编语言程序为：

```
        MOV  DPTR, #7FFFH
LOOP：MOV  A. #FFH          ;#FFH 为上限电平对应的数字量
        MOVX @DPTR,A          ;置矩形波上限电平
        ACALL  DELAY          ;调用高电平延时程序
        MOV A,#00H            ;#00H 为下限电平对应的数字量
        MOVX  @DPTR, A        ;置矩形波下限电平
        ACALL  DELAY          ;调用低电平延时程序
        SJMP  LOOP            ;重复进行下一个周期
DELAY：MOV R7. #0FFH
        DJNZ  R7,$
        RET
```

输出的矩形波如图 8 - 35 所示。DELAY 为延时程序，它决定输出的矩形波高、低电平时的持续宽度。矩形波频率也可用延时方法来改变。

C 语言程序为：

```
#include   <reg51. h>
#include   <absacc. h>              //定义绝对地趾访问
#define uchar unsigned char
#define   DAC0832  XBYTE [0x7FFF]
void   delay (void);
void   main()
{
    uchar i;
    while (1)
    {
        DAC0832=0;               //输出低电平
        delay ( );               //延时
        DAC0832=0xFF;            //输出高电平
        delay ( );               //延时
    }
}
void delay()                     //延时函数
{
    uchar  i;
}
```

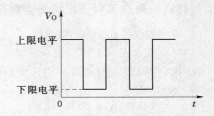

图 8 - 35　DAC0832 产生的矩形波输出

仿照上例的编程方法，只要稍加变化就可编写出其他所需的各种波形（如正弦波、阶梯波、梯形波、不同占空比的矩形波或组合波形等）。

在单片机应用系统中，如需同时输出多路模拟信号，这时的 D/A 转换器就必须采用双缓冲工作方式。图 8 - 36 是一个两路模拟信号同步输出的 D/A 转换接口电路。图中两片

D/A转换器的片选端$\overline{CS}$分别接在单片机的P2.5和P2.6引脚上,而$\overline{CS}$是控制输入寄存器的,所以两片D/A转换器的输入寄存器地址为0DFFFH(P2.5=0)和0BFFFH(P2.6=0)。而这两片D/A转换器的DAC寄存器的控制端口$\overline{XFER}$都接在单片机的P2.7上,所以它们的共同编址为7FFFH。

【例8-7】 设硬件接口电路如图8-36所示,设两片0832转换器的模拟输出分别用于示波器的X、Y偏转,试编程实现示波器上的光点根据参数X、Y的值同步移动。

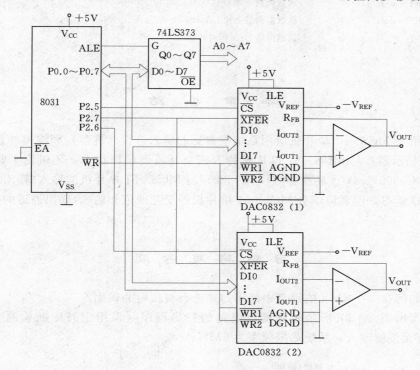

图8-36 两路0832与单片机的接口电路

汇编程序如下:

```
MOV   DPTR,#0DFFFH
MOV   A,#X
MOVX  @DPTR,A          ;将参数X写入DAC(1)的数据输入锁存器
MOV   DPTR,#0BFFFH
MOV   A,#Y
MOVX  @DPTR,A          ;将参数Y写入DAC(2)的数据输入锁存器
MOV   DPTR,#7FFFH
MOVX  @DPTR,A          ;两片DAC同时启动转换,同步输出
SJMP  $
```

C语言编程如下:

```
#include  <reg51.h>
#include  <absacc.h>        //定义绝对地址访问
#define   INPUTR1  XBYTE[0xDFFF]
```

```
#define   INPUTR2   XBYTE[0xBFFF]
#define   DACR   XBYTE[0x7FFF]
#define   uchar   unsigned char
void   dac2b (data1, data2)
uchar   data1,   data2;
{
  INPUTR1= data1;              //送数据到一片 DAC0832
  INPUTR2= data2;              //送数据到另一片 DAC0832
  DACR=0;                      //启动两路 D/A 同时转换
}
```

本 章 小 结

本章介绍了 MCS-51 单片机应用系统中常见的输入外设（键盘）和输出外设（LED 数码管、LCD 显示器）与 MCS-51 单片机的人机交互通道设计技术，还讨论了常用的 A/D 转换器（ADC0809）、D/A 转换器（DAC0832）与 MCS-51 单片机的输入/输出通道设计技术。通过本章学习，读者应学会 MCS-51 单片机的交互通道和输入/输出通道的接口设计以及软件编程。

习 题 与 思 考 题

8-1　如何在一个 4×4 的键盘中使用扫描进行被按键的识别？

8-2　写出图 8-37 所示矩阵键盘电路的扫描程序（采用定时中断检测方式，每隔 50ms 检测有无按键输入，系统晶振频率为 6MHz）。

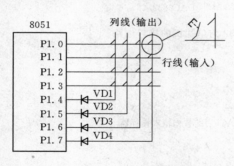

图 8-37　习题 8-2 电路图

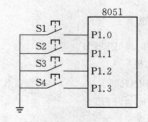

图 8-38　习题 8-3 电路图

8-3　请在图 8-38 的基础上，设计一个以中断方式工作的开关式键盘，并编写其中断键处理程序。

8-4　欲利用串行口扩展 4 位 LED 七段数码静态显示器，请画出相应逻辑电路并编写其显示子程序。

8-5　根据 LED 数码管内部各 LED 二极管连接方式的不同，可将 LED 数码管分为几类？

8-6　LED 数码显示器静态显示驱动方式和动态显示驱动方式各有什么优缺点？点阵

LED 显示器只能采用什么显示驱动方式？

8－7　试用 8031 单片机及其他逻辑部件设计一个 LED 显示/键盘电路。

8－8　A/D 转换器转换数据的传送有几种方式？

8－9　设已知 MCS－51 单片机的晶振频率为 12MHz，0809 端口地址为 CFFFH，采用中断工作方式，要求对 8 路模拟信号不断循环 A/D 转换，转换结果存入以 30H 为首地址的片内 RAM 中。请画出该 8 路采集系统的电路图，并编写程序。

8－10　在习题 8－9 中，如 0809 的端口地址为 FEFFH，采用 P1.7 查询方式，请画出相应的电路连接图，并编写对该 8 路模拟信号依次 A/D 转换后求出累加和，分别放入 30H、31H 单元的程序。

8－11　使用 80C51 和 ADC0809 芯片设计一个巡回检测系统。共有 8 路模拟量输入，采样周期为 1s，其他未列条件可自定。请画出电路连接图并进行程序设计。

8－12　在一个晶振为 12M 的 8031 系统中，扩展了一片 ADC0809，它的地址为 7FFFH。试画出有关逻辑图，并编写定时采样 0～3 通道的程序，设采样频率为 2ms 一次，每个通道采 50 个数，把所采的数按 0、1、2、3 通道的顺序存放在以 2000H 为首址的外部 RAM 中。

8－13　简述单缓冲工作方式、双缓冲工作方式的电路特点和功能。多片 D/A 转换器为什么必须采用双缓冲接口方式？

8－14　DAC0832 与 8031 单片机连接时有哪些控制信号？其作用是什么？

8－15　请编写 89C51 单片机通过 DAC0832 产生锯齿波信号、三角波、梯形波的程序（可以为任意频率）。

8－16　在一个 8031 应用系统中扩展 1 片 2764、1 片 8255、1 片 ADC0809、1 片 DAC0832，试画出其系统连接框图，并指出所扩展的各个芯片的地址范围。

第9章 单片机应用系统的研制过程及设计实例

本章将通过单片机在电力系统中实际应用的例子来帮助读者学会如何利用单片机进行实际应用系统开发。本章将从总体设计、硬件设计、软件设计、系统调试与测试、可靠性设计等几个方面介绍单片机应用系统设计的方法及基本过程，给出了一个完整的数字电压表的单片机应用的设计实例。本章的重点在于单片机应用系统开发的方法与实际应用，本章的难点在于使用单片机应用系统开发的方法，在实际工程中设计出最优的单片机应用系统。

9.1 单片机应用系统研制过程

由于单片机应用系统的多样性和技术指标不同，研制的方法、步骤不完全一样。研制工作包括硬件和软件两个方面，硬件指单片机、外围器件、I/O 设备组成的机器，软件是各种操作程序的总称。硬件和软件紧密配合、协调一致，才能组成一个高性能的应用系统。

单片机应用系统研制包括总体设计、硬件设计、软件设计、调试、产品化等阶段。图 9 – 1 描述了一般开发过程。

9.1.1 系统的总体设计

1. 确定功能技术指标

单片机应用系统的研制是从确定功能技术指标开始的，它是系统设计的依据和出发点，也是决定产品前途的关键。必须根据系统应用场合、工作环境、用途，参考国内外同类产品资料，提出合理、详尽的功能技术指标。

2. 机型和器件选择

选择单片机机型依据是市场货源、单片机性能、开发工具和熟悉程度。根据技术指标，选择容易研制、性能价格比高、有现成开发工具、比较熟悉的一种单片机。接着再选择合适的传感器、执行机构和 I/O 设备，使它们在精度、速度和可靠性等方面符合要求。

3. 硬件和软件功能划分

系统硬件的配置和软件的设计是紧密联系的，在某些场合，硬件和软件具有一定的互换性，有些功能可以由硬件实现也可以由软件实现，如系统日历时钟。对于生产批量大的产品，能由软件实现的功能尽量由软件完成，以简化硬件结构，降低成本。总体设计时权衡利弊，仔细划分好软、硬件的功能。

9.1.2 系统的硬件设计

硬件设计的任务是根据总体要求，在所选单片机基础上，具体确定系统中每一个元器件，设计出电路原理图，必要时做一些部件实验，验证电路正确性，进而设计加工印板，组装样机。

1. 系统结构选择

根据系统对硬件的需求，确定是小系统、紧凑系统还是大系统。如果是紧凑系统或大系统，进一步选择地址译码方法。

2. 可靠性设计

系统对可靠性的要求是由工作环境（湿度、温度、电磁干扰、供电条件等等）和用途确定的。可以采用下列措施，提高系统的可靠性。

（1）采用抗干扰措施。

1）抑制电源噪声干扰：安装低通滤波器、减少印板上交流电引进线长度，电源的容量留有余地，完善滤波系统、逻辑电路和模拟电路的合理布局等。

2）抑制输入/输出通道的干扰：使用双绞线、光隔离等方法和外部设备传送信息。

3）抑制电磁场干扰：电磁屏蔽。

（2）提高元器件可靠性。

1）选用质量好的元器件并进行严格老化、测试、筛选。

2）设计时技术参数留有一定余量。

3）提高印板和组装的工艺质量。

4）FIASH 型单片机不宜在环境恶劣的系统中使用。最终产品应选 OTP 型。

（3）采用容错技术。

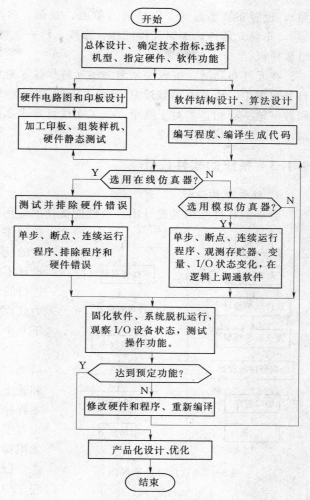

图 9-1 单片机应用系统开发设计流程图

1）信息冗余：通信中采用奇偶校验、累加和检验、循环码校验等措施，使系统具有检错和纠错能力。

2）使用系统正常工作监视器（Watchdog）：对于内部有 Watchdog 的单片机，合理选择监视计数器的溢出周期，正确设计监视计数器的程序。对于内部没有 Watchdog 的单片机，可以外接监视电路。

3. 电路图和印板设计

（1）电路框图设计。在完成总体、结构、可靠性设计基础上，基本确定所用元器件后，可用手工方法画出电路框图。框图应能看出所用器件以及相互间逻辑关系。

（2）电路原理图设计。选择合适的计算机辅助电路设计软件，根据电路框图，进行电路原理图设计，由印板划分、电路复杂性，原理图可绘成一张或若干张。

（3）印刷电路板设计。根据生产条件和工艺，规划电路板（物理外形、尺寸、电气边界），设置布线参数［工作层面（单面、双面、多层），线宽，特殊线宽、间距、过孔尺寸等］，布局元器件，编辑元件标注，布线，检查、修改。最后保存文件，送加工厂加工印板，组装样机。

在元件布局时，逻辑关系紧密的元件尽量靠近，数字电路、模拟电路、弱电、强电应各自分块集中，滤波电容靠近 IC 器件；布线时电源线和地线尽可能宽（大于 40mil），模拟地和数字地一点相连。对于熟手，人工布线可布出高质量印板，对于新手采用自动布线，然后对不合理处进行人工修改。

9.1.3 系统的软件设计

1. 软件结构设计

合理的软件结构是设计出一个性能优良的应用程序的基础。单片机应用系统的软件（监控程序）设计是系统设计中最基本而且工作量较大的任务。与系统机上操作系统支持下的纯软件设计不同，单片机的软件设计是在裸机的条件下进行的，而且随应用系统的不同而不同。图 9-2 为软件设计流程图。在软件设计中一般需考虑以下几个方面：

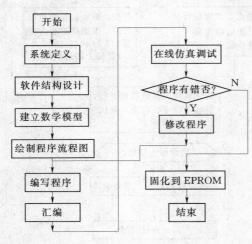

图 9-2 软件设计流程图

（1）根据要求确定软件的具体任务细节，然后确定合理的软件结构。一般系统软件由主程序和若干个子程序及中断服务程序组成，详细划分主程序、子程序和中断服务程序的具体任务，确定各个中断的优先级。主程序是一个顺序执行的无限循环的程序，不停地顺序查询各种软件标志，以完成对事务的处理。在子程序和中断服务程序中，要考虑现场的保护和恢复以及它们和主程序之间的信息交换方法。

（2）程序的结构一般常用模块化结构，即把监控程序分解为若干个功能相对独立的较小的程序模块分别设计，以便于调试。具体设计时可采用自底向上或自顶向下的方法。

（3）在进行程序设计时，先根据问题的定义描述出各个输入变量和输出变量之间的数学关系，即建立数学模型，然后绘制程序流程图，再根据流程图用汇编语言或高级语言进行具体程序的编写。

（4）在程序设计完成后，利用相应的开发工具和软件进行程序的汇编（或编译），生成程序的机器码。

对于大多数简单的单片机应用系统，通常采用顺序设计方法，这种系统软件由主程序和若干个中断服务程序所构成。根据系统各个操作的性质，指定哪些操作由中断服务程序完成、哪些操作由主程序完成，并指定各个中断的优先级。

（1）中断服务程序对实时事件请求作必要的处理，使系统能实时地并行地完成各个操作。中断处理程序必须包括现场保护、中断服务、现场恢复、中断返回等 4 个部分。中断的发生是随机的，它可能在任意地方打断主程序的运行，无法预知这时主程序执行的状态。因此，在执行中断服务程序时，必须对原有程序状态进行保护。现场保护的内容应是中断服务程序所使用的有关资源（如 PSW、ACC、DPTR 等）。中断服务程序是中断处理程序的主体，它由中断所要完成的功能所确定，如输入或输出一个数据等。现场恢复与现场保护相对应，恢复被保护的有关寄存器状态，中断返回使 CPU 回到被该中断所打断的地方继续执行原来的程序。

（2）主程序是一个顺序执行的无限循环的程序，不停地顺序查询各种软件标志，以完成对日常事务的处理。图 9-3 给出了中断程序和主程序的结构。

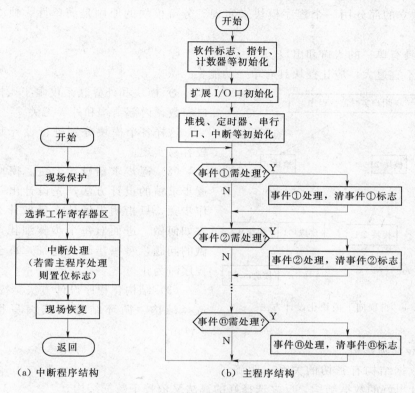

（a）中断程序结构　　（b）主程序结构

图 9-3　中断程序与主程序的结构

（3）主程序和中断服务程序间的信息交换一般采用数据缓冲器和软件标志（置位或清"0"位寻址区的某一位）方法。例如：定时中断到 1s 后置位标志 SS［设（20H）.0］，以通知主程序对日历时钟进行计数，主程序查询到 SS＝1 时，清"0"该标志并完成时钟计数。又如：A/D 中断服务程序在读到一个完整数据时将数据存入约定的缓冲器，并置位标志以通知主程序对此数据进行处理。再如：若要打印，主程序判断到打印机空时，将数据装配到打印机缓冲器，启动打印机并允许打印中断。打印中断服务程序将一个个数据输出打印，打印完后关打印中断，并置位打印结束标志，以通知主程序打印机已空。

因为顺序程序设计方法容易理解和掌握，也能满足大多数简单的应用系统对软件的功能要求，因此是一种用得很广的方法。顺序程序设计的缺点是软件的结构不够清晰、软件的修改扩充比较困难、实时性能差。这是因为当功能复杂的时候，执行中断服务程序要花较多的时间，CPU 执行中断程序时不响应低级或同级的中断，这可能导致某些实时中断请求得不到及时的响应，甚至会丢失中断信息。如果多采用一些缓冲器和标志，让大多数工作由主程序完成，中断服务程序只完成一些必需的操作，从而缩短中断服务程序的执行时间，这在一定程度上能提高系统实时性，但是众多的软件标志会使软件结构杂乱，容易发生错误，给调试带来困难。对于复杂的应用系统，可采用实时多任务操作系统。

2. 程序设计方法

（1）自顶向下模块化设计方法。随着单片机应用日益广泛，软件的规模和复杂性也不断增加，给软件的设计、调试和维护带来很多困难。自顶向下的模块化设计方法能有效解决这个问题。程序结构自顶向下模块化程序设计方法就是把一个大程序划分成一些较小的部分，每一个功能独立的部分用一个程序模块来实现。分解模块的原则是简单性、独立性和完整性，即：

1）模块具有单一的入口和出口。

2）模块不宜过大，应让模块具有单一功能。

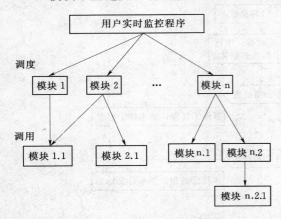

图 9-4　自顶向下模块化设计方法

3）模块和外界联系仅限于入口参数和出口参数，内部结构和外界无关。

这样各个模块分别进行设计和调试就比较容易实现。

（2）逐步求精设计方法。模块设计采用逐步求精的设计方法，先设计出一个粗的操作步骤，只指明先做什么后做什么，而不回答如何做。进而对每个步骤细化，回答如何做的问题，每一步越来越细，直至可以编写程序时为止。

（3）结构化程序设计方法。按顺序结构、选择结构、循环结构模式编写程序，见图9-4。

3. 算法和数据结构

算法和数据结构有密切的关系。明确了算法才能设计出好的数据结构，反之选择好的算法又依赖于数据结构。

算法就是求解问题的方法，一个算法由一系列求解步骤完成。正确的算法要求组成算法的规则和步骤的含义是唯一确定的，没有二义性的，指定的操作步骤有严格的次序，并在执行有限步骤以后给出问题的结果。

求解同一个问题可能有多种算法，选择算法的标准是可靠性、简单性、易理解性以及代码效率和执行速度。

描述算法的工具之一是流程图又称框图，它是算法的图形描述，具有直观、易理解的优点。前面章节中许多程序算法都用流程图表示。流程图可以作为编写程序的依据，也是程序员之间的交流工具。流程图也采用由粗到细，逐步细化，足够明确后就可以编写程序。

数据结构是指数据对象、相互关系和构造方法。不过单片机中数据结构一般比较简单，多数只采用整型数据，少数采用浮点型或构造性数据。

4. 程序设计语言选择和编写程序

单片机中常用的程序设计语言为汇编语言和C51语言。对于熟悉指令系统并且有经验的程序员，喜欢用汇编语言编写程序，根据流程图可以编制出高质量的程序。对于指令系统不熟悉的程序员，喜欢用C51语言编写程序，用C51语言编写的结构化程序易读易理解，容易维护和移植。因此程序设计语言的选择是因人而异的。

9.1.4 系统的调试技术

系统调试包括硬件调试、软件调试和软、硬件系统联调。根据调试环境不同，系统调试又分为模拟调试与现场调试。各种调试所起的作用是不同的，它们所处的时间段也不一样，不过它们的目的都是为了查出用户系统中存在的错误或缺陷。系统调试的一般过程见图9-5。

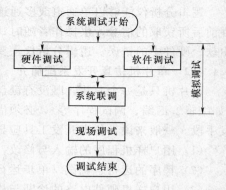

图9-5　系统调试的一般过程

9.1.4.1 单片机应用系统调试工具

当用户样机完成硬件和软件设计，全部元器件安装完毕后，在用户样机的程序存储器中放入编写好的应用程序，系统即可运行。但应用程序运行一次性成功几乎是不可能的，多少会存在一些软件、硬件上的错误，需借助单片机的系统调试工具进行调试，发现错误并加以改正。最常用的调试工具有单片机开发系统、万用表、逻辑笔、逻辑脉冲发生器与模拟信号发生器、示波器和逻辑分析仪等几种。其中，万用表、示波器及开发系统是最基本的、必备的调试工具。

1. 单片机开发系统

单片机开发系统（又称仿真器）的主要作用是：系统硬件电路的诊断与检查；程序的输入与修改；硬件电路、程序的运行与调试；程序在ROM中的固化。

2. 万用表

万用表主要用于测量硬件电路的通断、两点间阻值、测试点处稳定电流或电压值及其它静态工作状态。例如，当给某个集成芯片的输入端施加稳定输入时，可用万用表来测试其输出，通过测试值与预期值的比较，就可大致判定该芯片的工作是否正常。

3. 逻辑笔

逻辑笔可以测试数字电路中测试点的电平状态（高或低）及脉冲信号的有无。假如要检测单片机扩展总线上连接的某译码器是否有译码信号输出，可编写一循环程序使译码器对一特定译码状态不断进行译码。运行该循环程序后，用逻辑笔测试译码器输出端，若逻辑笔上红、绿发光二极管交替闪亮，则说明译码器有译码信号输出；若只有红色发光二极管亮（高电平输出）或绿色发光二极管亮（低电平输出），则说明译码器无译码信号输出。这样就可以初步确定由扩展总线到译码器之间是否存在故障。

4. 逻辑脉冲发生器与模拟信号发生器

逻辑脉冲发生器能够产生不同宽度、幅度及频率的脉冲信号，它可以作为数字电路的输入源。模拟信号发生器可产生具有不同频率的方波、正弦波、三角波、锯齿波等模拟信号（不同的信号发生器能够产生的信号波形不完全相同），它可作为模拟电路的输入源。这些信号源在模拟调试中是非常有用的。

5. 示波器

示波器可以测量电平、模拟信号波形及频率，还可以同时观察两个或三个信号的波形及它们之间的相位差（双踪或多踪示波器）。它即可以对静态信号进行测试，也可以对动态信号进行测试，而且测试准确性好。它是任何电子系统调试维修的一种必备工具。

6. 逻辑分析仪

逻辑分析仪能够以单通道或多通道实时获取与触发事件的逻辑信号，可保存显示触发事件前后所获取的信号，供操作者随时观察，并作为软、硬件分析的依据，以便快速有效地查出软、硬件中的错误。逻辑分析仪主要用于动态调试中信号的捕获。

9.1.4.2　单片机仿真开发系统简介

单片机只是一个芯片，既没有键盘，又没有 CRT、LED 显示器，无法进行软件的开发（如编辑、汇编、调试程序等），必须借助某种开发工具（也称为仿真开发系统）所提供的开发手段。一般来说，仿真开发工具应具有如下最基本功能：

（1）用户样机程序的输入与修改。

（2）程序的运行、调试（单步运行、设置断点运行）、排错、状态查询等功能。

（3）用户样机硬件电路的诊断与检查。

（4）有较全的开发软件。用户可用汇编语言或 C 语言编制应用程序，由开发系统编译连接生成目标文件、可执行文件。配有反汇编软件，能将目标程序转换成汇编语言程序；有丰富的子程序可供用户选择调用。

（5）将调试正确的程序写入到程序存储器中。目前国内使用较多的仿真开发系统大致分为如下两类：

1）通用机仿真开发系统。目前设计者使用最多的一类开发装置，是一种通过 PC 机的并行口、串行口或 USB 口，外加在线仿真器的仿真开发系统，如图 9 - 6 所示。

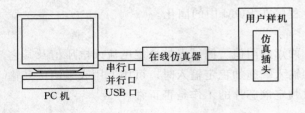

图 9 - 6　通用机仿真开发系统

在线仿真器一侧与 PC 机的串口（或并口、USB 口）相连。在线仿真器另一侧的仿真插头插入到用户样机的单片机插座上，对样机的单片机进行"仿真"。从仿真插头向在线仿真器看去，看到的就是一个"单片机"。这个"单片机"是用来"代替"用户样机上的单片机。但是这个"单片机"片内程序的运行是由 PC 机上的软件控制的。由于在线仿真器有 PC 机及其仿真开发软件的强大支持，可以在 PC 机的屏幕上观察用户程序的运行情况，可以采用单步、设断点等手段逐条跟踪用户程序并进行修改和调试，以及查找软、硬件故障。

在线仿真器除了"出借"单片机外，还"出借"存储器，即仿真 RAM。就是说，在用户样机调试期间，仿真器把开发系统的一部分存储器"变换"成为用户样机的存储器。这部分存储器与用户样机的程序存储器具有相同的存储空间，用来存放待调试的用户程序。在调试用户程序时，仿真器的仿真插头必须插入用户样机空出的单片机插座中。当仿真开发系统与 PC 机联机后，用户可利用 PC 机上的仿真开发软件，在 PC 机上编辑、修改源程序，然后通过交叉汇编软件将其汇编成机器代码，传送到在线仿真器中的仿真 RAM 中。这时用户可用单步、断点、跟踪、全速等方式运行用户程序，系统状态实时地显示在屏幕上。程序调试通过，再使用编程器，把调试完毕的程序写入到单片机内的 Flash 存储器中或外扩的 ROM 中。此类仿真开发系统是目前最流行的仿真开发工具。配置不同的仿真插头，可以仿真开发各种单片机。

通用机仿真开发系统中还有另一种仿真器：独立型仿真器。该类仿真器采用模块化结构，配有不同外设，如外存板、打印机、键盘/显示器等，用户可根据需要选用。在工业现场，往往没有 PC 机的支持，这时使用独立型仿真器也可进行仿真调试工作，只不过要输入机器码，稍显麻烦一些。

2）软件仿真开发工具 Proteus。它是一种完全用软件手段对单片机应用系统进行仿真开发的。软件仿真开发工具与用户样机在硬件上无任何联系。通常这种系统是由 PC 机上安装仿真开发工具软件构成，可进行应用系统的设计、仿真、开发与调试。

在使用 Proteus 软件进行仿真开发时，编译调试环境可选用 Keil C51 μVision 4 软件。该软件支持众多不同公司的 MCS-51 架构的芯片，集编辑、编译和程序仿真等于一体，同时还支持汇编和 C 语言的程序设计，界面友好易学，在调试程序、软件仿真方面有很强大的功能。用 Proteus 软件调试不需任何硬件在线仿真器，也不需要用户硬件样机，直接就可以在 PC 机上开发和调试单片机软件。调试完毕的软件可以将机器代码固化，一般能直接投入运行。

尽管 Proteus 软件具有开发效率高，不需要附加的硬件开发装置成本。但是软件模拟器是使用纯软件来对用户系统仿真，对硬件电路的实时性还不能完全准确地模拟，不能进行用户样机硬件部分的诊断与实时在线仿真。因此，在系统开发中，一般是先用 Proteus 设计出系统的硬件电路，编写程序，然后在 Proteus 环境下仿真调试通过。然后依照仿真的结果，完成实际硬件设计。再将仿真通过的程序烧录到编程器中，然后安装到用户样机硬件板上去观察运行结果，如有问题，再连接硬件仿真器去分析、调试。

9.1.4.3　硬件调试

单片机应用系统的软硬件调试是分不开的，通常是先排除明显的硬件故障后再和软件结合起来进行调试。常见的硬件故障有逻辑错误、元器件失效、可靠性差和电源故障等。

硬件调试可分静态调试与动态调试两步进行。其中，静态调试是在用户系统未工作时的一种硬件检查；动态调试是在用户系统工作的情况下发现和排除用户系统硬件中存在的器件内部故障、器件间连接逻辑错误等的一种硬件检查。由于单片机应用系统的硬件动态调试是在开发系统的支持下完成的，故又称为联机仿真或联机调试。

在进行硬件调试时先进行静态调试，用万用表等工具在样机加电前根据原理图和装配图仔细检查线路，核对元器件的型号、规格和安装是否正确，然后加电检查各点电位是否正常，接下来再借助仿真器进行联机调试，分别测试扩展的 RAM、I/O 口、I/O 设备、程序存储器以及晶振和复位电路，改正其中的错误。

9.1.4.4　软件调试

软件调试就是排查系统软件中的错误。常见的软件错误有程序失控、中断错误（不响应中断或循环响应中断）、输入/输出错误和处理结果错误等类型。

通常是把各个程序模块分别进行调试，通过后再组合到一块进行综合调试。达到预定的功能技术指标后即可将软件固化。

1. 先独立后联机

从宏观来说，单片机应用系统中的软件与硬件是密切相关、相辅相成的。软件是硬件的灵魂，没有软件，系统将无法工作；同时，大多数软件的运行又依赖于硬件，没有相应的硬件支持，软件的功能便荡然无存。因此，将两者完全孤立开来是不可能的。然而，并不是用户程序的全部都依赖于硬件，当软件对被测试参数进行加工处理或作某项事务处理时，往往是与硬件无关的，这样，就可以通过对用户程序的仔细分析，把与硬件无关的、功能相对独立的程序段抽取出来，形成与硬件无关和依赖于硬件的两大类用户程序块。这一划分工作在软件设计时就应充分考虑。

2. 先分块后组合

如果用户系统规模较大、任务较多，即使先行将用户程序分为与硬件无关和依赖于硬件两大部分，但这两部分程序仍较为庞大的话，采用笼统的方法从头至尾调试，既费时间又不容易进行错误定位，所以常规的调试方法是分别对两类程序块进一步采用分模块调试，以提高软件调试的有效性。

在调试时所划分的程序模块应基本保持与软件设计时的程序功能模块或任务一致。除非某些程序功能块或任务较大才将其再细分为若干个子模块。但要注意的是，子模块的划分与一般模块的划分应一致。

3. 先单步后连续

调试好程序模块的关键是实现对错误的正确定位。准确发现程序（或硬件电路）中错误的最有效方法是采用单步加断点运行方式调试程序。单步运行可以了解被调试程序中每条指令的执行情况，分析指令的运行结果可以知道该指令执行的正确性，并进一步确定是由于硬件电路错误、数据错误还是程序设计错误等引起了该指令的执行错误，从而发现、排除错误。

9.1.4.5　系统联调

系统联调主要解决以下问题：

（1）软、硬件能否按预定要求配合工作，如果不能，那么问题出在哪里，如何解决？

（2）系统运行中是否有潜在的设计时难以预料的错误。如硬件延时过长造成工作时序不符合要求，布线不合理造成有信号串扰等。

（3）系统的动态性能指标（包括精度、速度参数）是否满足设计要求？

9.1.4.6　现场调试

一般情况下，通过系统联调后，用户系统就可以按照设计目标正常工作了。但在某些情况下，由于用户系统运行的环境较为复杂（如环境干扰较为严重、工作现场有腐蚀性气体等），在实际现场工作之前，环境对系统的影响无法预料，只能通过现场运行调试来发现问题，找出相应的解决方法；或者虽然已经在系统设计时考虑到抗干扰的对策，但是否行之有效，还必须通过用户系统在实际现场的运行来加以验证。另外，有些用户系统的调试是在用模拟设备代替实际监测、控制对象的情况下进行的，这就更有必要进行现场调试，以检验用户系统在实际工作环境中工作的正确性。

9.1.5　系统的可靠性设计

1. 硬件的可靠性设计

单片机应用系统可靠性设计中，先应考虑硬件设计的可靠性。

（1）应考虑元件的失效问题，如元件本身的缺陷和工艺问题。

（2）要特别注意元器件的正确选择、使用和替换。① 对于电阻和电容，要考虑其标称值和误差、额定功率、频率特性及耐压值等；② 对于 CMOS 集成电路，应注意输入电压不能超过其电源电压，也不能低于 0V，未用的输入端必须与电源或地端相接，而输出端则不许短路，在焊接时如用交流电烙铁则应先切断电源，利用余热进行焊接；③ 对于 TTL 集成电路，其电源不能超过 5＋0.25V，未用的门电路的输入端应并接到该片要使用的输入端上，输出端则接高电平，并注意加上适当的去耦电容等。

（3）应考虑环境条件对硬件参数的影响，如温度、湿度、电源及各种干扰等。因此，元器件的选择应遵循降额使用的原则，留出一定的余地。在结构中要控制工作环境的条件，如通风、除湿、除尘等，注意对噪声的抑制，必要的时候可以考虑采用冗余设计。

2. 软件的可靠性设计

在单片机应用系统中，软件就是系统的监控程序。软件和硬件是密切相关的，软件错误主要来自设计上的错误。要提高软件的可靠性，必须从设计、测试和长期使用等方面来考虑。因此，在设计中一定要十分认真。

（1）要正确地使用中断。由于监控系统中中断处理是很常用的设计方法，在主程序和中断程序的安排上应考虑时间分配问题，可以采用定时中断或随机事件中断。

（2）要将整个系统软件根据功能划分为若干个相对独立的模块，这样便于多人分工编写和程序的调试。

（3）根据现场技术指标和具体的控制精度要求选取适当的控制策略，有些测控因素关联度较大的对象，应采用多种控制策略。同一控制对象的不同调节参数可以采用不同的控制算法。但是，软件的可靠性设计没有统一的模式，应根据各个具体的硬件系统和测控对象灵活地采用不同的方法。

3. 系统的抗干扰设计

（1）干扰源及干扰途径。单片机系统中的干扰有多种类型。干扰的主要来源有：

1）来自空间辐射的干扰。可控硅逆变电源、变频调速器、发射机等特殊设备在工作时会产生很强的干扰，在这种环境中单片机系统难以正常运行。

2）来自电源的干扰。各种开关的通断、火花干扰、大电机启停等现象在工业现场很常见，这些来自交流电源的干扰对单片机系统的正常运行危害极大。

3）来自信号通道的干扰。在实际的应用系统中，测控信号的输入/输出是必不可少的。在工业现场中，这些I/O信号线、控制线有时长达几百米，不可避免地会把干扰引入到系统中。如果受控对象是强干扰源，如可控硅、电焊机等，则单片机系统根本就无法运行。

（2）硬件抗干扰措施。根据干扰的产生及传输特点，在硬件上可以采取措施有：

1）硬件屏蔽。将系统安装在对电磁辐射干扰具有屏蔽作用的金属机箱中，并进行正确接地，可以有效地抑制强电设备产生的空间辐射干扰。

2）光电隔离。对于开关量信号用光电耦合器隔离以后再进行输入/输出，对于模拟量信号可选用光电隔离器或变压器隔离后再进行输入/输出，并使用双绞线或屏蔽线进行信号传输，这样就可以有效地克服信号传输通道带来的干扰。

3）电源滤波。对于来自电源的干扰，可采用低通滤波器以及带有屏蔽层的电源变压器来进行抑制。

4）电源去耦。对于系统中每一片集成电路，在电源和地之间都加上去耦电容，既是本芯片的蓄能电容，还能抑制高频噪声。

5）在满足要求的前提下尽量用较低的时钟频率和低频的器件。

6）合理布置元件在线路板上的位置，把模拟电路、高速数字电路和产生噪声的功率驱动部分合理地分开，各部件之间的引线尽量短，对各种输入/输出线分类整理，以减少寄生电容的干扰。

7）系统中芯片的未用端不要悬空，应根据实际情况接到电源端、地端或已用端。

8）尽量不用 IC 插座，而将集成电路直接焊接在电路板上。

（3）软件抗干扰措施。

1）在程序中插入空操作指令实现指令冗余。系统在工作时容易因干扰而使 PC 指向程序存储器的非代码区，从而导致"死机"。为此可以在程序中插入一些单字节的空操作指令 NOP，失控的程序遇到该指令后得到调整而转入正常。

2）对未用的中断向量进行处理。在程序中对未用的中断都编写出相应的错误处理程序，若因干扰触发了这些中断，则执行完简单的出错处理程序后可以正常返回。

3）采用超时判断克服程序的死锁。在系统的数据采集部分，如 A/D 转换结果采用查询方式读取，若因干扰使 A/D 转换结束标志无效，程序就会进入死循环。针对类似情况，可在程序中采用超时判断，若系统在一定的时间内采不到有效的标志，就自动放弃本次采样，从而避免程序死锁的发生。

4）采用软件陷阱。当程序因干扰而"跑飞"时，可在非程序区设置陷阱，强迫 PC 进入一个指定的地址，执行一段专门对死机进行处理的程序，使系统恢复正常。软件陷阱可安排在未使用的中断区和未使用的大片 ROM 空间，可由以下 3 条指令构成：

NOP

NOP

LJMP ERR

5）采用看门狗。当程序"跑飞"而前述方法又没有捕捉到时，可以用看门狗来恢复系统的正常运行。具体设计时可以用软件实现，也可以用专用的看门狗芯片（如 MAX693、X25045 等）来实现。软件方法是用单片机中未用的定时器进行定时，在主程序每一次循环的特定时刻刷新定时器的时间常数，若定时器因系统死机而得不到刷新，就会产生溢出而引起中断，在其中断服务程序中进行出错处理后转入正常运行。看门狗芯片也相当于定时器，系统在每一次循环中用一根口线使芯片复位，若芯片因系统异常而得不到复位，其接到 MCU 复位端的溢出信号就能使系统恢复正常运行。

6）采用数字滤波。为了提高数据采集的可靠性，减小虚假信息的影响，可以采用数字滤波的方法，如程序判断滤波、中值滤波、滑动平均值滤波、防脉冲干扰平均值滤波、一阶滞后滤波等。也可以对数据进行非线性补偿和误差修正，提高数据精度。

9.2　单片机应用系统实例——简易数字电压表的设计

9.2.1　系统的功能要求

简易数字电压表可以测量 0～5V 的 8 路输入电压值，并在四位 LED 数码管上轮流显示或单路选择显示。测量最小分辨率为 0.019V，测量误差约为 ±0.02V。

9.2.2　系统的方案论证

按系统功能实现要求，决定控制系统采用 AT89C52 单片机，A/D 转换采用 ADC0809。系统除能确保实现要求的功能外，还可以方便地进行 8 路其他 A/D 转换量的测量、远程测量结果传送等扩展功能。数字电压表系统设计方案框图见图 9-7。

9.2.3 系统的硬件电路设计

简易数字电压测量电路由 A/D 转换、数据处理及显示控制等组成，电路原理图如图9-8 所示。A/D 转换由集成电路 0809 完成。0809 具有 8 路模拟输入端口，地址线（23～25 脚）可决定对哪一路模拟输入作 A/D 转换。22 脚为地址锁存控制，当输入为高电平时，对地址信号进行锁存。6 脚为测试控制，当输入一个 $2\mu s$ 宽高电平脉冲时，就开始 A/D 转

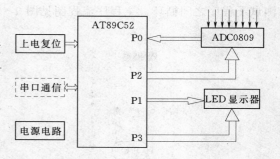

图 9-7 数字电压表系统设计方案

换。7 脚为 A/D 转换结束标志，当 A/D 转换结束时，7 脚输出高电平。9 脚为 A/D 转换数据输出允许控制，当 OE 脚为高电平时，A/D 转换数据从该端口输出。10 脚为 0809 的时钟输入端，利用单片机 30 脚的六分频晶振频率再通过芯片 14024 二分频得到 1MHz 时钟。单片机的 P1、P3.0～P3.3 端口作为四位 LED 数码管显示控制。P3.5 端口用作单路显示/循环显示转换按钮，P3.6 端口用作单路显示时选择通道。P0 端口作 A/D 转换数据读入用，P2 端口用作 0809 的 A/D 转换控制。

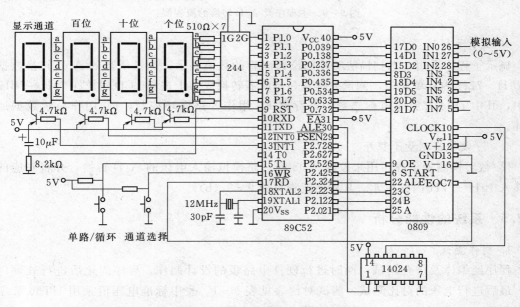

图 9-8 数字电压表电路原理图

9.2.4 系统的软件程序设计

1. 初始化程序

系统上电时，初始化程序将 70H～77H 内存单元清 0，P2 口置 1。

2. 主程序

在刚上电时，系统默认为循环显示 8 个通道的电压值状态。当进行一次测量后，将显示每一通道的 A/D 转换值，每个通道的数据显示时间为 1s 左右，主程序在调用显示子程序和

测试子程序之间循环，主程序流程图见图 9-9（a）。

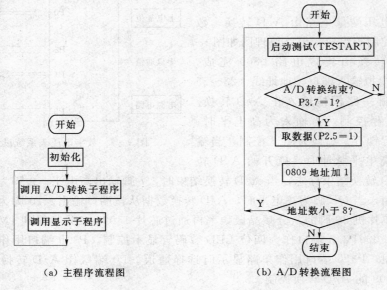

（a）主程序流程图　　　（b）A/D 转换流程图

图 9-9　主程序及 A/D 转换的流程图

3. 显示子程序

显示子程序采用动态扫描法实现四位数码管的数值显示。测量所得的 A/D 转换数据放在 70H～77H 内存单元中，测量数据在显示时需转换成为十进制 BCD 码放在 78H～7BH 单元中，其中 7BH 存放通道标志数。寄存器 R3 用作 8 路循环控制，R0 用作显示数据地址指针。

4. 模/数转换测量子程序

模/数转换测量子程序用来控制对 0809 八路模拟输入电压的 A/D 转换，并将对应的数值移入 70H～77H 内存单元。其程序流程见图 9-9（b）。

9.2.5　系统的性能分析

1. 制作测试

程序经编译及仿真调试，同时进行硬件电路板的设计制作，程序固化后进行软硬件联调，最后进行电压的对比测试，测试对比表见表 9-1。表中标准电压值采用 UT56 数字万用表测得。

表 9-1　　　　　简易数字电压表与"标准"数字电压表对比测试表

标准值（V）	0.00	0.15	0.85	1.00	1.25	1.75	1.98	2.32	2.65
简易电压表测得值（V）	0.00	0.17	0.86	1.02	1.26	1.76	2.00	2.33	2.66
绝对误差（V）	0.00	+0.02	+0.01	+0.02	+0.01	+0.01	+0.02	+0.01	+0.01
标准值（V）	3.00	3.45	3.55	4.00	4.50	4.60	4.70	4.81	4.90
简易电压表测得值（V）	3.01	3.47	3.56	4.01	4.52	4.62	4.72	4.82	4.92
绝对误差（V）	+0.01	+0.02	+0.01	+0.01	+0.02	+0.02	+0.02	+0.01	+0.02

从表9-1中可以看出，简易数字电压表与"标准"数字电压表测得的绝对误差均在0.02V以内，这与采用8位A/D转换器所能达到的理论误差精度相一致，在一般的应用场合可完全满足要求。

2. 性能分析

（1）由于单片机为8位处理器，当输入电压为5.00V时，输出数据值为255（FFH），因此单片机最大的数值分辨率为0.0196V（5/255）。这就决定了该电压表的最大分辨率（精度）只能达到0.0196V。测试时电压数值的变化一般以0.02的电压幅度变化，如要获得更高的精度要求，应采用12位、13位的A/D转换器。

（2）简易电压表测得的值基本上均比标准值偏大0.01～0.02V。这可以通过校正0809的基准电压来解决，因为该电压表设计时直接用7805的供电电源作为基准电压，电压可能有偏差。另外可以用软件编程来校正测量值。

（3）ADC0809的直流输入阻抗为1MΩ，能满足一般的电压测试需要。另外，经测试ADC0809可直接在2MHz的频率下工作，这样可省去分频器14024。

9.2.6 系统的源程序清单

1. 汇编语言源程序

```
;************************************
;测量电压最大为5V,显示最大值为5.00
;使用AT89C52单片机,12MHz晶振,P0读入A/D值,P2口为A/D转换控制口
;数码管为共阳极连接,P1口为字段码口,P3口为位选口
;70H～77H存放采样的8个数据
;78H～7BH存放显示数据,依次为个位、十位、百位、当前通道标志值
;P3.5作单路显示/循环显示转换按键用,P3.6作单路显示时选择通道按键用
;00H位为单路/循环显示控制位,当为0时循环显示,为1时单路显示
;************************************
;************************************
;主程序和中断程序入口
;************************************
        ORG     0000H
        LJMP    START
        ORG     0003H
        RETI
        ORG     000BH
        RETI
        ORG     0013H
        RETI
        ORG     001BH
        RETI
        ORG     0023H
        RETI
        ORG     002BH
        RETI
;************************************
```

```
;初始化程序中的各变量
;**************************************
CLEARMEMIO:  CLR   A
             MOV   P2,A
             MOV   R0,#70H
             MOV   R2,#0DH
LOOPMEM:     MOV   @R0,A
             INC   R0
             DJNZ  R2,LOOPMEM
             MOV   20H,#00H
             MOV   A,#0FFH
             MOV   P0,A
             MOV   P1,A
             MOV   P3,A
             RET
;**************************************
;主程序
;**************************************
START:  LCALL  CLEARMEMIO      ;初始化
MAIN:   LCALL  TEST            ;测量一次
        LCALL  DISPLAY         ;显示数据一次
        AJMP   MAIN
        NOP                    ;PC 值出错处理
        NOP
        NOP
        LJMP   START
;******************************
;显示控制程序
;******************************
DISPLAY:   JB       00H,DISP11     ;标志位为 1,则转单路显示控制子程序
           MOV      R3,#08H        ;8 路信号循环显示控制子程序
           MOV      R0,#70H        ;显示数器初址 70H～77H
           MOV      7BH,#00H       ;显示通过路数初值
DISLOOP1:  LCALL  TUNBCD           ;显示数据转为 3 位 BCD 码存入 7AH、79H、78H
           MOV  R2,#0FFH           ;每路显示时间控制在 4ms×255,约 1s
DISLOOP2:  LCALL  DISP             ;调 4 位显示程序
           LCALL    KEYWORK1       ;按键检测
           DJNZ     R2,DISLOOP2
           INC      R0             ;显示下一路
           INC      7BH            ;通道显示数加 1
           DJNZ     R3,DISLOOP1
           RET
DISP11:    MOV      A,7BH          ;单路显示控制子程序
           SUBB     A,#01H
           MOV      7BH,A
```

```
            ADD        A,#70H
            MOV        R0,A
DISLOOP11:LCALL        TUNBCD          ;显示数据转为 3 位 BCD 码存入 7AH、79H、78H
            MOV        R2,#0FFH        ;每路显示时间控制在 4msX255
DISLOOP22:LCALL        DISP            ;调 4 位显示程序
            LCALL      KEYWORK2        ;按键检测
            DJNZ       R2,DISLOOP22
            INC        7BH             ;通道显示数加 1
            RET
;*********************************
;显示数据转为 3 位 BCD 码子程序
;*********************************
;显示数据转为 3 位 BCD 码存入 7AH、79H、78H(最大值 5.00V)
TUNBCD：    MOV        A,@R0           ;255/51=5.00 V 运算
            MOV        B,#51
            DIV        AB
            MOV        7AH,A           ;个位数放入 7AH
            MOV        A,B             ;余数大于 19H,F0 为 1,乘法溢出,结果加 5
            CLR        F0
            SUBB       A,#1AH
            MOV        F0,C
            MOV        A,#10
            MUL        AB
            MOV        B,#51
            DIV        AB
            JB         F0,LOOP2
            ADD        A,#5
LOOP2：     MOV        79H,A           ;小数后第 1 位放入 79H
            MOV        A,B
            CLR        F0
            SUBB       A,#1AH
            MOV        F0,C
            MOV        A,#10
            MUL        AB
            MOV        B,#51
            DIV        AB
            JB         F0,LOOP3
            ADD        A,#5
LOOP3：     MOV        78H,A           ;小数后第 2 位放入 78H
            RET
;*********************
;显示子程序
;*********************
;共阳显示子程序,显示内容在 78H~7BH
DISP：      MOV        R1,#78H         ;共阳显示子程序,显示内容在 78H~7BH
```

```
        MOV      R5,0FEH           ;数据在 P1 输出,列扫描在 P3.0~P3.3
PLAY:   MOV      P1,#0FFH
        MOV      A,R5
        ANL      P3,A
        MOV      A,@R1
        MOV      DPTR,#TAB
        MOVC     A,@A+DPTR
        MOV      P1,A
        JB       P3.2,PLAY1        ;小数点处理
        CLR      P1.7              ;小数点显示(显示格式为 XX.XX)
PLAY1:  LCALL    DL1MS
        INC      R1
        MOV      A,P3
        JNB      ACC.3,ENDOUT
        RL       A
        MOV      R5,A
        MOV      P3,#0FFH
        AJMP     PLAY
ENDOUT: MOV      P3,0FFH
        MOV      P1,0FFH
        RET
TAB:DB C0H,F9H,A4H,0B0H,99H,92H,82H,0F8H,80H,90H,FFH;段码表
;***********************
;延时程序
;***********************
DL10MS: MOV      R6,#0D0H          ;10ms 延时子程序
DL1:    MOV      R7,#19H
DL2:    DJNZ     R7,DL2
        DJNZ     R6,DL1
        RET
DL1MS:  MOV      R4,#0FFH          ;513+513≈1ms
LOOP11: DJNZ     R4,LOOP11
        MOV      R4,#0FFH
LOOP22: DJNZ     R4,LOOP22
        RET
;*****************************
;电压测量(A/D)子程序
;*****************************
;一次测量数据 8 个,依次放入 70H~77H 单元中
TEST:   CLR      A                 ;模/数转换子程序
        MOV      P2,A
        MOV      R0,#70H           ;转换值存放首址
        MOV      R7,#08H           ;转换 8 次控制
        LCALL    TESTART           ;启动测试
WAIT:   JB       P3.7,MOVD         ;等 A/D 转换结束信号
```

```
            AJMP    WAIT
TESTART:SETB    P2.3                    ;测试启动
            NOP
            NOP
            CLR     P2.3
            SETB    P2.4
            NOP
            NOP
            CLR     P2.4
            NOP
            NOP
            NOP
            NOP
            RET
MOVD:   SETB    P2.5                    ;取 A/D 转换数据
            MOV     A,P0
            MOV     @R0,A
            CLR     P2.5
            INC     R0
            MOV     A,P2                    ;通道地址加 1
            INC     A
            MOV     P2,A
            CJNE    A,#08H,TESTEND ;等 8 路 A/D 转换结束
TESTEND:  JC      TESTCON
            CLR     A                        ;结束恢复端口
            MOV     P2,A
            MOV     A,#0FFH
            MOV     P0,A
            MOV     P1,A
            MOV     P3,A
            RET
TESTCON:LCALL   TESTART
            LJMP    WAIT
;****************************
;按键检测子程序
;****************************
KEYWORK1:  JNB     P3.5,KEY1
KEYOUT:    RET
KEY1:      LCA LL  DISP                    ;延时去抖动
            JB      P3.5,KEYOUT
WAIT11:    JNB     P3.5,WAIT12
            CPL     00H
            MOV     R2,#01H
            MOV     R3,#01H
            RET
```

```
WAIT12：    LCALL       DISP                        ;键释放等待时显示用
            AJMP        WAIT11
KEYWORK2：  JNB         P3.5,KEY1
            JNB         P3.6,KEY2
            RET
KEY2：      LCALL  DISP                             ;延时去抖动
            JB          P3.6,KEYOUT
WAIT22：    JNB         P3.6,WAIT21
            INC         7BH
            MOV         A,7BH
            CJNE        A,#08H,KEYOUT11
KEYOUT11：  JC          KEYOUT1
            MOV         7BH,#00H
KEYOUT1：   RET
WAIT21：    LCALL       DISP                        ;键释放等待时显示用
            AJMP        WAIT22
            END
```

2. C 语言源程序

```c
//KEY1(P3.5)为单路/循环显示转换按键
//KEY2(P3.6)为单路显示时当前通道选择按键
//FLAG 为单路/循环显示控制位,当为 0 时循环显示,为 1 时单路显示
# include   "reg52.h"
# include   "intrins.h"                  //调用_nop_( )延时函数
# define    ad_con   P2                  //ADC0809 的控制口
# define    addata   P0                  //ADC0809 的数据口
# define    disdata  P1                  //数码管的字段码输出口
# define    uchar   unsigned char
# define    uint unsigned int
uchar       number=0x00;                 //存放单通道显示时的当前通道数
sbit        ALE=P2^3;                    //ADC0809 的地址锁存信号
sbit        START=P2^4;                  //ADC0809 的启动信号
sbit        OE=P2^5;                     //ADC0809 的允许信号
sbit        EOC=P3^7;                    //ADC0809 的转换结束信号
sbit        KEY1=P3^5;                   //循环或单路显示选择按键
sbit        KEY2=P3^6;                   //通道选择按键
sbit        DISX=disdata^7;              //小数点位
sbit        FLAG=PSW^0;                  //循环或单路显示标志位
uchar code dis_7[11]={0xC0,0xF9,0xC0,0xF9,0xC0,0xF9,0xC0,0xF9};
                                //LED 的七段数码管的字段码(0-9,灭)
uchar code scan_con[4]={0xfe0,0xfd,0xfb,0xf7};  //LED 数码管的位选码
uchar data ad_data[8]={0x00,0x00,0x00,0x00,0x00,0x00,0x00,0x00};
                                //ADC0809 的 8 个通道转换数据缓冲区
uint data    dis[5]={0x00,0x00,0x00,0x00,0x00};
                //前 4 个为 LED 数码管的显示缓冲区,最后一个为暂存单元
```

```
//1ms 延时子函数
  delay1ms(unit t)
  {    uint i,j;
        for(i=0;i<t;i++)
            for(j=0;j<120;j++)
                ;
  }
//检测按键子函数
  keytest( )
  { if(KEY1==0)                          //检测循环或单路选择按键是否按下?
        {FLAG=! FLAG;                     //标志位取反,循环、单路显示间切换
        while(KEY1==0);
        }
      if(FLAG==1)                        //单路显示方式,检测通道选择按键是否按下?
        {if(KEY2==0)
          { number++;                     //通道数+1
            if(number==8)    {number=0;}
            while(KEY2==0) ;
          }
        }
  }
//显示扫描子函数
  scan( )
  {    uchar k,n;
       int h;
       if(FLAG==0)                 //循环显示子程序
       {   dis[3]=0x00;            //通道值清 0
           for(n=0;n<8;n++)        //8 路通道
             {  dis[2]=ad_data[n]/51;
                                    //当前通道数据转换为 BCD 码存入显示缓冲区
                dis[4]=ad_data[n]%51; //余数(电压小数位)送暂存单元
                dis[4]=dis[4]*10;    //余数×10
                dis[1]= dis[4]/51;   //再除以 51,结果取整送十位
                dis[4]= dis[4]%51;   //结果取余送暂存单元
                dis[4]= dis[4]*10;   //余数×10
                dis[0]= dis[4]/51;   //再除以 51,结果取整送个位
                for(h=0;h<500;h++) //每个通道显示 1s
                    {for(k=0;k<4;k++)             //4 位 LED 扫描显示
                        {disdata=dis_7[dis[k]];
                        if(k==2) {DISX=0;}   //点亮小数点
                        P3=scan_con[k];
                        delay1ms(1);P3=0xff;
                    }
                  }
                dis[3]++;                      //通道值加 1
```

```
                        keytest( );                              //按键检测
                    }
                }
            if(FLAG==1)                                          //单路显示子程序
              { dis[3]=number;                                   //当前通道数送通道显示
                for(k=0;k<4;k++)
                { disdata=dis_7[dis[k]];
                  if(k==2){DISX=0;}
                  P3=scan_con[k];
                  delay1ms(1);P3=0xff;
                }
            }
        keytest( );                                              //检测按键
}
//ADC0809 转换子函数
  test( )
  { uchar m;
    uchar s=0x00;                                                //初始通道为 0
    ad_con=s;                                                    //第一通道地址送 ADC0809 控制口
    for(m=0;m<8;m++)
        {ALE=1;_nop_( );_nop_( ); ALE=0;                         //锁存通道地址
         START=1;_nop_( );_nop_( ); START=0;                     //启动转换
         _nop_( );_nop_( );_nop_( );_nop_( );
         while(EOC==0);                                          //等待转换结束
         OE=1;ad_data[m]=addata;OE=0;                            //读取当前通道转换 0 数据
         s++;ad_con=s;                                           //改变通道地址
        }
    ad_con=0x00;                                                 //通道地址恢复初值
}
//主函数
main( )
  { P0=0xff;                                                     //初始化端口
    P2=0x00; P1=0xff;                                            //初始化为 0 通道
    P3=0xff;
    while(1)
      {test( );                                                  //测量转换数据
       scan( );                                                  //显示数据
      }
  }
```

本　章　小　结

　　本章首先介绍了单片机应用系统研制过程，单片机应用系统研制包括总体设计、硬件设计、软件设计、系统调试、、可靠性设计等阶段，给出了一个完整的数字电压表的典型单片机应用的设计实例。通过本章实际应用例子的学习，有助于帮助读者学会用单片机进行实际应用系统的开发。

习 题 与 思 考 题

9-1 简述单片机应用系统开发的一般过程。

9-2 在单片机应用系统设计中，对硬件及软件的设计主要应考虑哪几方面的问题？

9-3 单片机应用系统调试的目的是什么？一般要经历哪几个过程？

9-4 什么是系统联调？它主要解决哪些问题？

9-5 如何提高单片机应用系统的抗干扰能力？对硬件系统的软件系统可分别采取哪些措施？

9-6 单片机应用系统的干扰源主要有哪些？列举常用的软件、硬件抗干扰措施。

9-7 请设计一个小功率的四相八拍步递马达控制器，其功能为可人工控制马达的正、反转、运行、停止、单步正、反转、加速、减速等功能，并显示马达当前的通电、速度档等状态。

9-8 请设计一个交通灯控制系统，该系统要求显示50s倒计数时间，当计时到需交换红绿灯前10s，路口均显示黄灯。

9-9 试设计一个十字路的交通灯模拟控制器，其功能为具有如图9-10的功能：

图9-10 习题9-9功能图

A、B道的直行、大转弯、放行切换准备等8种状态功能，以及剩余时间显示、10s内黄绿灯闪动、蜂鸣器提示等功能。

9-10 使用AT89C51单片机结合字符型LCD显示器设计一个简易的定时闹钟LCD时钟。定时闹钟的基本功能如下：

(1) 显示格式为"时时：分分"；

(2) 由LED闪动来做秒计数表示；

(3) 一旦时间到则发出声响，同时继电器启动，可以扩充控制家电的开启和关闭。

程序执行后工作指示灯LED闪动，表示程序开始执行，LCD显示"00：00"，按下操作键K1～K4动作如下：K1——设置现在的时间，K2——显示闹钟设置的时间，K3——设置闹铃的时间，K4——闹铃ON/OFF的状态设置，设置为ON时连续3次发出"哗"的一声，设置为OFF发出"哗"的一声。

设置当前时间或闹铃时间为：K1—时调整，K2—分调整，K3—设置完成，K4—闹铃时间到时，发出一阵声响，按下本键可以停止声响。

9-11 设计一个以单片机为核心的频率测量装置。使用AT89C51单片机的定时器/计数器的定时和计数功能，外部扩展6位LED数码管，要求累计每秒进入单片机的外部脉冲个数，用LED数码管显示出来。

(1) 被测频率 $f_x < 110\text{Hz}$，采用测周法，显示频率×××.×××；$f_x > 110\text{Hz}$，采用

测频法，显示频率××××××。

（2）利用键盘分段测量和自动分段测量。

（3）完成单脉冲测量，输入脉冲宽度范围是 $100\mu s$～$0.1s$。

（4）显示脉冲宽度要求为：$T_x < 1000\mu s$，显示脉冲宽度×××；$T_x > 1000\mu s$，显示脉冲宽度××××。

9-12　以单片机为核心，设计一个 8 位竞赛抢答器：同时供 8 名选手或 8 个代表队比赛，分别用 8 个按钮 S0～S7 表示。设置一个系统清除和抢答控制开关 S，开关由主持人控制。抢答器具有锁存与显示功能。即选手按按钮，锁存相应的编号，并在优先抢答选手的编号一直保持到主持人将系统清除为止。抢答器具有定时抢答功能，且一次抢答的时间由主持人设定（如 30s）。当主持人启动"开始"键后，定时器进行减计时，同时扬声器发出短暂的声响，声响持续的时间为 0.5s 左右。参赛选手在设定的时间内进行抢答，抢答有效，定时器停止工作，显示器上显示选手的编号和抢答的时间，并保持到主持人将系统清除为止。如果定时时间已到，无人抢答，本次抢答无效，系统报警并禁止抢答，定时显示器上显示 00。通过键盘改变抢答的时间，原理与闹钟时间的设定相同，将定时时间的变量置为全局变量后，通过键盘扫描程序使每按下一次按键，时间加 1（超过 30 时置 0）。同时单片机不断进行按键扫描，当参赛选手的按键按下时，用于产生时钟信号的定时计数器停止计数，同时将选手编号（按键号）和抢答时间分别显示在 LED 上。

附　　录

附录 A　标准 ASCII 码字符表

Dec	Hex	CHR	Dec	Hex	CHR	Dec	Hex	ASCII	Dec	Hex	CHR
0	00	NUL	32	20	SP (*space*)	64	40	@	96	60	(grave)
1	01	SOH	33	21	!	65	41	A	97	61	a
2	02	STX	34	22	" (*quote*) "	66	42	B	98	62	b
3	03	ETX	35	23	#	67	43	C	99	63	c
4	04	EOT	36	24	$	68	44	D	100	64	d
5	05	ENQ	37	25	%	69	45	E	101	65	e
6	06	ACK	38	26	&.	70	46	F	102	66	f
7	07	BEL (*beep*)	39	27	' (*apost*)	71	47	G	103	67	g
8	08	BS (*back sp*)	40	28	(	72	48	H	104	68	h
9	09	HT (*tab*)	41	29	)	73	49	I	105	69	i
10	0A	LF (*line feed*)	42	2A	*	74	4A	J	106	6A	j
11	0B	VT	43	2B	+	75	4B	K	107	6B	k
12	0C	FF	44	2C	, (*comma*)	76	4C	L	108	6C	l
13	0D	CR (*return*)	45	2D	– (*dash*)	77	4D	M	109	6D	m
14	0E	SO	46	2E	. (*period*)	78	4E	N	110	6E	n
15	0F	SI	47	2F	/	79	4F	O	111	6F	o
16	10	DLE	48	30	0	80	50	P	112	70	p
17	11	DC1	49	31	1	81	51	Q	113	71	q
18	12	DC2	50	32	2	82	52	R	114	72	r
19	13	DC3	51	33	3	83	53	S	115	73	s
20	14	DC4	52	34	4	84	54	T	116	74	t
21	15	NAK	53	35	5	85	55	U	117	75	u
22	16	SYN	54	36	6	86	56	V	118	76	v
23	17	ETB	55	37	7	87	57	W	119	77	w
24	18	CAN	56	38	8	88	58	X	120	78	x
25	19	EM	57	39	9	89	59	Y	121	79	y
26	1A	SUB	58	3A	:	90	5A	Z	122	7A	z
27	1B	ESC	59	3B	;	91	5B	[	123	7B	{
28	1C	FS	60	3C	<	92	5C	\	124	7C		
29	1D	GS	61	3D	=	93	5D	]	125	7D	}
30	1E	RS	62	3E	>	94	5E	^	126	7E	~
31	1F	US	63	3F	?	95	5F	_ (*under*)	127	7F	DEL (*delete*)

注　NUL：Null　　　　　　　空　　　　　　DC2：Device Control 2　　　　设备控制 2
　　SOH：Start Of Heading　　标题开始　　DC3：Device Control 3　　　　设备控制 3
　　STX：Start of Text　　　　正文开始　　DC4：Device Control 4　　　　设备控制 4
　　ETX：End of Text　　　　　正文结束　　NAK：Negative Acknowledgement　否定
　　EOT：End of Transmission　 传输结束　　SYN：Synchronous idle　　　　空转同步
　　ENQ：Enquiry　　　　　　　询问　　　　ETB：End of Transmission Block（CC）组传输结束
　　ACK：ACKnowledge　　　　 承认　　　　CAN：Cancel　　　　　　　　　作废
　　BEL：Bell　　　　　　　　　报警符　　　EM：Empty　　　　　　　　　　纸尽
　　BS：Backspace　　　　　　　退一格　　　SUB：Substitute　　　　　　　　减
　　HT：Horizontal Tab（ulation）横向列表　ESC：Escape　　　　　　　　　换码
　　LF：Line Feed（character）　 换行　　　　FS：File Separator（IS）　　　　文件分隔符
　　VT：Vertical Tab（ulation）（FE）垂直制表　GS：Group Separator（IS）　　组分隔符
　　FF：Form Feed（FE）　　　 走纸　　　　RS：Record Separator（IS）　　记录分隔符
　　CR：Carriage Retum　　　　回车　　　　US：Unit Separator（IS）　　　单元分隔符
　　SO：Shift Out　　　　　　　移位输出　　SP：SPace
　　SI：Shift In　　　　　　　　移位输入　　DEL：Delete
　　DLE：Data Link Escape（CC）数据链换码　FE：Format Effector　　　　　格式控制符
　　DC1：Device Control 1　　　设备控制 1　IS：Information Separator　　　信息分隔符

附录 B　Keil μVision（Keil C51）库函数

C51 的强大功能及其高效率的重要体现之一在于其丰富的可直接调用的库函数，多使用库函数能使程序代码简单，结构清晰，易于调试和维护。每个库函数都在相应的头文件中给出了函数原型声明，用户如需要使用库函数，必须在原程序的开始处采用预处理命令 ♯ include 将有关的头文件包含进来。

C51 提供的本征函数是指编译时直接将固定的代码插入当前行，而不是用 ACALL 和 LCALL 语句来实现，这样就大大提高了函数访问的效率，而非本征函数则必须由 ACALL 及 LCALL 调用。

C51 的本征库函数只有 9 个，数目虽少，但都非常有用，分别列出如下：

crol,_cror_:将 char 型变量循环向左(右)移动指定位数后返回。

irol,_iror_:将 int 型变量循环向左(右)移动指定位数后返回。

lrol,_lror_:将 long 型变量循环向左(右)移动指定位数后返回。

nop:相当于插入 NOP。

testbit:相当于 JBC bitvar 测试该位变量并跳转同时清除。

chkfloat:测试并返回浮点数状态。

使用时，必须包含 ♯ inclucle ＜intrins. h＞ 一行。如不说明，下面谈到的库函数均指非本征库函数。下面来介绍几类重要的库函数：

1. 专用寄存器 include 文件 reg51. h

在 reg51. h 的头文件中定义了 MCS－51 的所有特殊功能寄存器和相应的位，定义时都用大写字母。但在程序的头部把寄存器库函数 reg51. h 包含后，就可以在程序中直接使用 MCS－51 的特殊功能寄存器和相应的位。一般系统都必须包括本文件。

2. 绝对地址 include 文件 absacc. h

该文件中实际只定义了几个宏，以确定各存储空间的绝对地址。

函数原型：

```
♯ include CBYTE((unsigned char* )0×50000L)
♯ include DBYTE((unsigned char* )0×40000L)
♯ include PBYTE((unsigned char* )0×30000L)
♯ include XBYTE((unsigned char* )0×20000L)
♯ include CWORD((unsigned int* )0×50000L)
♯ include DWORD((unsigned int* )0×50000L)
♯ include PWORD((unsigned int* )0×50000L)
♯ include XWORD((unsigned int* )0×50000L)
```

再入属性：reentrant。

功能：CBYTE 以字节形式对 CODE 区寻址，DBYTE 以字节形式对 DATA 区寻址，PBYTE 以字节形式对 PDATA 区寻址，XBYTE 以字节形式对 XDATA 区寻址，CWORD 以字形式对 CODE 区寻址，DWORD 以字形式对 DATA 区寻址，PWORD 以字形式对 PDATA 区寻址，XWORD 以字形式对 XDATA 区寻址。例如，XBYTE ［0x0001］是以字节形式对片外 RAM 的 0001H 单元访问。

3. 标准函数 stdlib. h

动态内存分配函数位于 stdlib. h 中。

函数原型：float atof(void* string);

再入属性：non－reentrant。

功能：将字符串 string 转换成浮点数值并返回。

函数原型：int atoi(void* string);

再入属性：non－reentrant。

功能：将字符串 string 转换成整型数值并返回。

函数原型：long atol(void* string);

再入属性：non-reentrant。

功能：将字符串 string 转换成长整型数值并返回。

函数原型：void * calloc （unsigned int num，unsigned int len）;

再入属性：non-reentrant。

功能：返回 n 个具有 len 长度的内存指针，如果无内存空间可用，则返回 NULL。所分配的内存空间区域用 0 进行初始化。

函数原型：void* malloc （unsigned int size）;

再入属性：non-reentrant。

功能：返回 n 个具有 size 长度的内存指针，如果无内存空间可用，则返回 NULL。所分配的内存空间区域不进行初始化。

函数原型：void* realloc （void xdata* p，unsigned int size）;

再入属性：non-reentrant。

功能：改变指针 P 所指向的内存单元大小，原内存单元的内容被复制到新的存储单元中，如该内存单元的区域较大，多余的部分不作初始化。

函数原型：void free （void xdata* p）;

再入属性：non-reentrant。

功能：释放指针 P 所指向的存储器区域，如果返回值为 NULL，则该函数无效，P 必须为以前用的 calloc、malloc 或 realloc 函数分配的区域。

函数原型：void init _ mempool （void* data* p，unsigned int size）;

再入属性：non－reentrant。

功能：对被 calloc、malloc 或 realloc 函数分配的存储区域进行初始化。指针 P 指向存储器区域的首地址，size 表示存储区域的大小。

4. 字符串函数 string. h

缓冲区处理函数位于 "string. h" 中。其中包括复制比较移动等函数，如 memccpy、memchr、memcmp、memcpy、memmove、memset，这样可以很方便地对缓冲区进行处理。

```
void* memccpy(void* dest,void* src,char c,int len);
void* memchr(void* buf,char c,int len);
char memcmp(void* buf1,void* buf2,int len);
void* memcpy(void* dest,void* SRC,int len);
void* memmove(void* dest,void* src,int len);
void* memset(void* buf,char c,int len);
```

```
char* strcat(char* dest,char* src);
char* strchr(const char* string,char c);
char strcmp(char* string1,char* string2);
char* strcpy(char* dest,char* src);
int strcspn(char* src,char* set);
int strlen(char* src);
char* strncat(char 8dest,char* src,int len);
char strncmp(char* string1,char* string2,int len);
char strncpy (char* dest,char* src,int len);
char* strpbrk (char* string,char* set);
int strpos (const char* string,char c);
char * strrchr (const char * string,char c);
char* strrpbrk (char* string,char* set);
int strrpos (const char* string,char c);
int strspn(char* string,char* set);
```

5. 一般输入/输出函数 stdio.h

C51 库中包含的输入/输出函数 stdio.h 是通过 MCS-51 的串行口工作的。在使用输入/输出函数 stdio.h 库中的函数之前，应先对串行口进行初始化，如设定波特率等。如要修改支持其他 I/O 接口，比如改为 LCD 显示，则可修改 lib 目录中的 getkey.c 及 putchar.c 源文件，然后在库中替换它们即可。

```
char getchar(void);
char _getkey(void);
char* gets(char* string,int len);
int printf(const char* fmtstr[,argument]…);
char putchar(char c);
int puts (const char* string);
int scanf(const char* fmtstr.[,argument]…);
int sprintf(char* buffer,const char* fmtstr[;argument]);
int sscanf(char* buffer,const char* fmtstr[,argument]);
char ungetchar(char c);
void vprintf (const char* fmtstr,char* argptr);
void vsprintf(char* buffer,const char* fmtstr,char* argptr);
```

6. 内部函数 INTRINS. H

```
unsigned char _crol_(unsigned char c,unsigned char b);
unsigned char _cror_(unsigned char c,unsigned char b);
unsigned char _chkfloat_(float ual);
unsigned int _irol_(unsigned int i,unsigned char b);
unsigned int _iror_(unsigned int i,unsigned char b);
unsigned long _irol_(unsigned long l,unsigned char b);
unsigned long _iror_(unsigned long L,unsigned char b);
void _nop_(void);
bit _testbit_(bit b);
```

7. 字符函数 CTYPE. H

bit isalnum(char c);

bit isalpha(char c);

bit iscntrl(char c);

bit isdigit(char c);

bit isgraph(char c);

bit islower(char c);

bit isprint(char c);

bit ispunct(char c);

bit isspace(char c);

bit isupper(char c);

bit isxdigit(char c);

bit toascii(char c);

bit toint(char c);

char tolower(char c);

char _tolower(char c);

char toupper(char c);

char _toupper(char c);

参 考 文 献

[1] 张友德，赵志英，涂时亮 . 单片微型机原理、应用与实验 ［M］. 5 版 . 上海：复旦大学出版社，2008.
[2] 张毅刚，刘杰 . MCS－51 单片机原理及应用 ［M］. 3 版 . 哈尔滨：哈尔滨工业大学出版社，2007.
[3] 胡汉才 . 单片机原理及其接口技术 ［M］. 3 版 . 北京：清华大学出版社，2010.
[4] 丁元杰 . 单片微机原理及应用 ［M］. 3 版 . 北京：机械工业出版社，2011.
[5] 谢亮，谢晖，张义和，等 . 例说 51 单片机（C 语言版）［M］. 3 版 . 北京：人民邮电出版社，2010.
[6] 戴佳，戴卫恒，刘博文，等 . 51 单片机 C 语言应用程序设计实例精讲 ［M］. 2 版 . 北京：电子工业出版社，2008.
[7] 唐颖 . 单片机原理与应用及 C51 程序设计 ［M］. 北京：北京大学出版社，2008.
[8] 周润景，张丽娜，丁莉 . 基于 PROTEUS 的电路及单片机设计与仿真 ［M］. 2 版 . 北京：北京航空航天大学出版社，2010.